Membranrezeptoren und ihre Effektorsysteme

Heinrich Repke
Claus Liebmann

Membranrezeptoren und ihre Effektorsysteme

Theoretische und praktische Grundlagen der Rezeptorforschung

Mit 136 Abbildungen und 49 Tabellen

Akademie-Verlag Berlin 1987

Dr. sc. nat. Heinrich Repke
Institut für Wirkstofforschung der AdW der DDR
(Kapitel 1—17)

Doz. Dr. sc. nat. Claus Liebmann
Friedrich-Schiller-Universität Jena
(Kapitel 6, 7, 13, 14, 17)

ISBN 3-05-500167-2

Erschienen im Akademie-Verlag Berlin, DDR-1086 Berlin, Leipziger Straße 3—4

Lizenznummer 202 · 100/480/86
Printed in the German Democratic Republic
Gesamtherstellung: VEB Druckerei „Thomas Müntzer“, 5820 Bad Langensalza
Lektor: Christiane Grunow
Einbandgestaltung: Heinrich Repke/Ingo Scheffler
LSV 1315
Bestellnummer: 763 524 9 (6943)
04800

Geleitwort

Das wohl fundamentalste Prinzip in der Existenz von Lebewesen ist das der chemischen Erkennung. Es liegt der präbiotischen Phase der Evolution biologischer Materie ebenso zugrunde, wie der Herausbildung von Zellen und Makroorganismen, wie Pflanzen, Tieren und dem menschlichen Organismus.

Bei der Entwicklung höherer Organismen war die zwischenzelluläre Kommunikation eine unabdingbare Voraussetzung für Strukturbildung, Differenzierung, Kooperation und Koordinierung der Zellen. Als wesentliche Elemente der Informationsübertragung selektierten sich spezifische chemische Botenstoffe in Form von Hormonen, Neurotransmittern und weiteren Kategorien von Mediatoren heraus. Hiermit gekoppelt erfolgte die Bildung der dazu stereotopochemisch komplementären informationsaufnehmenden Strukturen in Form von Rezeptoren. Es entstand das System der chemischen Regulation zellulärer und organismischer Elemente und Prozesse.

Chemische Mediatoren sind darüber hinaus als Pheromone und Pheromon-analoge Stoffe auch für bestimmte Funktionen der zwischenorganismischen Kommunikation verantwortlich. Sie korrespondieren mit entsprechenden Pheromon-Rezeptoren.

Verständlicherweise standen bei der Erforschung von Physiologie und Pathologie der chemischen Regulation zunächst die Überträgerstoffe selbst im Brennpunkt der Untersuchungen, waren sie doch wegen ihrer meist relativ niedermolekularen Natur durch die Fortschritte der chemischen Analytik und Synthese weitaus besser zu erfassen und zu charakterisieren als ihre hochmolekularen Reaktionspartner, die Rezeptoren. Von diesen existierten anfänglich nur hypothetische Vorstellungen. Auf ihre Existenz wurde indirekt geschlossen.

Nicht zuletzt ergaben Struktur-Wirkungs-Untersuchungen mit Serien von Analoga der physiologischen Überträgerstoffe anhand von Affinitäts-, Spezifitäts- und Selektivitätskriterien zwingende Hinweise auf das Vorhandensein definierter Reaktionspartner, welche zugleich Transmissionselemente bei der Effektauslösung sein mußten.

Die methodischen Fortschritte in den Biowissenschaften ermöglichten in der zurückliegenden Zeit zunehmend auch die direkte Analyse der Rezeptoren, die für die Bindung körpereigener Überträgerstoffe und exogener Pharmaka verantwortlich sind. In der vorliegenden Monographie haben H. Repke und C. Liebmann den verdienstvollen Versuch unternommen, den erreichten Kenntnis- und Erkenntnisstand auf diesem sich dynamisch entwickelnden Arbeitsgebiet zu verdichten und zu charakterisieren. Der Akzent liegt dabei auf den Darstellungen zu den theoretischen und methodischen Aspekten der Rezeptorforschung. Wertvoll ist es, daß nicht nur das signalaufnehmende Element — der Rezeptor im engeren Sinne — in die Betrachtung einbezogen wird, sondern daß zugleich die Mechanismen der Signaltransformation und der zellulären Effektuierung berücksichtigt werden.

Bewußt beschränken sich die Autoren auf

Membranrezeptoren endogener Überträgerstoffe. Für eine Reihe von Enzymen, Transportproteinen, Nukleinsäuren und anderen Biomakromolekülen, die ebenfalls Angriffsorte von Pharmaka sind, können indessen die theoretischen und methodischen Ansätze der Rezeptoranalyse in geeigneter Weise herangezogen werden.
Die Rezeptorforschung ist zu einer Quelle der praktischen Wirkstoff- und Arzneimittelentwicklung geworden. Ihre weitere Erschließung ist in dieser Hinsicht erfolgversprechend. Ich hoffe und wünsche, daß das Werk von H. Repke und C. Liebmann zur Förderung dieses Wissenschaftsgebietes beitragen möge.

12. 9. 1985

Werner SCHELER

Vorwort

Membranrezeptoren sind die sensorischen Systeme der Zellen. Sie ermöglichen die vielfältigen Formen der Signalübertragung im Organismus durch die selektive Wechselwirkung mit endogenen Mediatoren.
Welche molekulare Struktur besitzen Membranrezeptoren? Wie werden sie aktiviert bzw. inhibiert? Wie überträgt der Rezeptor das Signal auf die Effektorsysteme? Wie lösen diese den biologischen Effekt aus?
Noch vor wenigen Jahren konnte keine dieser Fragen zufriedenstellend beantwortet werden. Der gegenwärtige schnelle Wissenszuwachs auf dem Gebiet der Rezeptorforschung ist hauptsächlich den methodischen Fortschritten auf drei Gebieten zu verdanken. Erstens handelt es sich dabei um die genaue Analyse der Ligandbindungskinetik durch den Einsatz hochspezifischer, radioaktiv markierter Liganden und die mathematische Modellierung der molekularen Wechselwirkungen zwischen Rezeptor und Ligand. Zweitens sind die biochemischen Verfahren zur Solubilisierung und Anreicherung von Membranrezeptoren sowie zur Klonierung von Rezeptorgenen zu nennen. Drittens sollen noch die biophysikalischen Methoden zur funktionalen Analyse einzelner Rezeptorproteine und rekonstituierter Rezeptorsysteme hervorgehoben werden.
Membranrezeptoren werden nun nicht mehr als „black box" betrachtet, sondern können als ein System von genau charakterisierten molekularen Einheiten beschrieben werden. Damit hat die Rezeptorforschung das methodische Niveau der Enzymologie erreicht. Man kann also von der Entwicklung einer selbständigen Wissenschaftsdisziplin, der Rezeptorologie, sprechen. Diese Begriffsbildung markiert die „Materialisation" eines etwa hundert Jahre alten Konzeptes, den Übergang „from fiction to fact" (Ariens).
Diese Umbruchsituation schien den Autoren der geeignete Zeitpunkt für eine zusammenfassende Darstellung der modernen Aspekte der Rezeptorforschung zu sein, die im deutschsprachigen Raum erstmalig erfolgt. Dabei wurde auf die integrative Darstellung der verschiedenen Teilgebiete der Rezeptorologie unter besonderer Berücksichtigung des methodischen bzw. methodenkritischen Aspektes Wert gelegt, wobei die Rezeptoren und ihre Effektorsysteme als eine funktionale Einheit betrachtet werden. Diese Konzeption unterscheidet den vorliegenden Band auch von den englischsprachigen Publikationen zu diesem Thema. Eine z. T. detaillierte methodenkritische Analyse schien besonders deshalb notwendig, weil die Grenzen und Möglichkeiten der neueren Methoden in der Literatur oft nur unvollkommen zu erkennen sind. Das hat häufig die Mißdeutung experimenteller Ergebnisse zur Folge.
Es wurde bewußt auf die ausführliche Darstellung der Eigenschaften einzelner Membranrezeptoren in selbständigen Kapiteln verzichtet. Stattdessen ist die Anlage des vorliegenden Buches darauf ausgerichtet, die theoretischen und methodischen Grundlagen der modernen Rezeptorforschung anhand von ausgewählten Beispielen zu erläutern. Die Einordnung von anderen Rezeptorsystemen in diese Zusammenhänge soll ein abschlie-

ßendes Kapitel ermöglichen, in dem in tabellarischer Form die wesentlichsten Daten über die bislang genauer charakterisierten Membranrezeptoren zusammengefaßt sind. Mit diesem Verfahren wurde angestrebt, die Entwicklungstendenzen der Rezeptorologie, die auch in den nächsten Jahren von dominierender Bedeutung sein werden, so zu umreißen, daß die Darstellung auch für die praktische Arbeit hilfreich sein kann.

Alle Teile des vorliegenden Bandes wurden hauptsächlich auf der Basis der Originalliteratur der Jahre 1980 bis Juli 1986 und nicht auf der Grundlage zusammenfassender Monografien geschrieben. So wird es unvermeidlich sein, daß sich einzelne Details als korrekturbedürftig erweisen. Es besteht jedoch die Hoffnung, daß dadurch der Charakter von Beispielen für die prinzipielle Art des methodischen Herangehens nicht entscheidend beeinträchtigt wird.

Dem bereits skizzierten Grundcharakter des Buches entsprechend sind nur ausgewählte Aussagen durch Literaturzitate belegt worden. Dabei wurde in den meisten Fällen darauf verzichtet, die bereits in den Abbildungslegenden zitierten Arbeiten nochmals in das Literaturverzeichnis aufzunehmen.

Wesentliche Fortschritte in der Grundlagenforschung eröffnen neue Perspektiven in der angewandten Forschung. Dies ist auch in der Rezeptorologie der Fall und bezieht sich besonders auf die Entwicklung neuer Pharmaka. Es wurde jedoch im Rahmen dieses Buches bewußt auf die Darstellung der angewandten Aspekte der Rezeptorforschung verzichtet, da hierzu bereits umfassende Publikationen vorliegen.

Der Dank der Autoren gilt Prof. BIESOLD, Prof. JUNG und Dr. DOVE für die kritische Durchsicht des Manuskriptes sowie Prof. MATTHIES, Prof. OEHME und Prof. SCHELER für hilfreiche Diskussionen zur Konzeption des Buches. Die Umschlaggestaltung basiert auf der Abwandlung einer elektronenmikroskopischen Aufnahme nikotinerger Acetylcholinrezeptoren durch das Bildanalysesystem R 1000 (Amersham). Für die Überlassung der zugrunde liegenden Originalaufnahmen (vergl. auch S. 112) sind die Autoren Prof. HUCHO zu Dank verpflichtet.

Weiterhin soll die Unterstützung bei der technischen Fertigstellung des Manuskriptes durch B. ENDERLEIN, R. LANGE, K. LUDWIG, B. SCHILLING, R. SCHWARZ und G. STEINHAUSER dankbar hervorgehoben werden.

Das Lektorat Biowissenschaften/Medizin des Akademie-Verlages unter Leitung von Frau Chr. GRUNOW ist den Autoren in verständnisvoller Weise in allen Fragen der Drucklegung entgegengekommen.

Berlin und Jena, Juli 1986

H. REPKE
C. LIEBMANN

Inhalt

1. Einführung

1.1. Historische Etappen bei der Charakterisierung von Membranrezeptoren

Die ersten klar formulierten Beobachtungen, die den Schluß zwingend erscheinen ließen, daß eine körperfremde Substanz mit einem spezifischen Wirkort in Wechselwirkung tritt, beschrieb LANGLEY im Jahre 1878 (10): "We may, I think, without much rashness, assume that there is some substance or substances in the nerve endings or gland cells with which both atropine and pilocarpine are capable of forming compounds. On this assumption, then the atropine and pilocarpine compounds are formed according to some law of which their relative mass and chemical affinity for the substance are factors."
Hiermit wird erstmalig der später als muskarinerger Acetylcholinrezeptor bezeichnete Transmitterrezeptor postuliert. In dieser Arbeit von LANGLEY sind bereits zwei wesentliche Grundelemente der spezifischen Wechselwirkung von Liganden mit Membranrezeptoren enthalten: die Selektivität und Existenz von Agonisten und Antagonisten.
Später (1905) erweiterte LANGLEY seine Vorstellungen (11) in bezug auf die Wirkung aller spezifisch wirkenden Pharmaka aber auch hinsichtlich der zu diesem Zeitpunkt bekannten endogenen Mediatoren bzw. Transmittersubstanzen: "Thus there is evidence that the majority of substances which are ordinarily supposed to act upon nerve endings (as nicotine, curare, atropine, pilocarpine, strychnine) act upon the receptive substances of the cells. And as adrenalin, an internal secretion, acts upon receptive substances, it is probable that secretin, thyroidin, and the internal secretion formed by the generative organs, also act on receptive substances, although in these cases the cells may be unconnected with nerve fibres."
In diesen noch hypothetischen Bemerkungen ist bereits der Begriff des Rezeptors in der Formulierung „receptive substance" vorgeprägt. Etwa zu derselben Zeit (1905) wurde durch STARLING der Begriff „Hormon" für die Gruppe der oben erwähnten endogenen Mediatoren eingeführt.
Ein weiterer Markstein bei der Herausbildung von Modellvorstellungen über einen Membranrezeptor wurde durch Paul EHRLICH im Jahre 1910 in seiner Vorlesung vor der Royal Society, London, gesetzt. EHRLICH postulierte Bindungsorte für das Choleratoxin an der Zelloberfläche (Antitoxin), die mit dem Toxin auf der Basis sterischer Komplementarität in Wechselwirkung treten (5). Heute ist klar, daß es sich bei den von EHRLICH postulierten „side chains" der Zelle um Antigen- bzw. Immunglobulinrezeptoren handelte, die direkten Bindungsorte von Choleratoxin jedoch Ganglioside der Zellmembran sind.
LANGLEY selbst stellte schon 1905 die Gemeinsamkeiten zwischen beiden Vorstellungen heraus, in dem er formulierte: "The relation between the receptive and the contractile substance is clearly very close, and, on the general lines of EHRLICH's immunity theory, it might be supposed that a receptoric sub-

stance is a side chain molecule of the molecule of contractile substance ...".

EHRLICH prägte schließlich 1913 für den Wirkungsort pharmakologisch wirksamer Substanzen den Begriff Rezeptor.

Die Entwicklung der Rezeptortheorie wurde auf vielen Etappen stark durch schnelle Fortschritte der Enzymologie befruchtet. Sie profitiert auch gegenwärtig noch z. B. in ihren Vorstellungen über die Thermodynamik der Rezeptor-Ligand-Interaktion von den an isolierten Enzymsystemen gewonnenen Erkenntnissen. Ein erstes Beispiel dieser wechselseitigen Befruchtung ist die Grundlage, die durch FISCHER mit seiner Schlüssel-Schloß-Hypothese für das Verständnis der Wechselwirkung eines Enzyms mit seinem Substrat gelegt wurde. In dieser Vorstellung ist das Vorbild für das Komplementaritätsprinzip bei der Wechselwirkung von Pharmakon und Rezeptor zu suchen (6).

Auch auf dem Gebiet der mathematischen Modellierung ist die Enzymologie als Vorläufer der Entwicklung auf dem Gebiete der Pharmakologie anzusehen. Auf der Grundlage erster Überlegungen von HENRI (1905) formulierten MICHAELIS und MENTEN im Jahre 1913 die Basis der bis heute gültigen Theorie enzymatischer Reaktionen. Diese Vorstellungen wurden durch BRIGGS und HALDANE (1915) und später durch LINEWEAVER und BURK (1934) weiter ausgebaut und lieferten die Basis der quantitativen Beschreibung der Substrat-Umsatzgeschwindigkeit und -menge am Enzym sowie für die Fähigkeit einer Substanz zur kompetitiven Hemmung dieser Reaktionen. Angesichts der Analogie der Grundannahmen und der mathematischen Modellierung dieser Vorgänge ist es nicht verwunderlich, wenn viele ursprünglich zur Beschreibung der Enzym-Substrat-Wechselwirkung eingeführte Begriffe ihre Entsprechung in der Rezeptortheorie finden. Erwähnt seien in diesem Zusammenhang nur der K_m-Wert nach MICHAELIS-MENTEN, der in weitgehender Analogie zur Dissoziationskonstante K_D des Rezeptor-Ligand-Komplexes zu verstehen ist. Analog ergeben sich aus z. T. gleichen grafischen Auswertungsverfahren (LINEWEAVER-BURK u. a.) vergleichbare Parameter wie z. B. die Hemmkonstante K_i eines kompetitiven Inhibitors.

Eine erste mathematische Modellierung (3) der Rezeptor-Ligand-Wechselwirkung erfolgte durch CLARK (1933, 1937) und GADDUM (1926) auf der Basis folgender Grundannahmen:

1. Die Rezeptor-Ligand-Wechselwirkung erfolgt auf der Grundlage des Massenwirkungsgesetzes.
2. Die biologische Wirkung ist proportional der Menge der besetzten Rezeptoren (Okkupationstheorie)
   (Vergl. Kap. 2.1.).

Trotz dieser vereinfachenden Grundannahmen haben sich diese Vorstellungen bis heute als fruchtbar erwiesen.

Die klassischen pharmakologischen Methoden sind jedoch nicht in der Lage, die Wechselwirkung eines Liganden mit dem Rezeptor direkt zu messen. Vielmehr wird der über eine Effektuierungskette ausgelöste Effekt der Bindung eines Agonisten an den Rezeptor gemessen (z. B. Kontraktion eines Gewebes). Bei diesen Untersuchungen zeigte sich jedoch bald, daß der ausgelöste Effekt oft nicht einer dem Massenwirkungsgesetz entsprechenden Okkupation des Rezeptors folgt. Zur Erklärung dieses Phänomens wurden die in Kap. 2 näher beschriebenen Modellvorstellungen entwickelt.

Dabei handelt es sich einerseits um stoffspezifische Konstanten, die beschreiben, in welchem Ausmaß ein Ligand in der Lage ist, so an einen Rezeptor zu binden, daß ein Signal an die Effektorsysteme weitergegeben wird („intrinsic activity, efficacy"). Aus diesen Überlegungen leitet sich auch die Erklärung maximaler biologischer Effekte bei Agonist-Konzentrationen ab, die nur die Okkupation eines kleinen Teiles der Rezeptoren erfordern. Die somit überflüssige Mehrheit der Rezeptoren wurde als „Reserverezeptoren" bezeichnet (ARIENS (1), STEPHENSON).

Alternativen zur Okkupationstheorie wurden in der Folgezeit entwickelt, um einen besseren Weg zur Erklärung der oben umrissenen Phänomene zu finden. Dabei geht die Geschwindigkeitstheorie von der Vorstellung aus, daß die Zahl der Wechselwirkungen zwischen Rezeptor und Ligand pro Zeiteinheit die bestimmende Größe für den biologischen Effekt ist. Somit wäre die Dissoziationsgeschwindigkeit des Liganden der entscheidende Parameter für seine biologische Wirkqualität (PATON (14)).

Befruchtet durch die Untersuchung der allosterischen Wechselwirkung von Liganden mit dem aktiven Zentrum von Enzymen, wurden in der Folgezeit einige Modelle konzipiert, die bereits erste Vorstellungen zur Funktionsweise von Rezeptoren auf molekularer Basis enthalten, ohne daß das Rezeptormolekül selbst untersucht worden wäre.

Es handelt sich hier um die Vorstellungen, daß Rezeptoren in einem Gleichgewicht unterschiedlicher Konformationen vorliegen, welches durch die Ligandbindung in der einen oder anderen Richtung verschoben wird. Dies kann entweder durch die Stabilisierung der einen Konformation (13) oder durch das induzierte Umklappen (9) („induced fit") geschehen.

Diese Modellvorstellungen können in eine mathematische Form gebracht und zur quantitativen Analyse der Rezeptor-Ligand-Interaktion eingesetzt werden. Sie erlauben einerseits eine Aussage über die Affinität des Liganden zum Rezeptor und andererseits über dessen biologische Wirkqualität (Vergl. Kap. 2). Grundsätzlich waren diese Untersuchungen z. B. anhand der ligandinduzierten Kontraktion isolierter Organe trotz ihrer weitgehend perfektionierten Methodik und mathematischen Modellierung mit einem wesentlichen Nachteil behaftet: Der hypothetische Rezeptor und eine unbekannte Menge von Effektorsystemen werden als komplexe Größe betrachtet. Somit ist die Wechselwirkung des Liganden mit dem Rezeptor nur an dem ausgelösten biologischen Effekt meßbar. Diese für die Rezeptoranalytik unbefriedigende Situation hat auf der anderen Seite Jahrzehnte erfolgreicher pharmakologischer Forschung bestimmt, denn für die Entwicklung und Optimierung von Pharmaka ist in erster Linie der biologische Effekt und erst in zweiter Linie die Biochemie der Ligand-Rezeptor-Wechselwirkung interessant.

Mit Beginn der siebziger Jahre traten schließlich die jahrzehntelang als „black box"-Systeme gehandhabten Rezeptoren aus ihrer Schattenexistenz in den Bereich der biochemisch meßbaren Realität ein (1, 12). Dies wurde möglich durch die effektive radioaktive Markierung wichtiger Liganden und die Untersuchung der Kinetik der spezifischen Bindung dieser Liganden an Gewebspräparationen, die entsprechend den pharmakologischen Experimenten diesen Rezeptor enthalten sollten. Die mit dieser Methode etablierten „Rezeptor-Ligand-Bindungsstudien" sind trotz der scheinbar einfachen Grundmethodik bis heute zu einem außerordentlich komplizierten und nur in einem Teil der Laboratorien ausreichend perfekt beherrschten Grundmethodik der Rezeptorcharakterisierung geworden. Die hierzu verwendeten mathematischen Modelle berücksichtigen besonders unterschiedliche, interkonvertierbare Rezeptorkonformationen (4, 8, 16).

Inzwischen ist die Praxis und Theorie der Rezeptor-Ligand-Bindungsstudien ein der Enzymkinetik direkt vergleichbares, kompliziertes Instrumentarium geworden, das damit auch ein breites Feld für Misinterpretationen darstellt. Diesen Problemen sind insbesondere die Kapitel 6 und 7 gewidmet. Wesentliche Fortschritte bei der Auswertung komplexer Ligand-Bindungskinetiken sind besonders durch die Einführung der iterativen Kurvenanpassung mit Hilfe von Computern erreicht worden.

Insbesondere die computergestützten, nichtlinearen Kurvenanpassungsverfahren sind gegenwärtig dabei, die (grafischen, linearisierten) Auswertungsverfahren abzulösen.

Somit standen sich die Analyse der unmittelbaren Rezeptor-Ligand-Wechselwirkung und der Reaktionsweise des gesamten Rezeptorsystems inklusive aller Effektormechanismen (pharmakologische Methoden) ergänzend gegenüber. Die nun noch offene Frage nach der Art und Regulation der Effektorsysteme konnte auf der Grundlage der Fortschritte der biochemischen Enzymanalytik parallel zur Entwicklung der Bindungsstudien in einer Reihe von Fällen beantwortet werden. Dies trifft insbesondere für die Adenylatzyklase zu, deren (über ein regulatorisches G-Protein vermittelter) Komplex mit dem β-adrenergen Rezeptor jüngst als funktionsfähige Einheit aus reinen Komponenten rekonstituiert werden konnte. Die Zahl anderer erfolgreich rekonstituierter Rezeptor-Effektor-Komplexe nimmt gegenwärtig schnell zu. Als weitere Effektorsysteme wurden erkannt: Ca^{++}-Ionenkanäle, Na^{+}/K^{+}-Ionenkanäle, cGMP, Stoffwechselketten von Membranlipiden und Phosphorylierungsreaktionen.

Jedoch muß kritisch eingeschätzt werden, daß nur im Falle der Adenylatzyklase ein Beweis für die direkte Signalübertragung vom Rezeptor auf das Effektorsystem vorliegt. Die genaue biochemische Analyse der Signalweiterleitung und -multiplikation über die anderen Effektuierungssysteme steht noch aus.

In diesem Zusammenhang wird immer deutlicher, daß es sich hier nicht um eine einfache sequentelle Reaktionskaskade handelt (wie dies in Abb. 9, Kap. 2 zunächst schematisch formuliert wird), sondern daß die Effektorsysteme auch Empfänger regulatorischer Signale sind, die nicht von dem untersuchten Rezeptor ihren Ausgang nehmen. Dies wird z. B. bei der Betrachtung der Reaktionskaskaden zur Auslösung der Mediatorfreisetzung aus Mastzellen (Abb. 19, Kap. 8) deutlich.

Während die pharmakologische Charakterisierung von Membranrezeptoren schon außerordentliche Fortschritte aufzuweisen hatte, blieb die biochemische Natur dieser Rezeptoren bis zum Beginn der 70iger Jahre im Dunkeln. Hierfür waren im wesentlichen methodische Gründe ausschlaggebend, denn fast alle Membranrezeptoren sind integrale Membranproteine, die in sehr kleinen Mengen vorkommen und durch Detergentien oft denaturiert werden. Die Arbeitsgruppen von CHANGEUX, HEILBRONN und de ROBERTIS u. a. machten sich in den Jahren 1970—72 die Tatsache zunutze, daß in den elektrischen Organen verschiedener Rochen (Electrophorus electricus, Torpedo marmorata) der nikotinerge Acetylcholinrezeptor in außerordentlich hohen Konzentrationen (bis 1% des Gesamtmembranproteins) vorkommt. Gleichzeitig ist dieser Rezeptor als Komplex seiner Untereinheiten mit relativ vielen Detergentien unter Erhaltung seiner spezifischen Ligand-Bindungseigenschaften zu solubilisieren (Kap. 9).

Im Verlaufe der folgenden 10—12 Jahre gelang es durch Einsatz der Affinitätschromatographie an verschiedenen Neurotoxinen aus Schlangengiften (alpha-Bungarotoxin, Cobrotoxin u. a.), die spezifisch mit dem nikotinergen Rezeptor reagieren, eine vollständige Reinigung des Rezeptors zu erreichen. Dies ermöglichte die Aufklärung der Primärstruktur der Untereinheiten sowie in jüngster Zeit die Gewinnung und Klonierung der entsprechenden Nukleotidsequenzen.

Die Solubilisierung des nativen Proteins gelang mit speziellen Detergentien später auch bei anderen Rezeptoren, wie z. B. dem Insulinrezeptor, dem muskarinergen Acetylcholinrezeptor, den α- und β-adrenergen Rezeptoren u. a. Hier waren allerdings wesentlich größere Schwierigkeiten bei der Anreicherung zu überwinden, so daß auch gegenwärtig der nikotinerge Acetylcholinrezeptor als das bestcharakterisierte Membranrezeptorsystem angesehen werden muß.

Aus diesen Ausführungen wird deutlich, daß die „black box" des Rezeptor-Effektorkomplexes, die etwa 50—70 Jahre mit pharmakologischen Methoden untersucht wurde, zu Beginn der siebziger Jahre durch biochemische Methoden geöffnet und z. T. in ihre Bestandteile zerlegt wurde. Dabei traten sowohl die Vorteile (Kenntnisse der Teilelemente und gezielte Möglichkeiten ihrer Beeinflussung) als auch die Nachteile (Verlust der integrativen Regulation) jeder Zergliederung deutlich zutage. Ideales Ziel muß es deshalb sein, aus der gezielten Zusammenfügung reiner und möglichst umfassend charakterisierter Einzelsysteme zu einem Rezeptor-Effektorsystem zu kommen, welches analog wie sein natürliches Vorbild reagiert.

Weitgehend diesem Ziel angenähert hat sich der Stand der Rekonstitutionsexperimente mit nikotinergen Acetylcholinrezeptoren und

Tabelle 1.1. Historische Übersicht über die wichtigsten Etappen der Erkennung und Charakterisierung von Rezeptoren

Begriffsbildung bzw. Entdeckung oder Methode	Autor und Jahr
Massenwirkungsgesetz	GULDBERG und WAAGE (1864)
spezifischer Bindungs- bzw. Wirkort eines Liganden	LANGLEY (1878) (1905)
Komplementarität der Struktur zwischen Ligand und Bindungsort in der Enzymologie (Schlüssel-Schloß-Prinzip)	FISCHER (1894)
Begriffsbildung „Hormon"	STARLING (1905)
Lokalisation des Bindungsortes auf der Zellmembran (Seitenkettentheorie)	EHRLICH (1910)
Begriffsbildung „Rezeptor"	EHRLICH (1913)
Mathematische Modellierung enzymatischer Reaktionen	HENRI (1902) MICHAELIS/MENTEN (1913) BRIGGS/HALDANE (1915) LINEWEAVER/BURCK (1934)
Mathematische Modellierung von Rezeptor-Ligand-Interaktionen (Okkupationstheorie)	CLARK (1926) GADDUM (1926)
Modelle zur Beschreibung der Relationen zwischen Rezeptorokkupation und biologischem Effekt eines Liganden	
intrinsische Aktivität	ARIENS (1954)
"efficacy"	STEPHENSON (1956)
"intrinsic efficacy"	FURCHGOTT (1964)
Alternativen zur Okupationstheorie	
"rate theory"	PATON (1961) PATON/RANG (1966)
Makromolekulare Pertubationstheorie	BELLEAU (1964)
Modelle für Ligand-induzierte Konformationsumwandlungen des Rezeptors	
Allosterie-Modelle	MONOD, WYMAN, CHANGEUX (1965)
"induced fit"-Modell	RUBIN, CHANGEUX (1966) KOSHLAND, NEMETHY, FILMER (1966)
Entdeckung und Analyse von Effektorsystemen	ab 1970
Biochemische Analyse von Membranrezeptoren, z. B.	
nikotinerger Azetylcholinrezeptor	CHANGEUX et al. (1972) KARLSSON et al. (1972) ELDEFRAWI (1975)
β-adrenerger Rezeptor	LEFKOWITZ et al. (1983)
muskarinerger Azetylcholinrezeptor	BIRDSALL (1979) HAGA (1983) NUMA (1986)
IgE-Rezeptor	METZGER (1977, 1982) FROESE et al. (1981)
Insulin-Rezeptor	KAHN et al. (1983) PILCH et al. (1983)
Aufklärung der Primärstruktur und Klonierung der genetischen Informationen für Rezeptoruntereinheiten des nikotinergen Azetylcholin-Rezeptors	RAFTERY et al. (1980) BALLIVET et al. (1982) NODA et al. (1983) BARNARD (1983)
Rekonstitution in künstliche Lipidmembranen	
β-adrenerger Rezeptor/G-Protein/Adenylatzyklase	LEFKOWITZ et al. (1983) LEVITZKI et al. (1983)
nikotinerger Azetylcholinrezeptor	MONTAL et al. (1983)

β-adrenergen Rezeptoren, G-Protein und Adenylatzyklase in künstliche Membransysteme (Vergl. Kap. 10).

Zu den aktuellsten Entwicklungen auf dem Gebiet der Rezeptorforschung gehört schließlich die Isolierung und Sequenzierung von Genen für Rezeptoren bzw. Rezeptoruntereinheiten. Dies ermöglicht den Zugang zu den Primärstrukturen, deren Analyse u. a. Aufschlüsse über die Zahl und Anordnung hydrophober transmembranaler α-Helixes zuläßt. Damit sind die Grundmerkmale der Tertiärstruktur von Rezeptoren zugänglich. Die Ver-

wendung monoklonaler Antikörper gegen bestimmte Peptidsequenzen sowie die kovalente Markierung funktioneller Gruppen im aktiven Zentrum erlauben zusammen mit ersten Ergebnissen der Röntgenstrukturanalyse gegenwärtig auch weitere Aussagen über die hydrophilen Bereiche der Tertiärstruktur.
Diese Untersuchungen sind deshalb von besonderem Interesse, weil sich hier der Zugang zur molekularen Architektur des Bindungsareals des Rezeptors (vergleichbar dem aktiven Zentrum der Enzyme) eröffnet. Aussagen hierzu konnten in der Vergangenheit im Rahmen von quantitativen Struktur-Wirkungs-Analysen nur durch die Variation der Struktur des Wirkstoffes und die Messung der dadurch hervorgerufenen Veränderung der Wechselwirkung mit dem Rezeptorareal gewonnen werden (7,15). Das Vorliegen der Rezeptorgene in Bakterienklonen ermöglicht weiterhin die Selektion bestimmter Punktmutationen („site directed mutagenesis"), um die Bedeutung von Aminosäuren in bestimmten Positionen für die Ligand-Bindung oder die Signalweiterleitung zu ermitteln.
Somit vollzieht sich gegenwärtig der letzte Schritt auf dem 100jährigen Weg von der eingangs erwähnten Feststellung von LANGLEY über spezifische Bindungsstellen von Pharmaka zu einem von der molekularen bis zur Systemebene in allen wesentlichen Eigenschaften charakterisierten Rezeptorsystem. ARIENS hat dies als den Weg von der Fiktion zum Fakt charakterisiert (2). Eine zusammenfassende Übersicht gibt Tab. 1.1.

1.2. Welche Kräfte bestimmen die Bindung des Liganden an den Rezeptor?

Die Wechselwirkung einer beliebigen Substanz mit einer beliebigen anderen Substanz ist hinsichtlich ihrer Stärke primär durch die Dissoziationskonstante des entstehenden Komplexes zu beschreiben. So ergibt sich bei der Wechselwirkung der Substanz A und B die Dissoziationskonstante nach dem Massenwirkungsgesetz als

$$K_D = \frac{[A]\,[B]}{[AB]}$$

wobei $[A]$ und $[B]$ die Konzentration der beiden frei löslichen Substanzen und $[AB]$ die Konzentration des Komplexes ausdrücken soll.
Aus dieser Grundsituation ergeben sich zunächst zwei Fragen:

1. Welche Wechselwirkungskräfte treten zwischen den beiden Molekülen A (z. B. Rezeptor) und B (z. B. Ligand) bei der Ausbildung des Komplexes in Erscheinung?
2. Welche Bedeutung haben die verschiedenen Typen von Wechselwirkungskräften unter Berücksichtigung des Abstandes zwischen A und B sowie des Mikromilieus?

1.2.1. Grundbegriffe

Die quantenmechanisch fundierte Theorie der Molekülorbitale basiert auf Näherungslösungen der Schrödinger-Gleichung. Hier werden die möglichen Energiezustände sowie die dazugehörigen Zustandsfunktionen der Elektronen auf der Basis der einzelnen Atome des betrachteten Moleküls berechnet. Diese Zustandsfunktionen werden als Molekülorbitale bezeichnet. Somit kann ein beliebiges Molekül und seine Wechselwirkung mit einem anderen Molekül (unter Vernachlässigung der beteiligten Einzelatome) allein durch die Wechselwirkung der Molekülorbitale beschrieben werden.
Bei der Wechselwirkung von Molekülen ergeben sich Potentialkurven als Funktionen der interagierenden Orbitale. Deren Minima entsprechen den Bereichen mit der größten Stabilisierungsenergie (Wechselwirkungsenergie) (Abb. 1.1.). Jeder der im folgenden kurz umrissenen Wechselwirkungen ist durch einen bestimmten Verlaufstyp der Potentialkurve gekennzeichnet. Die Potentialkurve einer bestimmten intermolekularen Wechselwirkung spiegelt jeweils ein Gemisch verschiedener Wechselwirkungskräfte wider. Diese Kurven stellen jedoch nur eine theoretische An-

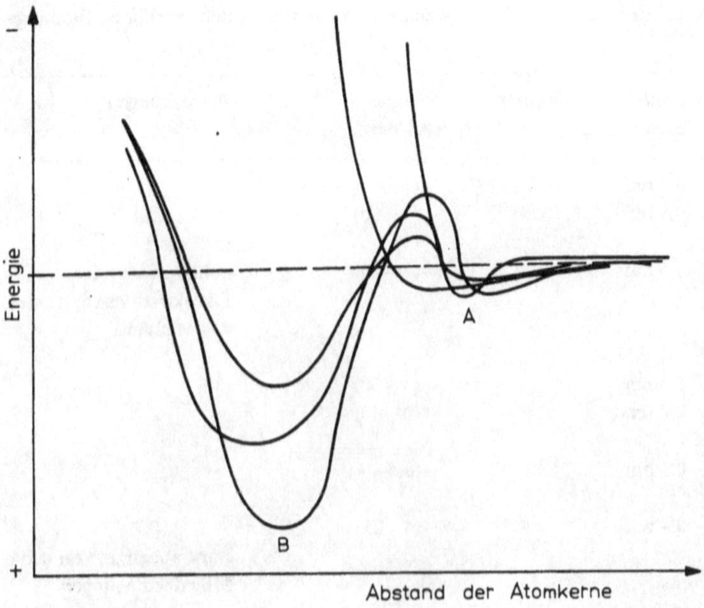

Abb. 1.1. Schematische Darstellung von Potentialkurven, die bei der Wechselwirkung von Molekülorbitalen bei der Annäherung zweier Moleküle entstehen können. Die Energieminima reversibler Wechselwirkungen (A) treten bei größerem Molekülabstand als die Energieminima chemischer Bindungen (B) auf. Bei Molekülen, die nicht zur Ausbildung chemischer Bindungen befähigt sind, wachsen mit zunehmender Annäherung die Abstoßungskräfte.

näherung an die wirklichen energetischen Verhältnisse dar. Dies ist deshalb der Fall, weil einerseits nur die Wechselwirkung einzelner Atome betrachtet wird (Rezeptor-Ligand-Wechselwirkungen sind immer komplexer Natur). Die Bindung des Liganden an den Rezeptor ist weiterhin in ein kompliziertes Netzwerk anderer zwischenmolekularer Wechselwirkungen eingebunden (Lösungsmittel Wasser und darin befindlichen Ionen). Deshalb ist diese einfache Form der Beschreibung der Wechselwirkungskräfte zunächst nur als Grundlage des theoretischen Verständnisses zu verwenden.

Unter Berücksichtigung dieser Einschränkungen lassen sich aus den in Abb. 1.1. schematisierten dargestellten Potentialkurven folgende Aussagen ableiten:

1. Mit zunehmender Annäherung von zwei Atomen (Molekülen) treten Kräfte aus dem Bereich der reversiblen Wechselwirkungen oder des Übergangsbereiches (Vergl. Tab. 1.2.) auf, die zu einem ersten Energieminimum, d. h. zu einer reversiblen Stabilisierung des Komplexes beider Moleküle führen. Der Anstieg der Kurven rechts von diesem Minimum (*A*) ist abhängig von der Art der Wechselwirkungskräfte, die mit unterschiedlicher Potenz des Molekülabstandes abnehmen. (Auf die Formeln zur Berechnung dieser Wechselwirkungsenergien wird in diesem Zusammenhang nicht eingegangen.)
2. Bei weiterer Annäherung der Moleküle ist erneut Energie aufzuwenden, um den Abstand zu verkleinern. Diese Abstoßungskräfte setzen bei einem Abstand beider Atomkerne ein, der der Summe der Radien ihrer vollständig besetzten Molekularorbitale entspricht. Die Abstoßung ist als Verminderung der Aufenthaltswahrscheinlichkeit von Elektronen in der Wechselwirkungsregion aufzufassen.
3. Die Überlappung unvollständig besetzter Molekülorbitale führt zu einem weiteren, meist wesentlich ausgeprägteren Energieminimum (*B*). Dies entsteht durch die starke Erhöhung der Aufenthaltswahrscheinlichkeit von Elektronen im Bindungsareal. Bei weiterer Annäherung der Atome kommt es jedoch wieder zum Überwiegen abstoßender Wechselwirkungskräfte entsprechend den Radien der besetzten Orbitale.

Auf der Grundlage dieser allgemeinen Vorstellungen können somit zwei Hauptgruppen

Tabelle 1.2. Zusammenfassung der bei der Rezeptor-Ligand-Wechselwirkung theoretisch beteiligten Bindungskräfte

Bindungsart	Reichweite nachweisbarer Wechselwirkung	Energie (KJ/mol)	Bemerkungen
Kovalente Bindung	0,1—0,2 nm	—(170—440)	
Ionenbindung	0,3—0,5 nm	—(>100)	im Kristall
		—(6)	in Wasser
Ion-Dipol-Wechselwirkung	0,3—0,5 nm	—(3—50)	abhängig von der Dielektrizitätskonstante des Mediums
Dipol-Dipol-Wechselwirkung	0,3—0,4 nm	—(3—30)	dto.
Wasserstoffbrückenbindung	0,3—0,4 nm	—(4—40)	
Dispersionswechselwirkung (London/van der Waals)	0,4—0,5 nm	—(0,5—4)	
Charge-Transfer-Wechselwirkung	0,3—0,4 nm	—(4—25)	
Entropiegetriebene (hydrophobe) Wechselwirkung	0,4 nm		stark abhängig von den Milieubedingungen

von zwischenmolekularen Wechselwirkungen unterschieden werden: die chemische Bindung (Punkt 3) und die reversiblen Wechselwirkungen (Punkt 2). Es gibt unterschiedliche Arten reversibler Wechselwirkung (Tab. 1.2.), denen jedoch gemeinsam ist, daß sie keine fließenden Übergänge in den Bereich der chemischen Bindung aufweisen. Letzteres ist jedoch nicht der Fall für Wechselwirkungen im Übergangsbereich. Diese weisen bereits Formen der intermolekularen Interaktion auf, die auch beim Zustandekommen einer chemischen Bindung eine Rolle spielen.

Abb. 1.2a. soll eine anschauliche Vorstellung davon vermittlen, wie durch die Addition reversibler Wechselwirkungen von Molekülorbitalen des Liganden und des Rezeptorareals eine hochaffine und mithin selektive Bindung beider Komponenten zustande kommt. Mit Hilfe der Computergrafik wurden hier die van der Waals-Oberflächen des Hemmstoffes Methotrexat sowie des aktiven Zentrums des Enzyms Dihydrofolatreduktase dargestellt. Dabei wurde an einer bestimmten Stelle durch beide Moleküle eine Schnittebene gelegt, die in Abb. 1.2a zu sehen ist. Zu erkennen ist, daß sich nahezu alle Moleküle im Bereich der maximalen Annäherung ihrer van der Waals-Oberflächen befinden.

Es wird also deutlich, daß es sich bei der Wechselwirkung von Rezeptor und Ligand um die Interaktion der (durch ihre Molekülorbitale charakterisierbaren) Oberflächen von Elektronenwolken handelt. Dies hat zur Folge, daß Liganden die hinsichtlich der Eigenschaften der Oberfläche der sie umgebenden Elektronen ähnlich sind, auch ähnliche pharmakologische Eigenschaften haben können, auch wenn ihre chemische Zusammensetzung und Struktur große Unterschiede aufweist.

Mit Hilfe computergrafischer Verfahren ist es möglich, den Liganden im Rezeptorareal so zu drehen, daß die resultierenden Wechselwirkungsenergien in den verschiedensten Lagen berechnet werden können. Diese Methoden werden die gezielte Wirkstoffsuche auch bei der Entwicklung neuer Agonisten bzw. Antagonisten für Membranrezeptoren dann außerordentlich befruchten, wenn es gelingt, ein genaues Raumstrukturmodell des Rezeptorareals des interessierenden Membranrezeptors zu erstellen. Hier ist jedoch der Entwicklungsstand der Enzymologie noch nicht erreicht. Dies liegt darin begründet, daß erst

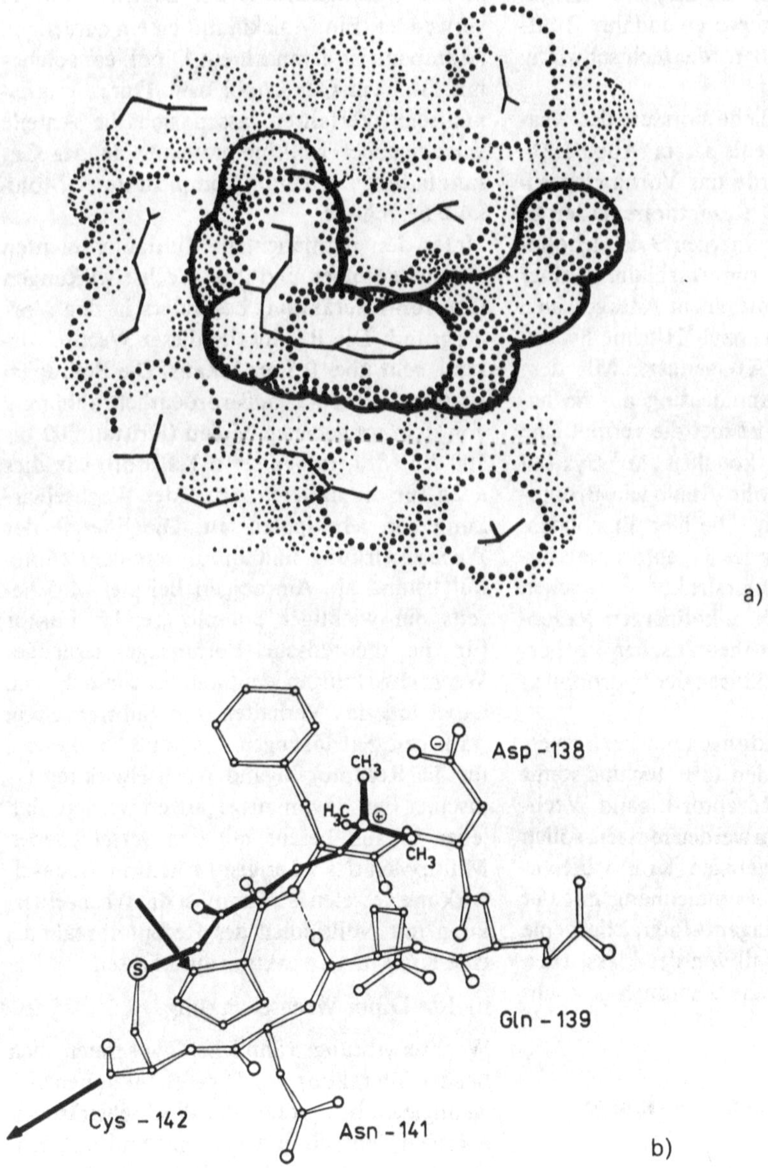

Abb. 1.2. Beispiele für die räumliche Lage eines Liganden im Rezeptorareal.

a) Einbettung von Methotrexat in das aktive Zentrum des Enzyms Dihydrofolatreduktase, dargestellt durch Modellierung eines Querschnitts durch die van der Waals-Oberflächen von Ligand und Rezeptorareal mit Hilfe der Computergrafik. (nach: P. Bash et al., Science **222,** 1327 (1983)).

b) Lage des kovalent gebundenen Acetylcholin-Derivates Bromoacetylcholin im Rezeptorareal der α-Untereinheit des nikotinergen Acetylcholinrezeptors aus Torpedo californica. Die Pfeile zeigen die Richtung des Peptidstranges an.
(nach: L. Smart et al., FEBS lett. **178,** 64 (1984)).

seit kurzem die Primärstruktur einiger Membranrezeptoren bekannt ist und die Kristallisation gereinigter Rezeptoren und ihre Röntgenstrukturanalyse außerordentlich schwierig ist.

Eine gegenwärtig mögliche Vorstufe der Analyse eines Rezeptorareals ist in Abb. 1.2b. dargestellt. Dabei wurde das Vorhandensein einer SH-Gruppe im Rezeptorareal der α-Untereinheit des nikotinergen Acetylcholinrezeptors (Cys 142) zur Ausbildung einer kovalenten Bindung mit einem Antagonisten (4-(N-Maleinimido) benzyl-^{3}H-trimethylammonium-Jodid, MBTA)) genutzt. Mit dem Ziel einer größeren Annäherung an die natürlichen Verhältnisse ist hier die vermutliche Lage des gleichfalls kovalent an Cys 142 gebundenen Acetylcholin-Analogen Bromoacetylcholin dargestellt. Die hier abgebildete hypothetische Struktur des Rezeptorareals basiert wesentlich auf Primärstrukturvergleichen der Untereinheiten des nikotinergen Rezeptors und Methoden der theoretischen Vorhersage von Sekundärstrukturen der hydrophilen Peptidsequenzen.

Da die chemischen Bindungen nur bei irreversiblen Rezeptorblockaden auftreten und somit als untypisch für die Rezeptor-Ligand-Wechselwirkungen angesehen werden müssen, sollen im folgenden nur diejenigen Kräfte behandelt werden, die im Zusammenhang mit der reversiblen Rezeptor-Ligand-Interaktion eine Rolle spielen. Dabei soll von der klassischen chemischen Terminologie Gebrauch gemacht werden.

1.2.2. Reversible Wechselwirkungen

a) Ion-Ion-Wechselwirkung

Eine unterschiedliche Verteilung von positiven Kernladungen und negativen Elektronenladungen ist für die meisten Moleküle gegeben. Dadurch entstehen verschiedene Aufenthaltswahrscheinlichkeiten der Elektronen innerhalb des Moleküls. Somit erscheint in einer kovalenten Bindung das eine Atom als partiell positiv und das andere als partiell negativ geladen. Für die Beschreibung eines Gesamtmoleküls unter diesem Aspekt wird in der Quantenchemie der Begriff Multipol verwendet. Ein Molekül mit einem derartigen Atompaar ist demnach ein Dipol, ein solches mit zwei ein Quadrupol usw. Durch mathematische Verfahren lassen sich die Anteile verschiedener Multipolmomente an der Gesamtladungsverteilung komplizierterer Moleküle berechnen.

Unter den permanenten Multipolmomenten treten Ladungen und ihre Wechselwirkungen (Ion-Ion-Interaktion) besonders in den Vordergrund. Die Reichweite dieser Wechselwirkung geht über 0,5 nm hinaus. Die Bindungsenergie ist jedoch außerordentlich abhängig von dem umgebenen Milieu (Kristall 300 bis 500 KJ/Mol, in Wasser 6 KJ/Mol), wie dies auch für die anderen Arten der Wechselwirkung von Multipolen gilt. Die Energie der Wechselwirkung fällt linear mit dem Molekülabstand ab. Am obigen Beispiel wird bereits ein wichtiger komplizierender Faktor für die theoretische Vorhersage derartiger Wechselwirkungen deutlich. Es handelt sich dabei um das Verhalten von Substanzen in wäßrigen Salzlösungen. Es muß in diesem, für die Rezeptor-Ligand-Wechselwirkung typischen Fall davon ausgegangen werden, daß jeder Ligand bereits mit den verschiedenen Multipolen des wäßrigen Milieus in Wechselwirkung getreten ist. Somit ist die Wechselwirkung mit Multipolen des Rezeptorareals als eine Konkurrenzreaktion aufzufassen.

b) Ion-Dipol-Wechselwirkung

Wechselwirkungen ähnlichen Typs treten auch bei der Interaktion von Dipolen mit Ionen auf, wenngleich hier jedoch die Wechselwirkungsenergien deutlich geringer sind und mit dem Quadrat des Abstandes zwischen den beteiligten Atomen abfallen.

c) Dipol-Dipol-Wechselwirkungen

Wechselwirkungen zwischen Dipolen, die nicht als Ladungen in Erscheinung treten, haben eine geringere Reichweite (0,2—0,4 nm). Ihre Energie fällt mit der dritten Potenz des Abstandes ab.

d) Dynamische Polarisationswechselwirkung

Gelangt ein Molekül ohne permanente Multipolmomente in das elektrische Feld eines permanenten Multipolmomentes, kann in ersterem ein Übergangsmultipolmoment induziert werden. Beide Reaktionspartner verhalten sich somit in der Zeit ihrer unmittelbaren Wechselwirkung wie zwei Multipole.

e) Wasserstoffbrückenbindung

Die Wasserstoffbrückenbindung stellt einen speziellen Fall dar, der sowohl Komponenten einer Dipol-Dipol-Wechselwirkung als auch der charge-transfer Wechselwirkung enthält. Zunächst besteht das Wesen der Wasserstoffbrückenbindung darin, daß ein kovalent an ein elektronegatives Atom gebundenes Proton mit einem anderen elektronegativen Atom in Wechselwirkung tritt. Hier handelt es sich also um die elektrostatische Wechselwirkung permanenter Dipole. Diese in der gesamten Biologie außerordentlich wichtige Form der intermolekularen Wechselwirkung (Stabilisierung der Konformation biologischer Makromoleküle, wie Proteine und Nukleinsäuren) führt jedoch zuweilen zu außerordentlich hohen Wechselwirkungsenergien und geringen Molekülabständen, die nicht allein durch eine Dipol-Dipol-Wechselwirkung erklärt werden können. Deshalb muß die zusätzliche Beteiligung von charge-transfer Wechselwirkungen angenommen werden. Dies wird auch durch die Beobachtung von Ladungsverschiebungen innerhalb von Proteinen über Ketten von Wasserstoffbrückenbindungen unterstrichen.

f) Dispersionskräfte (London/van der Waals-Kräfte)

Weiterhin seien noch die Wechselwirkungen zwischen Molekülen ohne permanente Dipolmomente erwähnt, die auch als Londonsche Dispersionskräfte bezeichnet werden. Es handelt sich hier um die schwache Wechselwirkung temporärer Multipole, die durch die gegenseitige Beeinflussung von Elektronensystemen entstehen. Zuweilen wird der Begriff „van der Waals-Kräfte" auch in einer wesentlichen umfassenderen Bedeutung für alle reversiblen Wechselwirkungsarten gebraucht.

g) „charge-transfer" Komplexe

Im Bereich der Molekülabstände, in denen wesentliche Teile der reversiblen Wechselwirkungen zustandekommen, treten weitere Kräfte auf, die auch als wesentliches Moment der Überlappung von Molekülorbitalen bei der Ausbildung kovalenter Bindungen in Erscheinung treten. Hier wird jedoch keine kovalente Bindung ausgebildet.
Bei der Ausbildung von „charge-transfer" Komplexen kommt es zur Wechselwirkung von besetzten Elektronenzuständen eines Moleküls mit unbesetzten Elektronenzuständen eines anderen. In der klassischen Terminologie ausgedrückt, handelt es sich um die Wechselwirkung eines Elektronendonators (π-Elektronen, freie Elektronenpaare) mit einem Elektronenakzeptor. Die Bindungsenergie liegt etwa im Bereich der Dipol-Dipol-Wechselwirkung.

h) Austausch-Repulsions-Wechselwirkung

Im Gegensatz zu g) führt die Annäherung vollständig besetzter Molekülzustände zu einer Abstoßung der Moleküle, die als Austausch-Repulsions-Wechselwirkung bezeichnet wird. Sie ist der Grund dafür, daß eine weitere Annäherung der Moleküle verhindert wird.

i) Entropiegetriebene (hydrophobe) Wechselwirkungen

Wie bereits bei der Besprechung der Wechselwirkungen zwischen Ladungen zum Ausdruck gebracht wurde, sind die in den vorigen Abschnitten behandelten Wechselwirkungen nur zu beobachten, wenn sich die beteiligten Moleküle auf einen bestimmten Abstand angenähert haben und allein im Raum sind. Beide Voraussetzungen sind jedoch in den wässrigen Salzlösungen biologischer Flüssigkeiten, die das Milieu für Rezeptor-Ligand-Wechselwirkungen darstellen, nicht gegeben. Die Hydratationshüllen um Multipole sowie deren Wechselwirkungen mit anderen Multipolen des Milieus stellen eine energetische Barriere dar, deren Überwindung die Voraussetzung für die Ausbildung der Wechselwirkungen a)- h) ist.

Es ergeben sich jedoch aus den besonderen Eigenschaften des Lösungsmittels Wasser neue Kräfte, die für das Zustandekommen einer Rezeptor-Ligand-Wechselwirkung von überragender Bedeutung sind. Es handelt sich hier um das fälschlicherweise als hydrophobe Wechselwirkung bezeichnete Phänomen.

Unabhängig von einer Reihe offener Fragen bezüglich der genauen Struktur des Wassers kann doch als gesichert angesehen werden, daß wesentliche Teile der Wassermoleküle in Clustern organisiert sind. Hierbei werden die einzelnen Wassermoleküle hauptsächlich durch Wasserstoffbrückenbindungen stabilisiert. Die Stärke dieser Wechselwirkung wird klar, wenn man berücksichtigt, daß vergleichbare Moleküle, wie z. B. H_2S, bei gleichen Temperaturen in der Gasphase vorliegen.

Cluster und freie Wassermoleküle stehen in einem fluktuierenden Gleichgewicht miteinander. Dieses Gleichgewicht wird in Richtung der Clusterbildung verschoben, wenn hydrophobe Moleküle in das Wasser aufgenommen werden. Dies entspricht einer Zunahme des Ordnungsgrades in der Umgebung der hydrophoben Moleküle, d. h. einer Entropieabnahme. Eine erneute Zunahme der Entropie, d. h. der thermodynamisch begünstigte Zustand, kann nur dadurch erreicht werden, daß das hydrophobe Molekül aus der wäßri-

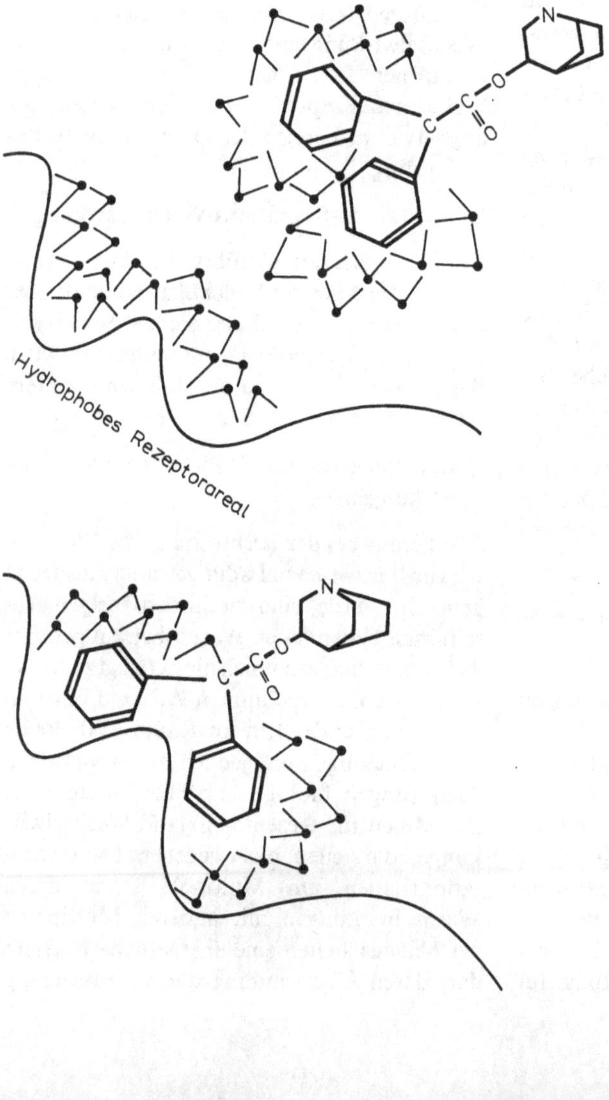

Abb. 1.3. Hypothetisches Beispiel zur Darstellung des Prinzips der „hydrophoben Wechselwirkungen“.
Durch Anlagerung des hydrophoben Molekülbereiches von Quinuclidinylbenzilat (Antagonist des muskarinergen Acetylcholinrezeptors) an hydrophobe Bereiche des Rezeptorareals (1.3b.) erfolgt eine Verminderung des Anteils geordneter Strukturen (Cluster) im wäßrigen Medium (1.3a).

gen Phase gedrängt wird. Dies ist durch die Bindung an Proteine (Rezeptoren, Abb. 1.3.) oder die Lipidmembran möglich. Da die unmittelbaren Wechselwirkungskräfte (entsprechend f)) zwischen den hydrophoben Molekülen zwar vorhanden, aber vernachlässigbar gering sind, handelt es sich bei diesem Wechselwirkungstyp um Spezialfälle der Einstellung eines Verteilungsgleichgewichtes. Es geht also um ein Phänomen, welches seine energetische Basis hauptsächlich in der Entropiezunahme des Lösungsmittels und kaum in den intermolekularen Wechselwirkungskräften (London/van der Waals-Kräften) hat. Im Gegensatz zu letzteren nimmt die Stärke der entropiegetriebenen Wechselwirkungen mit zunehmender Ionenstärke und Temperatur zu. Insofern ist der Ausdruck „hydrophobe Wechselwirkung" irreführend.

Die entropiegetriebene („hydrophobe") Wechselwirkung dürfte also einen wesentlichen energetischen Beitrag zur Annäherung des Liganden an den Rezeptor leisten. Die dann in Abhängigkeit von der Dielektrizitätskonstante des umgebenden Milieus (an Protein- bzw. Lipidgrenzflächen oft wesentlich niedriger als in Lösung) mit abnehmendem Abstand der Moleküle in Erscheinung tretenden Interaktionen stellen in ihrer Summe den Energiebeitrag dar, der die Stärke der intermolekularen Wechselwirkung ausmacht.

1.2.3. Thermodynamische und kinetische Aspekte

Thermodynamisch kann die Bildung des Rezeptor-Ligand-Komplexes durch die Gleichung

$$\Delta G^0 = -RT \ln K_{ass}$$

charakterisiert werden. Hierbei ist G^0 die freie Standardreaktionsenthalpie, R die Gaskonstante und T die absolute Temperatur. K_{ass} ergibt sich auf der Basis von

$$R + L \underset{k_{-1}}{\overset{k_1}{\rightleftharpoons}} RL \quad \text{als} \quad K_{ass} = \frac{k_1}{k_{-1}}.$$

Dabei steht R für Rezeptor, L für Ligand, k_1 für die Assoziationsgeschwindigkeitskonstante und k_{-1} für die Dissoziationsgeschwindigkeitskonstante.

Eine alternative Ausdruckform für ΔG^0 ist

$$\Delta G^0 = \Delta H^0 - T\Delta S^0$$

(van't Hoff-Gleichung),
wobei ΔH^0 die Standardreaktionsenthalpie und ΔS^0 die Standardreaktionsentropie symbolisieren.

Die Bedeutung dieser Betrachtungsweise wird klar, wenn man z. B. die Besonderheiten der in Abschnitt 1.2.2. dargestellten entropiegetriebenen („hydrophoben") Wechselwirkung ins Auge faßt. Während bei allen anderen Wechselwirkungsarten ausschließlich die Reaktionsenthalpie (ΔH) betrachtet wurde, ist in diesem Falle die Entropiezunahme im System die entscheidende Komponente, welche ΔG^0 negative Werte annehmen läßt, somit also zu einer thermodynamisch freiwillig ablaufenden Reaktion der Ligandbindung führt.

Die in Abschnitt 1.2.2. aufgeführten Wechselwirkungen beziehen sich jeweils auf die Interaktion von nur zwei Atomen. Dieser einfachste Fall tritt jedoch bei der Rezeptor-Ligand-Interaktion praktisch nicht auf. Jeder Ligand steht mit dem Rezeptor an mehreren Stellen des Moleküls in Wechselwirkung. Dabei ist davon auszugehen, daß zunächst an einer Stelle eine schwache Interaktion auftritt, die noch eine schnelle Dissoziation des Liganden vom Rezeptor erlaubt. Die durch die erste Bindung bevorzugte Ausbildung weiterer Kontakte führt erst zu der endgültigen Rezeptor-Ligand-Wechselwirkung:

$$R + L \underset{k_{-1}}{\overset{k_1}{\rightleftharpoons}} R\text{--}\,\text{--}L \underset{k_{-2}}{\overset{k_2}{\rightleftharpoons}} R{=}\,{=}L \underset{k_{-3}}{\overset{k_3}{\rightleftharpoons}} R{\equiv}\,{\equiv}L \quad \underset{k_{-4}}{\overset{k_4}{\rightleftharpoons}} \quad R^+ + L$$

Unter diesem Gesichtspunkt ist zu erwarten, daß viele Rezeptoren hinsichtlich k_1 außerordentlich ähnliche Werte aufweisen. In der Praxis ist dies jedoch nur zu messen, wenn die einzelnen Schritte außerordentlich langsam vor sich gehen. Dies ist meist nur bei

gleichzeitigen Konformationsumlagerungen des Rezeptors der Fall.
Entscheidender Ausdruck der Wechselwirkungsenergie zwischen Rezeptor und Ligand ist also die Dissoziationsrate, wobei diese sich sowohl aus k_{-1}, k_{-2} und k_{-3} zusammensetzen kann oder durch k_4 (z. B. bei Konformationsumlagerung von Rezeptoren nach Bindung von Agonisten) charakterisiert wird.
Bei dieser Vorstellung der sukzessiven Bindung von Liganden an Rezeptoren spielt aber nicht nur das schrittweise „Einrasten" starrer, komplementärer Konformationen eine Rolle. Zusätzlich weisen die Liganden (insbesondere z. B. Peptide) oft eine Fülle von Konformeren auf, die nur durch geringe Energiebarrieren getrennt sind. Somit kann die Konformation des Liganden durch die mit k_{+1} bis k_{+n} charakterisierten Wechselwirkungsschritte sukzessiv zu einer komplementären gemacht werden. Es konnten sogar Konformationsänderungen von Liganden gefunden werden, die eine Energie im Bereich von 10—20 KJ je Mol erfordern.
Da man es also mit zwei Reaktionspartnern mit variabler Konformation und einem schwer definierbaren Mikromilieu zu tun hat, wird deutlich, welche Schwierigkeiten der Vorhersage eines Liganden mit optimaler „Paßform" zum Bindungsareal eines Rezeptors im Wege stehen (4, 16).
Generell kommt der Wechselwirkungsenergie zwischen Rezeptor und Ligand die Bedeutung des entscheidenden biologischen Signals zu, denn durch sie wird der Stimulus zu einer (partiellen) Konformationsänderung des Rezeptors bzw. zu dessen Fixierung in einer bestimmten Konformation (Kap. 2) gegeben.

1.3. Was ist ein Rezeptor? Rezeptordefinitionen in Abhängigkeit von der Betrachtungsebene

Diese Überlegungen sind die Voraussetzung dafür, die Frage zu beantworten: Was ist ein Rezeptor?
Im Sinne von Kapitel 1.2. wäre ein Rezeptor also jeder Wechselwirkungspartner eines Pharmakons, der eine positive Energiebilanz ermöglicht. Ob ein Rezeptor-Ligand-Komplex in einem für einen biologischen Effekt relevanten Konzentrationsbereich zustande kommt, hängt also ausschließlich von der Gesamtenergie der Wechselwirkung ab. Ist diese klein, sind hohe Konzentrationen des Liganden erforderlich, ist sie groß, sind niedrige Konzentrationen bereits ausreichend.
Damit wird das begriffliche Problem, vor dem wir hier stehen, deutlich. Es handelt sich also um fließende Übergänge, die eine klare Abgrenzung schwierig machen. Somit kann ein beliebiger Ligand bei einer gegebenen Konzentration nur einen „Rezeptor" besitzen, aber bereits bei der 10 bis 100fachen Konzentration kann sich die Zahl der für diesen Liganden als Reaktionspartner in Frage kommenden „Rezeptoren" vervielfacht haben. Dies hat zur Folge, daß in der Vergangenheit jeder Untersucher die jeweils analysierten Targetsysteme eines Liganden als dessen Rezeptoren bezeichnete. Zusätzlich muß die Einschränkung gemacht werden, daß diese Bezeichnung nur für das jeweils interessierende System benutzt wird, ohne häufig genau zu wissen, ob nicht andere Targetsysteme auch biologisch relevante Komplexe mit dem Liganden bilden.
Das Problem einer eindeutigen Begriffsbestimmung ist in den letzten 10 Jahren insbesondere dadurch akut geworden, daß neben dem pragmatisch und phänomenologisch orientierten Rezeptorbegriff der Pharmakologie ein neuer Inhalt dieses Wortes immer deutlicher in Erscheinung trat. Es handelt sich hier um die z. T. schon gut charakterisierten Signalweiterleitungssysteme der Zellmembran, die mit endogenen Mediatoren mit hoher Spezifität reagieren. Somit wurde eine Spezifität (Selektivität) bei vielen „Rezeptor-Ligand-Wechselwirkungen' suggeriert, die tatsächlich nur selten vorhanden war.
Es empfiehlt sich also, zwischen verschiedenen Ebenen des Rezeptorbegriffes zu unterscheiden:

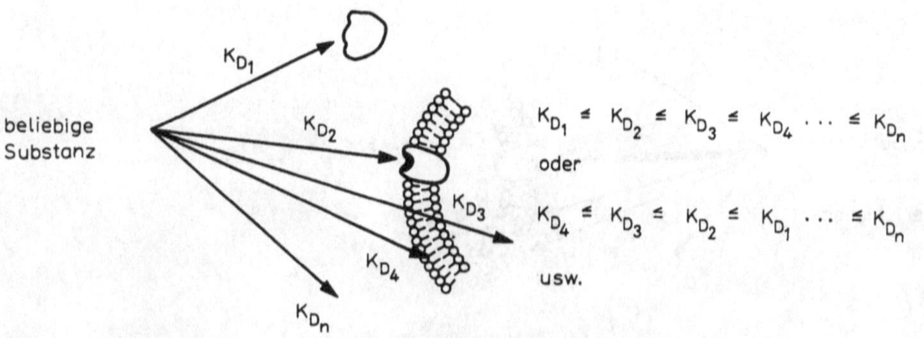

Abb. 1.4. Allgemeinste Form des Rezeptorbegriffs (Akzeptor) entsprechend Definition 1.

1. Rezeptorbegriff in der allgemeinsten Form (Akzeptor)

Rezeptoren sind Bindungsstellen für Pharmaka, unabhängig von den molekularen und physiologischen Eigenschaften des Targetsystems. Wie viele Rezeptortypen (Typen von Bindungsstellen bzw. bindenden Molekülen) bei einer therapeutisch interessanten Konzentration existieren, und welche von ihnen für den biologischen Effekt verantwortlich sind, ist nicht erschöpfend bekannt. Die verschiedenen Bindungsstellen unterscheiden sich nur graduell in ihrer Dissoziationskonstante gegenüber dem Liganden (Abb. 1.4.). In diesem Zusammenhang sollte der Begriff „Akzeptor" verwendet werden.

2. Rezeptorbegriff in spezieller Form

Der Rezeptor ist bei einer therapeutisch interessanten Konzentration des Pharmakons ein einziger Bindungsort, wobei es sich gleichermaßen um Proteine, Enzyme, Nucleinsäuren oder Lipide handeln kann. Dieser Rezeptor ist als eine spezifische Bindungsstelle einzustufen, da die Dissoziationskonstante dieses Rezeptor-Ligand-Komplexes deutlich unterhalb der Dissoziationskonstanten anderer Bindungsstellen liegt. Letztere werden somit unter dem Begriff „unspezifische Bindungsstellen" zusammengefaßt (Abb. 1.5.).

3. Rezeptoren als Angriffsorte endogener Mediatoren

Rezeptoren in diesem Sinne sind molekular definierte homogene Targetsysteme, die mit einem endogen vorkommenden Liganden reagieren. Diese Reaktion erfolgt im Sinne von 2. spezifisch. Diesen Rezeptor-Ligand-Wechselwirkungen kommt eine endogene Regulatorfunktion zu, die durch exogen zugeführte Liganden in Form von Pharmaka gezielt beeinflußt werden kann (Abb. 1.5.).

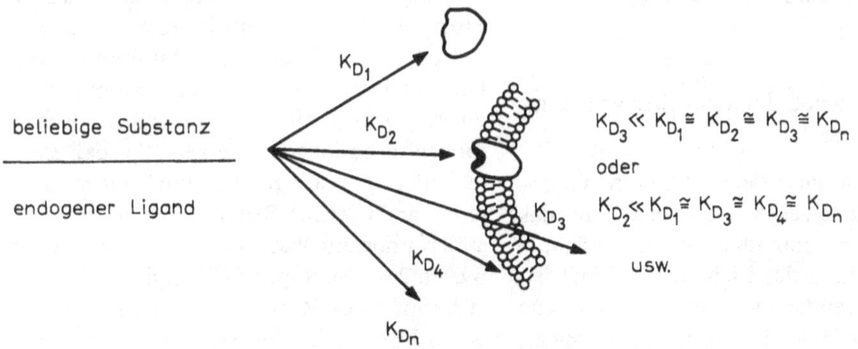

Abb. 1.5. Rezeptorbegriff im Sinne von Definition 2 und 3.

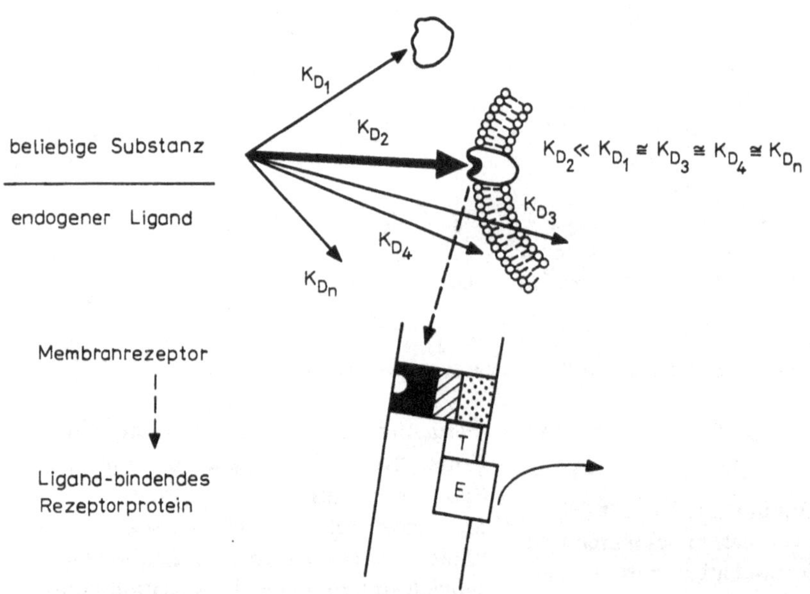

Abb. 1.6. Rezeptorbegriff im Sinne von Definition 4 und 5.

4. Membranrezeptoren

Mit diesem Begriff sollen ausschließlich diejenigen Membranproteine charakterisiert werden, die Bestandteile eines endogenen Signalweiterleitungssystems an der Zellmembran sind. Hierbei ist gleichgültig, ob das durch die Rezeptor-Ligand-Bindung entstehende Signal zu einem elektrischen Signal, einer zellspezifischen Syntheseleistung oder einer Zelldifferenzierung bzw. Migration führt. Es wird der Gesamtkomplex der Signalweiterleitungssysteme in die Definition mit eingeschlossen (Abb. 1.6.).

5. Ligand-bindende Untereinheiten von Membranrezeptoren

Es handelt sich um diejenigen Untereinheiten des Membran-Rezeptor-Komplexes, die das räumliche Areal enthalten, welches zur spezifischen Bindung des Liganden befähigt ist. Andere Untereinheiten, regulative Proteine und Bestandteile des Effektuierungssystemes, fallen nicht unter diese Definition (Abb. 1.6.).

6. Die Unterscheidung zwischen Rezeptorsubtypen und interkonvertierbaren Rezeptorkonformationen

Rezeptorsubtypen sind Rezeptoren, die sich in ihrem biochemischen Aufbau leicht, aber dennoch signifikant unterscheiden. Sie aktivieren oft unterschiedliche Effektorsysteme. Sie reagieren mit dem gleichen endogenen Liganden, weisen jedoch selektive Bindungseigenschaften gegenüber einer Vielzahl anderer Agonisten und Antagonisten auf. Dies ermöglichte ihre Charakterisierung. Rezeptorsubtypen kommen meist in unterschiedlicher Verteilung im Gewebe vor. Das wesentlichste Unterscheidungsmerkmal von Rezeptorsubtypen gegenüber interkonvertierbaren Rezeptorkonformationen ist die Tatsache, daß erstere unter physiologischen (und meist auch unter artifiziellen) Bedingungen nicht ineinander umwandelbar sind. Viele Rezeptoren weisen 2—5 Subtypen auf (vergl. Kap. 17). Wesentlichstes Merkmal von interkonvertierbaren Rezeptorkonformationen ist demgegenüber die biochemische Identität beider Konformationen und die Tatsache einer reversiblen Umwandlung ineinander unter physiologischen Bedingungen. Interkonvertierbare Rezeptorkonformationen entstehen z. B. durch die Assoziation bzw. Dissoziation eines GTP-G-Protein-Komplexes wie dies in Kap. 12 dargestellt ist. Die Ligand-Bindungseigenschaften von interkonvertierbaren Rezeptorkonformationen unterscheiden sich insbesondere bei Agonisten. Die Änderungen des Mikromilieus (GTP-Konzentration, Mg^{++}-Konzentration, Redox-Potential) führt auch zu einer Verschiebung des Anteils der verschiedenen Konformationen (Vergl. Kap. 12, Abb. 3).

Aus dem Gesagten geht hervor, daß Rezeptorsubtypen oft interkonvertierbare Rezeptorkonformationen besitzen, deren proportionales Verhältnis Ausdruck der Zahl der reaktionsbereiten Rezeptoren ist.

7. Rezeptoren mit variabler Struktur

Rezeptoren mit variabler Struktur entstehen durch die Rekombination von Gensegmenten auf der Ebene der DNS. Nach gegenwärtiger Kenntnis fallen in diese Gruppe die Antikörper und die Antigen-Rezeptoren von T-Zellen. Die Vielfalt der Struktur des Rezeptorareals bei diesen Rezeptoren ist notwendig, weil sie nicht zur Erkennung eines bestimmten Liganden, sondern zur selektiven Wechsel-Wirkung mit einer der 10^6-10^7 möglichen Antigenstrukturen in der Lage sein müssen. Dies bedeutet, der Rezeptor wird hinsichtlich eines bestimmten Liganden selektiert und

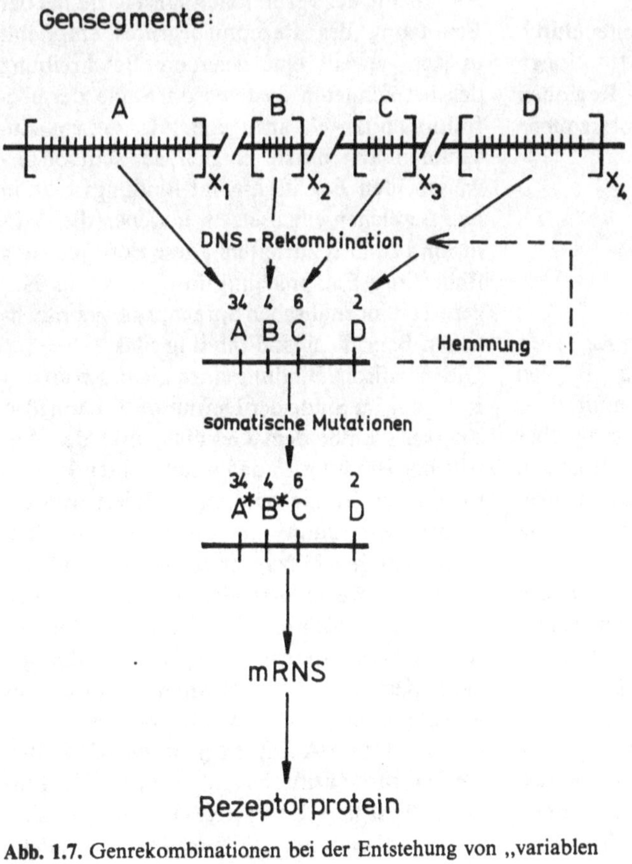

Abb. 1.7. Genrekombinationen bei der Entstehung von „variablen Rezeptoren" im Sinne von Definition 7.

durch die Proliferation des entsprechenden Lymphozytenklons vermehrt.
Das Grundprinzip der Genrekombination bei der Bildung variabler Rezeptoren ist in Abb. 1.7. dargestellt. Es gilt gleichermaßen für Antikörper wie für Antigen-Rezeptoren von T-Zellen. Die zu rekombinierenden Genelemente zu 3–4 verschiedenen Grundtypen, die jeweils die Peptidsequenz eines bestimmten Teils des Rezeptormoleküls kodieren. Es existiert im Genom eine Anzahl strukturell unterschiedlicher Formen dieser Grundtypen. Deren, in Abb. 1.7. mit *x* symbolisierte Anzahl kann (in Abhängigkeit vom untersuchten Grundtyp) zwischen 4 und 100–300 betragen. Wie leicht einzusehen ist, kann durch deren Rekombination bereits eine außerordentlich große Zahl von Rezeptoren mit unterschiedlicher Primärsequenz und mithin unterschiedlicher Struktur des Rezeptorareals gebildet werden.
Diese Viefalt wird jedoch noch weiter durch eine sehr hohe Rate somatischer Mutationen in den sogenannten hypervariablen Regionen erhöht. Dabei wird eine Mutationsfrequenz von

$$\frac{10^{-3} - 5 \times 10^{-5} \text{ Mutationen}}{\text{Basenpaar} \times \text{Zelle} \times \text{Generation}}$$

erreicht. Da sich die hypervariablen Regionen ausschließlich im Rezeptorareal z. B. von Antikörpern befinden, tragen sie unmittelbar zur weiteren Erhöhung der Zahl möglicher Rezeptoren bei. Man kann davon ausgehen, daß auf der Grundlage dieser Mechanismen die Bildung von 10^6-10^8 verschiedenen Rezeptoren möglich ist.
Wie in Abb. 1.7. dargestellt, erfolgt nach abgeschlossener Rekombination der Genelemente eine Hemmung weiterer Rekombinationen. Gleichzeitig wird das rekombinierte Gen gegen weitere Veränderung durch somatische Mutationen geschützt, so daß der entsprechende Lymphozytenklon nach Übergang in ein ausgereiftes Differenzierungsstadium nur noch einen Rezeptortyp ohne jede weitere Veränderung produziert.
Antikörper können dann als Membranrezeptoren fungieren, wenn sie durch die membranständigen Fc-Rezeptoren gebunden werden. Dies ist bei Lymphozyten die Regel. Im Gegensatz zu Membranrezeptoren für Neurotransmitter oder Peptide erfolgt die Aktivierung der Effektorsysteme jedoch nicht durch die Weiterleitung einer Ligand-induzierten Konformationsumlagerung, sondern nur durch die Vernetzung von mindestens 2 Fc-Rezeptor-Antikörper-Komplexen durch das entsprechende Antigen. Dieses muß also mindestens 2 Determinanten besitzen, mit denen jeweils ein Antikörper (bzw. ein T-Zell-Antigen-Rezeptor) reagieren kann.
Da variable Rezeptoren unter molekularpharmakologischen Gesichtspunkten von untergeordneter Bedeutung sind, werden sie im Rahmen des vorliegenden Buches nicht ausführlicher behandelt.
Angesichts der verbreiteten Unschärfe bei der Benutzung des Rezeptorbegriffes empfiehlt es sich, jeweils eine genauere Beschreibung des bezeichneten Systems im Sinne der Definitionen 1.–7. anzugeben. In diesem Zusammenhang dürfte es sich als sinnvoll erweisen, den Begriff Ligand-Bindungsstelle in den Bereichen einzusetzen, in denen die Definition 1. und 2. zutreffen. Diese Formulierung findet ihre Entsprechung in dem bereits längere Zeit im englischen Sprachraum gebräuchlichen Begriff „ligand binding sites".
Die spezifische Bindung eines Liganden an den Rezeptor im Sinne der Definition 1. kann also einerseits unter dem Gesichtspunkt des Anteils der Bindung an den untersuchten Rezeptor an der Gesamtbindung definiert werden. Andererseits kann aber die spezifische Bindung sich gegenüber der unspezifischen Bindung durch eine weit höhere Festigkeit auszeichnen (Definition 2.). Somit ist für die Abgrenzung spezifisch-unspezifisch die genaue Kenntnis der molekularen Natur des Rezeptors nicht zwingend erforderlich.
Damit ist zum Ausdruck gebracht, daß auch die Begriffe spezifische und unspezifische Bindung fließende Übergänge haben, wie dies schon anhand der Rezeptordefinitionen demonstriert wurde.

Probleme der Begriffsbildung

Wenngleich sich der Ausdruck „spezifisch" bereits seit langem eingebürgert hat, ist doch unter den o. g. Gesichtspunkten die vorzugsweise Benutzung des Ausdruckes „selektiv" vorzuziehen. „Spezifisch" suggeriert eine Ausschließlichkeit der Bindung an eine homogene Population von Bindungsstellen. In Wahrheit ist jedoch die Bindung eines Liganden in Abhängigkeit von seiner Struktur und Konzentration nur mehr oder weniger „selektiv". Somit wäre es treffender, die Bezeichnungen selektive und unselektive Bindung zu gebrauchen.

Ein weiteres semantisches Problem besteht in der Form der Bezeichnung eines bestimmten Rezeptortyps. Es ist allgemein gebräuchlich geworden, z. B.

Acetylcholin-Rezeptoren als cholinerge Rezeptoren,
Adrenalin-Rezeptoren als adrenerge Rezeptoren,
Dopamin-Rezeptoren als dopaminerge Rezeptoren usw.

zu bezeichnen. Hierbei existieren kaum Unterschiede zwischen dem deutschen und dem englischen Sprachgebrauch.

Diese Formulierungsweise ist aber schon seit langem mit anderer Sinngebung eingeführt. So z. B. für adrenerge Fasern, adrenerge Präsynapsen usw., d. h. im Sinne von Adrenalinhaltig, Adrenalin-freisetzend. Rezeptoren können aber nicht „adrenerg" sein – sie sind Adrenalin-bindend. Somit wäre es richtiger, z. B. von muskarinischen Acetylcholinrezeptoren zu sprechen, wie dies im englischen alternativ zu „muscarinergic" oft auch in Form von „muscarinic" verwendet wird, während „adrenalinic" nicht vorkommt und stattdessen stets „adrenergic" verwendet wird. So hat sich für jedes Rezeptorsystem ein bestimmtes, durch die Gewohnheit der einzelnen Arbeitsgruppen fixiertes Verhältnis der Benutzungshäufigkeit der drei Grundformen, z. B.

Muskarin-Acetylcholin-Rezeptor,
muskarinerger Rezeptor und
muskarinischer Rezeptor

herausgebildet, d. h. die Bezeichnungsweise der Membranrezeptoren ist in sich uneinheitlich und z. T. terminologisch falsch.

Es ist schwer möglich in dieser Frage Änderungen zu initiieren, deshalb wurden die gebräuchlichen Formulierungen verwendet.

Zitierte Literaturbeispiele

1. Ariens, D. J.: Affinity and intrinsic activity in the theory of competitive inhibition, Arch. Int. Pharmacodyn. Ther. **99**, 32 (1954)
2. Ariens, E. J.: Receptors: From fiction to fact, TIPS inaugural issue, 11 (1979)
3. Clark, A. J.: The reaction between acetyl choline and muscle cells. J. Physiol. **61**, (1926) 530 Springer Verlag Berlin (1937)
4. Eftink, M. and R. Biltonen: Thermodynamics of interaction biological systems. In: Biolotical Microcalorimetry, A. E. Beezer, Ed., Academic Press London, p. 343 (1980)
5. Ehrlich, P.: Chemotherapeutics: Scientific principles, methods and results. Lancet **2**, (1913) 445
6. Fischer, E.: Einfluß der Configuration auf die Wirkung der Enzyme, Ber. Dtsch. Chem. Ges. **27**, 2985 (1894)
7. Franke, R.: Optimierungsmethoden in der Wirkstofforschung, Akademie-Verlag, Berlin (1980)
8. Greaves, M. F.: Cell surface receptors. In: Receptors and Recognition, Series, A., P. Cuatreacasas and M. F. Greaves, Eds., Chapman and Hall, London p. 3 (1976)
9. Koshland, D. E. Jr., G. Nemethy and D. Filmer: Comparison of experimental binding data and theoretical models in proteins containing subunits. Biochemistry **5**, 363 (1966)
10. Langley, J. N.: On the physiology of the salivary secretion. J. Physiol. (London) **1**, 339 (1878)
11. Langley, J. N.: On the reaction of cells an of nerve, endings to certain poisons, chiefly as reards the reaction of striated muscle to nicotine and to curare. J. Physiol. (London) **33**, 374 (1905)
12. de Meyts, P. and G. G. Rousseau: Receptor Concepts: A Century of Evolution. Supp. I, Circulation Res. **46**, 3 (1980)
13. Monod, J., J. Wyman and J. P. Changeux: On the nature of allosteric transitions: A plausible model. J. Biol. **12**, 88 (1965)
14. Paton, W. D. M.: A theory of drug action based on the rate of drugreceptor combination. Proc. Royal Soc. London (Biol.) **154**, 21 (1961)
15. Seydel, J. D. und K. J. Schaper: Chemische

Struktur und biologische Aktivität von Wirkstoffen, Methoden der quantitativen Struktur-Wirkungsanalyse, Verlag Chemie, Weinheim (1979)

16. Steitz, T. A., R. Harrison, I. T. Weber and M. Leahy: Ligand-induced conformational changes in proteins. In: Mobility and function in proteins and nucleic acids. Ciba Foundation Symposium, 93, 25 (1983)

Weiterführende Literatur

Chien, Y., N. R. J. Gascoigne, J. Kavaler, M. E. Lee and M. M. Davies: Somatic recombination in a murine T-cell receptor gene. Nature **309**, 322 (1984)

Coleclough, C.: Chance, necessity and antibody gene dynamics. Nature **303**, 23 (1983)

Limbird, L. E.: Cell surface receptors: A short course on theory an methods. Martinus Nijhoff Publishing, Boston, Dordrecht, Lancaster (1986)

Marangos, P. J., I. C. Campbell and R. M. Cohen (Eds.): Brain receptor methodologies. Part A, Academic Press, New York, London (1984)

O'Brien, R. D. (Ed.): The receptors. A comprehensive treatise. Vol. 1, General principles and procedures. Plenum Press, New York, London (1979)

Scheler, W.: Grundlagen der Allgemeinen Pharmakologie. Gustav Fischer Verlag, Jena (1980)

2. Rezeptortheorien — Beschreibung von Alternativen oder von Teilaspekten eines komplexen Mechanismus?

Theoretische Modelle von Rezeptoren wurden bereits zu einem Zeitpunkt entwickelt, zu dem noch keinerlei Kenntnisse über die molekularen Eigenschaften von Rezeptoren und ihrer Effektorsysteme vorlagen. Sie gingen von der Beobachtung aus, daß bei Gabe von Pharmaka in isolierten Organsystemen konzentrationsabhängig und reproduzierbar ein biologischer Effekt (z. B. Muskelkontraktion) auftritt. Diese sogenannte Dosis-Wirkungskurven stellen einen geeigneten Ausgangspunkt für eine mathematische Modellierung dar. Die Überlegungen zur Modellierung dieses Effektes wurden befruchtet durch die formale Analogie mit der Langmuirschen Adsorbtionsisotherme sowie der Beziehung zwischen Substratkonzentration und Reaktionsgeschwindigkeit bei enzymatischen Reaktionen.

Das praktische Bedürfnis für derartige Modelle resultierte aus der Notwendigkeit, die mathematischen Grundlagen für einen quantitativen Vergleich der Wirkung verschiedener Pharmaka zu schaffen. Somit wurden zunächst Rezeptor- und Effektorsysteme als einheitliche „black box" betrachtet, deren Eigenschaften so zu modellieren sind, daß sie die verschiedenen, an isolierten Organen auslösbaren Effekte von Pharmaka erklären. Die auf der Grundlage dieser Modelle abgeleiteten quantitativen Parameter zur Beschreibung der Wirkung von Pharmaka beinhalten somit oft sowohl deren Affinität gegenüber dem Ligand-Bindungsareal des Rezeptors als auch deren Wirkung auf die Rezeptor-Effektorsystem-Kopplung. Methoden zur Ermittlung dieser Parameter sind in Kap. 3 beschrieben. Im folgenden Kapitel sollen zunächst nur die Grundzüge der jeweiligen Modelle umrissen werden. Dies ermöglicht unter Berücksichtigung der gegenwärtigen Kenntnisse über die molekularen Eigenschaften von Rezeptoren die Beantwortung der eingangs gestellten Frage.

2.1. Die Okkupationstheorie

2.1.1. Die einfache Okkupationstheorie

Die grundlegende Vorstellung dieser Theorie geht auf Clark (1933) zurück und besagt, daß der durch einen Agonisten ausgelöste Effekt (E) von der Zahl der durch diesen Agonisten aktivierten Rezeptoren abhängig ist (5). Dies bedeutet, der Ligand (L) reagiert mit dem Rezeptor (R) entsprechend der Assoziationskonstante (K_A) unter Ausbildung des Ligand-Rezeptor-Komplexes (RL), der zur Aktivierung der nachgeschalteten Effektorsysteme und somit zur Auslösung des Effektes befähigt ist.

$$L + R \overset{K_A}{\rightleftarrows} RL \rightarrow E$$

Der biologische Effekt des Liganden muß also direkt der Zahl der Rezeptor-Ligand-Komplexe proportional sein:

$$E = \alpha \cdot [RL] \,,$$

wobei die Belegung aller Rezeptoren den biologischen Maximaleffekt hervorruft

$$E_{\max} = \alpha [R_0] \,.$$

Somit ergibt sich für den Belegungsgrad der Rezeptoren (y)

$$\frac{E}{E_{max}} = \frac{[RL]}{[R_0]} = y\,.$$

Entsprechend dem Massenwirkungsgesetz gilt für die Assoziationskonstante (K_A) und die Dissoziationskonstante (K_D)

$$K_A = \frac{[RL]}{[R]\,[L]} \quad \text{und} \quad K_D = \frac{[R]\,[L]}{[RL]}\,.$$

Da sich die Konzentration der nicht aktivierten Rezeptoren $[R[$ aus der Differenz der Gesamtzahl der Rezeptoren $[R_0]$ und der Zahl der Rezeptor-Ligand-Komplexe $[RL]$ ergibt

$$[R] = [R_0] - [RL]\,,$$

gilt

$$K_D = \frac{[L]\,([R_0] - [RL])}{[RL]}\,.$$

Dies liefert umgeformt

$$\frac{[RL]}{[R_0]} = y = \frac{[L]}{[L] + K_D}\,.$$

Aus dieser Gleichung ergibt sich die hyperbole Form der Dosis-Wirkungsbeziehung (Abb. 2.1.).

Bei der halbmaximalen Belegung der vorhandenen Rezeptoren ($y = 0{,}5$) läßt sich aus der obigen Formel $K_D = [L]$ bzw. $\frac{1}{K_A} = [L]$ ableiten. Dies bedeutet, daß unter der Voraussetzung der Richtigkeit der gemachten Annahmen die Dissoziationskonstante des Liganden sich direkt aus der Position des halbmaximalen Effektes entsprechend der Dosis-Wirkungskurven entnehmen läßt (Abb. 2.1.).

Auf den gleichen Grundprinzipien ist die Michaelis-Menten-Kinetik der Enzymreaktionen aufgebaut, wie aus dem Vergleich mit der folgenden Gleichung ersichtlich ist

$$\frac{v}{V_{max}} = \frac{[S]}{K_m + [S]}\,,$$

wobei $[S]$ die Substraktionskonzentration und K_m die Michaelis-Menten-Konstante ausdrückt. v ist die Geschwindigkeit der hier als bimolekulare Reaktion aufgefaßten enzymatischen Umsetzung.

2.1.2. Bestimmt allein die Affinität eines Liganden zum Rezeptor den biologischen Effekt?

Die Bejahung dieser Frage würde zu der Schlußfolgerung führen, daß in Abhängigkeit von der Affinität des Liganden zum Rezeptor die Dosis-Wirkungs-Kurven entlang der Abszisse verschoben auftreten, wobei jeweils die prozentuale Okkupation des Rezeptors dem prozentualen Effekt entspricht (Abb. 2.2).

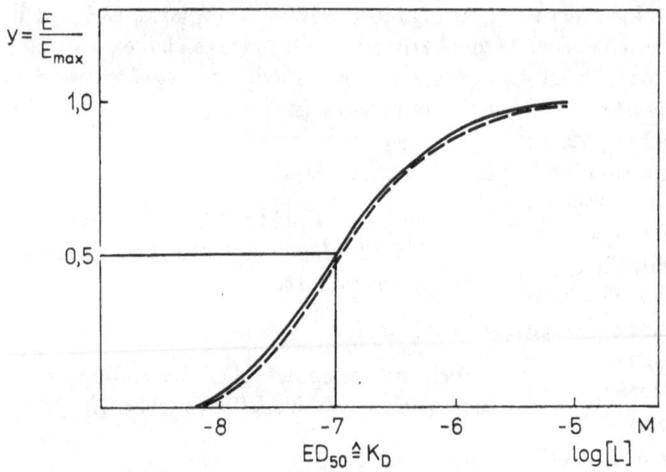

Abb. 2.1. Theoretische Form einer Dosis-Wirkungskurve entsprechend den Grundannahmen der einfachen Okkupationstheorie. Dabei entspricht die Größe des biologischen Effektes (———) dem Grad der Rezeptorokkupation durch den Agonisten (– – –).

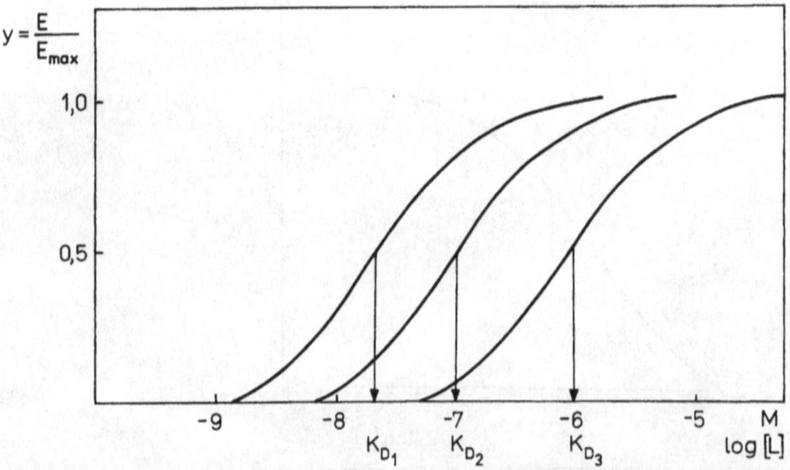

Abb. 2.2. Theoretische Dosis-Wirkungskurven (entsprechend der einfachen Okkupationstheorie) für Agonisten mit unterschiedlichen Affinitäten zum Rezeptor. Unter Berücksichtigung von Abb. 2.1. wird deutlich, daß die Ligandkonzentration, die den halbmaximalen biologischen Effekt auslöst (ED_{50}) mit der Dissoziationskonstante (KD) des entsprechenden Agonist-Rezeptor Komplexes identisch ist.

Dies ist jedoch nur in wenigen Fällen tatsächlich so. Vielmehr sind oft die folgenden Beobachtungen zu machen:

1) Der Ligand verfügt über eine hohe Affinität zum Rezeptor, löst aber keinen biologischen Effekt aus (Abb. 2.3a). Diese Liganden werden als Antagonisten bezeichnet, wobei reversible und irreversible (d. h. kovalent bindende) Antagonisten unterschieden werden.
2) Der Ligand, der die gleiche Affinität zum Rezeptorareal wie ein vollständiger Agonist besitzt, ist dennoch auch bei vollständiger Okkupation aller Rezeptoren nicht in der Lage, den biologischen Maximaleffekt auszulösen (Abb. 2.3b.). Diese Liganden werden als Partialagonisten bezeichnet.
3) Der Ligand löst den biologischen Maximaleffekt bereits bei Konzentrationen aus, bei denen er aufgrund seiner Affinität zum Rezeptor nur einen kleinen Teil der Rezeptoren okkupieren kann. Die verbleibenden Rezeptoren werden somit für die Effektauslösung nicht benötigt. Sie werden als „Reserverezeptoren" („spare receptors") bezeichnet. (Abb. 2.3c.)

Um die unter 1.—3. umrissenen Phänomene mit Hilfe der Grundhypothese der Okkupationstheorie erklären zu können, wurde verschiedenen Proportionalitätsfaktoren zwischen Rezeptorokkupation und Effekt beschrieben, die als mathematische Umschreibung der Wirkqualität von Liganden anzusehen sind (1, 6, 12).

2.1.3. Erweiterungen der einfachen Okkupationstheorie zur Bestimmung der Wirkqualität von Liganden

Zur Beschreibung des unterschiedlichen Ausmaßes der durch eine Substanz ausgelösten Aktivierung der Effektorsysteme (über deren Bindung an den Rezeptor) wurden drei verschiedene Parameter eingeführt, deren Eigenschaften im folgenden kurz umrissen werden sollen.

a) „intrinsic activity" (α^L)

Der Begriff der „intrinsic activity" (intrinsische Wirkaktivität) wurde ursprünglich von Ariens (1) im Jahre 1954 eingeführt und beschreibt das Verhältnis des durch ein be-

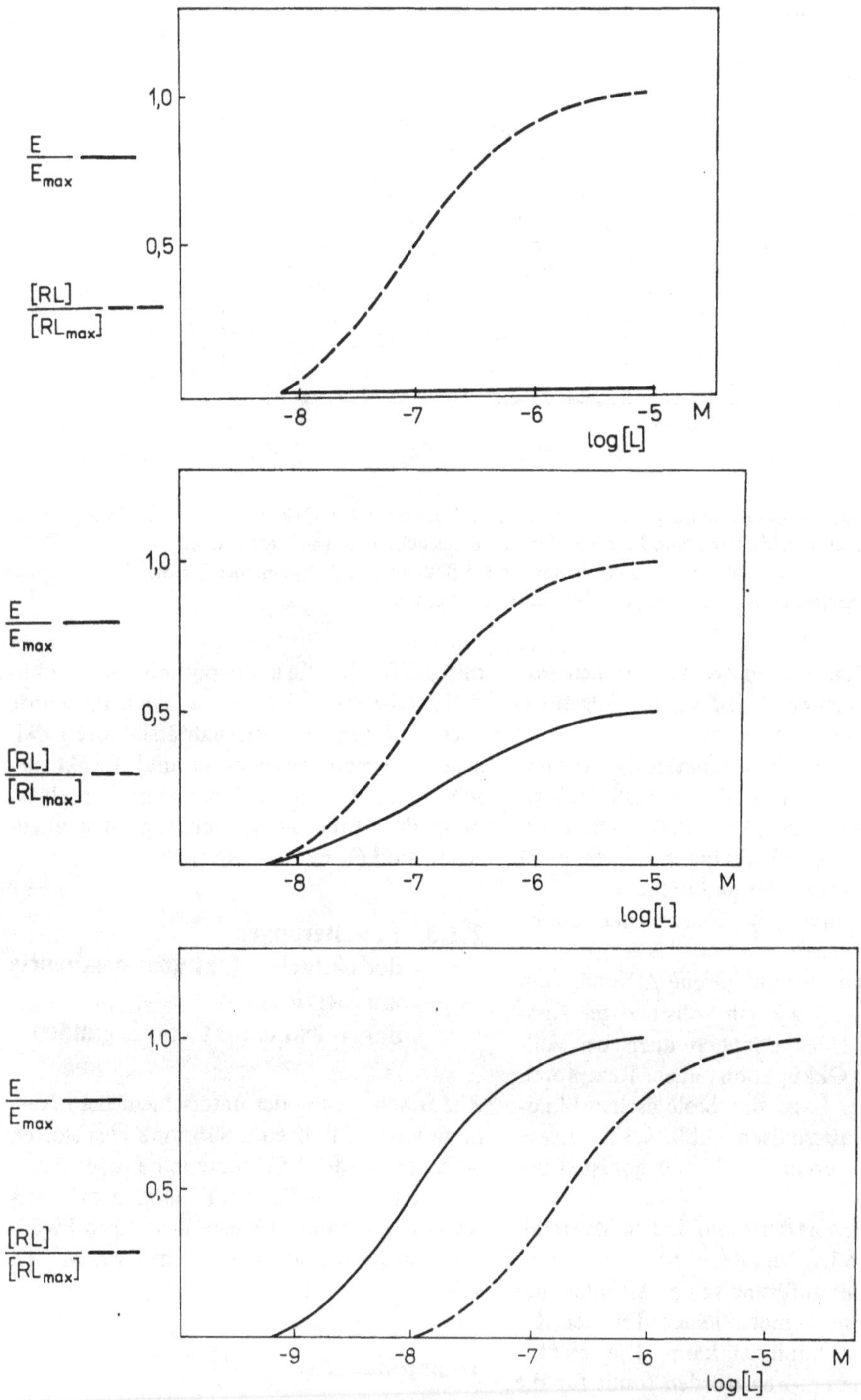

Abb. 2.3. Differenter Verlauf von Rezeptorokkupation (— — —) und biologischem Effekt (————) bei:
a) Antagonisten
b) Partialagonisten
c) Agonisten mit hoher intrinsischer Aktivität.

stimmtes Pharmakon (L) auslösbaren Maximaleffektes (E^L_{max}) zu dem Maximaleffekt (E_{max}), d. h.

$$\alpha L = \frac{E^L_{max}}{E_{max}} .$$

Somit nimmt α^L Werte zwischen 0 und 1 an, die gleichzeitig zur Charakterisierung des Unterschiedes zwischen Agonisten, Partialagonisten und Antagonisten genutzt werden können. Demnach haben volle Agonisten eine intrinsische Wirkaktivität von 1. Partialagonisten weisen einen Wert zwischen 0 und 1 auf, während Antagonisten stets mit $\alpha^L = 0$ charakterisiert werden müssen. Ist nun entsprechend der einfachen Okkupationstheorie der Grad der Rezeptorbelegung proportional dem ausgelösten Effekt, d. h.

$$\frac{[AR]}{[R_0]} = \frac{E^L}{E^L_{max}} = \frac{[L]}{K_D + [L]}$$

ergibt sich nach Einsetzen von

$$E^L_{max} = \alpha^L E_{max}$$

in die obige Formel die Beziehung

$$\frac{E^L}{E_{max}} = \alpha^L \cdot \frac{[L]}{K_D + [L]}$$

Da der Bestimmung von α^L keine größeren Schwierigkeiten im Wege stehen, sollte entsprechend dieser Beziehung ohne Probleme die Ermittlung der Dissoziationskonstante von Agonisten möglich sein.

Dies ist jedoch nicht der Fall, da die dritte der in Punkt 2.1.2. genannten Beobachtungen noch unberücksichtigt bleibt. Es handelt sich hier um die Fähigkeit von Agonisten, mit gleicher intrinsischer Wirkaktivität über die Aktivierung einer unterschiedlich großen Zahl von Rezeptoren den maximalen Effekt auszulösen.

b) „efficacy" (e)

Grundlage dieses durch STEPHENSON (12) im Jahre 1956 eingeführten Begriffes ist die Unterscheidung zwischen Stimulus und Effekt. Stimulus ist demnach die durch den Agonisten ausgelöste Konformationsumlagerung des Rezeptors, während der Effekt das Ausmaß der erfolgreichen Weitergabe dieses Stimulus an die Effektorsysteme beschreibt. Der Proportionalitätsfaktor zwischen Stimulus (S) und Belegungsgrad der Rezeptoren (y) ist somit die „efficacy" (die relative Reizaktivität (e):

$$S = e \cdot y .$$

Somit ist der Effekt eine Funktion dieses Stimulus, wie aus den Beziehungen

$$\frac{E^L}{E_{max}} = f[S] = f(e \cdot y) = f\left(e \cdot \frac{[RL]}{[R_0]}\right)$$

$$= f\left(e \frac{[L]}{K_D + [L]}\right)$$

deutlich wird.

Es zeigt sich, daß eine geringere „efficacy" durch eine Erhöhung des Belegungsgrades der Rezeptoren zur Erzielung eines gleichen Effektes ausgeglichen werden kann. Bei einer hohen „efficacy" ist also die Okkupation aller vorhandenen Rezeptoren nicht erforderlich. Die nicht belegten Rezeptoren erscheinen als Reserverezeptoren (Abb. 2.3c.). Damit wird aber auch deutlich, daß der Terminus e von der Gesamtkonzentration der Rezeptoren abhängig ist. Dies wurde durch die Einführung des Ausdrucks „intrinsic efficacy" (siehe Punkt c) berücksichtigt.

Der Unterschied zwischen „intrinsic activity" (α^L) und „efficacy" (e) wird im folgenden Vergleich deutlich. Während α^L den Wert von 0,5 annimmt, wenn der durch den Agonisten (L) ausgelöste maximale Effekt 50% des theoretisch erzielbaren Maximaleffektes ausmacht, wird in diesem Falle der Wert der „efficacy" (e) per definitionem gleich 1 gesetzt, d. h.

$$\frac{E^A_{max}}{E_{max}} = 0{,}5 , \quad \text{wenn} \quad e = 1 .$$

So kann auch der Terminus e nur als die quantitative Beschreibung eines qualitativ nicht klar definierten Phänomens betrachtet werden. Er eignet sich weniger zur Charakterisierung des Verhaltens von Membranrezeptoren als vielmehr zur Beschreibung des

Unterschiedes der Wirkeigenschaften verschiedener Substanzen.

c) „intrinsic efficacy" (ε)

FURCHGOTT (6) führte zusammen mit MACKAY 1965 einen weiteren Terminus für die Beschreibung der Wirkqualität von Liganden ein, der berücksichtigt, daß die „efficacy" (e) eines Pharmakons abhängig von der Menge der Rezeptoren im untersuchten Gewebe ist, d. h. keine Pharmakon-spezifische Größe darstellt.
Der Zusammenhang zwischen „efficacy" und „intrinsic efficacy" ergibt sich aus

$$e = \varepsilon[R_T] .$$

Die in der deutschen Übersetzung als intrinsische relative Reizaktivität bezeichnete Größe ε stellt somit eine vom untersuchten Gewebe unabhängige Konstante für das jeweilige Pharmakon und einen bestimmten Rezeptortyp dar. Im Zusammenhang mit den bereits diskutierten Gleichungen ergibt sich

$$\frac{E}{E_{max}} = f[S] = f\left(\varepsilon[R_T] \cdot \frac{[L]}{[L] + K_D}\right)$$

$$= f\left(\varepsilon[R_T] \frac{[RL]}{[R_T]}\right) = f(\varepsilon[R_T]\, y)$$

$$= f(\varepsilon[RL]) .$$

2.2. Die Geschwindigkeitstheorie

2.2.1. Grundhypothesen

Die Geschwindigkeitstheorie geht auf PATON (11) zurück und betont die Tatsache, daß reversibel bindende Liganden den Rezeptor während der Inkubation mit einer bestimmten Ligandkonzentration nicht nur einmal okkupieren und dann dauernd besetzt halten, sondern daß die Wechselwirkung mit dem Rezeptor in Form einer schnellen Assoziation und Dissoziation des Liganden zustande kommt. Nach dieser Auffassung führt jeder neue Rezeptor-Ligand-Kontakt zu einem Stimulus, der an die Effektorsysteme weitergegeben wird. Somit ist für die Größe des entstehenden Stimulus die Zahl der Rezeptor-Ligand-Wechselwirkungen pro Zeiteinheit entscheidend (Abb. 2.4.).
Ausgangspunkt ist wiederum das Modell

$$R + L \underset{k_{-1}}{\overset{k_{+1}}{\rightleftharpoons}} RL \rightarrow E$$

wobei sich für die Assoziationsgeschwindigkeit des Liganden (v_{+1}) aus den Gesetzen der chemischen Kinetik die Gleichung

$$v_{+1} = k_{+1} \cdot [R] \cdot [L]$$

ergibt.
Anders ausgedrückt, besteht eine direkte Proportionalität der Assoziationsgeschwindigkeit zu der (zu einem bestimmten Zeitpunkt vorhandenen) Konzentration der Reaktionspartner.
Da die Konzentration der freien Rezeptoren $[R]$ sich aus der Differenz $[R_0] - [RL]$ ergibt, lautet die Gleichung nach Einsetzen von y (Sättigungsgrad) $= \frac{[RL]}{[R_0]}$ und Umformung

$$v_{+1} = k_{+1} \cdot [R_0] \cdot (1 - y) \cdot [L] .$$

Die Bildungsgeschwindigkeit des Pharmakon-Rezeptor-Komplexes pro Rezeptormolekül würde sich durch Division durch $[R_0]$ somit als

$$v'_{+1} = k_{+1} \cdot (1 - y) \cdot [L]$$

ergeben.
Zum Zeitpunkt 0 ist auch der Sättigungsgrad des Rezeptors 0, so daß aus der obigen Gleichung

$$v^0_{+1} = k_{+1} \cdot [L]$$

wird, wenn man davon ausgeht, daß sich die Ligandkonzentration in so großem Überschuß befindet, daß sie sich während der gesamten Reaktion nicht ändert.
Daraus ergibt sich

$$v'_{+1} = v^0_{+1} \cdot (1 - y) ,$$

was deutlich zeigt, daß die Reaktionsgeschwindigkeit und damit definitionsgemäß auch der biologische Effekt zum Zeitpunkt 0 maximal

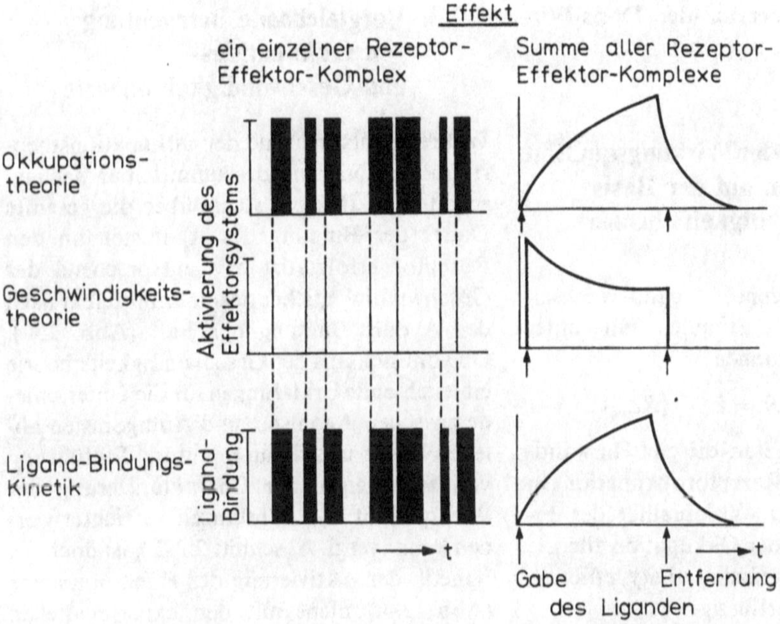

Abb. 2.4. Vergleichende Darstellung der Grundhypothesen von Okkupations- und Geschwindigkeitstheorie sowie der Kinetik der Bindung von Radioliganden an den Rezeptor. Dabei ist die Dauer der Aktivierung eines Rezeptor-Effektorkomplexes bzw. einer Rezeptor-Ligand Interaktion (linke Seite) der Kinetik der Aktivierung aller vorhandenen Rezeptor-Effektorkomplexe sowie der Radioligand-Bindungskinetik (rechte Seite) gegenübergestellt.

ist und anschließend abfällt (Abb. 2.4.). Dieses Abklingen des Effektes mit der Zeit („fade effect") ist der entscheidende Prüfstein der Richtigkeit dieser Theorie. Die relativ wenigen Fälle, in denen dies in der Praxis genau mit der Voraussage korreliert, sind aber noch besser (und durch biochemische Daten unterstützt) auf der Basis der Desensibilisierung des Rezeptor- oder Effektorsystems zu erklären (siehe auch 2.3.2.). Es fehlt also der experimentelle Beweis für den umfassenden Charakter dieser Theorie. Sie stellt im Sinne der eingangs gemachten Bemerkungen nur einen bestimmten Aspekt der Rezeptor-Ligand-Wechselwirkung in den Vordergrund der Betrachtungen.

Eine komplexere Betrachtung geht von der Assoziationsgeschwindigkeit unter Gleichgewichtsbedingungen sowie der unter diesen Bedingungen zu berücksichtigenden Dissoziationsgeschwindigkeit aus. Dies führt (unter Verzicht auf die genaue Darstellung der Ableitung) zu dem sogenannten „Schwindeverhältnis" (fade ratio):

$$\frac{v'_{+1(eq)}}{v^0_{+1}} = \frac{k_{-1}}{k_{+1}} \cdot [L] + k_{-1}\,.$$

Eine Umformung dieser Gleichung unter Einsetzung von

$$v^0_{+1} = k_{+1} \cdot [L^0]\,, \quad \text{wobei} \quad [L^0] = [L]$$

gesetzt wird, führt schließlich zu dem Ausdruck

$$v'_{+1(eq)} = k_{-1} \frac{[L]}{[L] + \dfrac{k_{-1}}{k_{+1}}} = k_{-1} \frac{[L]}{[L] + K_D}\,.$$

Diese Formel zeigt in ihrer Analogie zu den bereits auf der Grundlage der Okkupationstheorie entwickelten Ausdrücken, daß auch auf der Grundlage der Geschwindigkeitstheorie ein hyperboler Verlauf der Dosis-Wirkungskurven vorausgesagt wird.

2.2.2. Bestimmung der Wirkungsqualität von Liganden auf der Basis der Geschwindigkeitstheorie

Für den, durch die Rezeptor-Ligand-Wechselwirkung ausgelösten, Stimulus gilt unter Gleichgewichtsbedingungen

$$S = v'_{+1}(eq) \quad \text{bzw.} \quad S = k_{-1} \cdot [RL_{eq}] \, .$$

Damit werden Parameter, die zur Umwandlung der einfachen Rezeptorokkupation in eine Beschreibung der Wirkqualität des Liganden auf der Basis der Okkupationstheorie eingeführt wurden (intrinsic activity, efficacy, intrinsic efficacy), überflüssig.
Dies wird durch den folgenden Vergleich deutlich:

$$S = k_{-1} \cdot [RL_{eq}] = \varepsilon \cdot [RL] = e \cdot y \, .$$

Diese von Paton und Rang auf die Dissoziation des Rezeptor-Ligand-Komplexes bezogene Interpretation verlangt also, daß Agonisten schneller vom Rezeptor dissoziieren als Antagonisten. Bei gleicher Geschwindigkeit der Assoziation für beide Typen von Liganden ergäbe sich auch eine höhere Affinität (Quotient der Geschwindigkeitskonstanten von Assoziation und Dissoziation) für Antagonisten. Beide Aussagen lassen sich durch kinetische Experimente mit Radioligand-Bindungs-Studien bestätigen (Kap. 7). Für einen Agonisten ergäbe sich somit eine höhere Zahl Wechselwirkungen mit dem Rezeptor pro Zeiteinheit. Antagonisten müßten jedoch einen initialen Stimulus auslösen (was nur selten der Fall ist).
Eine einleuchtende Erklärung für die innerhalb großer Serien systematisch substituierter Liganden vorkommenden fließenden Übergänge von agonistischer zu partialagonistischer und antagonistischer Wirkung wird jedoch durch unterschiedliche Relationen von Assoziations- und Dissoziationsgeschwindigkeit gegeben.

2.2.3. Vergleichende Betrachtung von Okkupations- und Geschwindigkeitstheorie

Während entsprechend der Okkupationstheorie die Aktivierung des unmittelbar nachgeschalteten Effektorsystems über die gesamte Dauer der Bindung des Agonisten an den Rezeptor erfolgt, ist dies entsprechend der Geschwindigkeitstheorie nur unmittelbar nach der Agonist-Bindung der Fall (Abb. 2.4.). Obwohl sich aus der Geschwindigkeitstheorie einleuchtende Erklärungen für die Unterschiede zwischen Agonisten und Antagonisten ableiten lassen und dadurch auf die Einführung von Parametern zur Charakterisierung der Wirkqualität von Substanzen verzichtet werden kann (vergl. Abschnitt 2.2.2.), ist doch die Kinetik der Aktivierung des Effektorsystems (Abb. 2.4.) nicht mit den experimentellen Beobachtungen in Übereinstimmung zu bringen.
Deshalb muß geschlußfolgert werden, daß die zunächst elegant erscheinenden theoretischen Lösungen der Geschwindigkeitstheorie nur einen Teilaspekt des wirklichen Geschehens widerspiegeln (2).
Warum ist das so? Eine Antwort hierauf dürfte in der Tatsache zu suchen sein, daß die Geschwindigkeitstheorie nicht berücksichtigt, daß Rezeptoren unterschiedliche Konformationen einnehmen können und gerade diese Konformationsumwandlung der entscheidende Mechanismus für die Weiterleitung des (durch die Ligandbindung ausgelösten) Signals darstellt (Abschnitt 2.3.2.).
Dieses Phänomen wird im Rahmen der erweiterten Okkupationstheorie in den Parametern α^L, e und ε verschlüsselt, ohne es jedoch genauer zu analysieren. Demgegenüber sind die Annahmen der Geschwindigkeitstheorie kaum geeignet, die Wirkungen von Agonisten auf Effektorsysteme zu beschreiben (Abb. 2.4.).
Etwas anders verhält es sich bei der Frage: Wodurch unterscheidet sich ein Agonist von einem Antagonisten? Die Okkupationstheorie behilft sich wiederum mit einem Qualitätsparameter. Die Erklärung der Geschwin-

digkeitstheorie scheint zunächst mit den experimentellen Beobachtungen übereinzustimmen: Die Dissoziationsrate von Antagonisten ist wesentlich langsamer als die von Agonisten. Jedoch gehen auch in diesem Falle beide Theorien wohl an dem tatsächlichen Geschehen vorbei.
Rezeptoren scheinen neben den Agonist-bindenden Konformationen noch mindestens eine weitere, die „desensibilisierte Konformation" aufzuweisen. Dies kann sowohl bei isolierten Rezeptoren als auch bei Rezeptor-Effektor-Komplexen nachgewiesen werden. Auch durch Ligand-Bindungsstudien kann gezeigt werden, daß Rezeptoren nach Bindung von Antagonisten in eine Konformation umgelagert werden (isomerisieren), die zu einer außerordentlich stabilen Interaktion mit dem Antagonisten in der Lage ist. Insofern ist die Hypothese einer verlangsamten Dissoziation des Liganden vom Rezeptor als Erklärung der antagonistischen Wirkung durch die Geschwindigkeitstheorie richtig.
Das jedoch wirklich hinter dieser Beobachtung stehende Phänomen, die Stabilisierung einer Rezeptorkonformation, die nicht zur Signalweiterleitung an das Effektorsystem in der Lage ist, wird jedoch nicht erkannt.
Im Sinne der in der Kapitelüberschrift gestellten Frage kann also geschlußfolgert werden, daß in beiden Theorien mit Hilfe unterschiedlicher mathematischer Beschreibungsverfahren ein prinzipiell gleiches Modell untersucht wird. Aus dieser Situation ergeben sich aber auch zwangsläufig die bereits beschriebenen Unterschiede bezüglich der hypothetischen Reaktionsmechanismen.

2.3. Modelle interkonvertierbarer Rezeptorkonformationen

Aus der vergleichenden Betrachtung von Okkupations- und Geschwindigkeitstheorie im vorangegangenen Abschnitt wurde deutlich, daß Rezeptormodelle nicht ohne Berücksichtigung unterschiedlicher Rezeptorkonformationen auskommen. Die Modellvorstellungen, die sich mit unterschiedlichen, interkonvertierbaren Rezeptorkonformationen beschäftigen, sind in zwei Gruppen einzuteilen:

a) Modelle für Kooperativität setzen das Vorhandensein einer Assoziation identischer, Ligand-bindender Untereinheiten voraus.
b) Andere Modelle postulieren unterschiedliche Konformationen der Ligand-bindenden Untereinheit im Verlauf der Ligand-induzierten Aktivierung der Effektorsysteme.

Die unter a) genannten Modelle stammen im wesentlichen aus der Mitte der sechziger Jahre und wurden durch Ergebnisse der Enzymologie und insbesondere durch den Mechanismus der Sauerstoffbindung durch Hämoglobin inspiriert. Sie scheinen für die Beschreibung des Verhaltens von Membranrezeptoren eine geringere Bedeutung zu haben als dies zunächst angenommen wurde.
Die unter b) umschriebenen Modelle basieren auf den jüngeren Erkenntnissen über die Rezeptor-Desensibilisierung, interkonvertierbare Agonist-Bindungsstellen und Veränderung der Rezeptorkonformation durch Bindung regulatorischer G-Proteine. Sie dürften ein entscheidendes Hilfsmittel beim genaueren Verständnis des molekularen Mechanismus der Signalweiterleitung bei Membranrezeptoren sein.

2.3.1. Kooperativität

Modelle der Kooperativität setzen das Vorhandensein einer Assoziation von identischen Ligand-bindenden Untereinheiten in einem Rezeptormolekül voraus. Dies ist jedoch nur beim nikotinergen Azetylcholinrezeptor der Fall (2 Untereinheiten mit Azetylcholin-Bindung), und findet tatsächlich seinen Ausdruck in einer kooperativen Wechselwirkung beider Untereinheiten bei der Ligand-Bindung (CHANGEUX, (4)).
Eine andere Möglichkeit besteht in der engen Assoziation mehrerer Rezeptoren untereinander. Erste Untersuchungen deuten darauf hin, daß dies möglicherweise in der Membran intakter Zellen unter physiologischen Bedin-

gungen vorkommt, nicht aber in Membranfragmenten nachgewiesen werden kann. Grundsätzlich können zwei Modelle der Kooperativität unterschieden werden. Beide gehen auf das Konzept des „induced fit" bei der Ligand-Rezeptor-Bindung zurück (KOSHLAND), welches als Weiterentwicklung der Schlüssel-Schloß-Hypothese von FISCHER angesehen werden kann. Hierbei wird davon ausgegangen, daß die Wechselwirkungsenergie beider Komponenten eine optimale Anpassung der Konformationen ermöglicht. Daher könnte durch den Liganden auch eine partielle Änderung der Konformation des aktiven Zentrums des Rezeptors induziert werden.

a) Symmetriemodell von MONOD, WYMAN und CHANGEUX

Die Grundannahmen dieses Modells sind folgende:

- Es gibt eine begrenzte Menge identischer, Ligand-bindender Untereinheiten innerhalb eines Rezeptors oder eines Multi-Rezeptor-Komplexes.
- Diese Untereinheiten können mindestens zwei Konformationen einnehmen.
- Der Agonist bindet bevorzugt an eine dieser Konformationen (*R*-Form) und mit geringer Affinität an die andere Konformation (*T*-Form). Die diesen Abkürzungen zugrunde liegenden Annahmen (*R* für „relaxed", d. h. entspannt und *T* für „tensed", d. h. gespannt) sollen ausdrücken, daß die Agonist-Bindung die Konformation *R* stabilisieren kann.
- Es wird nun angenommen, daß innerhalb eines Rezeptors oder eines Rezeptor-Assoziates alle Agonist-bindenden Untereinheiten in der gleichen Konformation vorliegen. In Abwesenheit des Agonisten dominiert die niedrigaffine *T*-Form.
- Da die Agonist-Bindung bevorzugt an der *R*-Form stattfindet und diese stabilisiert, verschiebt sich mit zunehmender Agonist-Konzentration das Gleichgewicht in Richtung der *R*-Form (2, 9).

Schematisch ist dies in Abb. 2.5. dargestellt.

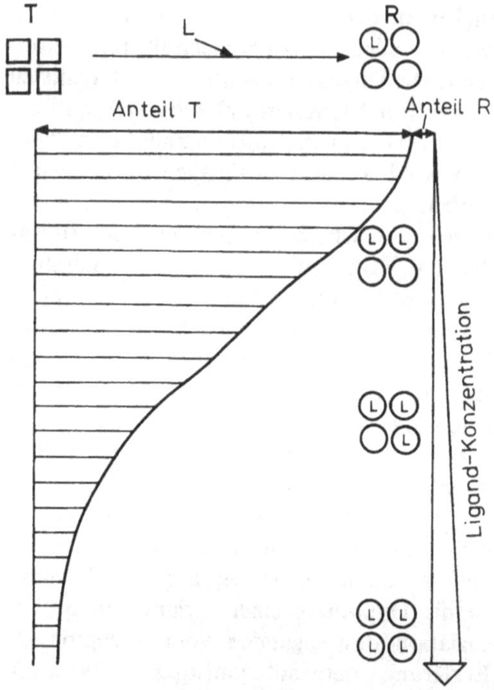

Abb. 2.5. Schematische Darstellung des Symmetriemodells der kooperativen Ligand-Bindung. Der Agonist bindet bevorzugt an die R-Konformation und stabilisiert diese. Alle Ligand-bindenden Untereinheiten des Rezeptorkomplexes vollziehen die Konformationsänderung gleichzeitig.

Aus dieser Modellvorstellung resultiert eine positive Kooperativität, d. h. mit zunehmender Agonist-Konzentration nimmt scheinbar die Affinität der Bindung zu. Aus dem Hill-Plot (Kap. 7.) ergäbe sich ein Hill-Koeffizient größer 1.

b) Sequentielles Modell von KOSHLAND, NEMETHY und FILMER

Dieses Modell geht von der Vorstellung aus, daß durch die Bindung des Liganden die Umlagerung der Rezeptor-Konformation von der niedrigaffinen *T*-Form in die hochaffine *R*-Form induziert wird („induced fit"). Diese Ligand-induzierte Konformationsumwandlung ist als eine Erweiterung der FISCHERschen Schlüssel-Schloß-Hypothese (vergl. Kap. 1.1.) aufzufassen.

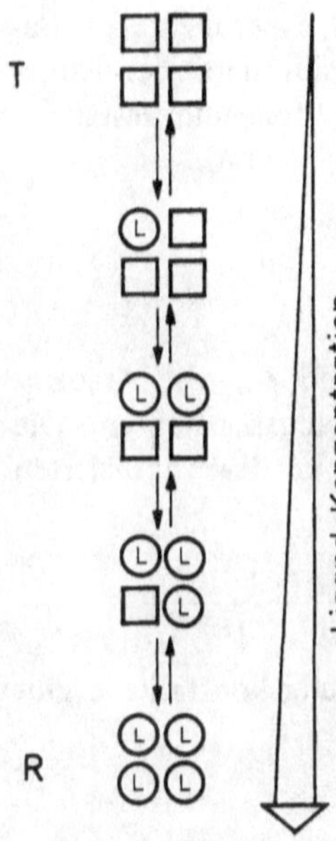

Abb. 2.6. Schematische Darstellung des sequentiellen Modells der kooperativen Ligand-Bindung. Bei kooperativer Agonist-Bindung liegt die Mehrheit der Rezeptoren in der niedrig affinen T-Form vor. Bei zunehmender Agonist-Konzentration nimmt der Anteil der hochaffinen R-Form zu, wobei die Konformationsumwandlung der Untereinheiten unabhängig voneinander erfolgt.

Die Grundhypothesen dieses Modells unterscheiden sich von a) weiterhin dadurch, daß nicht alle Untereinheiten eines Rezeptors bzw. Rezeptor-Assoziates in der gleichen Konformation vorliegen müssen. Vielmehr induziert der Ligand mit zunehmender Konzentration „Hybride" unterschiedlicher Zusammensetzung, wie dies schematisch in Abb. 2.6. dargestellt ist.
Nimmt man nun an, daß in Abwesenheit des Liganden nicht die *T*-Form, sondern die hochaffine *R*-Form überwiegend vorliegt, resultiert mit zunehmender Ligandenkonzentration eine scheinbare Abnahme der Affinität der Ligandbindung. Dies drückt sich in einem Hill-Koeffizienten kleiner 1, d. h. in der sogenannten negativen Kooperativität aus. Dieses Modell ist somit im Gegensatz zum Symmetriemodell geeignet, sowohl die positive als auch die negative Kooperativität zu versinnbildlichen (7).

Aus beiden Modellvorstellungen wird weiterhin deutlich, daß der Grad der meßbaren Kooperativität von der Ligandkonzentration abhängt. So dominiert bei sehr niedrigen bzw. sehr hohen Ligandkonzentrationen eine Rezeptorkonformation so stark, daß scheinbar eine nichtkooperative Bindung vorliegt.
Zusammenfassend kann eingeschätzt werden, daß die praktische Bedeutung kooperativer Phänomene bei der Beschreibung der Eigenschaften von Membranrezeptoren gegenwärtig als beschränkt angesehen werden muß. Von wesentlich größerer Bedeutung scheinen die unterschiedlichen Konformationen von Rezeptoren zu sein, die verschiedenen Stufen der Konformations-vermittelten Signalweiterleitung bzw. der Kopplung mit Effektorsystemen entsprechen. Dies soll im folgenden Abschnitt dargestellt werden.

2.3.2. Zyklische Abfolge von Rezeptorkonformationen — Ausdruck des Kreislaufes Rezeptoraktivierung/Desensibilisierung?

Die in diesem Abschnitt zu beschreibenden Modelle vereinigen in sich Grundzüge der Okkupationstheorie mit dem Nachweis interkonvertierbarer Rezeptorkonformationen durch Bindungsstudien und Untersuchungen von Rezeptor-Effektor-Komplexen. Sie stellen somit keine grundsätzliche Alternative zu den vorstehend beschriebenen Modellen dar, sondern sind als Weiterentwicklung mit deutlicher Annäherung an die tatsächlichen Verhältnisse zu verstehen. Im folgenden soll ihre Herkunft und sukzessive Komplizierung umrissen werden.

a) Zwei-Zustands-Modell

Das Zwei-Zustands-Modell stellt die einfachste Form der Beschreibung interkonvertierbarer Rezeptorkonformationen dar. Hier wird wiederum, wie bereits in Abschnitt 2.3.1. dargestellt, von den Konformationen *R*- und

T ausgegangen, wobei R diejenige Konformation ist, von der die Stimulierung des Effektorsystems ausgeht. Im einfachsten Falle ergibt sich das Gleichgewicht:

$$\begin{array}{ccc} T & \overset{L}{\rightleftharpoons} & R \\ {\scriptstyle K_{TL}}\updownarrow & & \updownarrow{\scriptstyle K_{RL}} \\ TL & & RL \end{array}$$

mit den Dissoziationskonstanten K_{RL} und K_{TL}. Die „efficacy" eines Liganden hinsichtlich der Induktion eines biologischen Signals (d. h. der Stimulierung eines Effektorsystems) entspricht hier

$$e = \left(\frac{K_{TL}}{K_{RL}} - 1\right).$$

Im Falle von starken Agonisten wäre somit (vorausgesetzt die Agonisten weisen eine höhere Affinität zu R aus) dieser Ausdruck deutlich größer als 1. Im Falle von Antagonisten ist e gleich null oder negativ, worin sich eine höhere Affinität für die Konformation T ausdrückt.

b) Einfache Form des zyklischen Modells

Dieses Modell geht einen Schritt weiter als die unter a) beschriebene einfachste Form. Sie nimmt nämlich an, daß der Rezeptor nach der Bindung des Agonisten an die reaktive (signalweiterleitende) Konformation nicht einfach unverändert bleibt. Woher käme auch das weiterzuleitende Signal, wenn die Konformation des Rezeptors nach Agonistbindung unverändert bliebe? (Theoretisch ergibt sich natürlich die Möglichkeit, daß die signalweiterleitende Konformationsänderung sich nicht in der Konformation der Bindungsregion widerspiegelt, wenngleich dies nach den bisherigen experimentellen Erfahrungen als unwahrscheinlich angesehen werden muß!)
Die Grundhypothese ist also, daß der Rezeptor (hier nur als aktive Konformation R betrachtet, die Modellvorstellungen aus a) können hier zwanglos eingegliedert werden) im Zuge der Weiterleitung des Signals „Agonist-Bindung" in eine andere Konformation übergeht. Diese Konformation ist mit derjenigen identisch, die aufgrund experimenteller Beobachtungen als „desensibilisiert" bezeichnet wird. Das Modell hat also folgende Gestalt:

$$\begin{array}{ccc} R + L & \overset{K_1}{\rightleftharpoons} & RL \\ {\scriptstyle L_2}\updownarrow & & \updownarrow{\scriptstyle L_1} \\ L + R^* & \overset{K_2}{\rightleftharpoons} & R^*L \end{array}$$

Dabei bedeuten $K_{1/2}$ und $L_{1/2}$ die Assoziations- bzw. Isomerisierungskonstanten. Die Menge der Rezeptoren im desensibilisierten Zustand R^* ergibt sich zu

$$[R^*] = \frac{L_2(1 + [L]\,K_2)}{1 + [L]\,K_1 + L_2(1 + [L]\,K_2)}.$$

Für die effektive Bindungskonstante ergibt sich

$$K_{\text{eff}} = \frac{K_1 + K_2L_2}{1 + L_2}.$$

Hieraus lassen sich einige interessante Schlußfolgerungen ableiten. Wenn nun im Gleichgewicht R nahezu ausschließlich vorhanden ist, heißt dies, daß L_2 sehr viel kleiner als 1 ist. Somit vereinfacht sich die obige Gleichung auf

$$K_{\text{eff}} \approx K_1 + K_2L_2.$$

Wenn nun K_1 wesentlich größer als K_2 ist, heißt dies, daß die Bindungsenergie nur in die Ligand-Rezeptor-Wechselwirkung eingeht und kaum einen Einfluß auf die Isomerisierung hat ($K_{\text{eff}} \approx K_1$).
Anders ist dies jedoch, wenn K_2 wesentlich größer als K_1 ist. Dann ergibt sich nämlich

$$K_{\text{eff}} \approx K_2L_2.$$

Dies bedeutet, daß die Ligandbindung wesentlich durch die Isomerisierungskonstante des Rezeptors bestimmt ist, d. h. ein Teil der Bindungsenergie zur Umwandlung von R in R^* genutzt wird.
Auf der Grundlage dieser Überlegungen läßt sich auch eine Begründung für die generell wesentlich geringeren Affinitäten von Agonisten zu Rezeptoren im Vergleich zu Antagonisten finden. Die Funktion von Agonisten sollte entsprechend diesem Modell in der Induktion der Umlagerung von R und R^*

bestehen. Wenn L_2 im Bereich von 10^{-3} bis 10^{-5} liegt, würde dies bedeuten, daß sich die eigentlichen Bindungskonstanten von Agonisten wenig von denen der Antagonisten unterscheiden (3, 6).

c) Zyklische Modelle unter Einbeziehung von regulatorischen GTP-bindenden Proteinen

GTP-bindende Proteine stellen die entscheidenden Kopplungsglieder bei der Signalübertragung vom Rezeptor auf ein nachgeschaltetes Effektorsystem dar. (vergl. Kap. 12). Ihre tatsächliche Bedeutung für die Rezeptor-Effektor-Kopplung wurde jüngst eindrucksvoll in Rekonstitutionsexperimenten nachgewiesen (Kap. 10.2.). Sie spielen jedoch nicht nur bei der Signalübertragung vom *β*-adrenergen Rezeptor, sondern auch bei vielen anderen Rezeptorsystemen eine z. T. noch unentschlüsselte Rolle.
Auf der Grundlage der Analyse der Ligand-Bindungskinetik in An- bzw. Abwesenheit von Guanylnukleotiden konnte auf der Grundlage des unter a) umrissenen Grundmodells folgende Erweiterung (gültig z. B. für den Dopamin (D_2)-Rezeptor und den muskarinergen Azetylcholinrezeptor) aufgestellt werden:

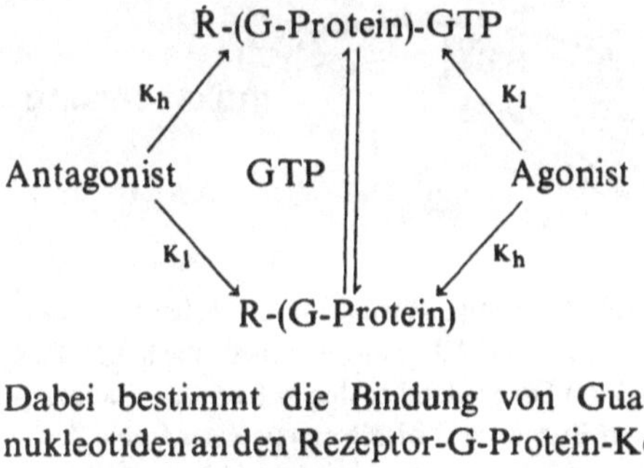

Dabei bestimmt die Bindung von Guanylnukleotiden an den Rezeptor-G-Protein-Komplex dessen Konformation, was sich in unterschiedlichen Affinitäten (K_l = niedrigaffine Bindung, K_h = hochaffine Bindung) gegenüber Agonisten und Antagonisten ausdrückt. Tatsächlich kann die Ligandbindungskinetik durch nichthydrolysierbare GTP-Derivate in der beschriebenen Weise modifiziert werden (13).
Unter Einbeziehung der, dem unter b) beschriebenen zyklischen Modell zugrundeliegenden Überlegungen, ergibt sich folgendes Schema:

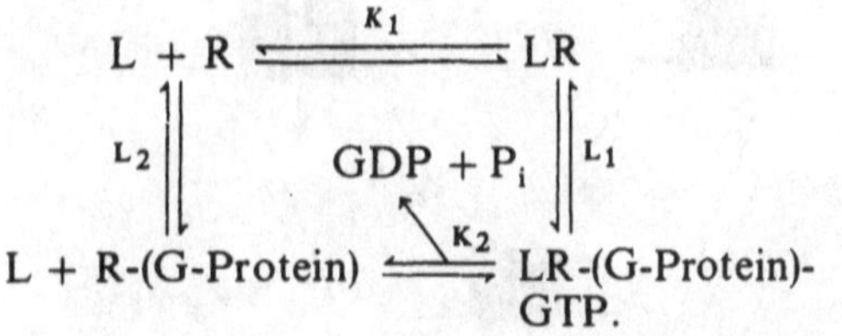

Die Assoziationskonstanten entsprechen den unter b) verwendeten. Dies bedeutet, die Signal-weiterleitende Isomerisierung des Rezeptors erfolgt durch die Bindung des G-Protein-GTP-Komplexes. Somit stabilisieren Liganden, für die $L_1 > L_2$ gilt, die aktive Konformation (Agonisten?), während solche, bei denen $L_1 < L_2$ ist, zu einem schnellen Zerfall dieser Konformation beitragen (Antagonisten?).
Die Anpassung konkreter Bindungsdaten mit Hilfe von Computerprogrammen an Gleichungen, die sich aus diesem Modell ergeben, hat dessen Brauchbarkeit erwiesen (D_2-Rezeptor). Es muß jedoch davon ausgegangen werden, daß die Verhältnisse tatsächlich noch komplizierter sind. Ein Modell dürfte auch in noch komplexerer Form nur jeweils für ein bestimmtes Rezeptor-Effektor-System gelten.

d) Kombination von Modellen für Kooperativität und Konformationszyklen

Die Notwendigkeit für die Erstellung eines Modells, welches sowohl kooperative Phänomene als desensibilisierte Rezeptorzustände beinhaltet, ergbt sich für den nikotinergen Rezeptor. Hier liegen aufgrund von Ligandbindungsstudien und durch die direkte Messung der Eigenschaften der Agonist-induzierten Ionenkanalöffnung ausreichend Daten vor, um die Richtigkeit der Modellvorstellung zu verifizieren.
Das in Abb. 2.7. zusammengefaßte Modell nimmt auf der Basis der experimentellen Daten an, daß der Übergang von Zustand *T* (niedrigste Azetylcholin-Affinität) zum Zustand *R* (höhere Azetylcholin-Affinität) durch ein kooperatives Zusammenwirken der beiden Ligand-bindenden Untereinheiten im Rezep-

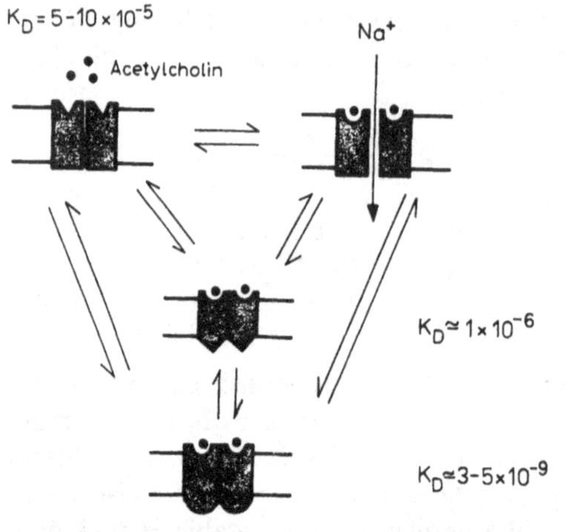

Abb. 2.7. Schema der Aktivierung und Desensibilisierung des nikotinergen Acetylcholin-Rezeptors. Dabei weisen die beiden desensibilisierten Konformationen des Rezeptors eine höhere Acetylcholin-Affinität als die reaktionsbereite Konformation auf (4).

tormolekül zustande kommt. Dem entspricht u. a. ein Hill-Koeffizient der Agonist Dosis-Wirkungskurve von 1,8. Dies führt zur Isomerisierung der Rezeptorkonformation (hier zusammengefaßt als ein Schritt dargestellt), die mit der Öffnung des Ionenkanals einhergeht. Die Schließung des Ionenkanals ist mit einer (meßtechnisch gut erfaßbaren) Desensibilisierung des Rezeptors verbunden. Es lassen sich zwei desensibilisierte Konformationen, die sich sowohl durch die Zeitkonstanten als auch die Agonist-Affinität unterscheiden, nachweisen.
Wie auch bei vielen anderen Rezeptoren erweist sich die stimulierbare Rezeptorkonformation als niedrigaffin gegenüber Agonisten (vergl. auch Punkt c).

2.4. Die Allozym-Hypothese

Die Allozym-Hypothese wurde von McFarlane (8) formuliert. Sie geht bei der Betrachtung der Rezeptor-G-Protein-Effektor-Komplexe davon aus, daß die cAMP-Bildung nicht durch den Zerfall des Komplexes, sondern durch ein separates „Ausschaltsignal" gestoppt wird. Diese Theorie wurde besonders dadurch inspiriert, daß die GTP-bindenden Proteine aus mindestens zwei Typen bestehen (N_s-stimulatorisches G-Protein, N_i-inhibitorisches G-Protein). Dabei scheint N_i mit solchen Rezeptoren assoziiert zu sein, die in bestimmten Geweben ein „Ausschaltsignal" auf die Adenylatzyklase übertragen (z. B. muskarinerger Rezeptor im Herzmuskel). N_s und N_i wurden bereits isoliert und biochemisch charakterisiert. Erste Rekonstitutionsversuche liegen vor, die sowohl für N_s als auch für N_i eine GTPase-Aktivität nachweisen.
Sollten nun beide Typen von GTP-bindenden Proteinen gemeinsam in bestimmten Rezeptor-haltigen Membranen vorkommen, könnten beide in der in Abb. 2.8. skizzierten Weise als „An- bzw. Ausschaltsignal" für die Adenylatzyklase zusammenwirken. Dabei wird,

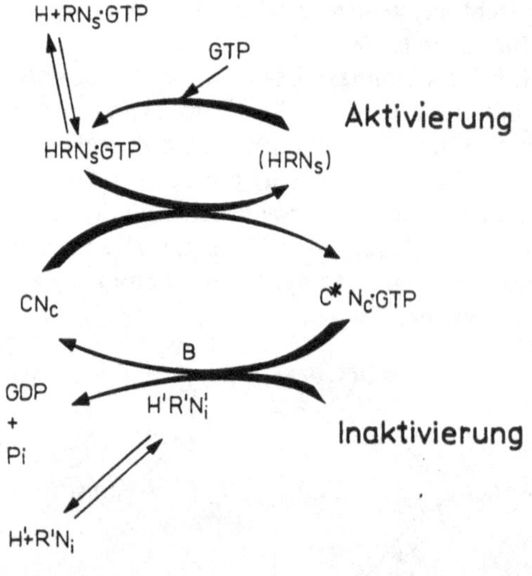

Abb. 2.8. Zweiseitige Regulation der Adenylatzyklase entsprechend der Allozym-Hypothese nach MacFarlane (8). Im Unterschied zu den in Kap. 12 zusammengefaßten Ergebnissen wird hier von einer festen Assoziation zwischen einem regulatorischen G-Protein (N_c) und der Adenylatzyklase (C) ausgegangen. Die Bindung eines Liganden (des Agonisten H) an den Rezeptor (R), der im Komplex mit dem stimulatorischen G-Protein (N_s) und GTP vorliegen soll, bewirkt die Übertragung von GTP auf den CN_c-Komplex, was zur Adenylatzyklase-Aktivierung führt. Die GTP-Hydrolyse und damit die Inaktivierung der Adenylatzyklase soll unter Mitwirkung eines anderen Ligand-Rezeptor-G-Protein-Komplexes ($H'R'N_i'$) erfolgen.

im Gegensatz zu den meisten bislang erhobenen experimentellen Befunden (vergl. Kap. 12), von einer festen Assoziation zwischen Adenylatzyklase und einen G-Protein (N_C) gegangen. Gegenwärtig fehlen hierfür aber noch schlüssige experimentelle Beweise.
Die mit dieser Hypothese verbundenen Überlegungen könnten aber auch in anderer Hinsicht von Bedeutung sein. Es handelt sich hierbei um Erklärungsmöglichkeiten für die bisher nur in Ansätzen charakterisierte Wechselwirkung zwischen Rezeptoren, die gemeinsam in der Membran vorkommen. Dieser sogenannte „receptor cross talk" könnte sich als Konkurrenzreaktion um GTP-bindende Proteine erweisen. Hierbei dürften ähnliche zweistufige Reaktionszyklen eine Rolle spielen, wie sie in Abb. 2.8. umrissen sind.

2.5. Was sind Reserverezeptoren? — Das Kaskaden-Verstärkerprinzip

Sowohl die Modelle, die den Rezeptor-Effektor-Komplex als „black box" betrachten (Abschnitt 2.1. und 2.2.) als auch die Modelle, die die Eigenschaften der beteiligten Makromoleküle beschreiben (Abschnitt 2.3. und 2.4.) liefern keine Erklärung für das Phänomen der Rezeptorreserve („spare receptors"). Als Reserverezeptoren werden diejenigen Rezeptoren bezeichnet, die inaktiviert werden können, ohne daß dadurch der maximale biologische Effekt, der durch einen bestimmten Agonisten auslösbar ist, vermindert wird. Dieser Begriff ist bezüglich einer Zelle noch anwendbar, ist jedoch auf ein Gewebe bezogen falsch. Auf zellulärer Ebene ist davon auszugehen, daß die Aktivierung vieler Effektorsysteme dem Verstärkerprinzip folgt. Dies bedeutet, daß die Interaktion eines Agonist-Moleküls mit einem Rezeptor zur Bildung vieler Moleküle des „second messenger" führt. Sind mehrere dieser Effektorsysteme in einer Sequenz hintereinander geschaltet, kann man von einem „Kaskaden-Verstärker-Prinzip" sprechen.
Ein Beispiel für eine extreme Multiplikation des „input"-Signals (β-Rezeptor und Adrenalin-Bindung) ist die Bildung von Glucose,

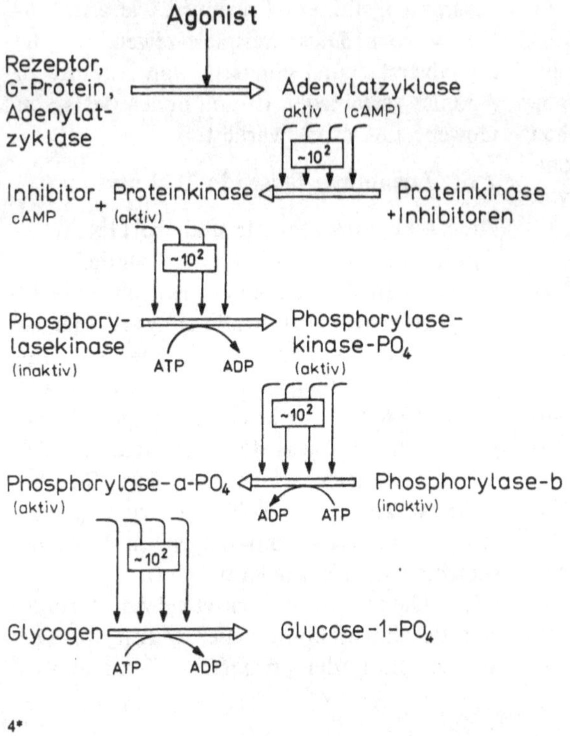

Abb. 2.9. Beispiel für das Kaskaden-Verstärker-Prinzip.
Initialer Stimulus: Wechselwirkung der β-adrenergen Rezeptoren von Adipozyten mit Adrenalin. Der maximale Verstärkungsfaktor kann zwar theoretisch aus den Verstärkungsfaktoren der einzelnen Reaktionsstufen berechnet werden, wird jedoch aus den in Kap. 11 dargestellten Gründen nicht erreicht.
(nach: N. D. Goldberg, in: Cell Membranes: Biochemistry, Cell Biology and Pathology, G. Weissmann und R. Claiborne, (Eds.), H. P. Publishing New York p. 185 (1975)).

Tabelle 2.1. Abhängigkeit der Signalverstärkung von der Art des Agonisten und vom untersuchten Gewebe. Der biologische Effekt wurde in Form der EC_{50} aus der Dosis-Wirkungs-Kurve ermittelt. Die Rezeptorokkupation ist durch die Dissoziationskonstante (K_D) charakterisiert, die mit Hilfe von Ligand-Bindungsstudien ermittelt wurde (nach: T. P. Kenakin, Pharmacological Reviews **36**: 165–222 (1984) modifiziert)

Rezeptor	Gewebe	Agonist	$-\log(EC_{50})$	$-\log(K_D)$	$\frac{-\log K_D}{-\log(EC_{50})}$
β-adrenerger Rezeptor	Herzzellen	Isoprenalin	7,05	6,1	9
	Papillarmuskel	Isoprenalin	9,1	6,7	251
	Herzzellen	Dichloro-Isoprenalin	7,82	7,59	1,7
	Papillarmuskel	Dichloro-Isoprenalin	6,7	6,2	3,2
muskarinerger Azetylcholin-rezeptor	Meerschw.-Ileum	Methacholin	7,15	5,77	24
	Maus-Ileum	Methacholin	6,65	6,04	4
	Meerschw.-Ileum	Oxotremorin	7,65	6,3	22
	Maus-Ileum	Oxotremorin	6,65	6,1	3
	Meerschw.-Ileum	Bethanechol	5,95	4,79	14,6
	Maus-Ileum	Bethanechol	5,45	4,6	7

wie dies in Abb. 2.9. schematisch dargestellt ist.

Das Verstärkerprinzip bei der Reaktion der nachgeschalteten Effektorsysteme ist aber nur eine der beiden Einflußgrößen, die das Ausmaß der Wirkung einer bestimmten Konzentration eines Agonisten auf das Gewebe ausmachen, da die Größe des biologischen Effekts, der durch einen bestimmten Agonisten in einem Gewebe auslösbar ist, von 5 Faktoren abhängig ist:

a) der „efficacy" des Agonisten,
b) dem Verstärkungsgrad der nachgeschalteten Effektorsysteme (zellspezifisch!),
c) der Zahl der Rezeptoren pro Zelle (vergl. „intrinsic efficacy"),
d) dem Konzentrationsgradient des Agonisten im Gewebe (Diffusionsbarrieren, Ligandaufnahme und -abbau),
e) der Effektmodulation durch Zell-Zell-Interaktion im Gewebe.

Aus diesen Gründen gilt die Ermittlung eines bestimmten Verstärkerfaktors bzw. eines bestimmten Anteils von Reserverezeptoren nur für die Wirkung eines Agonisten in dem jeweils untersuchten Gewebe unter gleichen Milieubedingungen.

Diese Aussage soll anhand der in Tab. 2.1. zusammengefaßten Ergebnisse veranschaulicht werden. Diese Beispiele zeigen, daß die Signalverstärkung einerseits von Agonist zu Agonist verschieden ist und andererseits von Gewebe zu Gewebe variiert.

2.6. Zusammenfassende Diskussion

Die Okkupationstheorie und die Geschwindigkeitstheorie sind die ältesten Modelle, die naturgemäß den Rezeptor als „black box" betrachten, der nur durch Eingangs-Ausgangsbeziehungen zu charakterisieren ist. Ihr wesentliches Anliegen besteht nicht darin, die Funktionsweise des Effektor-Rezeptor-Komplexes auf der Basis des Verhaltens der beteiligten Makromoleküle zu erklären. Sie sind vielmehr konzipiert, Hilfsmittel zum quantitativen Vergleich der biologischen Wirkung verschiedener Pharmaka zu liefern.

Diese Daten sind die entscheidende Grundlage der Entwicklung neuer Wirkstoffe. Die auf der Basis der erweiterten Okkupationstheorie ermittelten Parameter (vergl. Kap. 3 hinsichtlich der methodischen Details) sind auch gegenwärtig die entscheidenden Meßgrößen für die vergleichende Beurteilung der biologischen Wirkung von Pharmaka. Sie liefern auch die biologischen Daten, die im Rahmen der qualitativen und quantitativen Struktur-Wirkungs-Analyse mit bestimmten Molekülparametern korreliert werden. Ziel dieser Verfahren, die im Rahmen des vorliegenden Buches nicht abgehandelt werden, ist die Optimierung von Leitstrukturen hinsichtlich eines bestimmten biologischen Effektes.

Welchen Stellenwert nimmt in diesem Zusammenhang die Geschwindigkeitstheorie ein? Die Geschwindigkeitstheorie hat sich sowohl für die o. g. Fragestellungen als auch für die Erklärung der molekularen Prozesse am Rezeptor als nahezu wertlos erwiesen. Dennoch wurde sie in Abschnitt 2.2. relativ ausführlich abgehandelt, um zu demonstrieren, wie auf der Basis eines Gemisches aus richtigen (z. B. langsamere Dissoziationsrate von Antagonisten gegenüber Agonisten) und falschen Annahmen (z. B. „Schwindeverhältnis") eine Theorie formuliert werden kann, die viele der experimentell beobachteten Phänomene (z. B. Wirkunterschiede zwischen Agonisten, Partialagonisten und Antagonisten) plausibel zu erklären vermag.

Dies ist ein generelles Problem, welches sich in ähnlicher Weise auch bei der mathematischen Modellierung enzymatischer Reaktionen darstellt. Es zeigt sich, daß die Übereinstimmung bestimmter experimenteller Daten mit einem mathematischen Modell durchaus noch kein Beweis für dessen Richtigkeit sein muß.

Diese Vorsicht ist natürlich in gleicher Weise gegenüber den Modellvorstellungen geboten, die versuchen die Wechselwirkung einzelner oder aller Teile eines Rezeptor-Effektor-Komplexes zu beschreiben. Diese Modelle wurden auf der Basis der biochemischen Analyse der Rezeptoren und Effektorsysteme sowie der quantitativen Beschreibung der Ligand-Rezeptorareal-Wechselwirkung durch Bindungsstudien entworfen. Sie sind somit Annäherungen zur Beantwortung der Frage: Wie funktioniert ein Rezeptor-Effektor-Komplex? In den Abschnitten 2.3. bis 2.5. wurde versucht zu zeigen, wie mit zunehmender Detailkenntnis die Komplizität dieser Modelle zunimmt. Auf der anderen Seite wird aber (unter Berücksichtigung der folgenden Kapitel) deutlich, daß es ein allgemein gültiges Rezeptormodell auf molekularer Basis nicht geben kann. Vielmehr können Rezeptoren mit unterschiedlichen Effektorsystemen gekoppelt sein, wobei auch die Art der Kopplung mit dem gleichen Effektorsystem vielen modulierenden Einflußgrößen unterworfen ist.

Damit stellen nur die Okkupationstheorie und die Geschwindigkeitstheorie (in Teilbereichen) alternative Hypothesen dar. Alle anderen Modelle betrachten Rezeptor-Effektor-Komplexe aus unterschiedlichen Blickwinkeln bzw. beschreiben nur bestimmte Ausschnitte des Gesamtgeschehens.

Welche Bedeutung haben die biochemisch ausgerichteten Modelle für die gezielte Wirkstoffentwicklung? Wie bereits erwähnt, sind gegenwärtig noch die auf der Basis der erweiterten Okkupationstheorie ermittelten Parameter das entscheidende Korrelat bei quantitativen Struktur-Wirkungsanalysen. Dies ist auch verständlich, wenn man sich verdeutlicht, daß für die Wirkung eines Pharmakons nur derjenige biologische Effekt interessant ist, der sich aus der Summe aller Teilprozesse ergibt. Hinzu kommen Fragen der Pharmakokinetik, des Pharmakonmetabolismus und der Nebenwirkungen in vivo.

Auf der anderen Seite zeigt sich gegenwärtig, daß die Zerlegung der komplexen Wechselwirkung eines Liganden mit einem Rezeptor-Effektor-Komplex in einzelne Reaktionsschritte auch das Tor zu einer neuen Ära der gezielten Wirkstoffentwicklung und -optimierung aufstößt. Dies betrifft zunächst die Wechselwirkung des Pharmakons mit dem Rezeptorareal (Definition 5, Abschnitt 1.3.), die durch Ligand-Bindungsstudien bereits sehr exakt zu beschreiben ist (Kap. 7.). Im Zuge der Erstellung räumlicher Modelle des Rezeptors und des Rezeptorareals auf der Basis

der Kenntnis der Primärstrukturen (Kap. 9.) dürften sich in naher Zukunft neue Möglichkeiten der komplementären Strukturanpassung von Rezeptorareal und Ligand (z. B. mit Hilfe der Computergrafik) ergeben.
Weiterhin ist zu erwarten, daß sich neue Möglichkeiten zur Beurteilung und Voraussage der „efficacy" von Pharmaka durch die Messung der Pharmakon-induzierten Konformationsumwandlung sowie der Signalübertragung auf bestimmte Effektorsysteme ergeben.
Deshalb dürfte es gerechtfertigt erscheinen, einzuschätzen, daß gegenwärtig ein Prozeß stattfindet, bei dem die pharmakologische Analytik der Rezeptor-Ligand-Wechselwirkung durch die Beschreibung von Einzelprozessen auf molekularem Niveau wesentlich ergänzt, nicht aber abgelöst wird.

Zitierte Literaturbeispiele

1. ARIËNS, E. J.: Affinity and intrinsic activity in the theory of competitive inhibition. Arch. Int. Pharmacodyn. Ther. **99**, 32 (1954)
2. BOEYNAEMS, J. M. and J. E. DUMONT: Outlines of receptor theory. Elsevier/North Holland Biomedical Press, Amsterdam, New York, Oxford (1980)
3. BURGEN, A. S. V.: Conformational changes and drug action. Fed. Proc. **40**, 2723 (1981)
4. CHANGEUX, J. P., DEVILLERS-THIERY, A. and CHEMOUILLI, P.: Acetylcholine receptor: An allosteric protein. Science, Vol. **225**, 1335 (1984)
5. CLARK, A. J.: General Pharmacology, in: Handbuch der Experimentellen Pharmakologie, Band 4. Springer Verlag Berlin (1937)
6. FURCHGOTT, R.: Pharmacological characterization of receptors: Its relation to radioligand-binding studies. Fed. Proc. **37**, 115 (1978)
7. KOSHLAND, D. E. Jr., G. NEMETHY and D. FILMER: Comparison of experimental binding data and theoretical models in proteins containing subunits. Biochemistry **5**, 363 (1966)
8. MACFARLANE, D. E.: On the enzymatic nature of receptors: The allozyme hypothesis. TIPS Januar, 11 (1984)
9. MONOD, J., J. WYMAN and J. P. CHANGEUX: On the nature of allosteric transitions: A plausible model. J. Mol. Biol. **12**, 88 (1965)
10. NUHN, P. and H.-J. HOFMANN: Molekulare Wirkungsmechanismen von Pharmaka. Akademie-Verlag, Berlin (1985)
11. PATON, W. D. M.: A theory of drug action based on the rate of drug — receptor combination. Proc. Royal Soc. London (Biol.) **154**, 21 (1961)
12. STEPHENSON, R. P.: A modification of receptor theory. Br. J. Pharmacol. **11**, 379 (1956)
13. WREGGEIT, K. A. and A. DE LÈAN: The ternary complex model: Its properties and application to ligand interactions with the D_2-dopamine receptor of the anterior pituitary gland, Mol. Pharmacology **26**, 214 (1984)

Weiterführende Literatur

BLACK, J. W. and P. LEFF: Operational models of pharmacological agonism. Proc. Royal Soc. London, B **220**, 141 (1983)

COLQUHOUN, D.: The relation between classical and cooperative models for drug action. in: Drug receptors, H.-P. RANG (Ed.), University Park Press, Baltimore p. 149 (1973)

KENAKIN, T. P.: Receptor reserve as a tissue misnomer, TIPS März, **93** (1986)

KENAKIN, T. P.: The quantification of relative efficacy of agonists. J. Pharmacol. Methods **13**, 281 (1985)

LAMBLE, J. W. and A. C. ABBOTT (Eds.): Receptors, again. Elsevier Science Publ., Amsterdam, New York (1984)

LIMBIRD, L. E.: Cell surface receptors: A short course on theory and methods. Martinus Nijhoff Publishing, Boston, Dordrecht, Lancaster (1986)

SCHELER, W.: Grundlagen der Allgemeinen Pharmakologie. Gustav Fischer Verlag, Jena (1980)

VAN ROSSUM, J. M. and E. J. ARIENS: Receptor reserve and threshold phenomena. Arch. Int. Pharmacodyn. **136**, 385 (1962)

3. Methoden zur Charakterisierung von Membranrezeptoren durch Messung der Ligandwirkung auf isolierte Organe

3.1. Bestimmung der Dissoziationskonstante von Antagonisten

Entsprechend der Okkupationstheorie kann von folgender Beziehung ausgegangen werden:

$$\frac{[A']}{[A]} - 1 = \frac{[B]}{K_B}$$

A' stellt diejenige Konzentration des Agonisten dar, die benötigt wird, um in Anwesenheit einer gegebenen Konzentration des Antagonisten $[B]$ den gleichen Effekt auszulösen, wie dies durch die Konzentration $[A]$ des Agonisten allein erreicht wird.
Das Verhältnis $[A']/[A]$ wird oft als Dosis-Verhältnis (*dr*, „dose ratio") bezeichnet. K_B bezeichnet die Dissoziationskonstante des kompetitiven Antagonist-Rezeptor-Komplexes.
Diese Gleichung kann für ein einfaches grafisches Auswertungsverfahren, den Schild-Plot genutzt werden (3). Hierbei erfolgt die Auftragung der Werte $\log(dr - 1)$ gegen $\log[B]$. Die sich ergebene Gerade hat einen Anstieg von 1. Das heißt, daß im Bereich der halbmaximalen Hemmwirkung des Antagonisten $dr = 2$ ist. Somit erhält man für die transformierte Gleichung

$$\log(dr - 1) = \log[B] - \log K_B$$

bei $dr = 2 \log[B] = \log K_B$.

Der hier am Schnittpunkt der Abszisse mit der Geraden berechnete Wert wird auch pA_2-Wert genannt und entspricht $-\log K_B$. Auf diese Weise lassen sich aus dem Schild-Plot die Dissoziationskonstanten für kompetitive Antagonisten berechnen (3).
Setzt man Agonisten mit unterschiedlicher Wirkung auf Rezeptorsubtypen (z. B. β_1 und $\beta_{1/2}$, d. h. Salbutamol und Isoprenalin) zur Auslösung des Effektes ein, kann für einen Antagonisten (z. B. Propranolol) das Verhältnis seiner Affinität zu beiden Subtypen mit Hilfe der entsprechenden Schild-Plots berechnet werden (Abb. 3.1.).

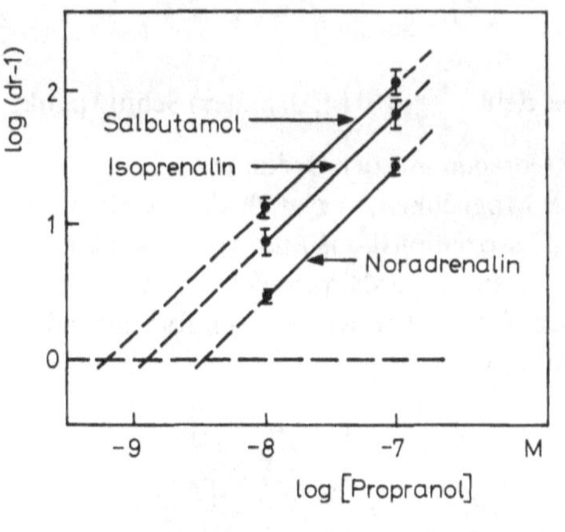

Abb. 3.1. Schild-Plot der Wirkung von Propranolol auf die Meerschweinchen-Trachea. Durch die Verwendung unterschiedlicher Agonisten wird das Vorkommen der beiden Subtypen des β-adrenergen Rezeptors (β_1 und β_2) nachgewiesen. Isoprenalin reagiert mit beiden Subtypen. (nach R. F. FURCHGOTT, Fed. Proceedings **37**, 110 (1978)).

3.2. Bestimmung der Dissoziationskonstante von Agonisten

Eine Möglichkeit zur Messung der Menge der „Reserverezeptoren" ist durch deren sukzessive kovalente Inaktivierung gegeben. Für diesen Fall wurde von FURCHGOTT (2) die folgende Gleichung auf der Basis der einfachen Okkupationstheorie hergeleitet:

$$\frac{1}{[A]} = \frac{1-q}{q \cdot K_D^A} + \frac{1}{q \cdot [A']}.$$

Hierbei bedeutet q den Anteil der Rezeptoren, der nach der kovalenten Blockade noch aktiv ist. $[A']$ ist diejenige Konzentration des Agonisten, die benötigt wird, um den gleichen Effekt nach der Inaktivierung auszulösen, wie er bei der Konzentration $[A]$ im unbehandelten Präparat beobachtet wird. Aus der Auftragung der Werte von $\frac{1}{[A]}$ gegen $\frac{1}{[A']}$ entsteht eine Gerade, die durch den Anstieg $1/q$ charakterisiert ist (Abb. 3.2.). Daraus ergibt sich für die Dissoziationskonstante K_{diss}^A der Wert von

$$K_D^A = \frac{\frac{1}{q} - 1}{\frac{1}{[A]}}$$ bei demjenigen Wert von

$\frac{1}{A}$ bei dem $\frac{1}{(A')} = 0$ ist, d. h. dem Schnittpunkt der Geraden mit der Ordinate.

Eine Möglichkeit, die auch die Bestimmung der Dissoziationskonstante von Partialagonisten erlaubt, wurde von WAUD (1969) angegeben (5). Dabei wurde von folgender Beziehung ausgegangen:

$$\frac{1}{[A]} = \frac{\varepsilon^A}{K_D^A \cdot \varepsilon^P} + \frac{\varepsilon^A}{\varepsilon^P} \times \frac{K_D^P}{K_D^A} \times \frac{1}{[P]}$$

wobei ε^A und ε^P die „intrinsic efficacy" eines vollen Agonisten bzw. des zu untersuchenden Partialagonisten bezeichnen. Entsprechend sind K_D^A und K_D^P die Dissoziationskonstanten des Agonisten und des Partialagonisten sowie $[A]$ und $[P]$ deren Konzentrationen, die den gleichen biologischen Effekt auslösen. Theoretisch ergibt sich bei der Auftragung von $\frac{1}{[A]}$ gegen $\frac{1}{[P]}$ eine Gerade.

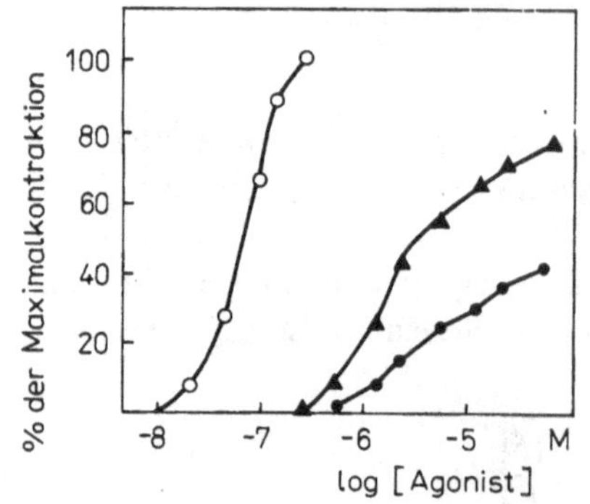

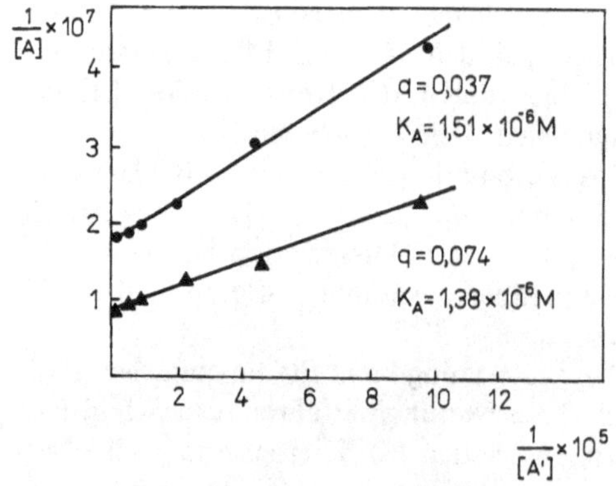

Abb. 3.2. Bestimmung der Dissoziationskonstante von Agonisten nach irreversibler Blockade der Reserverezeptoren. Die Dissoziationskonstante eines Oxotremorin-Derivates wurde bei unterschiedlichen Anteilen noch aktiver Rezeptoren (q) nach Blockade durch den kovalent bindenden Antagonisten PrBCM untersucht, wobei die so gewonnenen Dissoziationskonstanten gut übereinstimmen (Organpräparat: Meerschweinchen-Ileum). Man beachte die extrem geringen Restanteile intakter Rezeptoren (q = 0,037 bzw. 0,074), die noch ausreichend sind, einen nahezu maximalen biologischen Effekt zu vermitteln (nach: B. RINGDAHL, J. Pharmacol. Exp. Ther. **229**, 199 (1984)).

3.3. Die Bestimmung der Wirkqualität von Agonisten

Die verschiedenen Möglichkeiten zur Beschreibung der Wirkqualität von Agonisten wurden bereits in Kap. 2.1. vorgestellt. Von praktischem Nutzen hat sich dabei nur der durch FURCHGOTT eingeführte Terminus der „intrinsic efficacy" (ε) erwiesen, weil dieser als einziger nicht von der Rezeptorkonzentration im untersuchten Gewebe abhängt.

FURCHGOTT hat zur Bestimmung der relativen „intrinsic efficacy" eine oft benutzte Methode angegeben (1). Sie geht davon aus, daß durch unterschiedliche Konzentrationen von zwei verschiedenen Agonisten ein gleicher biologischer Effekt ausgelöst werden kann. Für diesen Stimulus gilt (beim Agonisten 1):

$$S_1 = \varepsilon_1 \cdot y_1 \cdot [RT],$$

wobei y_1 die anteilige Rezeptorbelegung und $[R_T]$ die Gesamtmenge des Rezeptors darstellt.

Unter der oben genannten Voraussetzung ergibt sich:

$$\frac{y_1}{y_2} = \frac{\varepsilon_2}{\varepsilon_1}.$$

Wird nun der durch den Agonisten bei unterschiedlichen Konzentrationen ausgelöste biologische Effekt gegen den Logarithmus der Rezeptorbelegung aufgetragen, kann aus der Verschiebung der beiden Kurven gegeneinander die relative intrinsische Reizaktivität eines Agonisten bezüglich eines anderen ermittelt werden. Dieses Verfahren ist nützlich beim Vergleich der Wirkqualität verschiedener Agonisten (4).

3.4. Worin unterscheiden sich die Aussagemöglichkeiten von pharmakologischen Methoden und Ligand-Rezeptor-Bindungsstudien?

Pharmakologische Methoden zur Rezeptorcharakterisierung mit Hilfe isolierter Organe beschreiben immer den Gesamtprozeß von der Ligand-Rezeptor-Interaktion bis zur Signalübertragung auf die Effektorsysteme. Ligand-Bindungsstudien sind demgegenüber auf die Rezeptor-Ligand-Wechselwirkung beschränkt. Sie erlauben den Nachweis von Konformationsumlagerungen des Rezeptors und in bestimmten Grenzen auch die Analyse der Kopplung des Rezeptors an Effektorsysteme. Letzteres ist dann der Fall, wenn sich diese Kopplung in einer veränderten

Tabelle 3.1. Vergleich der analytischen Möglichkeiten von pharmakologischen Methoden und Rezeptor-Ligand-Bindungsstudien

Fragestellung	analysierbar durch:	
	Pharmakologische Methoden	Ligand-Bindungsstudien
Affinität eines kompetitiven Antagonisten	xxx	xxx
irreversible Inaktivierung durch Antagonisten	xxx	xxx
Affinität eines Agonisten	xx	xxx
Affinität eines Partialagonisten	xx	xxx
Menge der vorhandenen Rezeptoren	—	xxx
funktionell unterschiedliche Rezeptorsubpopulationen z. B. β_1/β_2	xx	xxx
isomerisierende Rezeptorsubpopulationen (z. B. K_{D1}/K_{D2} für Agonisten)	—	xxx
Rezeptoren außerhalb des intaktes Organpräparates	—	xxx
Thermodynamik der Rezeptor-Ligand-Interaktion	x	
"intrinsic efficacy" von Agonisten	xxx	—

xxx umfassend charakterisierbar
xx im wesentlichen charakterisierbar
x teilweise charakterisierbar
— nicht charakterisierbar

Rezeptor-Ligand-Wechselwirkung widergespiegelt.
Für die biochemische Rezeptorforschung haben gegenwärtig die Ligand-Bindungsstudien die größere Bedeutung. Für die Charakterisierung potentieller Pharmaka sind jedoch die aus beiden Methoden erwachsenen Informationen unerläßlich (siehe auch Abschnitt 2.6.) (2, 4).
Ein zusammenfassender Vergleich ist in Tabelle 3.1. dargestellt.

Zitierte Literaturbeispiele

1. FURCHGOTT, R. F.: The use of β-haloalkylamines in the differentiation of receptors and in the determination of dissociation constants of recptor-agonist complexes, in: Advances of Drug Research **3**, 21, N. J. HAPPER and A. B. SIMMONDS, Eds., Academic Press, London, New York (1966)
2. FURCHGOTT, R. F.: Pharmacological characterization of receptors: Its relation to radioligand-binding studies. Fed. Proc. **37**, 115 (1978)
3. KENAKIN, T. P.: The schild regression in the process of receptor classification. Can. J. Physiol. Pharmacol. **60**, 249 (1982)
4. KENANKIN, T. P.: The classification of drugs and drug receptors in isolated tissues. Pharmacological Reviews **36**, 165 (1984)
5. WAUD, D. R.: On the measurement of the affinity of partial agonists for receptors. J. Pharmacol. Exp. Ther. **170**, 117 (1969)

Weiterführende Literatur

KENAKIN, T. P.: The quantification of relative efficacy of agonists. J. Pharmacol. Methods **13**, 281 (1985)

LIMBIRD, L. E.: Cell surface receptors: A short course on theory and methods. Martinus Nijhoff Publishing, Boston, Dordrecht, Lancaster (1986)

MACKAY, D.: Dose-response curves and mechanisms of drug action. TIPS 2, 496 (1982)

SCHELER, W.: Grundlagen der Allgemeinen Pharmakologie. Gustav Fischer Verlag, Jena (1980)

TALLARIDA, R. J., A. COWAN and M. W. ADLER: pA_2 and receptor differentiation. A statistical sis of competitive antagonism. Life Sci. **25**, 637 (1979)

VAN ROSSUM, J. M.: Cumulative dose-response curves. II. Technique for the making of dose-response curves in isolated organs and the evaluation of drug parameters. Arch. Int. Pharmacodyn. Ther. **143**, 299 (1963)

4. Stereoselektivität der Interaktion von Membranrezeptoren mit Liganden

4.1. Formen der Isomerie

Die verschiedenen Formen der Isomerie können in drei Hauptgruppen unterteilt werden:
1. funktionelle Isomerie
2. positionelle Isomerie
3. Stereoisomerie.

Im folgenden soll nur die Stereoisomerie genauer betrachtet werden, da sie eine Reihe von Möglichkeiten zur Beschreibung von Rezeptor-Ligand-Wechselwirkungen auf molekularer Ebene eröffnet. Weiterhin besitzt die Analyse der Wirkung stereoisomerer Liganden ein außerordentliches Interesse für die Praxis der Pharmakaentwicklung.

Stereoisomere zeichnen sich dadurch aus, daß die Position der einzelnen Atome eines Moleküls unverändert ist, aber ihre Orientierung im Raum Unterschiede aufweist. Die Vielfalt der sich hier ergebenden Möglichkeiten macht eine weitere Unterteilung in Unterformen sinnvoll, die im folgenden anhand von Beispielen dargestellt werden sollen. Generell kann gesagt werden, daß Stereoisomere nur durch geringe Differenzen ihrer chemischen und physikalischen Eigenschaften gekennzeichnet sind. Es können zwei Gruppen von Stereoisomeren unterschieden werden:

— Stereoisomere, deren Umwandlung ineinander einen hohen Energiebetrag erfordert, so daß sie bei Raumtemperatur als fixiert angesehen werden können (fixierte Stereoisomere);
— Stereoisomere, die zwar in einer energetisch begünstigten Konformation vorliegen, aber bei Raumtemperatur ineinander umwandelbar sind (variable Stereoisomere).

a) „Fixierte Stereoisomere“

Geometrische Isomere
sind z. B.

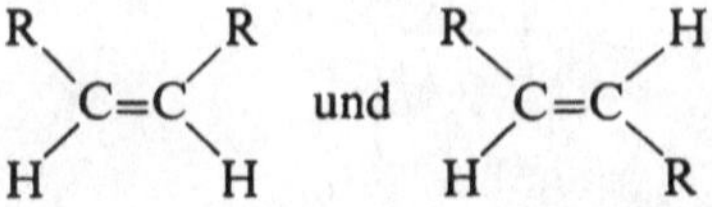

Enantiomere
Enantiomere Strukturen verhalten sich wie Bild und Spiegelbild zueinander. Sie sind also durch keine der möglichen Drehungen im Raum zur Deckung zu bringen (Abb. 4.1.). Die älteren Bezeichnungen wie optische Isomere oder Antipode werden zunehmend durch den Begriff Enantiomere verdrängt. In ähnlicher Weise gilt dies für die Ablösung des Begriffes asymmetrische Zentren durch den Ausdruck chirale Zentren, der auf die Spiegelbildlichkeit hinweist.

Enantiomere unterscheiden sich praktisch nicht in ihren chemischen und physikalischen Eigenschaften. Für die Beschreibung der Konfiguration haben sich mehrere Systeme einge-

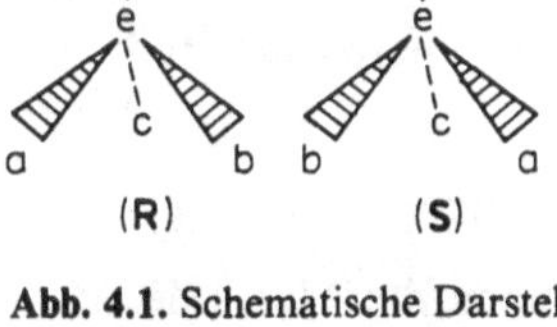

Abb. 4.1. Schematische Darstellung des Unterschiedes zwischen enantiomeren Verbindungen.

bürgert (R und S; D und L; d und l; (+) und (—), abgeleitet aus der optischen Drehung), auf deren Definition nicht näher eingegangen werden soll.

Diastereomere

Wenn zwei chirale Zentren A und B innerhalb eines Moleküls vorkommen, ergeben sich die in Abb. 4.2. dargestellten Kombinationen. Hierbei treten 4 Isomer-Paare auf, die als Diastereomere bezeichnet werden. Nur die beiden Isomer-Paare mit einer symmetrischen Verteilung der chiralen Zentren haben gleiche chemische und physikalische Eigenschaften und werden als Enantiomere bezeichnet. Wenn innerhalb eines Moleküls n chirale Zentren auftreten, ergibt sich die Gesamtzahl der Isomere als 2^n.

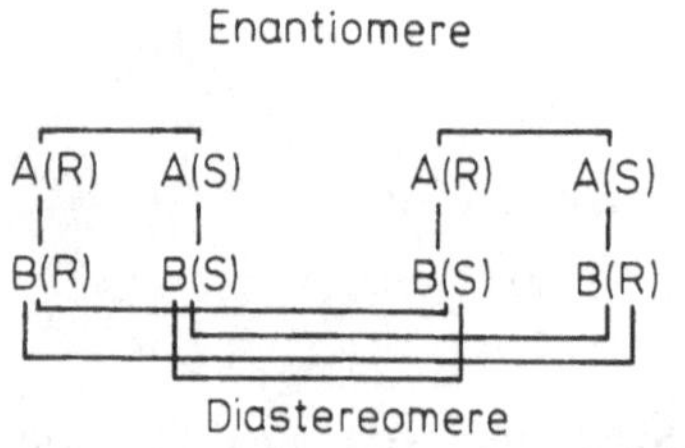

Abb. 4.2. Schematische Darstellung der verschiedenen Diastereomeren, die bei Verbindungen mit den chiralen C-Atomen A und B auftreten können.

Epimere

Soll beim Vorliegen mehrerer chiraler Zentren die Isomerie nur eines dieser Zentren beschrieben werden (wie dies bei Steroiden häufig vorkommt), wird aus Gründen der Einfachheit der Ausdruck Epimerie benutzt.

Atropisomere Konformere

Die Struktur theoretisch frei routierender Gruppen kann so beschaffen sein, daß die Energiebarriere, die beim Übergang von der einen in die andere Konformation zu überwinden ist, eine Gleichgewichtseinstellung nicht zuläßt. Sie können somit als fixierte Konformere betrachtet werden. Die Übergänge zu den variablen Stereoisomeren sind jedoch fließend.

b) „variable Stereoisomere"

In diesen Fällen nehmen die Moleküle energetisch bevorzugte Positionen ein. Die Energie, die für den Übergang in eine andere Konformation benötigt wird, ist jedoch so gering, daß die Beweglichkeit des Moleküls nicht grundsätzlich eingeschränkt ist.

Die fixierten Stereoisomere sind in Lösung unter physiologischen Bedingungen stabil. Dies bedeutet, daß in Abhängigkeit von der Zahl der Enantiomeren einer Verbindung, deren Wechselwirkung mit einem Membranrezeptor untersucht werden soll, nicht eine, sondern mehrere Verbindungen mit dem Rezeptor in Wechselwirkung treten. Dies ist deshalb der Fall, weil (siehe Kap. 1.2.) für die Wechselwirkung eines Liganden mit dem Rezeptor ausschließlich die Raumstruktur der Oberflächen-Elektronenwolken beider Komponenten entscheidend ist. Daher erhebt sich die wesentliche Frage: Ist nur eine der möglichen stereoisomeren Formen einer Verbindung in der Lage, mit dem Membranrezeptor in selektiver Weise zu reagieren, während die anderen sowohl gegenüber diesem Rezeptor als auch gegenüber anderen Targetsystemen wirkungslos sind?

4.2. Methoden zur Analyse der stereoselektiven Rezeptor-Ligand-Wechselwirkung

Die quantitative Untersuchung der Frage, inwieweit ein Rezeptor in der Lage ist, stereoisomere Liganden mit unterschiedlicher Affinität, d. h. selektiv zu binden, ist unter drei Gesichtspunkten bedeutungsvoll:

1. Aussagen zur Stereospezifität der Ligand-Rezeptor-Interaktion ermöglichen indirekte Aussagen über die Raumstruktur der Ligand-Bindungsregion des Rezeptors.
2. Die getrennte Untersuchung des Einflusses mehrerer chiraler Zentren in einem Ligand ermöglicht die Bestimmung von Arealen des Liganden, die mit dem Rezeptor in Wechselwirkung treten (Pharmakophor).
3. Von außerordentlicher praktischer Bedeutung ist die Analyse von stereoisomeren Liganden für die pharmazeutische Industrie unter dem Gesichtspunkt der Opti-

mierung von Leitstrukturen. Dieser Aspekt wird gegenwärtig bei Substanzen mit chiralen Zentren wegen des hohen Aufwandes zur selektiven Synthese bzw. zur Trennung der Isomere noch relativ wenig beachtet. Da aber (wie auch aus nachfolgenden Ausführungen ersichtlich) Isomergemische durchaus nicht nur aus einem wirksamen Stereoisomer und einer bzw. mehreren unwirksamen Komponenten bestehen, liegt hier ein weites Feld der genaueren Charakterisierung der Wirkeigenschaften neuer sowie auch länger bekannter Substanzen.

Pfeiffer publizierte 1956 Ergebnisse, die als Ausgangspunkt der Analyse von Zusammenhängen zwischen Affinität und Stereoselektivität bei der Ligandbindung angesehen werden können. Die Pfeiffersche Regel besagt, daß mit zunehmender Affinität eines Racematgemisches zum Rezeptor die Stereoselektivität der Wechselwirkung steigt (3).

Wie im folgenden noch deutlich wird, stellt diese Beobachtung einen häufigen, aber nicht prinzipiell geltenden Zusammenhang dar.

Durch Lehmann (1976) wurde für die systematische Analyse von Isomeren einer homologen Serie die eudismische Analyse vorgeschlagen (3). Zunächst wurde hierzu folgende Terminologie eingeführt:

1. Das Isomer mit der höheren Affinität zum Rezeptor wird unabhängig von seiner absoluten Konfiguration als Eutomer bezeichnet.
2. Das Isomer mit der geringeren Affinität heißt Distomer.
3. Das Verhältnis der Wirkungen beider Isomere zueinander wird als eudismisches Verhältnis („eudismie ratio", *E.R.*) bezeichnet.

Hierbei können sowohl die Dissoziationskonstanten auf Grund von Ligand-Bindungsstudien wie auch scheinbare Dissoziationskonstanten, wie sie durch pharmakologische Methoden gewonnen werden, ins Verhältnis gesetzt werden. Im letzteren Falle geht die „efficacy" (e) des Agonisten (siehe 2.1.3.) in die Analyse ein. Der Logarithmus von *E.R.* wird als eudismischer Index (*E.I.*) bezeichnet.

$$E.I. = \log. E.R. = \frac{K_D^{Eu}}{K_D^{Dis}}$$

Bei der Auftragung von *E.I.* gegen die Affinität (z. B. K_D) des Eutomers ergeben sich oft Geraden der Form

$$E.I. = a + E.A.Q. \log K_D\,,$$

d. h. der Anstieg der Gerade („eudismic affinity quotient", *E.A.Q.*) kann als quantitatives Maß der Stereoselektivität der Bindung eines Liganden angesehen werden. Dieser Parameter gilt nur in bezug auf eine homologe Serie von Liganden und hinsichtlich Stereoisomerie an einer einzigen Stelle des Ligandmoleküls.

Als Beispiel sei hier eine Serie von Oxotremorin-Analogen angeführt, die hinsichtlich der unterschiedlichen Wirkung der Stereoisome-

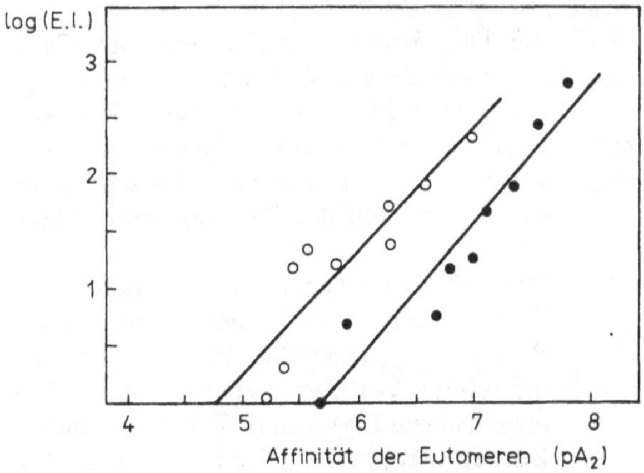

Abb. 4.3. Beispiel für die Zunahme des eudismischen Index mit zunehmender Affinität des Eutomeren zum Rezeptor (Pfeiffer'sche Regel). Verglichen wurden enantiomere Oxotremorin-Derivate (Agonisten des muskarinergen Acetylcholinrezeptors) hinsichtlich der Wirkung auf das Meerschweinchen-Ileum (●) sowie der tremolytischen Wirkung bei der Maus (○). (nach: B. Ringdahl et al., Mol. Pharmacol. **23**, 17 (1983)).

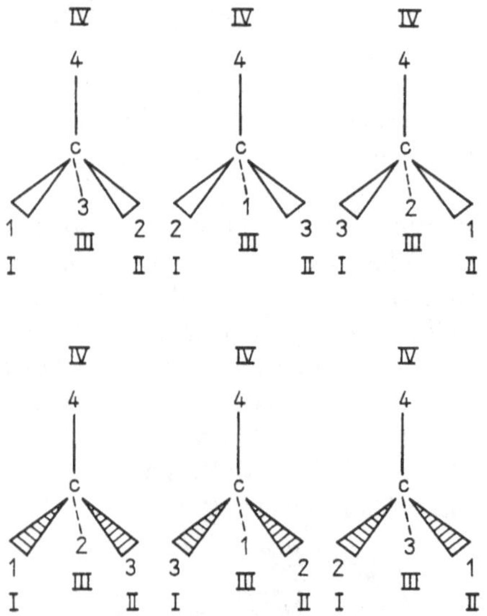

Abb. 4.4. Schematische Darstellung der Wechselwirkung eines Liganden mit einem chiralen C-Atom mit den funktionellen Gruppen in einem Rezeptorareal. Die Kombination gleicher Zahlen (römisch und lateinisch) symbolisiert jeweils eine energiereiche Wechselwirkung. Dabei ergibt sich bei Drehung der beiden Enantiomeren (R und S) um eine Achse die nachfolgende, in Klammern gesetzte Zahl energiereicher Wechselwirkungen:

R-Enantiomer (obere Reihe): 1. Drehung (4),
2. Drehung (1),
3. Drehung (1)
S-Enantiomer (untere Reihe): 1. Drehung (2),
2. Drehung (2),
2. Drehung (3)

ren auf den muskarinergen Azetylcholinrezeptor in zwei unterschiedlichen biologischen Modellen untersucht wurde (Kontraktion des Meerschweinchen-Ileums und tremolytische Aktivität (Abb. 4.3.).

Eine anschauliche Vorstellung von den Wechselwirkungsmöglichkeiten einer Verbindung mit einem chiralen Zentrum mit den komplementären Regionen des Ligand-Bindungsareals des Rezeptors soll Abb. 4.4. geben. Die Zahlen (1—4) bezeichnen die funktionellen Gruppen des Liganden, die Zahlen (I—IV) stellen diejenigen Bereiche des Rezeptorareals dar, die mit 1—4 in Wechselwirkung treten. Die Darstellung erfolgt unter der Voraussetzung, daß die Wechselwirkung 4-IV unverändert erhalten bleibt.

Aus dieser Abbildung wird folgendes deutlich:

1. Nur ein Enantiomer ist zur optimalen Wechselwirkung mit dem Rezeptor in der Lage.
2. Der Energieinhalt der einzelnen Wechselwirkungen ist abhängig von der Natur der funktionellen Gruppen 1—4, d. h. die Differenzen zwischen den Enantiomeren kommen erst bei höheren Wechselwirkungsenergien deutlich zur Geltung (PFEIFFERsche Regel).
3. Eine stereoselektive Wechselwirkung enantiomerer Liganden mit einem Rezeptor ist nicht zwingend. Gleiche Affinitäten für beide Enantiomere liegen vor, wenn:
   a) die Wechselwirkungsenergien der Paare 1-I, 2-II, 3-III, 4-IV mit denen der anderen möglichen Kombination identisch sind,
   b) die Wechselwirkung der Substituenten des chiralen C-Atoms mit dem Rezeptor nur einen kleinen Energiebeitrag zur gesamten Wechselwirkungsenergie leistet.

Letzteres ist z. B. bei den anticholinerg wirkenden Verbindungen des Typs

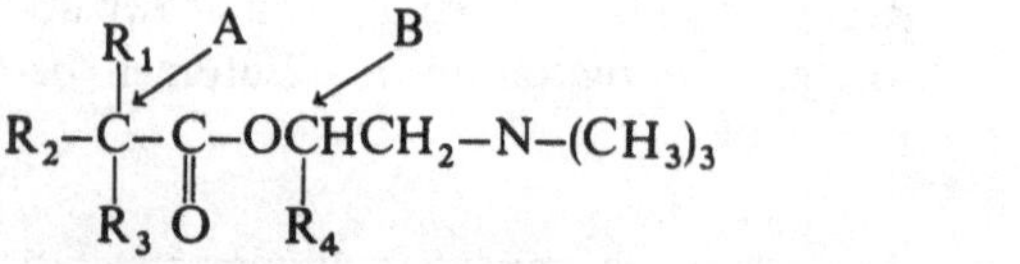

der Fall. Hierbei hat eine Serie von Derivaten des chiralen C-Atoms A einen *E.A.Q.* von 0,34, während die homologe Serie von Derivaten des chiralen C-Atoms B einen *E.A.Q.* von 0,0 aufweist. C-Atom B ist somit nicht Teil des Pharmakophors (Abb. 4.5.).

Deutlich komplizierter wird die Analyse und dementsprechend die Vorhersage der Art der Rezeptor-Ligand-Wechselwirkung beim gemeinsamen Vorliegen mehrerer Isomerieformen in einem Liganden (z. B. mehrere chirale Zentren, atropisomere Konformere usw.) (4).

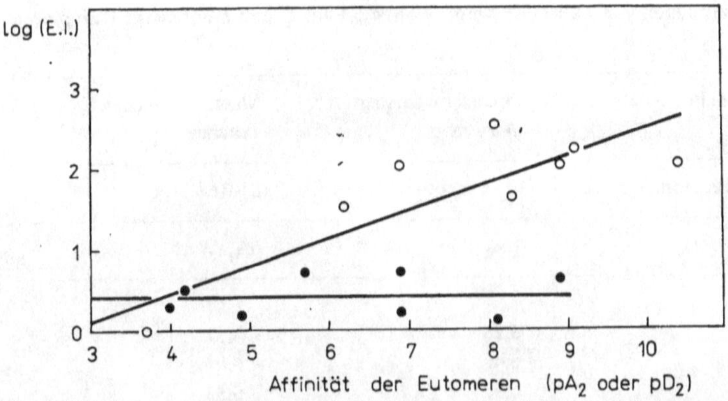

Abb. 4.5. Beispiel für die Nutzung der eudismischen Analyse zur Charakterisierung des Pharmakophors von Verbindungen. Untersucht wurden Derivate anticholinerg wirkender Esterverbindungen der im Text dargestellten Grundstruktur. Dabei wurden Antagonisten, bei denen die Substituenten des chiralen C-Atoms A deriviert wurden (○) mit solchen verglichen, bei denen die Derivierung am chiralen C-Atom B erfolgte (●). Deutlich ist zu erkennen, daß bei der Wechselwirkung mit dem Rezeptorareal dem chiralen C-Atom A und seinen Substituenten die entscheidende Bedeutung zukommt.
(nach: P. LEHMANN, et al., Progress Research **20**, 101 (1976)).

4.3. Stereoisomere Wirkstoffe — Gemische grundsätzlich verschiedener Pharmaka

Wie bereits gezeigt werden konnte, sind klare Aussagen zu Art und Ausmaß der Stereoselektivität der Ligand-Bindung durch Rezeptoren nur durch die Analyse homologer Serien von Verbindungen und nicht durch den Vergleich einzelner Paare von Isomeren zu erzielen.

Fast alle Pharmaka, die aus Substanzen mit chiralen C-Atomen bestehen, werden als Razemate auf den Markt gebracht. Hierbei wird stillschweigend davon ausgegangen, daß entweder eine Stereoselektivität des Rezeptors nicht besteht, oder daß ein Isomer sich als unwirksam erweist. Dies ist jedoch oft nicht der Fall, wie die nachfolgenden Beispiele zeigen:

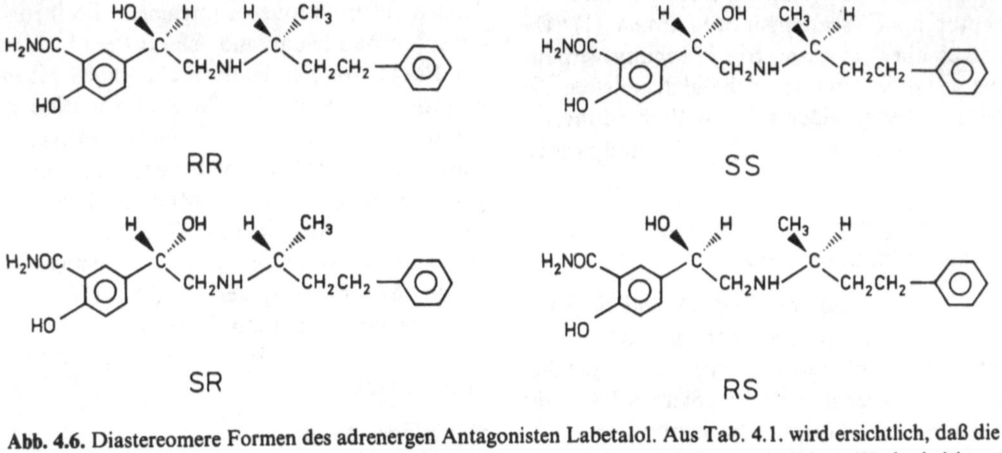

Abb. 4.6. Diastereomere Formen des adrenergen Antagonisten Labetalol. Aus Tab. 4.1. wird ersichtlich, daß die hier dargestellten Konfigurationen z. T. sehr große Unterschiede hinsichtlich der selektiven Wechselwirkung mit verschiedenen Typen adrenerger Rezeptoren aufweisen.

Tabelle 4.1. Wirkung der Diastereomeren von Labetalol (vergl. Abb. 4.6.) auf α- und β-adrenerge Rezeptoren. (nach: (1))

Wirkung auf:	Kaninchen Aorta	Meerschweinchen Atrium	Meerschweinchen Trachea
Antagonist des:	α_1-Rezeptors	β_1-Rezeptors	β_2-Rezeptors
Meßparameter:	pA_2-Wert	pA_2-Wert	pA_2-Wert
Diastereomere:			
RR	5,87	**8,26**	**8,52**
SS	5,98	6,43	<6,0
RS	5,5	6,97	6,33
SR	**7,18**	6,37	<6,0

a) Wechselwirkung von Stereoisomeren eines Liganden mit unterschiedlichen Rezeptoren

Ein eindrucksvolles Beispiel ist die Verbindung Labetalol, die als Antagonist sowohl auf α- als auch auf β-adrenerge Rezeptoren wirkt. Abb. 4.6. zeigt, daß auf Grund der zwei chiralen Zentren der Verbindung vier Diastereomere vorkommen. Wie aus Tab. 4.1. ersichtlich ist, wirkt nur das RR-Isomer mit einer therapeutisch interessanten Affinität sowohl auf β_1 als auch β_2-Rezeptoren, während das SR-Isomer nur ein α_1-Antagonist ist. Dies bedeutet, man hat es nicht mit einer Substanz mit unterschiedlichen Wirkorten, sondern mit einem Gemisch von 4 Substanzen zu tun, von denen zwei mit völlig unterschiedlichen Rezeptoren in Wechselwirkung treten (1). Da es sich aber um ein starres Mischungsverhältnis der 4 Komponenten handelt, dürften die Möglichkeiten einer solchen Verbindung oft unter denen von Kombinationspräparaten liegen.

b) Bindung von Stereoisomeren als Spezifitätskriterium

Ein häufig benutztes und fälschlicherweise allgemein akzeptiertes Kriterium für die Spezifität der Bindung eines markierten Liganden an einen Rezeptor ist die Stereoselektivität der Bindung. Da es sich bei dem weniger affinen Enantiomer aber um eine völlig andere Verbindung (wenngleich auch mit identischer chemischer Zusammensetzung) handelt, muß die Stereoselektivität der Ligand-Bindung als ein schwaches Indiz für Spezifität angesehen werden (vgl. Kap. 6.2.3.). Hinzu kommt, daß stereospezifische Bindungen auch bei unspezifischen Wechselwirkungen beobachtet wurden. Zum Beispiel ist die Levorphanol-Bindung an Cerebroside 10000-fach stärker als die Bindung des Enantiomers Dextrophan. Analoge Unterschiede finden sich bei der Insulin-Bindung an Talk, Silikate, Glasoberflächen u. a.

c) Bindung von Stereoisomeren an unterschiedliche Rezeptorkonformationen

Eine Reihe von Rezeptoren können verschiedene Konformationen einnehmen, die ineinander umwandelbar sind. Daraus ergibt sich die Frage, ob der eudismische Index eines Enantiomerpaares für alle Konformationen identisch ist. An bislang wenigen Beispielen wurde gezeigt, daß dies nicht der Fall ist. Dies gilt zum Beispiel für (—) Methacholine und (+) Methacholine in ihrer Wechselwirkung mit dem muskarinergen Rezeptor, gemessen an der Verdrängung der ^{3}H-QNB-Bindung. Die eudismischen Indizes betragen hier für die Konformation SH: 198, für H: 100 und für L: 20 (2).

d) Pharmakologisch bedeutsame Unterschiede der Wirkung von Enantiomeren

Mit der zunehmenden Zahl von Untersuchungen bekannter und neuer Verbindungen hinsichtlich der potentiell unterschiedlichen Eigenschaften der reinen Enantiomere vermehrt sich die Kenntnis über derartige Phänomene schnell (5).

Als Beispiel können u. a. genannt werden:

- entgegengesetzte Wirkungen von Stereoisomeren (Barbiturate: depressiv — konvulsiv; Pacenadol: morphinomimetisch — Morphin-antagonistisch)
- Umbau des Distomers in toxische Produkte: Prilocain, Thalidomid
- stereoselektive Verteilung von Pharmaka im Organismus (bedingt durch stereoselektive Adsorption an Carrier sowie stereoselektive Interaktion mit aktiven Transportsystemen).
- stereoselektiver Abbau, bedingt durch die Stereoselektivität der an der Metabolisierung der Substanzen beteiligten Enzyme.

Allerdings sind auch Fälle bekannt, bei denen die Gabe des Eutomers nicht der Gabe von Racematen vorzuziehen ist. Dies ist dann der Fall, wenn:

- Eutomer und Racemat äquipotent und äquitoxisch sind,
- das Distomer enzymatisch ins Eutomer umgewandelt wird oder
- das Distomer die Nebenwirkungen des Eutomers antagonisiert.

Für die drei letztgenannten Möglichkeiten existieren jeweils wenige Beispiele, auf die in diesem Rahmen nicht näher eingegangen werden soll.

e) Sind Racemate als Radioliganden einsetzbar?

Wie aus der Untersuchung einer Reihe von stereoisomeren Radioliganden hervorgeht, unterscheiden sich Eutomer und Distomer nur bezüglich ihrer Dissoziationsgeschwindigkeitskonstante vom Rezeptor. Wird also experimentell eine biphasische Dissoziationskinetik gefunden, ist von einer Beteiligung des Distomers an der Gesamtbindung unter den gewählten Versuchsbedingungen auszugehen, vorausgesetzt, der Radioligand bindet nur an einen Rezeptortyp. Bei Liganden mit hohem E. R. entstehen in der Regel nur dann Probleme, wenn eine Verbindung mit hoher Affinität zum Rezeptor und geringer spezifischer Radioaktivität verwendet wird. Hier muß eine so hohe Rezeptorkonzentration im Test eingesetzt werden, daß die Konzentration des freien Eutomers soweit vermindert wird, daß auch das Distomer an die noch freien Rezeptoren bindet. Generell sind jedoch reine Enantiomere vorzuziehen.

Zitierte Literaturbeispiele

1. Ariëns, E. J.: Stereoselectivity of bioactive agents: General aspects, in: Stereochemistry and biological activity of drugs, E. J. Ariens, W. Soudijn and P. Timmermans, Eds., Blackwell Scientific Publications, Oxford, p. 11 (1982)
2. Burgen, A. S. V.: Stereochemistry of binding to receptors, in: Stereochemistry and biological acti-Timmermans, Eds., Blackwell Scientific Publications, Oxford, p. 81 (1982)
3. Lehmann, P. A., J. F. Rodrigues de Miranda and E. J. Ariëns: Stereoselectivity and affinity in molecular pharmacology, Progress Res. **20**, 101 (1976)
4. Ruffolo, R. R. jr.: Stereochemical requirements for activation and blockade of α_1 and α_2 adrenoroceptors, TIPS April, 160 (1984)
5. Vermeulen, M. P. E. and D. D. Breimer: Stereoselectivity in drug and xenobiotic metabolism, in: Stereochemistry and biological activity of dongs, E. J. Ariëns, W. Soudijn and P. Timmermans, Eds., Blackwell Scientific Publications, Oxford, p. 11 (1982)

Weiterführende Literatur

Ariens, E. J.: Chirality in bioactive agents and its pitfalls, TIPS Mai, 200 (1986)

Hoyer, D.: Implications of stereoselectivity in radioligand binding studies, TIPS Juni, 227 (1986)

Smith, D. F. (Ed.): CRC Handbook of stereoisomers: Drugs in Psychopharmacology, CRC Press, Inc., Boca Raton (1983)

5. Wie können Rezeptoren im Gewebe und in der Zelle lokalisiert werden?

5.1. Quantitative Autoradiografie

Der autoradiografische Nachweis von Rezeptoren in vitro erfolgt mittels der Markierung der Rezeptoren durch hochspezifisch bindende, radioaktive Liganden. Dabei ist zunächst die Entscheidung zwischen der Applikation des Liganden in vivo bzw. in vitro zu treffen. Die Applikation des Liganden in vivo benötigt sehr hohe Substanzmengen und ist belastet durch die Ligand-spezifische Pharmakokinetik, den Metabolismus des Liganden und eine oft hohe unspezifische Bindung. Der eventuell in Rechnung zu stellende Vorteil der Methode, die Ligand-Bindung unter physiologischen Bedingungen, kann durch geeignete Inkubationsverfahren in vitro kompensiert werden. Somit fällt die Entscheidung in den meisten Fällen zugunsten der in vitro-Markierung aus (3, 5, 6).

Die in vitro-Markierung erfolgt durch Inkubation von 10—20 µm dicken Kryostat-Schnitten des Gewebes in Pufferlösungen, die den Radioliganden enthalten. Die Bestimmung der unspezifischen Bindung erfolgt in Analogie zu Bindungsstudien an Membranfraktionen bzw. Homogenaten durch hohe Konzentrationen eines unmarkierten Liganden in der Inkubationsflüssigkeit. Ein entscheidendes methodisches Problem besteht in der Fixierung der Schnitte auf dem Objektträger während der Inkubation. Dies kann z. B. durch die Verwendung Gelatine-beschichteter Objektträger sowie die Vorfixierung des Gewebes mit geringen Konzentrationen Glutaraldehyd (0,1 %) erreicht werden. Dabei ist zu sichern, daß die Ligandbindung durch diese Verfahren nicht beeinflußt wird.

Nach extensiver Waschung mit Ligand-freiem Puffer werden die Präparate entweder in eine flüssige Filmemulsion getaucht (höchste erreichbare Silberkorndichte pro Zeiteinheit) oder mit einem hochsensitiven Spezialfilm überschichtet. Die erstere Methode eignet sich besser bei Verwendung irreversibler bindender Marker, da die Emulsion leicht zur Dissoziation reversibler Liganden führt.

Zur Markierung der Liganden wird meistens Tritum eingesetzt, weil dieser schwache β-Strahler die geringste Streustrahlung aufweist und andererseits die Herstellung von Radioliganden mit hoher spezifischer Aktivität erlaubt. Die Expositionszeiten derartiger Autoradiogramme liegen zwischen 30 und 150 Tagen.

Wie kann die Autoradiografie quantitativ auswertet werden? Dies ist dann möglich, wenn durch eine ausreichend lange Inkubationszeit eine relativ homogene Verteilung von Silberkörnern (Filmschwärzung) erreicht wurde. Hierzu bedient man sich eines empfindlichen Densitometers, welches in bestimmten Sektionen des Films die Erstellung eines Intensitätsprofils der Rezeptordichte ermöglicht. Wird nun in Form einer Eichkurve die Schwärzungsintensität mit der Zahl radioaktiver Zerfälle pro Zeiteinheit korreliert, kann aus der Schwärzungsintensität direkt auf die Zahl der an einem bestimmten Punkt nachweisbaren Rezeptoren geschlossen werden. Die Eichkurve setzt somit parallele Szintillationsmessungen in genau definierten Teilen des Schnittes voraus. Die Beziehung zwischen Filmschwärzung und Rezeptordichte ist naturgemäß nicht linear.

Mit Hilfe von Computern können zunächst die aus einzelnen Zeilen bestehenden Densitogramme in zweidimensionale Bilder zusammengesetzt werden. Hierbei kann die unterschiedliche Schwärzungsintensität in eine Farbskala umgewandelt werden. Damit ist die Quantifizierung der Radioaktivität in bestimmten Flächenausschnitten des so zusammengesetzten Bildes möglich.

Die methodischen Voraussetzungen für die Bestimmung der Rezeptorzahl sind in bestimmten, lichtmikroskopisch erfaßbaren Gewebeabschnitten gegeben.

Dieses Verfahren besitzt aber noch weitergehende Möglichkeiten! Sie bestehen in der Messung von Parametern der Ligand-Bindungskinetik in diskreten Gewebsarealen.

Dabei werden die Schnitte unter Veränderung der gleichen Parameter wie bei normalen Ligandbindungsstudien (Radioliganden-Konzentration = Sättigungskinetik, Konzentration des unmarkierten Liganden = Hemmungskinetik u. a.) inkubiert. Erfolgreich wurde dieses Verfahren z. B. von GEARY und WOOTEN (1983) bei der Charakterisierung der Verteilung und der Eigenschaften von Opiatrezeptoren in diskreten Hirnarealen angewandt (5).

Die Autoradiografie ist hinsichtlich der genauen Zuordnung von Vorkommen und Eigenschaften von Rezeptoren zu bestimmten Gewebsarealen allen anderen Methoden der Rezeptorcharakterisierung überlegen. Sie füllt eine entscheidende Lücke im Grenzgebiet zwischen biochemisch-pharmakologischer Rezeptorforschung und Physiologie aus.

Dies wird besonders dann deutlich, wenn das Vorkommen von Rezeptoren bzw. Rezeptor-

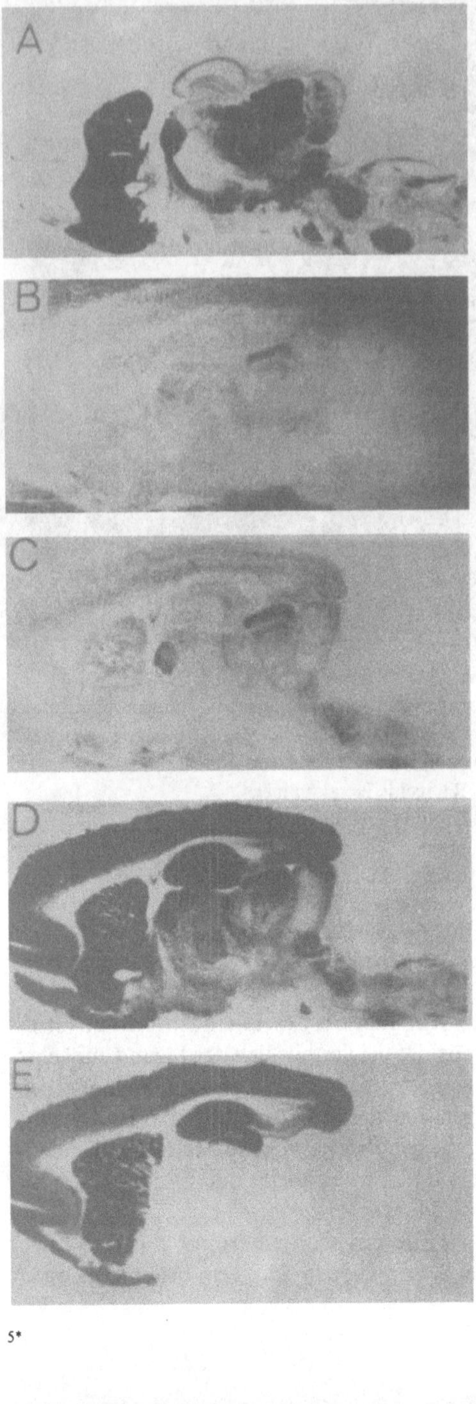

Abb. 5.1. Autoradiografischer Nachweis der Lokalisation von Subtypen des muskarinergen Rezeptors im Rattenhirn.

A) Histochemischer Nachweis der Verteilung der Acetylcholinesterase mit Hilfe der Kupfer-Acetylthiocholin-Methode,
B) Bindung von ^{3}H-Oxotremorin M in Anwesenheit von Mn^{2+} an M_2-Rezeptoren,
C) Bindung von ^{3}H-QNB an M_2-Rezeptoren nach Blockade der M_1-Rezeptoren durch Pirenzepin,
D) Bindung von ^{3}H-QNB an M_1- und M_2-Rezeptoren,
E) Bindung von ^{3}H-QNB an M_1-Rezeptoren nach Blockade der M_2-Rezeptoren durch Carbachol,

(aus: L. T. POTTER et al., TIPS, Suppl.: **22** (1984)).

subtypen in bestimmten Hirnarealen mit dem Vorkommen des endogenen Liganden bzw. von Enzymen des Ligand-Metabolismus verglichen wird. Ein besonders eindrucksvolles Beispiel wurde durch Potter et al. (1984) publiziert. Den Autoren gelang ein eleganter autoradiografischer Nachweis der Subtypen des muskarinergen Rezeptors M_1 und M_2, deren Vorkommen mit der Verteilung des Enzyms Azetylcholinesterase verglichen wurde (Abb. 5.1. A–E). Dabei wurden erstaunliche Differenzen in der Lokalisation offenbar, deren Erklärung gegenwärtig noch aussteht. Dieses Verfahren dürfte wesentliche Ansatzpunkte zur Beschreibung bestimmter Krankheitsbilder wie z. B. der Alzheimerschen Erkrankung bieten.

5.2. Die Lokalisation von Rezeptoren im lebenden Organismus — Positronenemissionscomputertomografie (PET)

Eine neue Dimension des Nachweises und der Charakterisierung von Rezeptoren im Gewebe wurde durch die Computertomografie eröffnet. Sie erlaubt erstmals die spezifische Lokalisierung von Rezeptoren im lebenden Organismus, d. h. auch im Menschen (1).
Das Grundprinzip der Methode besteht in der Verwendung Rezeptor-spezifischer Liganden, die mit einem Positronen emittierenden Nuklid markiert sind. Hierbei kommt insbesondere ^{11}C in Frage, welches in einem Zyklotron hergestellt wird und eine Halbwertszeit von 20 Minuten hat. Bei Verwendung einer schnellen Markierungsmethode (z. B. Methylierung des Liganden) kann eine sehr hohe spezifische Aktivität (bis 1000 Ci/mMol) erzielt werden. Diese Methode wurde zur Markierung des muskarinergen Antagonisten QNB als ^{11}C-Methyljodid-QNB verwendet. Zur Quantifizierung von Dopamin (D_2)-Rezeptoren im menschlichen Hirn wurden ^{76}Br-Spiperon und ^{11}C-Racloprid (4) erfolgreich eingesetzt.

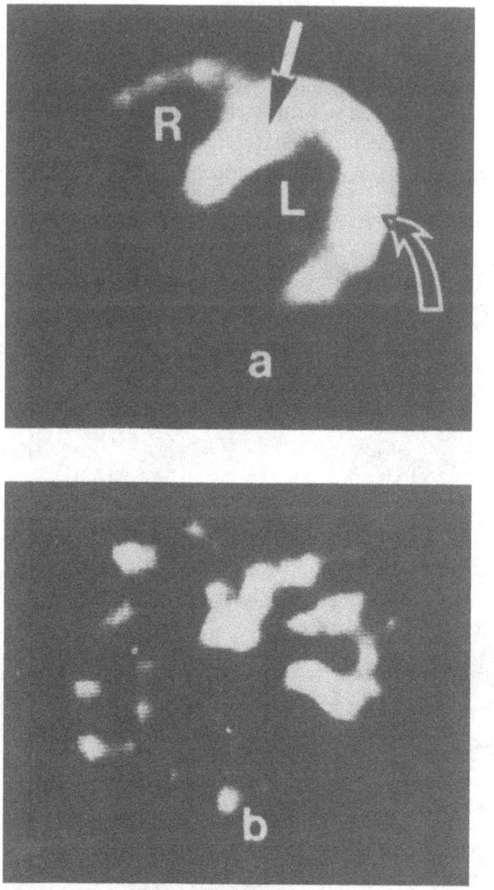

Abb. 5.2. Nachweis muskarinerger Rezeptoren im lebenden menschlichen Herzen durch computertomografische Analyse der ^{11}C-MQNB-Bindung.
20 Minuten nach Injektion des Liganden:
a) R: rechte Herzkammer
L: linke Herzkammer
oberer Pfeil: ventrikuläres Septum
unterer Pfeil: laterale Wand des linken Ventrikels
b) Verdrängung von ^{11}C-MQNB durch Atropin, 20 Minuten nach Atropin-Injektion
(aus: A. Syrota et al., Life Sciences **35**, 937 (1984)).

Die Applikation des Liganden erfolgt intravenös. Dabei verteilt sich der Ligand zunächst entsprechend seinen pharmakokinetischen Eigenschaften im Körper. Später jedoch wird der ungebundene Ligand weitgehend eleminiert und zurück bleibt der spezifisch gebundene Marker.
Mit Hilfe des Computertomografen können nun Schnittebenen durch ein beliebiges Organ

hinsichtlich der Verteilung des spezifisch gebundenen Liganden analysiert werden. Dies ermöglicht die Bestimmung der Rezeptorzahl in einem allerdings vergleichsweise zur Autoradiografie großen Gewebeareal (2 × 2 cm). Weiterhin sind bestimmte Daten zur Bindungskinetik in vivo zu gewinnen. Dazu gehört die Dissoziationsrate des Liganden sowie seine Verdrängbarkeit durch unmarkierte Liganden. Experimente der letzteren Art sind selbstverständlich unter klinischen Gesichtspunkten starken Einschränkungen unterworfen, wurden aber bereits ausgeführt.
Die Methode steht noch unmittelbar am Beginn ihrer Entwicklung. Einen Eindruck von dem Auflösungsvermögen dieses Verfahrens soll durch Abb. 5.2. vermittelt werden.
Hier ist dargestellt, wie die spezifische Bindung eines muskarinergen Antagonisten in einer Region des menschlichen Herzens in vivo durch Atropin teilweise verdrängt werden kann.
Welche Möglichkeiten eröffnen sich durch diese Methode? Die wesentlichsten zukünftigen Anwendungsgebiete werden bei weiterer Perfektionierung der Methodik sicherlich im diagnostischen Bereich liegen. Hier sind an erster Stelle degenerative Erkrankungen des Gehirns zu nennen. Der post mortem Nachweis starker Veränderungen des Vorkommens von Rezeptoren (und mit ihnen funktionsfähiger Postsynapsen eines bestimmten Transmissionssystems) ist bei diesen Krankheitsbildern bereits in vielen Fällen gelungen. Für die Therapie dürfte es deshalb von größtem Wert sein, Vorkommen und Ausmaß derartiger Veränderungen zu kennen.
Ein anderer Anwendungsbereich ist mehr auf dem Gebiet der medizinischen Grundlagenforschung angesiedelt. Es handelt sich hier um die Untersuchung der Verdrängbarkeit des markierten Liganden durch den entsprechenden endogenen Mediator, der durch exogene Stimuli freigesetzt wird. Erste Ergebnisse liegen auf diesem Gebiet für opiode Peptide vor. Diese Beispiele zeigen, daß auch diese Methode einen wichtigen Beitrag zum Brückenschlag zwischen Rezeptorologie und Physiologie leisten kann.

5.3. Die Lokalisation von Rezeptoren auf zellulärer und auf subzellulärer Ebene — Rezeptormarkierung durch Antikörper

Die Herstellung von Antikörpern (insbesondere monoklonaler), die spezifisch bestimmte Epitope von Membranrezeptoren erkennen, wird ausführlicher in Kapitel 9.3. beschrieben. Antikörper eignen sich zum Nachweis der Lokalisation von Rezeptoren sowohl auf zellulärer als auch auf subzellulärer Ebene (2).
Zum Nachweis von Rezeptoren auf zellulärer Ebene ist besonders die Peroxidase-Technik geeignet. Peroxidase wird dabei entweder direkt oder indirekt (mit Hilfe Peroxidasemarkierter Anti-Antikörper) mit dem Anti-Rezeptor-Antikörper gekoppelt. Peroxidase katalysiert die Umwandlung eines exogenen zugeführten Farbstoff-Präkursors in einen Farbstoff, der das Vorkommen des gesuchten Rezeptors in den entsprechenden Zellen anzeigt.
Damit geht diese Methode deutlich über das Auflösungsvermögen der Autoradiografie hinaus. Sie zeichnet sich weiterhin dadurch aus, daß ein Ergebnis bereits nach einem Tag zu erhalten ist.
Eine genaue Lokalisation von Rezeptoren auf subzellulärem Niveau ist nur durch den Einsatz der Elektronenmikroskopie zu erreichen. Zu diesem Zwecke müssen die Rezeptor-spezifischen Antikörper mit einem elektronendichten Marker konjugiert werden. Hierfür eignet sich besonders kolloidales Gold. Wenn bekannt ist, gegen welche Peptidsequenz ein monoklonaler Antikörper gerichtet ist, kann mit dieser Methode z. B. nachgewiesen werden, ob dieses Peptid sich an der zytoplasmatischen oder extrazellulären Seite der Membran befindet. Dadurch sind Aussagen zur dreidimensionalen Anordnung des Rezeptor-Polypeptides in der Membran möglich, wie sie bereits in Kap. 9.3. für den nikotinergen Azetylcholinrezeptor beschrieben wurden. Ein Beispiel für derartige Untersuchungen ist in Abb. 5.3. dargestellt.

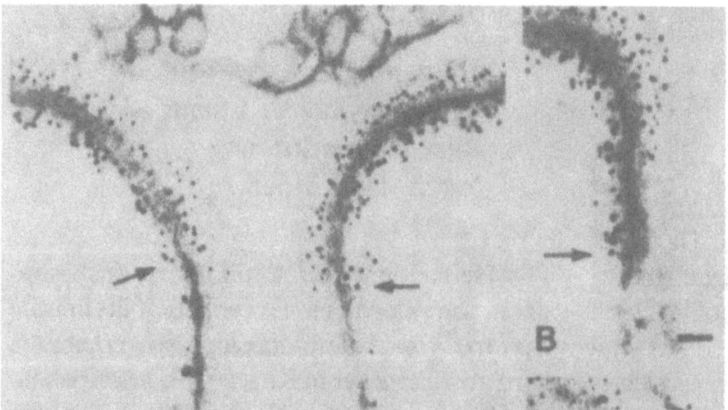

Abb. 5.3. Nachweis des nikotinergen Acetylcholin-Rezeptors und eines Rezeptor-assoziierten Proteins mit Hilfe monoklonaler Antikörper, die mit kolloidalem Gold markiert sind. Untersuchungsobjekt sind postsynaptische Membranen aus dem elektrischen Organ von Torpedo californica (3A—C). Die Anti-Rezeptor-Antikörper erkennen eine Determinante auf der extrazellulären Seite des Rezeptors. Die Antikörper gegen das assoziierte Protein weisen es auf der zytoplasmatischen Seite nach (Pfeile) (aus: R. SEALOCK et al., J. Cell. Biol. **98**, 2239 (1984)).

Ein anderes Anwendungsgebiet dieser Methode besteht in der Untersuchung der Frage, ob Rezeptoren in Clustern oder uniform verteilt in der Membran vorliegen.

Zitierte Literaturbeispiele

1. AGNATI, L. F., K. FUXE, F. BENFENATI, I. ZINI, M. ZOLI, L. FABBRI and A. HARFSTRAND: Methodological aspects. Acta Physiol. Scand. Suppl. **532**, 5 (1984)
2. BARNARD, E. A.: Visualization and counting of receptors at the light and electron microscopic levels. The Receptors, vol. 1, R. D. O'BRIEN ed., p. 247 Plenum Press, New York (1979)
3. BASKIN, D. G., F. PETRACCA and D. M. DORSA: Autoradiographic localization of specific binding sites for [^{3}H]-[Arg^8]vasopressin in the septum of the rat brain with tritium-sensitive film. Eur. J. Pharmacol. **90**, 155 (1983)
4. FARDE, L., H. HALL, E. EHRIN and G. SEDVALL: Quantitative analysis of D_2 dopamine receptor binding in the living human brain by PET, Science **231**, 258 (1986)
5. GEARY, W. A. and G. F. WOOTEN: Quantitative film autoradiography of opiate agonist and antagonist binding in rat brain. J. Pharmac. Exp. Ther. **225**, 234 (1983)
6. RAINBOW, T. C., A. BIEGON and W. V. BLEISCH: Quantitative autoradiography of neurochemicals. Life Sci. **30**, 1769 (1982)

Weiterführende Literatur

ALTAR, C. A., H. KIM and J. F. MARSHALL: Computer imaging and analysis of dopamine (D_2) and serotonin (S_2) binding sites in rat basal ganglia or neocortex labeled by ^{3}H-Spiroperidol. J. Pharmac. Exp. Therap. **233**, 527 (1985)

BARNARD, E. A.: Visualization and counting of receptors at the light and electron microscope level: in: The receptors, A comprehensive treatise, Vol. 1., R. D. O'BRIEN (Ed.), Plenum Press, New York, London p. 247 (1979)

HERKENHAM, M.: Autoradiographic demonstration of receptor distributions. in: Brain receptor methodologies, Part A., P. J. MARANGOS, I. C. CAMPBELL and R. M. COHEN (Eds.), Academic Press, New York, London p. 127 (1984)

WHITEHOUSE, P. J.: Receptor autoradiography: Applications in neuropathology. TINS Oktober, 434 (1985)

6. Die experimentellen Verfahren zur Charakterisierung von Membranrezeptoren durch Radioligand-Bindungsstudien

6.1. Radioaktive Markierung von Liganden für Bindungsstudien

Voraussetzung für Bindungsstudien ist die Verfügbarkeit eines Radioliganden von hoher Reinheit und Stabilität.

Der Nachweis einer spezifischen Ligand-Bindung an die (im Vergleich zum Gesamtprotein der Membran) geringe Zahl von Rezeptoren bedingt die Entwicklung von Radioliganden mit einer hohen spezifischen Aktivität (im Bereich > 10 Ci/mMol). In der Rezeptorforschung haben sich hauptsächlich ^{3}H und ^{125}J für die Markierung von Liganden als geeignet erwiesen. Die für beide Isotope charakteristischen Vor- und Nachteile sind in der Tab. 6.1. zusammengestellt.

Tabelle 6.1. Gegenüberstellung von Tritium- und Jodmarkierung

spezifische Aktivität	^{3}H relativ hoch (50 Ci/mMol)	^{125}J sehr hoch (theoret. 2200 Ci/m Mol)
Strahlungsart	β-Emission	gamma-Emission
Halbwertszeit	12,3 Jahre	60 Tage
Herstellung	aufwendig (Speziallabor)	einfach, schnell, ökonomisch
Meßmethode	Flüßigkeitsszintillationsmessung	gamma-Counter
Kosten	hoch	niedrig
Änderung biologischer Eigenschaften des Liganden	keine	kommen vor

^{14}C und ^{35}S eignen sich weniger zur Markierung von Liganden für Rezeptoruntersuchungen, da hierbei meist nur spezifische Aktivitäten im Bereich von 10—100 mCi/mMol erreichbar sind.

Im folgenden sollen die wichtigsten Markierungsverfahren für Rezeptor-spezifische Liganden vorgestellt werden. (1 Ci = 3,7 $\times 10^{10}$ Bq)

6.1.1. Tritium-Markierung

6.1.1.1. Austausch-Reaktionen

Nach dieser Methode (Inkubation eines Liganden mit ^{3}H-Gas oder ^{3}H-Wasser in Gegenwart eines Katalysators) wurde hauptsächlich in den Anfangsjahren der Radioliganden-Bindungstechnik gearbeitet. So stellten z. B. PERT und SNYDER das ^{3}H-Naloxon für ihre klassischen Arbeiten am Opiatrezeptor 1973 über einfachen Austausch her. Das Verfahren erbringt jedoch generell nur relativ niedrige spezifische Aktivitäten (1—10 Ci/mMol).

6.1.1.2. Katalytischer Halogen-Tritium-Austausch (Deshalogenierung)

Organische Verbindungen mit einem Halogen (Reaktivität J > Br > Cl) am Phenylring können mit ^{3}H-Gas katalytisch (Palladium) reduziert werden. Dabei lassen sich relativ hohe spezifische Aktivitäten erreichen. Ein Anwendungsbeispiel (14) ist die Tritiierung des muskarinergen Antagonisten QNB (Abb. 6.1.).

Auch Peptide lassen sich auf diese Weise in einem zweistufigen Verfahren — primäre Jo-

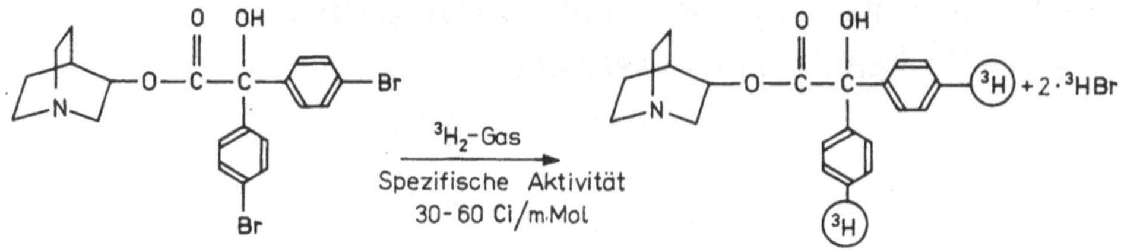

Abb. 6.1. Katalytischer Halogen-Tritium-Austausch bei Quinuclidinylbenzilat (QNB).

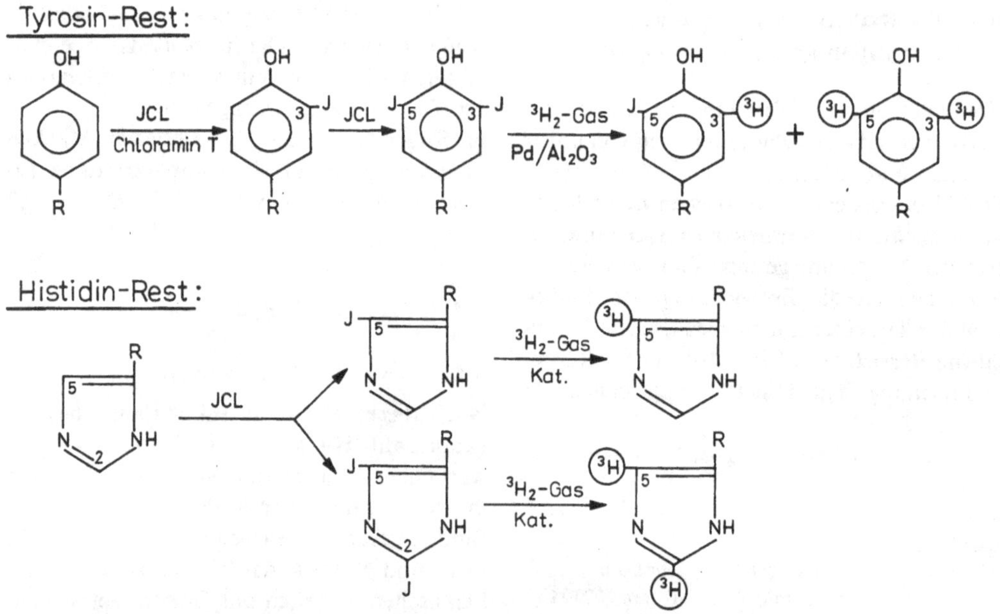

Abb. 6.2. Schematische Darstellung der Tritiierung durch Deshalogenierung bei Tyrosin- und Histidin-haltigen Peptiden.

dierung aromatischer Ringe mit anschließender Tritiierung durch Deshalogenierung — mit vergleichbar hohen spezifischen Aktivitäten (50 Ci/mMol) markieren (Abb. 6.2.).

6.1.1.3. Andere Methoden zur ^{3}H-Markierung von Peptiden

a) Desulfenylierung Tryptophan-haltiger Peptide

Bei Fehlen von Tyrosyl- oder Histidylresten wird ein C-Atom des Indolringes von Tryptophan aktiviert. Dies erreicht man z. B. durch die Einführung einer Thioätherfunktion am C-2 Atom mit o-Nitrophenylsulfenylchlorid (Nps-Cl). Mittels katalytischer Hydrogenolyse des Nps-Tryptophan mit ^{3}H-Gas wird dann die C-2 Position tritiiert (8).

b) Hydrogenolyse von Tryptophan- und Histidin-Azoderivaten

Durch Diazo-Kupplung von Histidyl- und Tyrosylseitenketten läßt sich unter Verwendung der Monoazoderivate zur katalytischen Tritiierung Histidin in der C-2 Position und Tryptophan in der C-3 Stellung markieren.

c) Tritiierung durch Photolyse

Die katalytische Tritiierung führt bei Peptiden oft zu Spaltprodukten. Um dies zu vermeiden, wird die homolytische Spaltung von Jodo-Tyrosinderivaten unter UV-Licht aus-

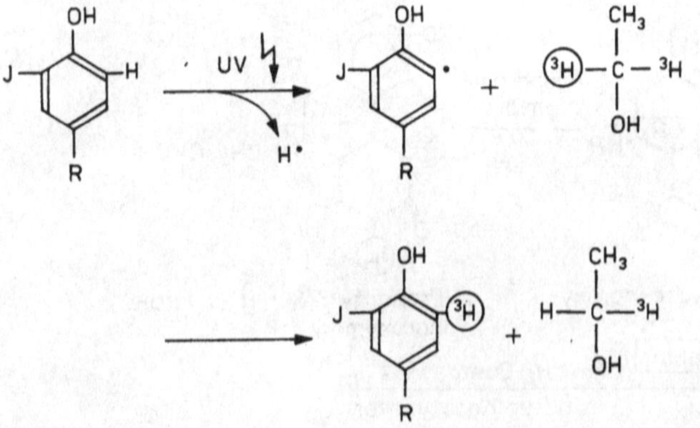

Abb. 6.3. Tritiierung durch Photolyse und Umsetzung mit ^{3}H-Ethanol.

genutzt. Da Methylgruppen in Alkoholen als Protonendonatoren für das durch die UV-Einwirkung freigesetzte Radikal dienen können, lassen sich durch die Umsetzung von Peptiden mit ^{3}H-Ethanol relativ leicht am C-1 Atom tritiierte Tyrosylreste mit hoher spezifischer Aktivität (20—30 Ci/mMol) herstellen (Abb. 6.3.).

6.1.1.4. Reduktion von Mehrfachbindungen

a) Doppelbindungen

In vielen Fällen gibt es keine Unterschiede der biologischen Aktivitäten und Rezeptoraffinitäten zwischen ungesättigten Liganden und ihren Dihydroanaloga. So ergeben sich aus der katalytischen Reduktion von Doppelbindungen mit ^{3}H-Gas markierte Liganden mit hoher spezifischer Aktivität (40—60 Ci pro mMol)).
Ein klassisches Anwendungsbeispiel ist die Reduktion der Alkylgruppe des *β*-adrenergen Antagonisten Alprenolol zum 1-(propyl)-(2-3-^{3}H)-Dihydroalprenolol (Abb. 6.4.). Auch andere vielbenutzte Radioliganden, wie N-propyl-^{3}H-Norapomorphin, (7,8,-^{3}H)-Dihydromorphin oder (9,10,-^{3}H)Dihydro-α-Ergocryptin lassen sich mittels dieser Methode herstellen.

b) Dreifachbindungen

^{3}H-Naloxon ist ein sehr häufig benutzter Opiat-Antagonist. Nach der ursprünglichen Synthese durch einfachen ^{3}H-Austausch nutzte man später die Reduktion einer primär in das Molekül eingeführten N-Propargylgruppe mit ^{3}H-Gas und erhält so die im Naloxon vorkommende N-Allylgruppe in tritiierter Form und somit eine wesentlich höhere spezifische Aktivität. Eine sehr elegante Lösung zur Darstellung von (7,8,19,20-^{3}H) Naloxon mit hoher spezifischer Aktivität stammt von Toth et al. (13) (Abb. 6.5.).

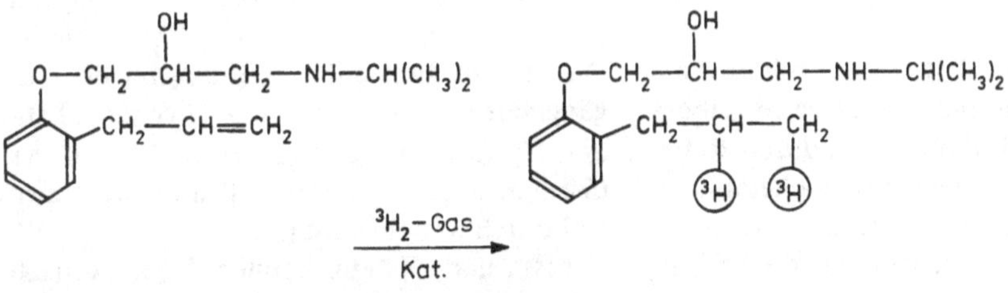

Abb. 6.4. Reduktion von katalytischen Doppelbildungen: Darstellung von ^{3}H-Dihydroalprenolol aus Alprenolol.

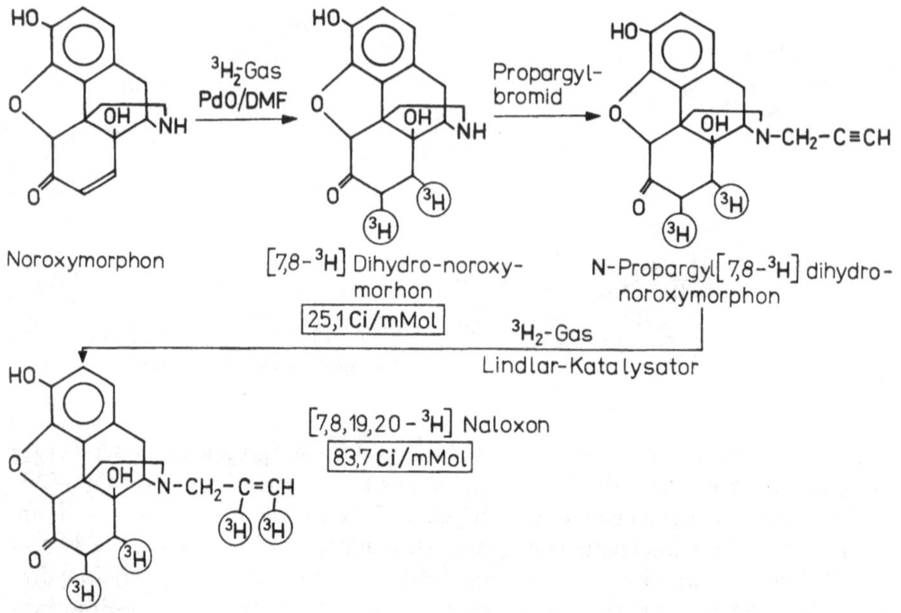

Abb. 6.5. Reduktion von Dreifachbindungen: Darstellung von ^{3}H-Naloxon.

6.1.1.5. Methylierungen und Bildung von Methylestern

Die Umsetzung von (^{3}H)Methyljodid (C^3H_3J) sehr hoher spezifischer Aktivität (87 Ci/mMol) mit entsprechenden Aminen und Alkoholen führt zu verschiedenen Radioliganden hoher spezifischer Radioaktivität (60—80 Ci/mMol), z. B. (N-methyl-^{3}H)-Diazepam, (N-methyl-^{3}H)-LSD oder (N-methyl-^{3}H)-Oxymorphon. ^{3}H-Methylester-Yohimbin, ein potenter α-adrenerger Antagonist, läßt sich durch die Umsetzung der Ausgangsverbindung mit (^{3}H) Methanol hoher spezifischer Aktivität (87 Ci pro mMol) herstellen.

6.1.2. ^{125}J-Markierung

Im Gegensatz zur Tritiierungstechnik, die Spezialapparaturen und spezialisierte Labors verlangt, können Radioliganden durch Jodierung in normal ausgestellten radiochemischen Laboratorien hergestellt werden.
Dabei kommen verschiedene direkte und indirekte Techniken zur Anwendung wie

— die Jodmonochlorid-Methode (McFarlane 1958) (7)
— die Chloramin-T Methode (Greenwood et al. 1963) (3)
— die Na-hypochloridmethode (Redshaw u. Lynch 1974) (9)
— die elektrolytische Jodierung (Rosa et al. 1967) (11)
— die Lactoperoxidase-Methode (Theorell u. Johansson 1971) (12)
— die Bolton-Hunter-Methode (Bolton u. Hunter 1973) (1).

Die wichtigsten Verfahren sollen in den nächsten Abschnitten detaillierter diskutiert werden.

6.1.2.1. Die Chloramin-T Methode

Die Reaktion beruht auf der Oxidation von Carrier-freiem Na^{125}J durch Chloramin-T. Das ^{125}J reagiert dabei spontan mit den zugänglichen Aminosäureresten (Tyrosin, Histidin, Cystin), gefolgt von der Reduktion des überschüssigen Chloramin-T und des freien ^{125}J durch Metabisulfit (3).
Tyrosin und Histidin können dabei zweifach substituiert werden. Die experimentellen Grundlagen der Chloramin-T Methode sind in Abb. 6.6. schematisch dargestellt.

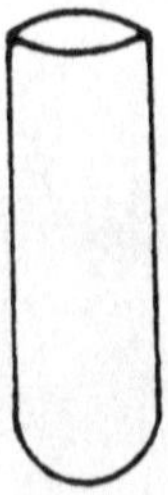

Polystyrolgefäß
(ca. 4 ml)

1 10 µl $Na^{125}J$ (1,0 – 3,0 mCi)
0,25 M Na-Phosphatpuffer, pH 7,5
2 10 µl (2 – 10 µg) Protein in aqua-dest. oder Puffer
3 10 µl 0,25 M Na-Phosphatpuffer, pH 7,5
4 Start der Reaktion mit 10 µl (1,0 – 5,0 mg/ml H_2O) Chloramin-T

↓

Raumtemperatur, Reaktionsansatz rühren.
Reaktionszeit (möglichst kurz) in Abhängigkeit von ^{125}J-Einbaurate individuell ermitteln

5 Abstoppen mit 20 µl (10 mg/ml H_2O) Na-Metabisulfit
6 Auffüllen zu 1 ml mit NaJ oder KJ (2,0 mg/ml in 0,05 M Na-Phosphatpuffer, pH 7,5, mit 2% Albumin)

→ Totale Radioaktivität messen

↓

Trennung des markierten Proteins vom freien Jodid (Gelfiltration, Sephadex G 25/G 50 o.ä.)

Abb. 6.6. Verfahren zur Jodierung mittels der Chloramin-T-Methode.

10 µl Na ^{125}J (± 1,0 mCi)
+ 20 µl 0,4 M Na-acetat-Puffer, pH 5,6
+ 10 µl Proteinlösung (2 – 5 µg)
+ 10 µl Lactoperoxydase (25 ng)
+ 10 µl H_2O_2 (20 µg/ml H_2O)

↓

Raumtemperatur,
7 min ↓

+ 10 µl H_2O_2
7 min ↓

+ 10 µl H_2O_2
7 min ↓

+ 0,5 ml (1 mg) Tyrosin oder 3-(4-hydroxyphenyl) Propionsäure
1 min ↓

Auffüllen zu 1 ml mit NaJ oder KJ (2 mg/ml in 0,05 M Na-Phosphatpuffer, pH 7,5, mit 0,2% Gelantine (als Carrier)

→ Messung der totalen Radioaktivität

↓

Trennung des markierten Proteins vom freien Jodid (Gelfiltration, Sephadex G 25/G 50 o. ä.)

Abb. 6.7. Verfahren zur enzymatischen Jodierung mittels der Lactoperoxidase-Methode

Bolton-Hunter-Reaktion

N-Succinimidyl 3-(4-hydroxy 5-[^{125}J] jodophenyl) propionat (Bolton-Hunter-Reagenz)

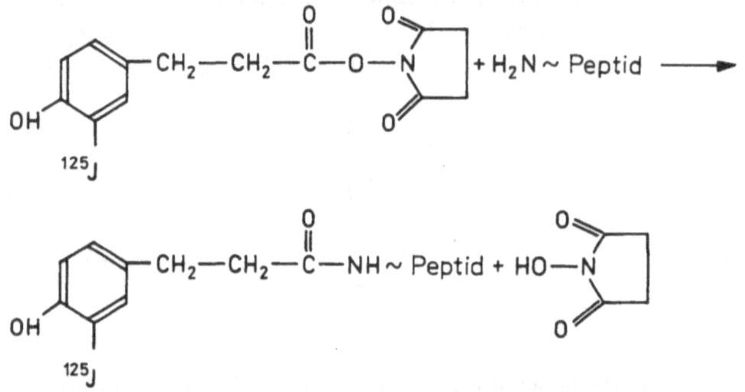

Abb. 6.8. Reaktionsschema der ^{125}J-Markierung von Peptiden mit Hilfe der Bolton-Hunter-Methode.

Das Verfahren erlaubt die schnelle und relativ unkomplizierte Durchführung einer Jodierung, enthält aber eine Reihe von Problemen. Die oxidierenden (Chloramin-T) und reduzierenden (Metabisulfit) Reagenzien können sekundär Veränderungen im Ligandenmolekül bewirken. Zur Minimierung dieser Gefahr müssen stets niedrige Konzentrationen und kurze Reaktionszeiten angestrebt werden. Zur Vermeidung einer initialen Verzögerung der Reaktion hat sich ein etwa 10-facher Überschuß an Protein als vorteilhaft erwiesen.

Bei Peptiden wird ebenfalls die Bildung des angestrebten Monojodo-Tyrosins (Dijod-substituierte Verbindungen sind meist biologisch inaktiv) durch ein niedriges molares Verhältnis ^{125}J/Peptid und einen leicht basischen pH-Wert begünstigt.

6.1.2.2. Die Lactoperoxidase-Methode (enzymatische Jodierung)

Jodid wird durch Lactoperoxidase und in Gegenwart von H_2O_2 als Elektronendonator oxidiert und bindet sich dabei selektiv an Tyrosin (Abb. 6.7.).

Die Reaktionsbedingungen sind wesentlich milder als bei der Chloramin-T Methode, und es kommt seltener zu Strukturveränderungen in Peptidmolekülen (12).

Allerdings ist oft die Lactoperoxidase einer Eigenjodierung ausgesetzt. Es treten dann Probleme bei der Trennung der verschiedenen jodierten Produkte auf. Deshalb empfiehlt es sich, mit immobilisierter Lactoperoxidase (das Enzym wird an ein Carrier-Polymer gekoppelt) zu arbeiten, was die Trennung Enzym-Peptid erleichtert.

6.1.2.3. Die Bolton-Hunter-Methode

Bei dieser indirekten Jodierung wird in einem ersten Schritt ein N-Hydroxysuccinimidester, vorzugsweise 3-(4-hydroxyphenyl)Propionsäure-N-hydroxysuccinimidester (Bolton-Hunter Reagens, NSHPP) mit Chloramin-T jodiert (1). Die N-Succinimidylgruppe kondensiert dann mit freien NH_2-Gruppen der Peptide, und die ^{125}J-markierte Phenylgruppe wird so kovalent über eine Amidbindung an das Protein gebunden (Abb. 6.8.).

Eine schematische Darstellung der experimentellen Verfahrensweise wird in Abb. 6.9. vorgestellt.

6.1.3. Reinheit des Radioliganden

Die radiochemische Reinheit, d. h. der Prozentsatz des Isotops, der tatsächlich spezifisch in den betreffenden Liganden eingebaut wurde, ist ein wesentliches Kriterium für die Brauchbarkeit des Radioliganden im Bindungstest. Die Erfahrung hat gezeigt, daß die radiochemische Reinheit wenigstens 90—95 %

A JODIERUNG DES BOLTON-HUNTER REAGENZ

10 µl (0,4 µg) NSHPP
+ 20 µl $Na^{125}J$ (2 mCi)
+ 10 µl (50 µg) Chloramin-T
+ 10 µl (120 µg) Na-metabisulfit
+ 10 µl NaJ oder KJ (2 mg) in
0,25 M Phosphatpuffer, pH 7,5
+ 5 µl DMF
+ 250 µl Benzol

Schnelle Benzolextraktion des
^{125}J-NSHPP (20 sec.), mit
2 × 250 µl Benzol wiederholen

Benzolextrakt unter N_2 trocknen

B PROTEIN-MARKIERUNG

^{125}J-NSHPP-Trockne
+ 10 µl Protein-Lösung (5 µg)
15–30 min.
0 °C

+ 0,5 ml 0,2 M Glycin
5 min.
0 °C

Auffüllen zu 1 ml mit 0,05 M
Na-Phosphatpuffer, pH 7,5
0,25 % Gelatine als Proteincarrier

Gelchromatographie auf
Sephadex G50 Emulsion mit
Gelatine-Phosphatpuffer

Abb. 6.9. Verfahren zur Jodierung mittels der Bolton-Hunter-Methode.

betragen sollte. Bei unzureichender radiochemischer Reinheit der Liganden kann es zu Interaktionen von Nebenprodukten mit dem Rezeptor kommen, welche die Ergebnisse des Bindungstests verfälschen.

Die radiochemische Reinheit eines Liganden wird routinemäßig mittels
- Dünnschichtchromatographie
- Papierchromatographie
- Papierelektrophorese oder

– Hochdruckflüssigkeitschromatographie mit dem unmarkierten Liganden als Referenzsubstanz bestimmt. Wegen der extrem geringen Substanzmenge des markierten Radioliganden muß dieser meist zusammen mit einem Carrier (unmarkierter Ligand) analysiert werden, um Artefakte zu vermeiden.
Eine aufwendigere, aber exaktere Methode (z. B. auch zur Erkennung von Enantiomeren) ist die umgekehrte Isotopenverdünnungsanalyse. Dazu wird eine Probe des Radioliganden mit dem reinen, unmarkierten Liganden 100 bis 1000-fach verdünnt. Nach der Bestimmung der spezifischen Aktivität wird ein Teil des Gemisches einer Kristallisation oder Derivatisierung unterworfen. Die radiochemische Reinheit der Liganden ergibt sich dann aus dem Verhältnis der endgültigen zur spezifischen Aktivität der Ausgangslösung.
Die spezifische Aktivität einer markierten Verbindung ergibt sich als Quotient der Menge des gebundenen Isotopes und der Menge des markierten Liganden. Sie wird gewöhnlich mCi/mMol oder Ci/mMol bei den Jodierungstechniken auch oft in Ci/μg angegeben.
Während die Ermittlung der totalen Radioaktivität kein Problem darstellt, muß die meist sehr geringe Ligandenmasse mittels hochsensitiver Techniken, wie UV- und Fluoreszenzspektroskopie, Gaschromatographie oder Radioimmunoassay, bestimmt werden.
Die spezifische Radioaktivität ist ein wichtiger Vergleichsparameter verschiedener Chargen markierter Substanzen. Darüber hinaus ist ihre exakte Kenntnis für die Umrechnung der gemessenen Radioaktivität in die tatsächliche Ligandenkonzentration bei der Interpretation von Bindungsdaten unerläßlich.
Wird bei einer radioaktiven Markierung ein Fremdbestandteil in das Ligandenmolekül eingeführt oder angeheftet (z. B. ^{125}J, Bolton-Hunter-Reagens, Methylgruppen), so verändern sich die Eigenschaften des Liganden. Deshalb sollte generell die biologische Aktivität der markierten Verbindungen (vor allem bei nicht routinemäßigen Verfahren) überprüft werden (pharmakologische Testsysteme).

6.1.4. Stabilität der Radioliganden

Radioliganden zerfallen infolge der Radiolyse (Selbstzerstrahlung) schneller als die unmarkierten Ausgangsverbindungen. Für sehr viele Liganden gibt es inzwischen empirisch ermittelte Daten, die eine relative Verallgemeinerung erlauben und Richtlinien zur Minimierung dieser Effekte ergeben.

6.1.4.1. Arten des Zerfalls

a) Primärer (interner) Zerfall

Der interne Zerfall resultiert aus der Desintegration des instabilen Kernes radioaktiver Atome. Die Zerfallsprodukte sind nur dann radioaktiv, wenn der Ligand 2 oder mehrere radioaktive Atome enthält. Der interne Zerfall kann in der Praxis meist vernachlässigt werden.

b) Primärer (externer) Zerfall

Die emittierte Strahlung (α, β oder γ-Partikel) führt beim Auftreffen auf andere Radioligandenmoleküle zur Radiolyse.
Je höher die Konzentration eines Liganden ist, desto höher ist die Wahrscheinlichkeit dieses Prozesses. Dieser Effekt kann deshalb durch Verdünnung mit einem geeigneten Lösungsmittel verringert werden.

c) Sekundärer Zerfall

Diese häufigste Ursache der Zerstörung eines Radioliganden entsteht durch die Wechselwirkung von freien Radikalen (die durch Radiolyse entstehen können) mit den markierten Molekülen.

d) Chemische und mikrobiologische Zerstörung

Neben dem Problem der Radiolyse darf natürlich auch die normale chemische (Oxidation, Hydrolyse, Photolyse) oder biologische Zersetzung (Bakterien, Pilze) der markierten Substanzen nicht unbeachtet bleiben. Dies gilt besonders bei langer Lagerung in niedrigen Konzentrationen, wie dies bei Radioliganden generell der Fall ist.

6.1.4.2. Lagerung der Radioliganden

Die progressive Zerstörung der markierten Liganden resultiert hauptsächlich aus dem sekundären Zerfall. Zur Minimierung dieses Effektes sind bei der Lagerung von Radioliganden hauptsächlich drei Möglichkeiten gegeben:
a) Verdünnung des markierten Liganden
b) Einsatz von „Radikalfängern"
c) Lagerungstemperatur

a) Wahl des Lösungsmittels

Die Verdünnung radioaktiv markierter Moleküle wird durch Lösungsmittel wie Benzol, Toluol, Äthanol, Methanol oder Wasser vorgenommen. Benzol ist einerseits am besten geeignet (bildet nur schwer freie Radikale), gilt andererseits aber als kanzerogen. Viele markierte Substanzen sind jedoch in wäßrigen Lösungsmitteln löslich. Hierbei empfiehlt sich oft der Einsatz von H_2O-Alkohol-Mischungen.

b) „Radikalfänger"

Der wesentliche Nachteil von Wasser als Lösungsmittel für Radioliganden besteht darin, daß es bei Bestrahlung leicht freie Radikale bildet.
Sie bewirken den sekundären Zerfall der Radioliganden. Durch die Zugabe bestimmter Verbindungen (Radikalfänger), die
— schnell mit den freien Radikalen reagieren müssen,
— keinen Einfluß auf den Radioliganden haben dürfen und
— sich leicht wieder entfernen lassen sollen,
kann dieser Effekt eingeschränkt werden.
Äthanol ist wohl der am häufigsten benutzte Radikalfänger (häufig wird auch reines Äthanol eingesetzt), aber auch Benzylalkohol, Glycerol, Ascorbinsäure und Mercaptoäthanol dienen als solche.

c) Lagerungstemperaturen von Radioliganden

Generell sollen Radioliganden bei der niedrigstmöglichen Temperatur aufbewahrt werden. Die optimale Lagerungstemperatur ist allerdings auch vom Isotop abhängig.
^{14}C und ^{125}J-Verbindungen werden gewöhnlich, in Anwesenheit von Radikalfängern, bei —20 °C gelagert.
Das langsame Einfrieren bei —20 °C führt zur Bildung molekularer Cluster, wodurch der sekundäre Zerfall begünstigt wird.

6.2. Methoden zur selektiven Bestimmung der Ligandbindung an den Rezeptor

6.2.1. Auswahl des Radioliganden

Die Frage, ob die in Aussicht genommenen Bindungsstudien zu einer klaren Aussage führen können, entscheidet sich bereits mit der Wahl des Radioliganden. So sind seit der Einführung von Rezeptor-Ligand-Bindungsstudien zu Beginn der 70er Jahre die entscheidenden Verbesserungen der Aussagefähigkeit dieser Methoden von der Einführung neuer Radioliganden und der Verbesserung der mathematischen Analyse der Daten ausgegangen (4, 5, 6).
Die folgenden Anforderungen sind an einen Radioliganden zu stellen:
a) Die Wirkungsweise des Liganden sollte in pharmakologischen Modellen (siehe Kap. 3) eindeutig charakterisiert sein. Dabei ist zu unterscheiden, ob es sich um einen reversibel-kompetitiv, reversibel-nicht-kompetitiv, quasi-irreversibel bzw. irreversibel bindenden Liganden handelt. Anzustreben ist die Verwendung eines Liganden, der reversibel-kompetitiv mit der natürlichen Ligand-Bindungsstelle (Rezeptorareal) eines Membranrezeptors reagiert. Quasi-irreversibel bindende Liganden (z. B. Schlangengifttoxine wie α-Bungarotoxin oder Cobrotoxin, die mit dem nikotinergen Acetylcholinrezeptor in Wechselwirkung treten) erlauben die Analyse der Rezeptor-Ligand-Wechselwirkung nur auf der Basis der Assoziationskinetik und von Kompetitionsstudien. Gleiches gilt auch für irreversibel bindende Liganden, z. B. für Propyl-benzylylcholin-Lost, welches über einen Aziridiniumrest kovalent mit nukleophi-

len Gruppen im aktiven Zentrum des muskarinergen Rezeptors reagiert. Die letztgenannten Gruppen von Liganden bieten jedoch wesentliche Vorteile, besonders bei der biochemischen Analyse von Rezeptoren (Kap. 9.2.) sowie der Abtrennung des ungebundenen Liganden.

b) Eine weitere, zunächst durch pharmakologische Methoden zu analysierende Eigenschaft des potentiellen Radioliganden ist seine Wirkung als Agonist, Partialagonist oder Antagonist (Kap. 2.). Während Agonisten der meisten Transmitterrezeptoren durch eine, von zwei Punkten des Ligandmoleküls ausgehende Wechselwirkung mit dem Rezeptor reagieren, wird die Bindung von Antagonisten oft noch durch eine weitere hydrophobe Wechselwirkung (Kap. 1.2.2.) stabilisiert. Die Dissoziationskonstanten für Agonisten liegen somit überwiegend im Bereich von 10^{-6} bis 10^{-8}, Antagonisten weisen demgegenüber Dissoziationskonstanten im Bereich von 10^{-9} bis 10^{-11} auf. Diese Einteilung gilt nicht für Peptidrezeptoren, Leukotrien- und Prostaglandinrezeptoren.
Antagonisten von Transmitterrezeptoren eignen sich somit wesentlich besser als Agonisten für den Einsatz als Radioliganden. Dies wird an folgendem Beispiel deutlich: Die durchschnittliche Dichte von Rezeptoren in vielen Geweben oder Membranpräparationen beträgt 0,1 bis 1 pMol Rezeptor pro mg Protein. Befindet sich 1 mg Protein in der zu untersuchenden Probe von 1 ml, ist bei einer Radioligandenkonzentration von 10^{-6} M (entspricht K_D), d. h. 10^{-9} Mol/ml, ein 1000- bis 10000-facher Überschuß des nichtgebundenen gegenüber dem gebundenen Radioliganden vorhanden. Kleinste Fehler bei der Abtrennung des ungebundenen Liganden haben somit extreme Fehler bei der Bestimmung der spezifischen Bindung zur Folge. Weiterhin steigt die Zahl der unspezifischen Bindungsstellen mit zunehmender Konzentration des Radioliganden stark an.

c) Der Ligand muß eine relativ hohe spezifische Aktivität aufweisen. Dies ist notwendig, um die sehr niedrigen Konzentrationen, in denen ein Radioligand mit den biologisch relevanten Bindungsstellen in Wechselwirkung tritt, überhaupt nachweisen zu können.
Dazu wiederum ein Beispiel:
Die überwiegende Zahl der Radioliganden weist aus den unter b) aufgeführten Gründen Dissoziationskonstanten im Bereich von 1 nM gegenüber dem Rezeptor auf. Würde man Bindungsexperimente mit einem Radioliganden durchführen, der lediglich mit einer spezifischen Aktivität von 1 mCi/mMol markiert ist, ließe sich im Konzentrationsbereich um die Dissoziationskonstante des Liganden die Radioaktivität mit den zur Verfügung stehenden Meßmethoden nicht mehr nachweisen. Die Konzentration von 1 nM entspricht 1 pM pro Milliliter-Aliquot. Bei der o. g. spezifischen Aktivität entspricht dies 2,2 dpm, d. h. 2,2 radioaktiven Zerfällen pro Minute in der Probe. Berücksichtigt man nur die spezifische Bindung, reduziert sich dieser Wert noch wesentlich. Derartig kleine Radioaktivitätsmengen sind auch mit den modernsten Geräten nicht mehr innerhalb einer geringen Fehlerbreite zu erfassen.
Es ist also eine spezifische Aktivität des Liganden von mehr als 10 Ci/mMol anzustreben.

d) Es muß garantiert sein, daß die radioaktive Markierung nicht zu einer wesentlichen Veränderung der pharmakologischen Eigenschaften der Liganden führt. Während dies für die Tritium-Markierung weitgehend unproblematisch ist, bleibt es für Jod-markierte Liganden besonders in solchen Fällen zu prüfen, in denen eine detaillierte Analyse der Bindungskinetik angestrebt wird. Näheres zum Vergleich beider Markierungsarten in Kap. 6.1.

6.2.2. Die unspezifische (nichtselektive) Bindung

Wie bereits in Kap. 1.2. ausgeführt, wird die Wechselwirkung eines Liganden mit einem beliebigen Bindungsort durch die Art und Stärke der intermolekularen Wechselwirkungskräfte bestimmt. Diese Wechselwirkung kann mit dem Massenwirkungsgesetz beschrieben werden, d. h. auch bei einer geringen Stärke der intermolekularen Wechselwirkung kann die Zahl der Akzeptor-Ligand-Komplexe (hier im allgemeinsten Sinne als Bindungsort verstanden, siehe Kap. 1.3., Definition 1) durch Erhöhung der Menge des Liganden oder der Menge der Bindungsstellen erhöht werden.

Unspezifische Bindungsstellen sind somit folgendermaßen zu charakterisieren:

a) Die Zahl der unspezifischen Bindungsstellen ist wesentlich größer als die Zahl der spezifischen Bindungsstellen (Rezeptoren im Sinne von Definition 3.—7. Kap. 1.3.).
b) Die Affinität des Liganden zu den unspezifischen Bindungsstellen ist wesentlich kleiner als zu den spezifischen Bindungsstellen (Rezeptoren).

Nur auf der Basis dieser Voraussetzungen läßt sich eine bestimmte Population von spezifischen Ligand-Bindungsstellen (Rezeptoren Definition 3.—7. aus Kap. 1.3.) selektiv gegenüber unspezifischen Bindungsstellen charakterisieren. Ein Ligand bindet also nie ausschließlich an eine Bindungsstelle (spezifisch), sondern nur mehr oder weniger selektiv in Abhängigkeit von den Versuchsbedingungen. In diesem Sinne sind die Begriffe „spezifische" und „unspezifische" Bindung etwas irreführend. Sie sind aber allgemein gebräuchlich und sollen deshalb hier beibehalten werden.

„Unspezifische Bindungsorte" können sein: Proteine, Lipide, Glycane, die Zellmembran als hydrophobe Phase, bestimmte Kompartimente, in die der Ligand aktiv aufgenommen wird, sowie Materialien, die während des Versuchs verwendet werden, wie Filteroberflächen oder Glas.

Der Anteil der selektiven Rezeptorbindung des Liganden (spezifische Bindung) wird durch Verdrängung des Rezeptor-gebundenen Radioliganden mittels eines großen Überschusses einer unmarkierten, selektiv bindenden Substanz ermittelt. Angesichts ihrer hohen Zahl und geringen Affinität werden die „unspezifischen" Bindungsstellen in ihrer Wechselwirkung mit dem Radioliganden hiervon nicht meßbar beeinflußt. Es ergibt sich somit die Differenzmessung: Spezifische Bindung = Gesamtbindung (Radioligand allein) minus unspezifische Bindung (Radioligand plus Überschuß des unmarkierten Liganden). Die fehlerfreie und quantitative Erfassung der unspezifischen Bindung ist besonders dann von entscheidender Bedeutung, wenn sie einen wesentlichen Teil der Gesamtbindung ausmacht. Dies ist besonders bei der Analyse von Peptidrezeptoren oder bei der Arbeit mit intakten Zellen der Fall. Demgegenüber weisen geeignete Liganden zur Charakterisierung von Transmitterrezeptoren bei Verwendung von Membranpräparationen nur eine unspezifische Bindung von 5 bis 15% der Gesamtbindung auf.

In diesem Zusammenhang ist folgendes zu beachten:

a) Die Wahl des kompetitiven (unmarkierten) Liganden. Häufig bedient man sich des Radioliganden in unmarkierter Form (z. B. Alprenolol für ^{3}H-Dihydroalprenolol, QNB für ^{3}H-QNB, Scopolamin für ^{3}H—N-Methyl-Skopolamin). Nur bei absoluter Identität der Liganden kann hier aus den Parametern der Kompetitionskurve auf B_{max} bzw. K_D des Radioliganden geschlossen werden. Ein Nachteil besteht aber darin, daß hochaffine Bindungsstellen sowie Aufnahmesysteme (bei intakten Zellen), die spezifisch für den jeweiligen Liganden, nicht aber identisch mit dem gesuchten Rezeptor sind, nicht erkannt werden können (Abb. 6.10.).
Aus diesem Grunde ist es vorteilhafter, unmarkierte Liganden zu verwenden, die sich in ihrer chemischen Struktur deutlich von dem Radioliganden unterscheiden, aber auch mit hoher Selektivität mit dem jeweiligen Rezeptor reagieren.
b) Konzentration des kompetitiven Liganden Um eine vollständige Verdrängung der Rezeptor-spezifischen Bindung des Radioliganden zu erzielen, muß die Konzen-

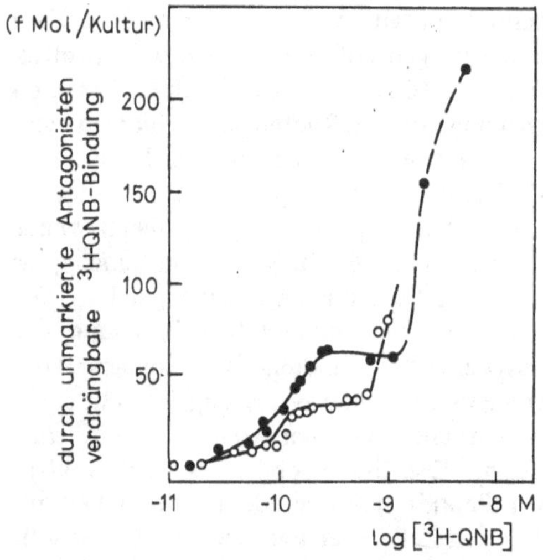

Abb. 6.10. ^{3}H-QNB-Bindung an intakte kultivierte Gliazellen (geschlossene Kreise: Monoschicht, offene Kreise: Multischicht). Bei ^{3}H-QNB-Konzentrationen um 10^{-9} M tritt eine unspezifische Bindung auf, die durch 100fachen QNB-Überschuß jedoch nicht zu hemmen ist (Ligandaufnahme?)!
(nach REPKE et al., in: Neuronal Plasticity and memory formation (Eds: C. MARSAN and H. MATTHIES), Raven Press, New York, 1982, p. 397).

tration des unmarkierten (kompetitiven) Liganden das 100- bis 1000-fache von dessen Dissoziationskonstante betragen. Eine zu hohe Konzentration führt bereits zur Verdrängung des Radioliganden von unspezifischen Bindungsstellen mit höherer Affinität und suggeriert eine zu hohe Zahl von Rezeptor-spezifischen Bindungsstellen. Eine zu niedrige Konzentration des unmarkierten Liganden läßt einen Teil der spezifischen Rezeptoren unentdeckt.

c) Verfahren bei Radioliganden mit langsamer Dissoziationsrate
In diesen Fällen ist darauf zu achten, daß der kompetitive (unmarkierte) Ligand vor dem Radioliganden bzw. gleichzeitig mit ihm in den Reaktionsansatz gegeben wird. Anderenfalls reicht die überlicherweise verwendete Reaktionszeit (30—60 Minuten) nicht für eine Gleichgewichtseinstellung aus. Dies ist z. B. bei isomerisierenden Rezeptor-Ligand-Komplexen (QNB und muskarinerger Azetylcholinrezeptor) der Fall.

d) Hochaffine, unspezifische Bindungsstellen
Bereits 1975 haben CUATRECASAS und HOLLENBERG nachgewiesen, daß ^{125}J-Insulin mit scheinbar spezifischen selektiven Bindungseigenschaften (Sättigung, Verdrängbarkeit, hohe Affinität, Reversibilität) an Talk, Glas, Silikon, Protein-Agarose-Derivate bindet. Dies betrifft auch andere, vorwiegend Peptid-Radioliganden und hat besondere Bedeutung hinsichtlich der Auswahl des Filtermaterials zur Abtrennung der ungebundenen Liganden (2).

6.2.3. Die spezifische (selektive) Bindung

6.2.3.1. Grundprobleme

Alle biologischen Membranen enthalten nur einen in der Regel sehr kleinen Anteil von Membranrezeptoren (im Sinne von Kapitel 1.2. Definition 4) gemessen an der Gesamtmenge der Membranproteine. Somit steigt mit steigender Konzentration des Radioliganden die gemessene spezifische Bindung solange an, bis die Besetzung aller Rezeptoren vollständig ist. Dieser Prozeß wird auch als Sättigung der spezifischen Bindungsstellen bezeichnet. Die Kurve der spezifischen Bindung erreicht ein Plateau (Abb. 6.11a.). Im Gegensatz dazu steigt die unspezifische Bindung linear an und erreicht keine Sättigung. Dies ist schematisch in Abb. 6.11b. zusammengefaßt.
Die genaue Beantwortung der Frage, ob die gemessene „spezifische" Bindung sättigbar ist bzw. ob sie noch einen Anteil unspezifischer Bindung enthält, wird in der Praxis oft nur unvollkommen vorgenommen. Dies ist zum einen durch den höheren Radioligandenverbrauch beim Arbeiten im Sättigungsbereich und zum anderen durch eine ungenügende Abgrenzung der unspezifischen Bindung bedingt. Eine einfache Kontrolle stellt die folgende Analyse dar. Wie in Kapitel 7

näher angeführt wird, läßt sich die Beziehung

$$K_D = \frac{[L] \cdot [R]}{[RL]}$$

in die Gleichung

$$[RL] = \frac{[L] \cdot [R_0]}{(K_D + [L])}$$

umformen.

Dabei stehen $[L]$ für Ligandkonzentration, $[R]$ für Rezeptorkonzentration, $[RL]$ = Menge des gebundenen Liganden, (R_0) = Gesamtzahl der Rezeptoren und K_D = Dissoziationskonstante des Rezeptor-Ligand-Komplexes $[RL]$.

Dieser Ausdruck entspricht der Langmuirschen Adsorbtionsisothermen sowie der Michaelis-Menten-Gleichung der Enzymkinetik. Die Umformung dieser Gleichung entsprechend Scatchard

$$\frac{[RL]}{[L]} = -\frac{[RL]}{K_D} + \frac{[R_0]}{K_D}$$

ermöglicht in der Auftragung von $\frac{[RL]}{[L]}$ gegen $[RL]$ eine erste Kontrolle von Sättigungskurven im oben genannten Sinne (näheres in Kap. 7). Eine derartige Kontrolle ist besonders dann sinnvoll, wenn die Sättigungskurve mit wenigen Punkten aufgenommen wurde, und ermöglicht die Unterscheidung einer sättigbaren Bindung an eine homogene Rezeptorpopulation (Abb. 6.11 a.) von einer nichtsättigbaren (unspezifischen) Bindung (Abb. 6.11 b.) bzw. ihrer Mischformen (Abb. 6.11 c.). Kompliziertere Verhältnisse treten bei heterogenen Rezeptorpopulationen auf (Kap. 7).

Das Sättigungsverhalten der durch einen unmarkierten Liganden verdrängbaren Bindung ist ein notwendiges, aber kein hinreichendes Kriterium der Spezifität. Dies wird besonders am Beispiel der Bindung von Insulin an verschiedene Materialien deutlich, wie bereits erwähnt wurde.

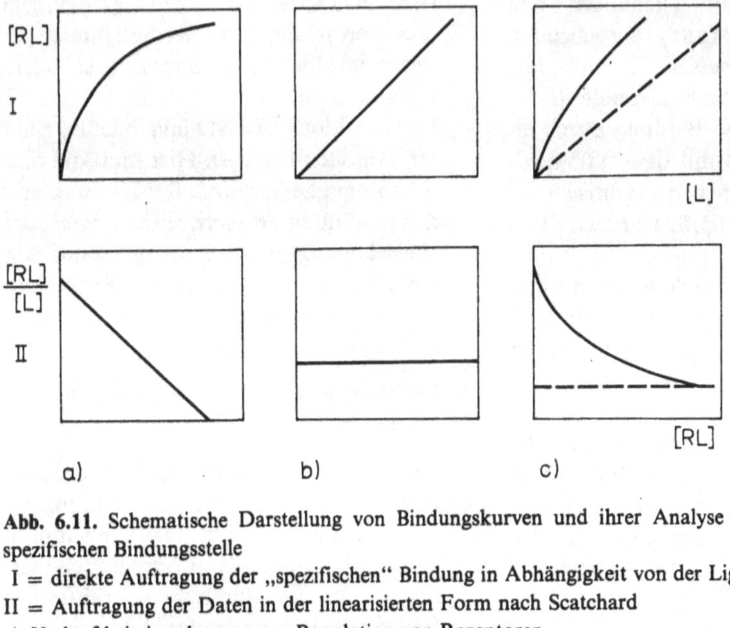

Abb. 6.11. Schematische Darstellung von Bindungskurven und ihrer Analyse hinsichtlich einer sättigbaren spezifischen Bindungsstelle

I = direkte Auftragung der „spezifischen" Bindung in Abhängigkeit von der Ligandenkonzentration

II = Auftragung der Daten in der linearisierten Form nach Scatchard

a) Verlauf bei einer homogenen Population von Rezeptoren

b) Verlauf bei ausschließlicher unspezifischer Bindung

c) Verlauf einer Bindungskurve, die Anteile spezifischer und unspezifischer Ligandbindung enthält.

6.2.3.2. Pharmakologische Spezifität der Bindung

Die entscheidende Stufe bei der Charakterisierung einer Rezeptor-spezifischen Bindung ist der Nachweis der pharmakologischen Spezifität. Hierbei wird die Bindung des Radioliganden durch steigende Konzentrationen verschiedener unmarkierter Liganden verdrängt. Nur diejenigen Liganden, für die durch pharmakologische Untersuchungen (Kap. 3) bekannt ist, daß sie mit dem zu untersuchenden Rezeptor im gewählten Konzentrationsbereich spezifisch reagieren, dürfen zu einer derartigen Verdrängung führen.

Dieses zunächst recht einfach erscheinende Verfahren ist aber in der Praxis oft weitaus komplizierter.

Folgende Probleme sind dabei zu berücksichtigen (Vergl. hierzu auch Kap. 7):

a) Vergleich pharmakologischer Daten mit Ergebnissen von Verdrängungsstudien

Wie in Kap. 2 und 3. näher ausgeführt, charakterisieren Bindungsstudien bzw. Hemmstudien die Wechselwirkung von Liganden mit dem Rezeptorareal, während pharmakologische Untersuchungen den von dieser Wechselwirkung ausgehenden biologischen Effekt messen. Deshalb darf also z. B. nicht die halbmaximale Hemmung der Radioligand-Bindung durch einen Agonisten (IC_{50}) mit dem halbmaximalen Effekt des gleichen Agonisten an einem isolierten Organpräparat ED_{50} verglichen werden.

Dies ist jedoch dann möglich, wenn unter Berücksichtigung der „intrinsic efficacy" (Kap. 2.1.3.) des jeweiligen Agonisten die Dissoziationskonstante berechnet und mit derjenigen verglichen wird, die sich aus entsprechenden Umrechnungen des IC_{50}-Wertes ergibt. In diesem Falle sollte eine weitgehende Identität der Daten vorliegen, wenn es sich um eine pharmakologisch spezifische Bindung handelt.

b) Rezeptorsubtypen

Zunehmend reichen aber die unter a) beschriebenen Vergleiche, die mit wenigen Agonisten oder Antagonisten geführt werden, nicht mehr aus. Neuere Arbeiten benutzen deshalb bereits ein Spektrum von 10 bis 15 unter bestimmten Gesichtspunkten ausgewählten Verbindungen. Dies ist deshalb notwendig, weil für die überwiegende Zahl von Membranrezeptoren Subtypen gefunden wurden, die sich hinsichtlich ihrer Wechselwirkung mit einer bestimmten Gruppe von Liganden unterscheiden (vergl. Kap. 1.3.). Die durch diese Subtypen von Rezeptoren ausgelösten pharmakologisch meßbaren Effekte können jedoch außerordentlich unterschiedlich sein. Für viele dieser Subtypen (z. B. β_1/β_2; α_1/α_2; $H_1/H_2/H_3$; $D_1/D_2/D_3$; M_1/M_2) stehen bereits spezielle Gruppen von Liganden zur Verfügung, deren Affinität gegenüber den Subtypen bekannt ist. Diese Experimente werden oft mit Radioliganden ausgeführt, die bereits eine gewisse Subtyp-Selektivität aufweisen.

c) Radioliganden, die nur eine Teilselektivität gegenüber bestimmten Rezeptoren aufweisen

In manchen Fällen ist eine Abgrenzung der Wechselwirkung von Radioliganden mit unterschiedlichen Rezeptoren schwierig. Dies ist z. B. bei der Bindung von ^3H-Spiroperidon, ^3H-LSD und auch bestimmten Peptiden der Fall. Hier muß die pharmakologische Spezifität der Bindung unter den gewählten Versuchsbedingungen durch Verdrängungsexperimente mit unmarkierten Liganden, die mit den in Frage kommenden Rezeptoren reagieren, untermauert werden.

d) Interkonvertierbare Rezeptorkonformationen

Dieses Problem ist in den letzten Jahren besonders in bezug auf die Bindung von Agonisten aufgetaucht. Die Umwandlung von Bindungsareal-Konformationen ineinander kann u. a. durch die Interaktion des Rezeptors mit Guanylnukleotiden erfolgen. In Verdrängungsstudien wird dies zunächst durch einen biphasischen Kurvenverlauf deutlich. Unter Berücksichtigung der Subtypen des muskarinergen Rezeptors M_1 und M_2 sind jüngst 4 verschiedene Agonist-Bindungsstellen beschrieben worden, von denen jeweils zwei ineinander umwandelbar sind. Welche dieser Konformationen (d. h. Agonist-Bindungsstellen) im engeren Sinne pharmakologisch bedeutsam sind, d. h. den Stimulus (S) (siehe Abschnitt 2.1.3.) vermitteln, ist noch offen.

e) Stereospezifität

In Kap. 4. ist ausführlicher diskutiert, in welcher Weise die eudismische Analyse der stereoselektiven Rezeptor-Ligand-Wechselwirkung zur Charakterisierung der pharmakologischen Spezifität einer Ligand-Bindung beitragen kann und welche Schlüsse hinsichtlich der Art der Wechselwirkung mit dem Rezeptorareal möglich sind. Der Beitrag, den der Vergleich eines Eutomer-Distomer-Paares zu der Charakterisierung der pharmakologischen Spezifität einer Ligand-Bindung leisten kann, ist jedoch vergleichsweise klein. Die wesentlich schwächere Bindung des Distomers (z. B. Levetimid) gegenüber dem Eutomer (z. B. Dexetimid) an den muskarinergen Azetylcholinrezeptor zeigt nur, daß ein Ligand mit einer wesentlich veränderten Raumstruktur nur schwach mit dem Rezeptor reagiert. Dies ist aber für viele Verbindungen der Fall und noch kein Spezifitätskriterium per se. Die in der Literatur verbreitete Überschätzung des Aussagewertes dieser einfachen Stereoselektivität zeigt die ungenügende Verbreitung der theoretischen Grundlagen der stereoselektiven Ligand-Bindung (siehe Kap. 4). Stereoselektive Bindungen wurden auch an Nicht-Rezeptor-Materialien beobachtet (siehe 6.2.2.).

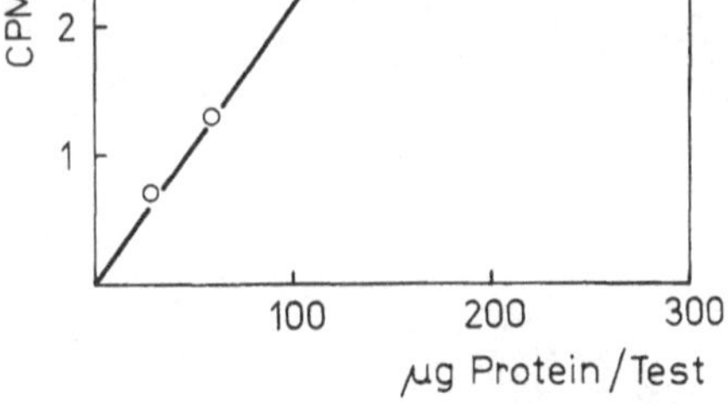

Abb. 6.12. Beispiel für den Nachweis einer ausreichenden Bindungskapazität des Filters durch lineare Beziehung zwischen der spezifischen Bindung von ^{3}H-N-Methyl-Scopolamin (^{3}H-NMS) und der Proteinkonzentration (Membranpräparation aus Ratten-Duodenum).

6.2.3.3. Die optimale Rezeptorkonzentration im Test

Wenn sich ein Radioligand spezifisch an seinen Rezeptor bindet, muß sich mit der Erhöhung der Rezeptorkonzentration auch die meßbare Bindung erhöhen.

Ein wichtiges Kriterium der spezifischen Bindung ist deshalb der Nachweis des linearen Anstiegs der Bindung bei steigender Proteinkonzentration im Testsystem. Diese Beziehung ist am Beispiel der Bindung von ^{3}H—N-Methyl-Skopolamin an muskarinergen Rezeptoren demonstriert (Abb. 6.12.). Der lineare Bereich ist für die einzelnen Systeme unterschiedlich, oft bis zu 2 mg Protein/Test. Nimmt die spezifische Bindung mit steigender Proteinkonzentration ab, deutet dies entweder auf den Abbau des Radioliganden im Verlaufe der Inkubation oder auf das Vorhandensein endogener Liganden, die um den Rezeptor konkurrieren, hin. Für viele Assays ist es deshalb notwendig, die endogenen Liganden durch intensive Waschungen oder Vorinkubationen abdissoziieren zu lassen. Bei Verwendung von Glasfiltermembranen zur Abtrennung des ungebundenen Liganden muß auch die Überschreitung der Absorbtionskapazität des Filters in Betracht gezogen werden.

6.2.4. Auswahl und subzelluläre Fraktionierung des Gewebes

In der Regel werden spezifische Bindungsstellen eines Radioliganden nur in solchen Geweben gefunden, in denen der Ligand auch eine meßbare biologische Reaktion hervorruft. Dies sollte vor allem bei der Entwicklung eines neuen Bindungstestes für die Auswahl des Targetgewebes berücksichtigt werden.

Andererseits fand man aber auch mittels der Bindungstechnik Rezeptoren oder zumindest spezifische Bindungsstellen in Geweben, in denen für den entsprechenden Liganden noch keine Wirkung nachgewiesen worden war.

Große Aufmerksamkeit verdient die Aufbereitung des Gewebes. Meist werden die Organ- oder Gewebeproben in einem etwa 10fachen Volumen Puffer (hypotonisch für Membranen, isotonisch zur Gewinnung vesikulärer Strukturen) homogenisiert (Ultra-Turrax, Teflonhomogenisator). Bei Radioliganden mit niedriger spezifischer Aktivität empfiehlt es sich oft, die Rezeptoren anzureichern, d. h. den Anteil der rezeptortragenden Zellmembranen in der Präparation zu vergrößern, z. B. mittels Dichtegradientenzentrifugation (10).

Gleiches kann sich auch bei der Verwendung von sehr kleinporigen Filtern (z. B. Millipore EGWP mit 0,2 µm Porendurchmesser, s. Kap. 6.2.6.2), die nur den Einsatz von sehr geringen Proteinmengen im Testsystem gestatten (50 µg), als notwendig erweisen.

Für viele Testsysteme, besonders bei der Verfügbarkeit hochspezifisch markierter Liganden und Verwendung von Glasfiltern, reichen relativ grobe Membranpräparationen aus.

Die Abbildungen 6.13. und 6.14. zeigen schematisch Beispiele von Präparationsmethoden verschiedener Gewebearten.

Wenn die Rezeptoren in den Synapsen lokalisiert sind, dann sollte auch die Bindung des Radioliganden in der entsprechenden subzellulären Fraktion am höchsten sein. Diese Analyse stellt eine der Spezifitätskriterien für die Ligandbindung dar. Folgende Hinweise sollten bei der Herstellung von Präparaten für Ligand-Bindungsstudien beachtet werden:

a) Homogenisierungsart

In Abhängigkeit von der Art der Homogeni-

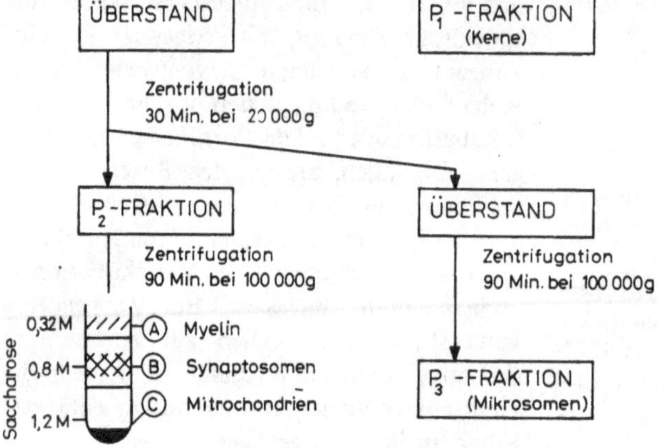

Abb. 6.13. Schematische Darstellung der Präparation einer Synaptosomenfraktion aus Rattenhirn (Anreicherungsfaktor 4 bis 6).

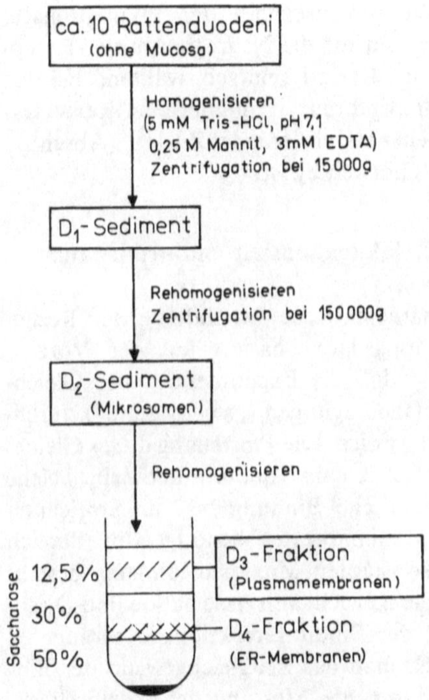

Abb. 6.14. Schematische Darstellung der Präparation einer Plasmamembranfraktion aus Ratten-Duodenum (Anreicherungsfaktor 5–6).

sierung und der Clearence des verwendeten Homogenisators entstehen Membranpartikel unterschiedlicher Größenverteilung. Damit verändert sich auch die Verteilung von Membranrezeptoren zwischen den subzellulären Fraktionen. Für jedes Gewebe müssen somit die Homogenisierungsbedingungen jeweils optimiert und standardisiert werden, um eine optimale Ausbeute und Anreicherung von Membranrezeptoren zu erhalten.

b) Proteolytischer Abbau

Eine Reihe von Rezeptoren besitzen hydrophile Areale, die weit aus der Membran herausragen und auf denen oft die Ligand-Bindungsstelle lokalisiert ist. Dieser Bereich des Rezeptorkomplexes ist durch endogene Proreasen abbaubar, wie elektrophoretische Untersuchungen mit kovalent markierten Rezeptoren gezeigt haben. Deshalb sind alle Membranpräparationen in der Kälte durchzuführen. Bei langdauernden Inkubationen (z. B. bei der Verfolgung langsamer Dissoziationskinetiken) ist weiterhin die Verwendung von Proteaseinhibitoren zu empfehlen.

c) Aufbewahrung von Rezeptor-haltigen Präparationen

Frische Präparationen sind generell zu bevorzugen. Der Einfluß des Einfrierens auf die Zahl nachweisbarer Rezeptoren sowie bestimmte Parameter der Bindungskinetik sollte für jedes konkrete System neu untersucht werden. Häufig bleiben derartige Prozeduren jedoch ohne nachweisbaren Einfluß auf die Eigenschaften von Membranrezeptoren. Synaptosomale Membranen, die den muskarinergen Rezeptor enthalten, können z. B. sogar problemlos lyophilisiert werden, ohne daß bei trockener Lagerung der Pellets bei –20 °C nach Monaten Veränderungen der Rezeptoren nachgewiesen werden können.

d) Stabilität des Liganden in der untersuchten Gewebepräparation

Problematisch ist in diesem Zusammenhang meist die Stabilität von Peptid-Radioliganden. Generell gilt, daß bereits durch die Art subzellulären Fraktionierung ein wesentlicher Teil der Peptidasen bzw. Proteinasen, die den Radioliganden spalten können, eliminiert werden können. Auf spezielle Methoden zur Hemmung dieser Enzyme im Reaktionsansatz wird unter 6.2.5.3. eingegangen.

e) Vergleichbarkeit der Ergebnisse verschiedener Autoren

Die genaue Beschreibung des verwendeten Gewebes bzw. Gewebeteiles sowie der Bedingungen der subzellulären Fraktionierung ist von entscheidender Bedeutung, da Rezeptorsubtypen hier wesentliche Verteilungsunterschiede aufweisen (z. B. synaptosomal – extrasynaptosomal).

6.2.5. Auswahl der Inkubationsbedingungen

6.2.5.1. Puffer

Bei der Entwicklung eines Bindungsassays kommt man nicht umhin, eine Reihe verschiedener Puffersysteme (verschiedene Ionenstärken und pH-Werte) zu testen und die beste Variante empirisch zu ermitteln. Dabei kann man sich heute für die meisten Rezeptoren an einer großen Anzahl, ebenfalls empirisch gewonnener Literaturdaten orientieren.
In Tabelle 6.2. sind gebräuchliche Puffer bzw. Inkubationssysteme für verschiedene Rezeptoren in Form von Beispielen zusammengestellt. Dabei zeigt sich, daß Tris-HCl-Puffer am häufigsten benutzt werden, aber auch Phosphatpuffer oder Hepes-Puffer zur Anwendung kommen.
Für nahezu alle Rezeptorassays sind die physiologischen pH-Werte zwischen 7 und 8 optimal. Die Ionenzusammensetzung, die Inkubationszeit und -temperatur sind in der Regel für die einzelnen Rezeptortypen unterschiedlich.
Die Zusammensetzung der Inkubationsgemische sind für die Neurotransmitter-Rezeptoren meist relativ einfach, während bei den Peptidrezeptoren fast immer eine Reihe verschiedener stabilisierender Zusätze (Abschnitt 6.2.5.3) notwendig ist.

6.2.5.2. Inkubationszeit und -temperatur

Die mathematische Behandlung der Rezeptorbindungsdaten basiert auf der Voraussetzung, daß die Experimente unter Gleichgewichtsbedingungen („steady state“) durchgeführt werden. Die Einstellung dieses Gleichgewichtes ist eine Funktion der Zeit, welche die spezifische Bindung bis zur Erreichung ihres Maximalwertes benötigt. Im Bereich einer konstanten Maximalbedingung besteht ein Gleichgewicht von Assoziation und Dissoziation der Bindungsreaktion. Experimentell ermittelt man das Zeitgleichgewicht der Bindung durch die Messung der spezifisch gebundenen Radioaktivität nach verschieden langen Inkubationszeiten (Vergl. Kap. 7).
Da Assoziation und Dissoziation temperaturabhängige Prozesse sind, variiert die Ein-

Tabelle 6.2a. Beispiele für Puffer, Inkubationszeit und Inkubationstemperatur für verschiedene Neurotransmitter-Bindungsstudien (subjektive Auswahl)

Rezeptortyp	Puffer (pH)	Inkubationszeit (min)	Temp. (°C)	Referenz
muskarinerg	10 mM Hepes, 5 mM $MgCl_2$ (7,5)	60—90	37	Harden et al. 1985
β-adrenerg	50 mM Tris-HCl, 10 mM $MgCl_2$ (7,4)	20	37	Stiles u. Lefkowitz 1981
α-adrenerg	50 mM Tris-HCl (7,5)	30	25	Weinreich et al. 1981
Dopamin (D_2)	Tean-Puffer (7,4) (15 mM Tris-HCl, 5 mM Na_2-EDTA, 0,2% Askorbinsäure, 12,5 μM Nialamid)	130	20	Firnau et al. 1981
GABA	50 mM Tris-Zitrat (7,1)	15	4/37	Jordan et al. 1982
Histamin	50 mM (Na-K)-Phosphat (7,5)	20	25	Coupet u. Szuchsmyers 1981

Tabelle 6.2b. Beispiele für Puffer, Inkubationszeit und Inkubationstemperatur für verschiedene Peptid-Bindungsstudien (subjektive Auswahl)

Peptid	Puffer (pH)	Inkubationszeit (min)	Temp. (°C)	Referenz
Insulin	25 mM HEPES (7,6), 130 mM NaCl, 4,8 mM KCl, 1,2 mM KH_2PO_4, 5 mM Glucose, 2% BSA	60	37	ECKEL et al. 1982
Somatostatin	50 mM Tris-HCl (7,4), 5 mM $MgCl_2$, 2 mM EGTA, 0,05 mM Thiomersal, 2 IU/ml Bacitracin, 1% BSA	60	16	AGUILERA u. PARKER 1981
Bradykinin	25 mM K-Phosphat (6,5), 0,2% BSA, 0,1 mM Bacitracin, 0,1 mM DTE, 0,1 µM Captopril	45	4	INNIS et al. 1981
Substanz P	50 mM Tris-HCl (7,5), 5 mM $MnCl_2$, 200 µg/ml BSA, 50 µg/ml Chymostatin	30	20	CASCIERI u. LIANG 1983
VIP	25 mM Tris-HCl (7,4), 2 mM $MgCl_2$, 1 mM Mercaptoethanol, 1% BSA	60	37	STAUN-OLSEN et al. 1982
CCK	10 mM HEPES (6,5), 118 mM NaCl, 4,7 mM KCl, 5 mM $MgCl_2$, 1 mM EGTA, 5 mg/100 ml BSA, 0,25 mg/ml Bacitracin	60	24	SAITO et al. 1981
Opioid-peptide	50 mM Tris-HCl (7,4), 1 µM Bestatin, 100 µg/ml Bacitracin	60	25	MIHARA et al. 1985

stellung des Gleichgewichtes mit der Inkubationstemperatur. Die meisten Bindungstests werden bei Temperaturen zwischen 4 °C (Eisbad) und 37 °C durchgeführt. Die Geschwindigkeit der Gleichgewichtseinstellung steigt mit zunehmender Temperatur. Allerdings steigt bei zunehmender Temperatur auch die Aktivität ebenfalls in der Membranfraktion lokalisierter Enzyme, die möglicherweise den Radioliganden abbauen können. In solchen Fällen kommt es zu einer Konkurrenzreaktion zwischen Rezeptor und Enzym. Je nach deren Stärke stellt sich ein Gleichgewicht überhaupt nicht, unvollständig oder nur kurzzeitig ein.

Das optimale Verhältnis von Zeit und Temperatur zur Gewährleistung eines ausreichenden Gleichgewichtes ist für jedes Testsystem individuell zu ermitteln.

6.2.5.3. Spezielle Probleme bei Bindungsstudien mit Peptiden

Bindungsstudien an Peptidrezeptoren sind im Vergleich zu denen an Rezeptoren der klassischen Neutrotransmitter mit wenigstens zwei zusätzlichen Schwierigkeiten behaftet:

a) Peptide unterliegen meist extrem stark dem Abbau durch ebenfalls membranständige Peptidasen.
b) Peptide neigen besonders zur unspezifischen Adhäsion an Nichtrezeptor-Material.

a) Hemmung der Peptidaseaktivität

Der enzymatische Abbau der markierten und unmarkierten Peptide wird am besten durch die Kombination von zwei unterschiedlichen

Verfahren verhindert oder zumindest verringert.

- Die Reduzierung der Inkubationstemperatur auf 0—4 °C berücksichtigt den Effekt, daß dabei die Einstellung des Bindungsgleichgewichtes weniger stark verlangsamt wird als die Peptidspaltung. Allerdings führt die niedrige Temperatur ein unphysiologisches Element ein und erlaubt nicht mehr die Ermittlung einer „normalen" Bindungskinetik.
- Die Inkubation bei 25 °C oder auch 37 °C ist mitunter möglich, wenn gleichzeitig die Enzymaktivitäten durch die Zugabe spezieller Peptidaseinhibitoren, wie z. B. Bacitracin, Trasyslol, Bestatin, Phenylmethylsulfonylfluorid (PMSF), Thiorphan TPCK, TLCK oder Captopril, gehemmt werden.
  Die Zugabe von Serumalbumin zum Inkubationsansatz ergibt ebenfalls einen, wenn auch unspezifischen Schutz der Peptide („snack effekt"). Der Idealfall besteht im Einsatz eines abbauresistenten Radioliganden.

b) Unspezifische Adhäsion von Peptiden

Viele Peptide heften sich auf Grund ihrer Ladungen sehr stark an die Oberflächen von Glas oder Glasfiltern. Dies führt zur Konzentrationsminderung des Radioliganden bzw. zu unakzeptabel hohen Blankwerten. Der Grad dieser unspezifischen Adhäsion hängt von den jeweiligen Oberflächen und der Struktur der Peptide ab.
Der Vermeidung dieser unspezifischen Adhäsion dienen

- Silikonisierung der Glasoberflächen
- Verwendung von Plastgefäßen
- „Auskleidung" der Gefäße mit Albumin
- Vorinkubation und Absättigung von Filteroberflächen mit Albumin, Polylysin o. ä.
- Verwendung spezieller Filtertypen (z. B. Zelluloseacetat) für spezielle Peptide
- Ersatz der Filtrationstechnik durch die Zentrifugation.

6.2.6. Die Trennung des gebundenen vom freien Radioliganden

Die Beendigung der Bindungsreaktion erfolgt durch die Trennung des an den Rezeptor gebundenen Radioliganden von dem im Inkubationsmedium verbliebenen freien Radioliganden. Die dazu üblichen Methoden sind Filtration und Zentrifugation. Welche dieser Methoden gewählt wird, richtet sich in erster Linie nach der Dissoziationsrate des Radioliganden vom Rezeptor. Je geringer die Affinität zwischen Radioligand und Rezeptor ist (hohe Dissoziationsrate), umso größer wird beim Kontakt des Gewebes mit Ligandenfreiem Medium der Verlust an Rezeptor-gebundenem Radioliganden sein. Das schnellste und effektivste Verfahren ist zweifellos die Filtration. Dabei ist das Gewebe allerdings relativ lange (10—30 Sekunden) dem Ligandfreien Waschpuffer ausgesetzt. Deshalb kann diese Methode generell nur für Radioliganden-Rezeptor-Komplexe mit K_D-Werten kleiner als 10 nM angewendet werden, was jedoch für die meisten klassischen Neurotransmitter und auch Peptide zutrifft.
Bei der aufwendigeren Zentrifugation des Inkubationsansatzes stehen Rezeptor-gebundener und freier Radioligand im Gleichgewicht. Man verwendet diese Trennungstechnik deshalb für weniger affine Radioliganden-Rezeptor-Komplexe mit K_D-Werten zwischen 10 und 1000 nM. Die Beendigung der Bindungsreaktion sollte bei der gleichen Temperatur wie die Inkubation erfolgen. Beispielsweise wäre es unsinnig, nach einer Inkubation bei 4 °C eine Zentrifugation für 10 min bei Raumtemperatur durchzuführen, da Assoziation und Dissoziation temperaturabhängige Prozesse sind.

6.2.6.1. Zentrifugation

Nach Ablauf der Inkubationszeit weren die Proben bei entsprechender Sedimentationsgeschwindigkeit der verwendeten Membranfraktion zentrifugiert, z. B. bei 10000 × g für 10 min im Falle einer Mikrosomenfraktion.

Anschließend wird der Inkubationspuffer abdekantiert oder abgesaugt.
Ein oberflächliches Abspülen der Pellets mit eiskaltem Puffer oder Wasser dient hauptsächlich der Reinigung des Inkubationsgefäßes und der Membranpellets von restlichen nichtgebundenen Liganden. Der Vorteil dieser Methode besteht darin, daß während der Zentrifugation das Gewebe nur dem Inkubationspuffer mit dem Liganden ausgesetzt ist (weiter Gleichgewichtsbindung). Dem steht jedoch als Nachteil gegenüber, daß der Wegfall einer intensiven Waschmöglichkeit zu hohen Werten scheinbar unspezifischer Bindung führt. Weiterhin ist die Zentrifugation zeitaufwendiger als die Filtration (geringerer Probendurchsatz).
Radioliganden mit hoher spezifischer Aktivität erlauben die Verwendung grober Membranfraktionen oder sogar von Homogenaten, die bereits bei niedriger Zentrifugationsgeschwindigkeit sedimentieren. Wenn z. B. bei manchen Peptiden aufgrund einer zu hohen Filterabsorption die Filtrationsmethode nicht anwendbar ist, kann die Terminierung der Reaktion auch durch kurzzeitige Zentrifugation (30 Sekunden) in einer hochtourigen Mikrozentrifuge erfolgen.
Zur Herabsetzung des Anteils nicht gebundener Liganden kann man die Inkubationsansätze auch auf einstufige Gradienten (z. B. Öle, Saccharoselösung) schichten und dann zentrifugieren. Dabei wird die membrangebundene Radioaktivität sedimentiert, während der ungebundene Ligand mit dem Puffer auf der Gradientenoberfläche zurückbleibt.

6.2.6.2. Filtration

Bei der in den meisten Fällen angewandten Filtrationsmethode wird das Inkubationsgemisch auf ein über einem Vakuum plaziertes Filter gegeben. Durch das Vakuum wird die Inkubationslösung abgezogen, das Gewebe und die daran gebundene Radioaktivität bleiben auf dem Filter zurück. Gewebe und Filter müssen zur Auswaschung des ungebundenen Liganden etwa 2—4mal mit 5 bis 10 ml eiskaltem Puffer gewaschen werden.

Die Vorteile der Filtration sind:

- Die Methode ist zeitökonomisch und gestattet einen hohen Probendurchsatz.
- Die getrockneten Filter können ohne weitere Nachbehandlung mittels Flüssigkeitsszintillationszählung gemessen werden.
- Im Vergleich zur Zentrifugation ist die unspezifische Bindung geringer (intensive Waschmöglichkeit).

Die Nachteile bestehen in folgendem:

- Im Verlaufe der Waschprozedur ist der Radioligand-Rezeptor-Komplex etwa 10 bis 30 Sekunden einem großen Volumen von Ligand-freiem Puffer ausgesetzt. Bei genügend hoher Dissoziationsrate kann es dabei zu einem signifikanten Verlust an Rezeptor-gebundenem Radioliganden kommen (Unterbestimmung der Rezeptoranzahl).

Die Auswahl der geeigneten Filter für das jeweilige Testsystem ist das Hauptproblem der Filtrationsmethode. Einige Filtertypen binden vor allem markierte Peptide in einer pseudospezifischen Art und Weise.
Wird dies nicht durch entsprechende Korrekturen berücksichtigt, führt es zu falschen Ergebnissen (Überbestimmung der Rezeptoranzahl). Mitunter läßt sich die Radioligandenbindung an das Filtermaterial auch durch Vorinkubation der Filter in Albuminlösung, Polylysinlösung o. ä. partiell herabsetzen.
Bei den meisten Radioliganden für Transmitterrezeptoren ist die Filtereigenbindung unproblematisch. Für diese Systeme eignen sich hervorragend Glasfaser-Filter verschiedener Typenbezeichnung.
Für markierte Peptide, die auf Grund ihrer Ladungen eine hohe unspezifische Absorption zeigen, sind die Glasfaseroberflächen weitestgehend ungeeignet. Hier kann man eventuell auf anderes Filtermaterial ausweichen. Die folgende Tabelle 6.3. gibt eine Übersicht der bei Bindungsstudien am häufigsten eingesetzten Filtertypen.
Methoden zur Ligand-Bindungsmessung an solubilisierten Rezeptoren sind in Abschnitt 9.1.2.3. umrissen.

Tabelle 6.3. Für Radioligand-Bindungsstudien einsetzbare Filtertypen

Typenbezeichnung		Material	Stärke (µm)	Porengröße (µm)	Filtrationsgeschwindigkeit (ml/s)	geeignet für: große (× × ×), mittlere (× ×), kleine (×) Proteinmengen	Charakteristika
Whatman	Schleicher & Schüll						
GF/A	GF 30	Glasfaser	250	1,6	13,0	× ×	hohe Zählausbeute bei β-Strahlern
GF/B	GF 32	Glasfaser	730	1,0	5,5	× × ×	hohe Naßfestigkeit
GF/C	GF 34	Glasfaser	260	1,2	10,5	× ×	besonders geeignet für Kleinstpartikel
GF/D	—	Glasfaser	650	2,7	16,5	× × ×	festes Filter mit weiten Poren
GF/F	GF 3481	Glasfaser	500	0,7	6,0	× ×	ultrafeines Filter mit hohem Rückhaltevermögen
Millipore-Membranfilter							
EGWP		Zelluloseazetat	90 bis 170	0,2	15,6	×	geringe unspezifische Bindung, geringe Belastbarkeit, geringe Durchflußrate (Einzelfiltration)
EHWP		Zelluloseazetat		0,5	49,6	× ×	mittlere Belastbarkeit u. unspezifische Bindung
HAWP		gemischte Zelluloseester		0.45	38,5	×	Belastbarkeit und Durchflußrate gering, relativ hohe unspezifische Bindung
SARTORIUS-Ultrafilter							
SM 11106		Zelluloseazetat	120	0,45		× ×	ähnlich wie bei EHWP
SM 11306		Zellulosenitrat	130	0,45		×	sehr geringe Belastbarkeit, hohe unspezifische Bindung

6.2.6.3. Gleichgewichtsdialyse

Die Gleichgewichtsdialyse besteht in ihrer klassischen Form im Einschluß der Probe in eine Dialysemembran, die anschließend einem großen Volumen eines den Radioliganden enthaltenden Puffers ausgesetzt wird. Bei Hemmungsexperimenten befindet sich zusätzlich der unmarkierte Ligand im Dialysemedium, so daß jede Probe einzeln dialysiert werden muß. Für solubilisierte Rezeptoren ist diese sehr aufwendige (wenngleich durch bestimmte Geräte zu vereinfachende) Methode gut geeignet, aber wenig gebräuchlich.
Für Bindungsmessungen an membrangebundene Rezeptoren ist ihr Einsatz nicht notwendig. Nachteilig ist die relativ hohe unspezifische Bindung.

6.2.6.4. Filtrationsgeräte

a) Filtrationsgeräte für Whatman-Glasfiltermembranen bzw. DEAE-Zellulosefilter

Diese Filtrationsgeräte werden mit mäßigem Unterdruck betrieben, wobei häufig bereits Wasserstrahlvakuum ausreicht. Die kommerziell erhältliche Variante A (Abb. 6.15.) dieses Gerätes nimmt 12 Filter gleichzeitig auf und erfordert das sukzessive und einzelne Aufpipettieren der Waschflüssigkeit bei konstantem Vakuum. Eine schnellere Filtration größerer Probenmengen wird durch die Variante B (Abb. 6.15.) des Gerätes erzielt. Hier finden 24 Filter Aufnahme, die gleichzeitig gewaschen werden können. Seit kurzem werden aufwendigere Filtrationsapparaturen angeboten, bei denen die Waschung von 24 Proben halbautomatisch erfolgt.

b) Filtrationsgeräte für Millipormembranen

Hier dominiert das Prinzip der Überdruckfiltration unter überwiegender Verwendung kommerziell erhältlicher Filtrationskammern, die nur einen Filter aufnehmen. Dieses Verfahren ist wesentlich zeitaufwendiger und bietet mehr Fehlerquellen als die Adsorbtionsfiltration.

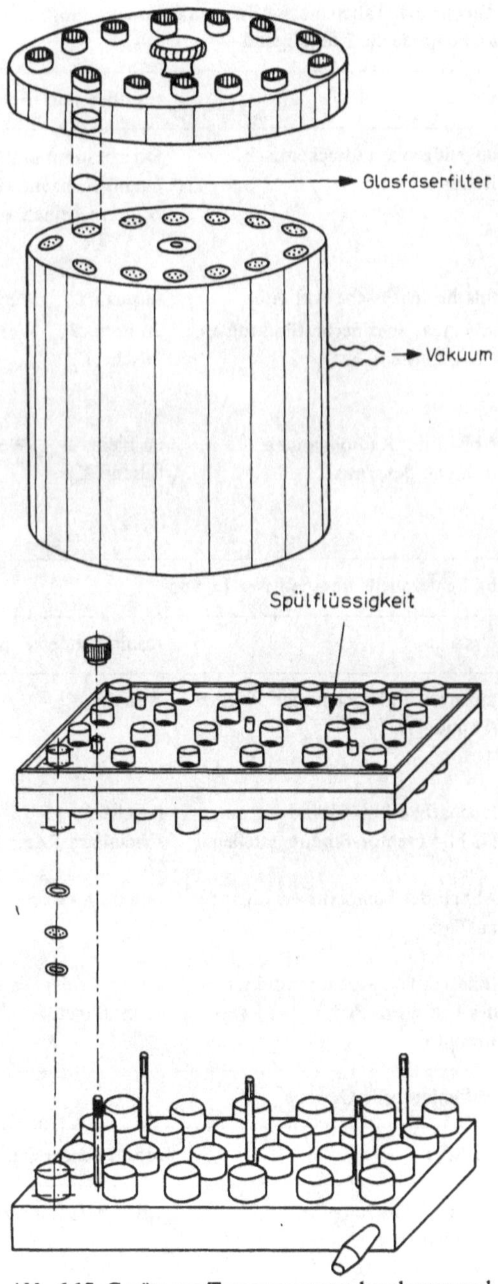

Abb. 6.15. Geräte zur Trennung von gebundenem und freiem Ligand mit Hilfe der Filtration durch Glasfasermembranen.
Variante A: Kommerziell erhältlicher Typ des Gerätes, bei dem die Filter einzeln gewaschen werden.
Variante B: Gerät, welches die gleichzeitige Waschung von 24 Filtern ermöglicht (nach REPKE et al.).

Tabelle 6.4. Tabellarische Zusammenfassung möglicher Artefakte bei Bindungsstudien

a) Fehlerquelle Radioligand

Ursache	resultierender Fehler	Aufklärung
ungenügende radiochemische Reinheit	Überbestimmung der Radioligand-Konzentration; K_D und B_{max} erscheinen zu hoch	radiochemische Analyse (Dünnschichtchromatografie, Elektrophorese); Vergleich mit der Hemmkinetik des unmarkierten Radioliganden
falsche spezifische Aktivität	falscher B_{max}-Wert	Isotopverdünnungsanalyse
scheinbar spezifische Bindung an Glas, Plaste u. ä.	zu hohe B_{max}-Werte; falsche K_D	sorgfältige Hemmungsexperimente mit vielen strukturvarianten Liganden; Wechsel der Filter, Inkubationsgefäße u. ä.
Abbau des Radioliganden während des Tests	zu kleine B_{max}-Werte; falsche K_D	radiochemische Analyse des ungebundenen Radioliganden; Kontrolle eines stabilen Plateaus der Assoziationskinetik

b) Fehlerquelle kompetitiver Ligand

Ursache	resultierender Fehler	Aufklärung
unzureichende chemische Reinheit (Peptide!)	zu hohe K_i	chemische Analyse der Liganden, Vergleich verschiedener Chargen bzw. mit anderen kompetitiven Liganden
Hochaffine Ligandbindung an Nicht-Rezeptor-Bindungsstellen	falsche K_i; scheinbare Rezeptorsubtypen	Untersuchung der Beeinflußbarkeit der unspezifischen Bindung durch verschiedene Liganden
Abbau der kompetitiven Liganden im Test	falsche K_i-Werte	Vergleich der Hemmkinetik von frischen Liganden und Liganden nach Inkubation mit Gewebe
Bindung von Abbauprodukten des Liganden (Peptide!) an den Rezeptor	scheinbar negative oder positive Hemmkinetik	dto.; Vergleich mit der Hemmkinetik strukturvarianter Analoga

c) Fehlerquelle Gewebe

Ursache	resultierender Fehler	Aufklärung
Sättigungsbindung des Radioliganden an Nicht-Rezeptor-Proteine, Lipide	scheinbare Subrezeptoren	Rezeptordenaturierung, Charakterisierung der pharmakologischen Spezifität der Bindung, Gewebeverteilung
Vorhandensein endogener Liganden in kompetitiven Konzentrationen	B_{max} zu klein; K_D zu hoch	Inkubation und anschließende Waschung des Homogenates in Testpuffer
Gewebekonzentration zu hoch, mehr als 10% des Liganden werden bei geringen Ligand-Konzentrationen gebunden	scheinbare Kooperativität der Radioligand-Bindung	Überprüfung der linearen Beziehung: Bindung (bei geringen Ligand-Konzentrationen) zu Gewebemenge

Tabelle 6.4. (Fortsetzung)

d) Fehlerquelle Inkubationszeit

Ursache	resultierender Fehler	Aufklärung
Bestimmung der Sättigungszeit bei zu hohen Radioliganden-Konzentrationen	bei niedrigen Radioliganden-konzentrationen wird die Gleichgewichtseinstellung nicht mehr erreicht	Bestimmung der Zeitabhängigkeit der Ligand-Bindung bei verschiedenen Konzentrationen

e) Fehlerquelle Trennung gebundener — ungebundener Radioligand

Ursache	resultierender Fehler	Aufklärung
Trennvorgang im Vergleich zur Dissoziationsrate des Radioliganden zu langsam	zu kleine B_{max}-Werte; falsche K_D	genaue Analyse der Dissoziationskinetik, Vergleich verschiedener Trennmethoden
inkomplette Eliminierung des ungebundenen Radioliganden	zu hohe Blankwerte, starke Schwankungen der Meßwerte der spezifischen Bindung	Vergleich verschiedener Methoden
Bindung des Radioliganden an Filtermaterialien	hohe Blankwerte, z. T. scheinbare Rezeptorheterogenität	ausführliche Untersuchung der Bindung des Radioliganden ohne Gewebe

6.2.7. Die experimentelle Strategie bei Radioliganden-Bindungsstudien

Die Entwicklung oder Adaptierung einer Bindungsstudie verlangt die Optimierung verschiedener Parameter, die vorstehend ausführlich diskutiert wurden.
In Abhängigkeit davon ergeben sich u. a. die Bindungsparameter K_D oder K_i und B_{max} sowie die Reproduzierbarkeit und Vergleichbarkeit der Einzelexperimente. Für die Anlage und Konzeption von Bindungsstudien empfiehlt sich daher eine logische Reihenfolge, die weitestgehend einzuhalten ist.

a) Filtertestung
- Bestimmung der unspezifischen Bindung des Radioliganden an verschiedene Filtertypen ohne und mit „Verdrängung" durch den unmarkierten Liganden.
- Wahl des Filters mit der geringsten Eigenbindung und Untersuchung auf pseudospezifische Bindung.

b) Pufferauswahl
- Start der Experimente mit einem aus der Literatur für den jeweiligen Radioligandentyp als geeignet bekannten Puffersystem, im Zweifelsfalle mit Phosphat-Puffer, 50 mM, pH 7.4.
- Optimierung des Puffersystems (Puffersubstanz, Ionenstärke, pH) zur Ermittlung der höchsten spezifischen Bindung nach Bestimmung des Zeitgleichgewichtes.

c) Zeit, Temperatur und Protein
- Bestimmung des Zeitgleichgewichtes der Bindung (Assoziation = Dissoziation) bei konstanten Konzentrationen von Radioligand und Protein unter Berücksichtigung der Inkubationstemperatur. Danach erfolgt die Durchführung aller folgenden Experimente im Zeitgleichgewicht.
- Ermittlung des Bereiches der linearen Abhängigkeit der Bindung von der eingesetzten Protein-(Rezeptor)-Konzentration. Inkubation von ansteigenden Proteinkonzentrationen mit konstanter Menge des

Radioliganden. Die gebundene Menge des Radioliganden darf dabei nur so groß sein (weniger als 10% der eingesetzten Radioliganden-Konzentration), daß durch die Bindung die Konzentration des freien Radioliganden nicht wesentlich verändert wird. Optimal ist die Durchführung aller folgenden Experimente mit einer Proteinkonzentration im mittleren linearen Bereich.

— Wahl der Inkubationstemperatur unter Berücksichtigung der geplanten Folgeversuche.

d) Nach der Festlegung dieser allgemeinen Bedingungen für das Testsystem kann die experimentelle Analyse der Bindungsparameter erfolgen, deren Ermittlung auf 5 Typen von Basisversuchen beruht:
   1. Sättigungsexperimente
   2. Kinetische Experimente
   3. Hemmungsexperimente
   4. Thermodynamische Experimente sowie
   5. Analyse von Rezeptor-Subtypen bzw. multiplen Bindungsstellen.

Die Anlage und Auswertung derartiger Experimente wird in Kap. 7. beschrieben. Fehlerquellen bei der Ausführung von Radioligand-Bindungsstudien sind in Tabelle 6.4. zusammengefaßt.

Zitierte Literaturbeispiele

1. Bolton, A. E.: Radioiodination techniques. RCC Review 18 (1977) The Radiochemical Center Ltd., Printarium Ltd., Wembley, Middleessex
2. Cuatrecasas, P. and M. D. Hollenberg: Binding of insulin and other hormones to non-receptor materials: saturability, specificity and apparent "negative cooperativity". Biochem. Biophys. Res. Comm. **62**, 31 (1965)
3. Greenwood, F. C., W. M. Hinter and J. S. Glover: The preparation of ^{131}I-labelled human growth hormone of high specific radioactivity. J. Biochem. **89**, 114 (1963)
4. Jacobs, J. and P. Cuatrecasas (Eds.): Membrane receptors: methods for purification and characterization. Chapman and Hall, London (1981)
5. Kleinzeller, A. and B. R. Martin, (Eds.): Membrane receptors, in: Current Topics in Memranes and Transport. Vol. 18. Academic Press, New York (1983)
6. Lamble, J. W. (Ed.): More about receptors, m: Current reviews in Biomedicine. Vol. 2, Elsevier Biomed. Press (1981)
7. McFarlane, A. S.: Efficient trace-labelling of proteins with iodine. Nature **182**, 53 (1958)
8. Morgat, J. L., J. P. Girma and P. Fromageot: Tritium labelling of peptide hormones, in: Hormonal receptors in digestive tract physiology. Bonfils, S., P. Fromageot and G. Rosselin (Eds.) North-Holland Publishing Comp. Amsterdam — New York Oxford (1977)
9. Redshaw, M. R. and S. S. Lynch: An improved method for the preparation of iodinated antigens for radioimmunoassay. J. Endocrinology **60**, 527 (1974)
10. Repke, H., H. Nitsch, W. Thiemann and H. Matthies: Eine einfache Methode zur Anreicherung synaptosomaler Membranen. Ztschr. med. Laborat.-Diagnost. **22**, 94 (1981)
11. Rosa, U., F. Pennisi, R. Bianchi, G. Federighi and L. Donato: Chemical and biological effects of iodination on human albumin. Biochim. Biophys. Acta **133**, 486 (1967)
12. Theorell, J. I., B. G. Johanson: Enzymic iodination of polypeptides with iodine-125 to high specific activity. Biochim. Biophys. Acta **251**, 363 (1971)
13. Toth, G., M. Kramer, F. Sirokman, A. Borsodi and A. Ronai: Preparation of (7,8,1920-^{3}H) haloxone of high spezific activity. J. Label. Comp. and Radiopharm. **19**, 1021 (1982)
14. Yamamura, H. I. and S. H. Snyder: Muscarinic cholinergic binding in rat brain. Proc. Natl., Acad. Sci. **71**, 1725 (1974)

Weiterführende Literatur

Hollenberg, M. D. and P. Cuatrecasas: Distinction of receptor from nonreceptor interactions in binding studies. in: The receptors. A comprehensive treatise, Vol., R. D. O'Brien (Ed.), Plenum Press, New York, London p. 193 (1979)

Limbird, L. E.: Cell surface receptors: A short course on theory and methods. Martinus Nijhoff Publishing, Boston, Dordrecht, Lancaster (1986)

Marangos, P. J., I. C. Campbell and R. M. Cohen (Eds.): Brain receptor methodologies, Part A. General methods and concepts, Amines and acetylcholine. Academic Press, New York, London (1984)

Reid, E., G. M. W. Cook, and D. J. Morrè (Eds.): Investigation of membrane-located receptors. Plenum Press, New York, London (1984)

Yamamura, H. I., S. J. Enna and M. J. Kuhar (Eds.): Neurotransmitter receptor binding. Raven Press, New York (1985)

7. Quantitative Analyse der Ligand-Bindungskinetik

7.1. Einführung

Im folgenden Kapitel sollen die grundlegenden analytischen Methoden zur Interpretation der experimentell gewonnenen Bindungsdaten vorgestellt werden. Dabei wird von der Darstellung der klassischen, graphischen Lösungsverfahren zur Ermittlung der Bindungsparameter (Dissoziationskonstante, Geschwindigkeitskonstanten, Rezeptoranzahl) ausgegangen. Sie liefern Näherungswerte, die jedoch für viele Fragestellungen eine zunächst ausreichende Information beinhalten.

In Analogie zu der in Kap. 6 dargestellten experimentellen Methodik der Radioligand-Bindungsstudien werden in diesem Kapitel die Grenzen und Möglichkeiten einzelner Verfahren der mathematischen Auswertung diskutiert. Ebenso wie in Kap. 6 wird sich zeigen, daß bereits scheinbar geringfügige methodische Fehler zu starken Mißdeutungen der Ergebnisse führen können.

Die Anwendung der klassischen Auswertungsverfahren auf multiple Bindungsstellen oder kooperatives Bindungsverhalten ist von vornherein mit der Möglichkeit von Fehlinterpretationen belastet. Hauptsächlich aus diesen Gründen wird heute eine computergestützte, nichtlineare iterative Kurvenanpassung zur Analyse der Bindungsdaten vorgezogen. Deshalb schließt sich im folgenden der Darstellung der klassischen Methoden eine Übersicht über deren Grenzen und Fehlerquellen sowie ein Abriß der Möglichkeiten der computergestützten Verfahren an.

Allgemein kann man davon ausgehen, daß die mathematischen Modelle und Gleichungen für die Rezeptor-Bindungsstudien jenen der Enzymkinetik äquivalent sind (siehe Abschnitt 2.1.).

Betrachtet man die Wechselwirkung zwischen 3 Komponenten einer Gleichgewichtsreaktion, nämlich Rezeptor (R), Radioligand (L) und unmarkierter Ligand (I) (der mit dem Radioliganden um den Rezeptor konkurriert), so ergibt sich

$$R + L + I \rightleftarrows RL + RI \, .$$

RL und RI sind die entsprechenden Bindungskomplexe.

Die im Bindungsexperiment meßbare Variable ist der rezeptorgebundene Radioligand, also RL. Dabei ist stets die spezifische Bindung gemeint!

Die totale Radioligandenkonzentration $[L_T]$ entspricht

$$[L_T] = [L] + [RL] \, .$$

Daraus lassen sich 3 mögliche Grundtypen von Bindungsexperimenten ableiten:

1. Sättigungsexperimente, wobei $[L_T]$ systematisch erhöht und $[RL]$ bestimmt wird ($I = 0$).
2. Hemmungsexperimente („displacement"-Experimente), bei denen $[LT]$ konstant bleibt und $[RL]$ in Abhängigkeit von der steigenden Konzentration eines kompetitiv wirkenden, unmarkierten Liganden $[I]$ gemessen wird.
3. Kinetische Experimente, wobei $[L_T]$ ebenfalls konstant bleibt und $[RL]$ als Funktion der Inkubationszeit verfolgt wird.

Sowohl die kinetischen als auch die Gleichgewichtskonstanten sind temperaturabhängige Parameter. Die Untersuchung der Temperatureffekte kann auf der Basis von Sättigungs- und Hemmungsexperimenten (Gleichgewichtsthermodynamik), aber auch von kinetischen Experimenten durchgeführt werden.

7.2. Sättigungsexperimente

7.2.1. Allgemeine Ableitung

Die Meßgröße $[RL]$ wird bei konstanter Rezeptorkonzentration $[R]$ als Funktion von $[L]$ ermittelt.
Im Gleichgewicht gilt dann

$$R + L \rightleftarrows RL .$$

Die Auftragung von $[RL]$ gegen $[L]$ ergibt analog der Reaktion isosterer Enzyme eine typische Sättigungskurve, wie sie in Abb. 7.1. dargestellt ist.
Nach dem Massenwirkungsgesetz ist die Gleichgewichtsdissoziationskonstante definiert als

$$K_D = \frac{[R] \cdot [L]}{[RL]}$$

wobei berücksichtigt werden muß, daß die totale Rezeptorkonzentration $[R_T]$ sich aus der freien Rezeptorkonzentration und der Konzentration der im Komplex $[RL]$ gebundenen Rezeptoren zusammensetzt:

$$[R_T] = [R] + [RL] .$$

Durch die Kombination beider Gleichungen

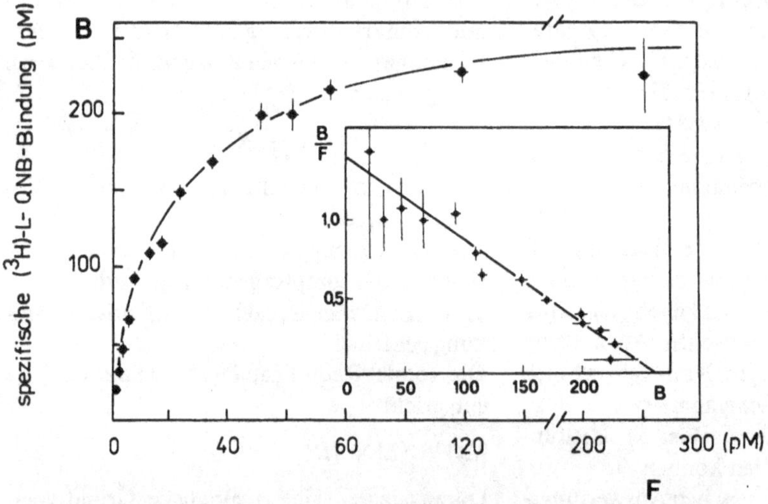

Abb. 7.1. Beispiel für die Darstellung von Sättigungsexperimenten durch Auftragung der Menge des spezifisch gebundenen Radioliganden (B) gegen die Konzentration des freien Radioliganden (F). Dabei ist zu beachten, daß die Konzentration des freien Radioliganden auf der Grundlage der Differenz der im Test eingesetzten Gesamtmenge des Radioliganden und der Menge des gebundenen (spezifisch und unspezifisch!) Radioliganden errechnet wird. Dies bedeutet, F kann nur dann näherungsweise der Konzentration des eingesetzten Radioliganden gleichgesetzt werden, wenn die Menge des gebundenen Radioliganden vernachlässigbar klein ist. Untersucht wurde im dargestellten Beispiel die ^{3}H-L-Quinuclidinylbenzilat (QNB)-Bindung an solubilisierte muskarinerge Rezeptoren aus Membranen des Herzmuskels vom Schwein.
Die hohen Streubreiten der Daten an beiden Enden der Gerade im Scatchard-Plot (siehe Einschub, B/F gegen B) machen eine gewichtete Regressionsanalyse erforderlich. Diese ergab als Mittelwert mehrerer unabhängiger Experimente:

$K_D = 1{,}9 \pm 0{,}4 \times 10^{-10}$ M und

$B_{max} = 262 \pm 14$ pM .

(Nach: G. S. Herron et al., Biochem. **21,** 515 (1982)).

und Auflösung nach $[RL]$ kommt man zum Ausdruck

$$[RL] \cdot K_D = [R_T] \cdot [L] - [RL] \cdot [L]$$

$$[RL] = \frac{[R_T] \cdot [L]}{K_D + [L]}$$

Diese Gleichung ist der Michaelis-Menten-Gleichung der Enzymkinetik äquivalent (Vergl. Kap. 2.1.).
Bei $[L] = K_D$ ergibt sich

$$[RL] = \frac{[R_T] \cdot [L]}{[L] + [L]} = 1/2[R_T] .$$

Demnach erscheint K_D gleich der freien Ligandenkonzentration, bei der die Hälfte der vorhandenen Rezeptoren besetzt ist. Die freie Ligandenkonzentration $[L]$ ist nur dann identisch mit der Gesamtkonzentration des Liganden, wenn dieser in großem Überschuß in bezug auf die Menge der vorhandenen Rezeptoren vorliegt. Dies ist jedoch oft nicht der Fall. Deshalb muß $[L]$ als $[L_{tot}] - [RL]$ berechnet werden.
Wie durch Vergleich mit Abschnitt 2.1. deutlich wird, folgen diese Grundgleichungen vollständig der einfachen Okkupationstheorie.
Da nicht Rezeptor-Effektor-Komplexe, sondern nur die Ligand-Rezeptor-Wechselwirkungen betrachtet werden, findet die erweiterte Okkupationstheorie keine Anwendung. Um die Ermittlung von K_D und $[RL]$ unter Einbeziehung aller Meßpunkte auf der Basis einer linearen Regression zu ermöglichen, muß die Bindungskurve in eine lineare Form gebracht werden. Hierzu existieren eine Reihe von Verfahren.
Die beiden gebräuchlichsten Transformationsverfahren für Bindungsdaten von Sättigungsexperimenten sind der Scatchard-Plot (4, 7, 13) und der Hill-Plot (5).

7.2.2. Der Scatchard-Plot

7.2.2.1. Der einfachste Fall: Eine homogene Rezeptorpopulation ohne Wechselwirkung zwischen den Rezeptoren

Die Linearisierung der Bindungsdaten basiert hierbei auf den Verfahren von Eady und Hofstee (6) (Enzymkinetik) und dem von Scatchard (13) für die Interaktion von Proteinen mit kleinen Molekülen.

Die Scatchard-Gleichung läßt sich aus den Gleichungen des Abschnittes 7.2.1. ableiten:

$$\frac{[RL]}{[L]} = \frac{[R]}{K_D} = -\frac{[RL]}{K_D} + \frac{[R_T]}{K_D}$$

In der Literatur hat sich dafür eine andere Nomenklatur eingebürgert:

$[RL]$ = B (bound)
$[L]$ = F (free)
$[R_T]$ = B_{max} (maximal number of binding sites).

Aus der obigen Gleichung ergibt sich so

$$\frac{B}{F} = -\frac{1}{K_D} B + \frac{1}{K_D} B_{max} .$$

Den Scatchard-Plot erhält man durch die Auftragung der Konzentration des gebundenen Radioliganden (B) gegen den Quotienten von gebundenem und freiem Radioliganden (B/F) wie dies in Abb. 7.1 b. dargestellt ist.
Die Neigung der Geraden ergibt den negativen reziproken Wert der Gleichgewichtsdissoziationskonstanten ($-1/K_D$), ihr Schnittpunkt mit der Abszisse (bei $B/F = 0$) die Menge der Bindungsstellen (B_{max}).
Damit ist der einfache Fall einer homogenen Rezeptorpopulation mit nichtinteragierenden Bindungsstellen (linearer Scatchard-Plot) beschrieben. Sehr oft ergibt sich jedoch im Scatchard-Plot keine Gerade, sondern eine Kurve.

7.2.2.2. Die verschiedenen Möglichkeiten der fehlerhaften Erstellung und Interpretation von Scatchard-Plots

Neben dem Scatchard-Plot gibt es noch einige andere lineare Transformationen von Bindungskurven. In diesem Zusammenhang soll der Woolf-Scott-Plot (F/B gegen F), der in der Enzymologie auch als Hanes-Plot bekannt ist und der Benesi-Hildebrand-Plot ($1/B$ gegen $1/F$, in der Enzymologie als Lineweaver-Burk-Auftragung bekannt) erwähnt werden (1) (vergl. Abb. 7.3D).

All diesen Verfahren ist gemeinsam, daß eine Gerade mit der Methode der linearen Regression erstellt werden kann, auf deren Basis die Dissoziationskonstante (K_D) sowie die Zahl der im Test eingesetzten Rezeptoren (B_{max}) ermittelt werden kann. Selbstverständlich gilt dies nur für den eingangs genannten einfachsten Fall der Existenz einer homogenen Population von nicht interagierenden Rezeptoren. Diese verschiedenenen Verfahren unterscheiden sich auch wenig hinsichtlich ihrer Fehlerquellen und statistischen Grenzen. Deshalb sollen die wesentlichsten (und häufig vorkommenden) Fehler bei der Erstellung und Auswertung linearisierter Datensätze anhand des Scatchard-Plots dargestellt werden.

In diesem Zusammenhang soll darauf verzichtet werden, nochmals auf die experimentellen Fehlerquellen, die in Kap. 6 Eingang gefunden haben, einzugehen. Der Einfluß einiger dieser Fehlerquellen auf das Erscheinungsbild der Bindungsdaten im Scatchard-Plot wurde durch MUNSON mit Hilfe eines computergestützten Simulationsverfahrens untersucht (9).

a) Falsche Bestimmung der unspezifischen Bindung

Die Bestimmung der unspezifischen Bindung (Vergl. Kap. 6.2.2.) erfolgt durch Überschuß des unmarkierten Liganden. Dieses Verfahren führt jedoch dazu, daß der Wert der spezifischen Bindung mit den Fehlern aus zwei unabhängigen Experimenten behaftet ist. Weiterhin kommt es vor, daß durch den Experimentator nicht über den gesamten Konzentrationsbereich des Radioliganden auf einen ausreichenden Überschuß des unmarkierten Liganden geachtet wurde. Als Alternative zu diesem Verfahren bietet sich die Bestimmung der unspezifischen Bindung mit Hilfe des Scatchard-Plots an. Wie bereits in Abb. 6.11c. gezeigt wurde (Kap. 6.2.3.), ergibt sich bei der Auftragung der unkorrigierten Gesamtbindung nach SCATCHARD ein nach unten gebogener, konkaver Verlauf, wobei die Kurve schließlich in eine Parallele zur X-Achse einmündet. Die anzulegende Tangente entspricht dem Erscheinungsbild der reinen unspezifischen Bindung im Scatchard-Plot (Abb. 6, 11, b). Demnach kann auf der Basis dieser Tangente eine Eichgerade der unspezifischen Bindung konstruiert werden, die den Ausgangspunkt der Berechnung der spezifischen Bindung der Einzelwerte liefert.

b) Inkomplettes Vermessen der Bindungskurve

Dieser Fehler ist zunächst bei der Darstellung der Daten im SCATCHARD-Plot nicht sofort erkennbar. Er wird jedoch besonders deutlich in der semilogarithmischen Auftragung *B* gegen log *F*. Der Bereich der Bindungskurven mit dem höchsten Informationsgehalt ist derjenige von 20—80% der Maximalbindung, im Bereich von 0—20% läßt sich die Kurve fast jeder Funktion anpassen und selbst eine Verfolgung der Bindungskurve bis zu 50% der Maximalbildung läßt noch keine sicher unterschiedenen Aussagen zwischen verschiedenen Modellen der Pharmakon-Rezeptor-Interaktion zu. Als ideal muß eine 90%ige Messung der Bindungskurve angesehen werden (vergl. Abb. 7.1a). Da dies wegen der hohen benötigten Konzentrationen des Radioliganden oft nicht möglich ist, kann der zu vermessende Kurvenanteil bis auf 75% reduziert werden, ohne die möglichen Aussagen wesentlich einzuschränken.

Wie leicht ersichtlich ist, tritt im SCATCHARD-Plot keine wirklich unabhängige Variable, die frei von Meßfehlern eingesetzt werden kann, in Erscheinung. Vielmehr sind abhängige und unabhängige Variable miteinander korreliert. Es liegen keine Normalverteilungen der Fehler vor, was zu Problemen bei statistischen Berechnungen führt (14).

c) hohe Streuung an beiden Enden der Gerade

Wie in Abb. 7.1b. und 7.2. gezeigt, sind die Streuungen der Werte besonders in den Bereichen hoher und niedriger Werte von *B* extrem hoch (8). Dies ist unter zweierlei Gesichtspunkten bedeutsam. Zunächst verbietet sich eine ungewichtete Regressionsanalyse, wie sie meist verwendet wird, da sonst Meßdaten mit einem hohen Fehler (und einem relativ geringen Informationsgehalt) gleichgewichtig in die Analyse eingehen. Ein Beispiel für die Scatchard-Plot Auswertung mittels gewichteter Regressionsanalyse zeigt Abb. 7.1 b. Andererseits sind gerade die Grenzbereiche der Kurven wichtig, die im Scatchard-Plot entstehen, wenn eine positive Kooperativität der Ligandbindung (aufwärts konvex) oder negative Kooperativität bzw. Heterogenität der Ligandladung (abwärts konkav) vorliegt (vergl. Abb. 7.3.). Hier werden nämlich (in der Vergangenheit meist empirisch) die Tangenten angelegt, die zur Aufschlüsselung der Bindungskurve in z. B. zwei unterschiedliche Bindungsstellen führen sollen. Diese Tangenten sind also auch bei einer computergestützten Anpassung so stark mit Fehlern behaftet, daß die so gewonnenen Daten für eine quantitative, vergleichende Analyse wenig geeignet sind.

d) Isomerisierung des Rezeptor-Ligand-Komplexes

Immer häufiger wird beobachtet, daß die initial gebildeten Rezeptor-Ligand-Komplexe wesentlich langsamer, als dies durch die Assoziationsgeschwindigkeitskonstante k_{+1} ausgedrückt ist, in eine andere Konformation „umklappen" (isomerisieren). Die Dissoziation des Liganden aus diesem Komplex ist sehr langsam. Die Bindungskinetik setzt sich also aus zwei Prozessen zusammen: der Ligandbindung und der Isomerisierung des Komplexes. Damit ergeben sich in ihrem Anstieg unterschiedliche, z. T. nichtlineare Scatchard-Plots in Abhängigkeit von der Zeit, die für die Gleichgewichtseinstellung angenommen wurde (7).

e) unzureichende Anzahl der Meßpunkte

Zur hinreichenden Beschreibung der Geraden im Scatchard-Plot sind mindestens 6, besser aber 10 Punkte erforderlich (vergl. Abb. 7.1 b). Handelt es sich um das Vorhandensein von 2 unterschiedlichen Bindungsstellen, kann eine erste Abschätzung unter Berücksichtigung der

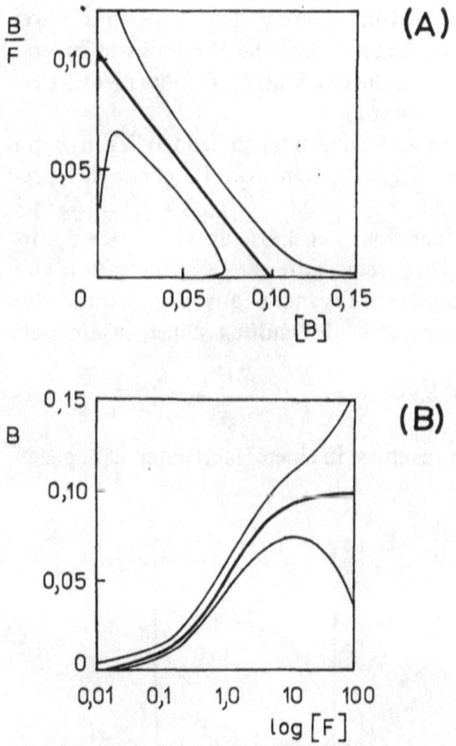

Abb. 7.2. Die Bereiche der maximalen Datenstreuung liegen beim Scatchard-Plot (A) an beiden Enden der Regressionsgerade, bei der Sättigungskurve (B) im Bereich von B_{max}. Dies soll anhand der durch Näherungsverfahren abgeschätzten 95% Konfidenzbereiche demonstriert werden. Zugrundegelegt wurde eine unspezifische Bindung von 2% und ein Meßfehler von 10%.
(nach: P. J. Munson et al., Science **220**, 979 (1983)).

bereits erwähnten Grenzen anhand von 15–20 Meßpunkten vorgenommen werden.

f) Unsicherheiten bei der Bestimmung von B_{max}

Unabhängig von der Art der grafischen Darstellung wird B_{max} durch die Extrapolation der Bindungskurve ermittelt. Diese Extrapolation ist einerseits von dem untersuchten Bereich der Bindungskurve und der Zahl der Meßpunkte abhängig. Andererseits basiert sie (insbesondere bei nichtlinearen Scatchard-Plots) auf der Annahme, daß die der Kurvenauswertung zugrundeliegende Modellvorstellung auch in hohen Konzentrationsbereichen des Liganden gilt.

7.2.2.3. Komplexere Probleme: Können zwei unterschiedliche Bindungsstellen mit Hilfe des Scatchard-Plots identifiziert werden?

Prinzipiell ist das möglich, jedoch liegen hierin neue Möglichkeiten von falschen Interpretationen.

Für den Fall der Existenz von 2 Rezeptorsubtypen setzt sich die Konzentration des gebundenen Liganden aus der Summe der Bindung an beide Bindungsstellen zusammen:

$$B = B_1 + B_2 = \frac{B_{\max 1} \cdot F}{K_{D1} + F} + \frac{B_{\max 2} \cdot F}{K_{D2} + F}.$$

Dies resultiert in einem nach unten gebogenen konkaven Scatchard-Plot, wie das in Abb. 7.3c. dargestellt ist. Als Beispiel wurden hier bewußt Daten ausgewählt, die in vielem typisch für häufig publizierte Scatchard-Analysen sind: die Zahl der Meßpunkte ist zu gering und die Differenz der Dissoziationskonstanten von beiden Bindungsstellen ist zu klein, um eine grafische Extrapolation verläßlicher Werte zuzulassen. In derartigen Fällen erbringt auch die computergestützte Tangentenanpassung keine größere Sicherheit der Schätzung. Auf die Möglichkeiten der detaillierten Analyse nichtlinearer Scatchard-Plots soll hier bewußt nicht ausführlicher eingegangen werden, da dieses Verfahren durch modernere

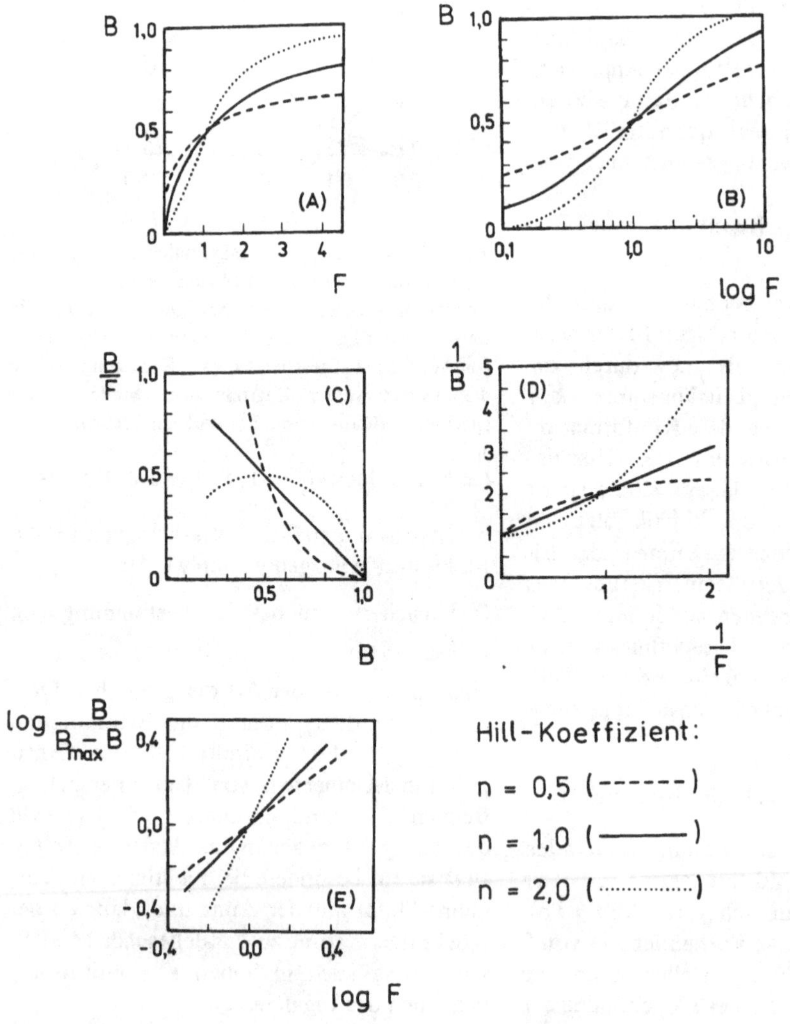

Methoden abgelöst wurde, die wesentlich zuverlässigere Aussagen zulassen (vergl. Kap. 7.4.).
Hingewiesen werden muß aber auf die möglichen Alternativen, die bei Vorliegen eines nichtlinearen Scatchard-Plots in Betracht gezogen und ausgeschlossen werden müssen, bevor unterschiedliche Ligand-Bindungsstellen angenommen werden können. In diese Gruppe von Artefakten gehören Abweichungen der Meßwerte von Gleichgewichtskonzentrationen. Das kann einerseits durch unzureichende Einstellung des Gleichgewichts und andererseits durch den Abbau des Liganden während der Inkubation mit der Rezeptorhaltigen Suspension (z. B. Peptide) bedingt sein. Weiterhin ist eine mögliche Heterogenität des Liganden (z. B. bei mehrfachen Jod-Markierungen von Peptiden) zu berücksichtigen.
Die Frage der Analyse heterogener Rezeptorpopulationen wird erneut in Abschnitt 7.4. unter Berücksichtigung anderer Auswertungsverfahren diskutiert.

7.2.3. Der Hill-Plot

Die experimentellen Daten der Sättigungsexperimente können bei bekannter Rezeptorkonzentration B_{max} auch nach dem Hill-

Abb. 7.3. Verschiedene Formen der grafischen Auswertung von Radioligand-Bindungsstudien. (B = Menge des spezifisch gebundenen Radioliganden, F = Konzentration des freien Radioliganden).

(A) Sättigungskurve

Bei $n_H = 1$ ist $B = \frac{B_{max} \times F}{K_D + F}$. Damit ergibt sich bei $B = \frac{B_{max}}{2}$, daß F der Dissoziationskonstante K_D entspricht.

(B) Sättigungskurve bei logarithmischer Auftragung von F.

(C) Scatchard-Plot

Bei $n_H = 1$ ist $\frac{B}{F} = \frac{1}{K_D} B_{max} - \frac{1}{K_D} B$.

Damit ergibt sich für:

– den Geradenanstieg: $\frac{1}{K_D}$

– den Schnittpunkt mit der y-Achse: $\frac{1}{K_D} B_{max}$

– den Schnittpunkt mit der x-Achse: B_{max}

(D) Lineweaver-Burk-Plot

Bei $n_H = 1$ ist $\frac{1}{B} = \frac{1}{B_{max}} + \frac{K_D}{B_{max}} \cdot \frac{1}{F}$.

Daraus ergibt sich für:

– den Geradenanstieg: $\frac{K_D}{B_{max}}$

– den Schnittpunkt mit der y-Achse: $\frac{1}{B_{max}}$

– den Schnittpunkt mit der x-Achse: $-K_D$

(E) Hill-Plot

Diese Linearisierung basiert auf der Gleichung:

$$\log \frac{B}{B_{max} - B} = \log F - n \log K_{0,5}, \text{ wobei}$$

$K_{0,5} = K_D$ bei $n = 1$ ist.

Daraus ergibt sich für den Geradenanstieg: n (Hill-Koeffizient, n_H)

Die unterschiedlichen Kurvenverläufe bei den Hill-Koeffizienten 0,5; 1,0 und 2,0 sind in (A)–(E) dargestellt. Während ein Hill-Koeffizient von $n_H = 1$ Ausdruck des Vorliegens einer homogenen Population von Radioligand-Bindungsstellen ist, liegen bei $n_H = 0{,}5$ heterogene Ligandbindungsstellen (häufig) oder eine negative Kooperativität der Ligandbindung (selten) vor. $n_H = 2{,}0$ deutet auf eine kooperative Radioligandbindung hin (selten).

Verfahren linearisiert werden. Die Hill-Gleichung ist eine logarithmische Transformation der Gleichung entsprechend Abschnitt 7.2.1. Unter Berücksichtigung dieser Gleichung und der in Abschnitt 7.2.2. eingeführten, international verwendeten Symbolik ergibt sich:

$$\log \frac{B}{B_{max} - B} = n \log F - n \log K_{0,5} .$$

Der Hill-Koeffizient (n_H) entspricht dem Anstieg der Geraden im Plot $\log [B/(B_{max} - B)]$ gegen $\log F$ (Abb. 7.3.E.). $K_{0,5}$ ist gemäß dieser Gleichung die Konzentration von F, bei der die Hälfte der Bindungsstellen besetzt ist ($B = 0{,}5 B_{max}$, d. h. $\log [B/(B_{max} - B)] = 0$. Folgt die Bindungsreaktion dem Massenwirkungsgesetz, ist $n_H = 1{,}0$ und $K_{0,5}$ entspricht dann K_D (5).

Ein Hill-Koeffizient von 1,0 ist stets mit einem linearen Scatchard-Plot verbunden.

Ein Hill-Koeffizient $< 1{,}0$ (in der Praxis maximal 0,8) korreliert mit einem abwärts konkaven Scatchard-Plot und entsteht meist infolge heterogener Bindungsstellen oder bei negativer Kooperativität der Ligandbindung (vergl. Abb. 7.3.).

Einen Hill-Koeffizienten $> 1{,}0$ hingegen (Scatchard-Plot konvex aufwärts) kann man als Ausdruck positiver Kooperativität der Ligandbindung interpretieren (vergl. Abb. 7.3.). Eine positive Kooperativität der Ligandbindung kommt selten vor, wurde jedoch für Transmitterrezeptoren auf intakten Zellen unter physiologischen Bedingungen nachgewiesen. Es ist nicht auszuschließen, daß die drastischen Veränderungen des Mikromilieus von Rezeptoren, wie sie durch die Herstellung von Membranfragmenten entstehen, bisher den häufigeren Nachweis derartiger Ligand-Bindungseigenschaften verhindert haben (10).

7.3. Hemmungsexperimente

7.3.1. Allgemeine Ableitung

Die Bindung eines Radioliganden an seinen Rezeptor kann auch dazu benutzt werden, um indirekt die Wechselwirkung von unmarkierten Verbindungen mit diesem Rezeptor zu charakterisieren.

Nach Abschnitt 7.2.1. führt die Erhöhung der Konzentration des kompetitiven Inhibitors [I] zur Erhöhung von [RI] und Verminderung von [RL], wenn [L] unverändert bleibt.

Diesen Typ von Versuchen nennt man Hemmungs- oder auch „displacement"-Experimente.

Die Bezeichnung „displacement" ist jedoch nicht ganz korrekt, da der unmarkierte Wirkstoff den Radioliganden nicht „verdrängt", sondern nur mit ihm um den Bindungsplatz konkurriert.

Praktisch verfährt man so, eine relativ niedrige Konzentration des Radioliganden (z. B. [L] $\approx K_D$) in Gegenwart von ansteigenden Konzentrationen des Inhibitors über einen weiten Konzentrationsbereich (mehrere Zehnerpotenzen) zu inkubieren. Die für jede Inhibitorkonzentration gemessene (abnehmende) Bindung des Radioliganden wird in % des Ausgangswertes ohne Inhibitor (Basis = 100%) in einer sogenannten Hemmungskurve (Displacementkurve) dargestellt (Abb. 7.4.).

Bei solchen Experimenten muß die Fähigkeit der Inhibitoren zur Hemmung der Bindung des Radioliganden mit ihrer Fähigkeit zur Auslösung des spezifischen physiologischen Effektes parallel verlaufen (pharmakologische Spezifität, vergl. Kap. 6.). Weiterhin muß eine Stereoselektivität bei der biologischen Wirkung von Liganden sich auch im Hemmungsexperiment widerspiegeln.

Der IC_{50}-Wert entspricht der Inhibitorkonzentration, bei der 50% der spezifischen Bindung des Radioliganden gehemmt sind. Er steht in enger Beziehung zur Dissoziationskonstante des Inhibitors (K_I).

Diese Beziehung ist von der Konzentration (F) und der Dissoziationskonstanten (K_D) des Radioliganden abhängig und wird nach Cheng und Prusoff durch die Gleichung

$$K = \frac{IC_{50}}{1 + F/K_D} .$$

beschrieben (2).

Diese Beziehung ist allerdings nur anwendbar, wenn

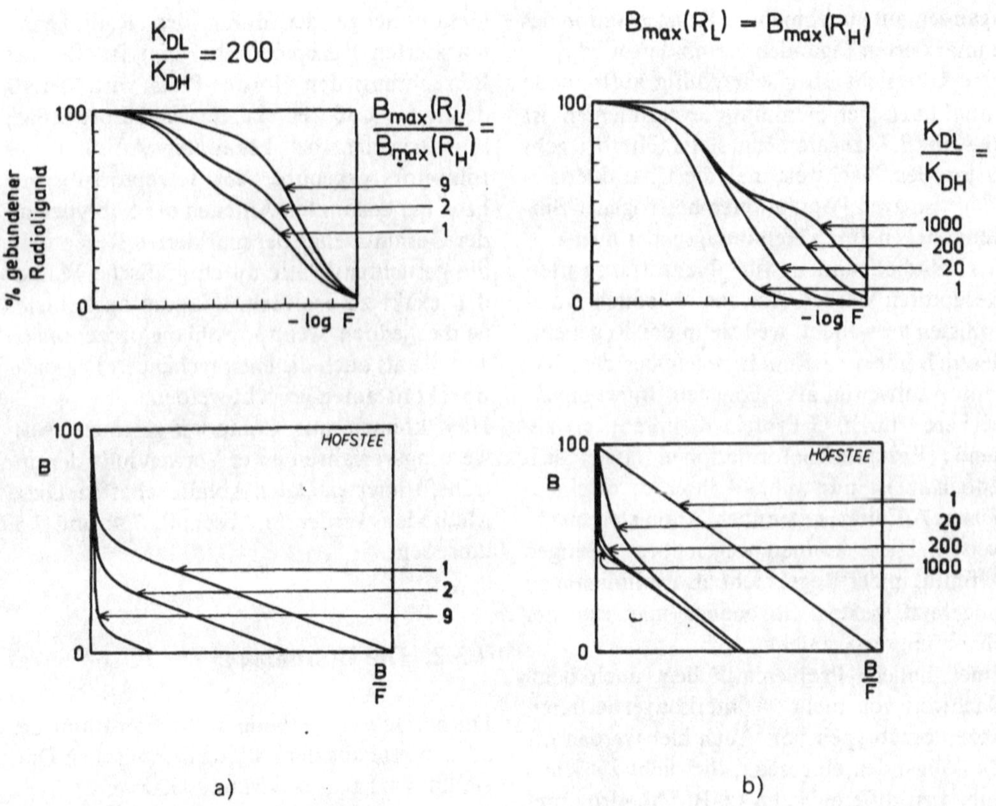

Abb. 7.4. Charakterisierung von Rezeptorsubtypen durch Hemmungsexperimente. Die Abbildung zeigt Computer-simulierte Kurven, die auf der Annahme basieren, daß zwei Rezeptorsubtypen vorliegen. Dabei wird ein nichtselektiver Radioligand durch einen anderen (unmarkierten) Ligand verdrängt, der eine höhere Affinität für einen der beiden Rezeptorsubtypen aufweist. Die Abbildung zeigt den Verlauf der Hemmkurven bei logarithmischer Auftragung der Konzentration des freien Radioliganden (F) sowie die dazu gehörigen Hofstee-Plots. Dabei werden zwei verschiedene Grundsituationen unterschieden:

a) unterschiedliche Mengen beider Rezeptorsubtypen
Zur Verdrängung des nichtselektiven Radioliganden wird ein unmarkierter Ligand eingesetzt, der eine 200fach höhere Affinität zu R_H aufweist ($K_{DL}:K_{DH} = 200$). Dargestellt sind die Kurven, die bei gleicher, doppelter und 9facher Menge von R_L entstehen.

b) unterschiedliche Selektivität verschiedener unmarkierter Liganden
Der Rezeptorsubtyp mit der hohen Affinität für den entsprechenden unmarkierten Liganden (R_H) und der Rezeptorsubtyp mit der niedrigen Affinität für den unmarkierten Liganden (R_L) kommen in gleicher Menge im untersuchten Gewebe vor ($B_{max}(R_H) = B_{max}(R_L)$). Dargestellt sind die theoretischen Kurven für drei unmarkierte Liganden, die sich hinsichtlich des Ausmaßes ihrer Affinitätsunterschiede zu beiden Rezeptorsubtypen unterscheiden, sowie die Kurve die bei Einsatz eines nichtselektiven Liganden resultiert.
(nach: P. B. Molinoff et al., Life Sciences **29**, 427 (1981)).

— die gebundene nur einen kleinen Prozentsatz der totalen Radioligandenkonzentration ausmacht (kleiner 10%) und
— wenn K_D wesentlich größer als B_{max} ist.

Ein spezieller Fall der Hemmungsexperimente tritt dann ein, wenn Radioligand und unmarkierter Ligand identisch sind und gleiche K_D aufweisen. Dann ist das Hemmungsexperiment analog einem Sättigungsexperiment, bei dem die spezifische Aktivität des Radio-

liganden mit zunehmender Konzentration des unmarkierten Liganden vermindert wird.
Eine Übersicht über sehr häufig auftretende Situationen bei Hemmungsexperimenten ist in Abb. 7.4. zusammengestellt. Hierbei geht es um den Nachweis und die Charakterisierung von zwei Populationen heterogener Bindungsstellen durch Hemmungsexperimente.
Als Radioliganden für Neurotransmitter-Rezeptoren werden fast ausschließlich Antagonisten verwendet, weil sie in der Regel eine deutlich höhere Affinität gegenüber dem Rezeptor aufweisen als Agonisten. Interkonvertierbare, durch G-Protein-Kopplung entstehende Rezeptorkonformationen lassen sich jedoch meist nur anhand ihrer unterschiedlichen Affinität gegenüber Agonisten nachweisen. Diese können wegen ihrer geringen Affinität in der Regel nicht als Radioliganden eingesetzt werden. So bedient man sich der Hemmungsexperimente.
Eine ähnliche Problematik liegt auch beim Nachweis von nicht – interkonvertierbaren Rezeptorsubtypen vor. Auch hier werden oft Radioliganden eingesetzt, die nicht zwischen Subtypen differenzieren (z. B. Dihydroalprenolol für β_1- und β_2-adrenerge Rezeptoren und Quinuclidinylbenzilat für M_1- und M_2-muskarinerge Acetylcholinrezeptoren).
Abb. 7.4a. stellt die Hemmungskurven (Computer-Simulation) und deren Auftragung im Hofstee-Plot dar, die sich ergeben, wenn der unmarkierte Inhibitor eine 200fach höhere Affinität gegenüber einem Rezeptorsubtyp aufweist und beide Subtypen in unterschiedlichen Mengen in der untersuchten Gewebsprobe vorkommen.
Demgegenüber ist in Abb. 7.4b der Verlauf von Hemmungskurven und der zugehörigen Hofstee-Plots zusammengefaßt, der sich ergibt, wenn gleiche Konzentrationen beider Subtypen vorliegen, die vier verschiedenen unmarkierten Inhibitoren jedoch in unterschiedlichem Ausmaß selektiv mit einem Subtyp reagieren.
Bei derartigen Experimenten ist es jedoch die Regel, daß weder die Dissoziationskonstante des Inhibitors bezüglich beider Rezeptorsubtypen noch deren Anteil an der Gesamtmenge der durch den Radioligand markierten Rezeptoren bekannt ist. Bei der Betrachtung der Hofstee-Plots wird bereits deutlich, daß es bereits außerordentlich schwierig ist, bei bekannter Affinität des Inhibitors gegenüber den Rezeptorsubtypen bzw. bei bekannten Anteilen der Subtypen an der Gesamtmenge der markierten Rezeptoren die gesuchten Werte durch grafische Methoden exakt zu ermitteln. Nahezu aussichtslos ist dies jedoch, wenn sowohl die prozentualen Anteile als auch die entsprechenden Dissoziationskonstanten gesucht werden.
Hier können nur Computer-gestützte Auswertungsverfahren unter Verwendung der untransformierten Daten Abhilfe schaffen. Diese Methoden werden in Abschnitt 7.4. und 7.5. umrissen.

7.3.2. Die Bestimmung des IC_{50}-Wertes

Die einfachste Methode ist die Ermittlung der IC_{50}-Werte aus der halblogarithmischen Darstellung der Dosis-Wirkungs-Kurve.
Eine exaktere Bestimmung verlangt die Linearisierung der sigmoidalen Hemmungskurve über eine logit-Transformation. Wenn durch P der prozentuale Anteil von $[RL]$ an $[R_T]$ symbolisiert wird, gilt

$$\text{logit}\,(P) = \ln \frac{P}{100 - P}.$$

Die graphische Umsetzung der Hemmungskurve erfolgt in einem logit-log-Plot.
Der IC_{50}-Wert, d. h. die Konzentration bei logit $= 0$ ($P = 50$) kann dann über eine lineare Regressionsanalyse ermittelt werden.

7.3.3. Der Hill-Plot

Hill-Plots können, analog der Anwendung bei Sättigungsdaten, auch von Hemmungskurven konstruiert werden.
Der Hill-Koeffizient n_H wird hier aus dem Plot $\log(P/100 - P)$ gegen $\log I$ als Neigung der sich ergebenden Geraden ermittelt.

7.3.4. Der Eady-Hofstee-Plot

Die experimentellen Daten von Hemmungskurven können ebenfalls zweckmäßigerweise über den Eady-Hofstee-Plot transformiert werden (Abb. 7.4.). Dieser ist mathematisch äquivalent dem Scatchard-Plot.
Der Hofstee-Plot kann sowohl zur Ermittlung der Bindungsparameter K_D und B_{max} aus Hemmungsexperimenten (wenn Radioligand = Inhibitor) als auch der Auflösung von biphasischen Hemmungskurven bei heterogenen Bindungsstellen genutzt werden (6). (Abb. 7.4.).

7.3.5. Die Bestimmung unbekannter Ligandenkonzentrationen: Der Radiorezeptor-Assay

Eine besondere Anwendungsmöglichkeit der Radioliganden-Bindungstechnik ergibt sich durch ihren Einsatz als analytische Methode, d. h. zur Konzentrationsbestimmung unbekannter Mengen von Wirkstoffen in Geweben und Körperflüssigkeiten. Dieses Verfahren bezeichnet man als Radiorezeptor-Assay (RRA). Analog dem RIA basiert der RRA auf dem Prinzip, daß die Menge der gebundenen Radioaktivität eine Funktion des im Inkubationsmedium vorhandenen kompetitiven unmarkierten Liganden ist.
Voraussetzung für den RRA ist ein funktionierender Radioliganden-Bindungstest. Experimentell verfährt man so, daß ein kleines Volumen der Probe, die die zu testende Substanz enthält, in das Inkubationsmedium eingebracht wird. Dann berechnet man die prozentuale Radioligandenbindung in Gegenwart und Abwesenheit dieser Probe. Aus einer gleichzeitig mitgeführten Hemmkurve mit definierten Konzentrationen der Testsubstanz (Eichkurve) kann schließlich deren Konzentration ermittelt werden. Die Genauigkeit des RRA ist von der Qualität des zugrunde liegenden Radioliganden-Bindungstests abhängig.
Insofern gelten alle dafür bereits diskutierten Kriterien (Reversibilität, Sättigung, Spezifität usw.). Besonders der Nachweis der Spezifität ist hierbei extrem wichtig, da andere in der Probe befindlichen Substanzen mit möglicher Affinität für den betreffenden Rezeptor die ermittelten Konzentrationen verfälschen könnten. Deshalb empfiehlt es sich, die Spezifität eines RRA gegebenenfalls durch eine andere analytische Methode (z. B. RIA) zu überprüfen. Für die Eichkurve sollten 5—6 Konzentrationen, im Bereich einer Zehnerpotenz unter und über dem K_D-Wert des Radioliganden, eingesetzt werden. Die Auftragung von % Hemmung gegen die Konzentration in einem logprobit-Plot ergibt eine Gerade, die als Standardkurve benutzt werden kann.
Die Nachweisgrenze des RRA für Hormone, Neutrotransmitter und synthetische Pharmaka ist hauptsächlich von 3 Faktoren abhängig:
— der Affinität des Radioliganden
— der spezifische Aktivität des Radioliganden
— und dem Totalvolumen des Testansatzes.
Die heute verfügbaren hochaffinen (K_D ≅ 1 nM) und hochaktiv markierten Liganden gestatten so durchaus den Nachweis dieser Substanzen im nanoMol-Bereich.

7.4. Die Auswertung untransformierter Bindungsdaten mit Hilfe von Computerprogrammen zur nichtlinearen iterativen Kurvenanpassung

7.4.1. Einsatzgebiete

Die Möglichkeiten der nichtlinearen iterativen Kurvenanpassung („computer curve fitting“) an untransformierte Bindungsdaten soll in diesem Zusammenhang nur unter dem Gesichtspunkt der sich daraus ergebenen neuen Möglichkeiten diskutiert werden, wobei bewußt auf eine Darstellung des mathematischen Hintergrundes verzichtet wird. Generell sind diese Verfahren auf alle Formen der Analyse der Radioligand-Bindungskinetik anwendbar. Hier werden jedoch die Sättigungs- und Verdrängungsexperimente in den Vordergrund gestellt.

Die klassischen grafischen Auswertungsverfahren dürften in den nächsten Jahren durch Methoden der iterativen Kurvenanpassung bzw. der Analyse von Affinitätsspektren (Abschnitt 7.5.) abgelöst werden. Dies liegt darin begründet, daß genauere Analysen bei der überwiegenden Zahl der Radioligand-Bindungsstudien auf das Vorliegen einer heterogenen Population von Bindungsstellen hinweisen. Deren quantitative und durch statistische Näherungsverfahren abgesicherte Charakteristik ist jedoch mit den konventionellen Methoden (Abschnitt 7.1.—7.3.) nicht zu erreichen.

Die scheinbare Einfachheit des methodischen Grundsatzes von Radioligand-Bindungsstudien hat viele Untersucher veranlaßt, wesentliche Probleme der experimentellen Methodik (Kap. 6) unberücksichtigt zu lassen und die Grenzen der klassischen grafischen Auswertungsverfahren (Abschnitt 7.2.) zu überschreiten. Dadurch sind die qualitativen und quantitativen Unterschiede von Daten aus unterschiedlichen Laboratorien z. T. erheblich. In Analogie zu den vorausgehenden Abschnitten sollen auch in diesem Kapitel Möglichkeiten aufgezeigt werden, Fehlinterpretationen auf diesem Gebiet zu minimieren.

Wie bereits gesagt, liegen die spezifischen Möglichkeiten der nichtlinearen iterativen Kurvenanpassung in der Beantwortung der Frage: Kommen in der untersuchten Rezeptorpräparation unterschiedliche Typen von selektiven Ligandbindungsstellen vor? Die Differenzierung von 3 unterschiedlichen Populationen von Bindungsstellen liegt im Bereich der praktischen Möglichkeiten.

Was kann der Nachweis unterschiedlicher Populationen von Ligand-Bindungsstellen aussagen? Generell existieren zwei Möglichkeiten. Es können interkonvertierbare Konformationen eines Rezeptorsubtyps oder unterschiedliche Rezeptorsubtypen vorliegen (vergl. Definition 6, Kap. 1.3.). Es scheint wichtig darauf hinzuweisen, daß nur unterschiedliche Konformationen oder Subtypen des Rezeptorproteins charakterisiert werden können. Das erlaubt keine Aussage hinsichtlich der Art der Rezeptor-Effektor-Komplexe, die in den intakten Zellen des untersuchten Präparates verantwortlich für die Auslösung des biologischen Effektes sind. Die ideale Form der Analyse von Radioligand-Bindungsstudien ist also deren Ergänzung durch die Untersuchung der beteiligten Effektorsysteme, wie dies z. B. in Kap. 13.1. kurz umrissen ist.

Die Differenzierung zwischen den beiden o. g. Möglichkeiten (interkonvertierbare Rezeptorkonformationen oder Rezeptorsubtypen) ist jedoch bereits mit den Methoden der Radioligand-Bindungsstudien möglich. Interkonvertierbare Rezeptorkonformationen können dadurch erkannt werden, daß sie durch unterschiedliche Milieubedingungen (GTP, reduzierende oder oxydierende Bedingungen, SH-Reagenzien) ineinander umwandelbar sind. Als Beispiel in dieser Richtung sei Abb. 3 in Kap. 12 angeführt.

Rezeptorsubtypen hingegen können durch Hemmungsexperimente mit einem möglichst großen Spektrum von Liganden identifiziert werden, die eine (bekannte) Präferenz für einen bestimmten Rezeptorsubtyp aufweisen.

Zuweilen enthalten Rezeptorpräparationen unterschiedliche Subtypen, die in jeweils verschiedenen Konformationen vorliegen, wodurch ein außerordentlich komplexes Bild entsteht.

Gegenstand der Kapitel 7.4. und 7.5. soll jedoch nur die Methodik des Nachweises verschiedener Populationen von Bindungsstellen sein, ohne daß auf deren nähere Qualifikation im o. g. Sinne eingegangen werden kann. Letzteres wird im Kontext anderer Abschnitte dieses Buches behandelt.

7.4.2. Analyse von komplexen Sättigungs- oder Hemmkurven

Die Qualität einer Analyse mit Hilfe der iterativen nichtlinearen Kurvenanpassung wird einerseits durch die Zahl und die Streuung der vorliegenden Bindungsdaten und andererseits durch die Art und Anzahl der betrachteten

Modelle bestimmt. Während die quantitative Beschreibung einer homogenen Population von Bindungsstellen schon auf der Basis von 6—10 Meßpunkten möglich ist, muß deren Zahl etwa verdoppelt werden, wenn das Vorliegen von zwei unterschiedlichen Bindungsstellen vermutet wird. Noch größer ist die notwendige Zahl der Meßpunkte, wenn eine klare Aussage über das Vorkommen von 3 Bindungsstellen (analytische Grenze) getroffen werden soll (Abb. 7.5.).

Das bedeutet, daß in Fällen, in denen keine Voraussage über die Zahl der vermutlichen Bindungsstellen gemacht werden kann, eine sehr hohe Zahl von Meßpunkten mit relativ geringer Streuung erforderlich ist. Das wird in den meisten Untersuchungen nicht berücksichtigt.

Die iterativen numerischen Analyseverfahren sind mathematische Methoden, die zur Lösung von Problemen eingesetzt werden, die keine exakte mathematische Lösung erlauben sowie z. T. mehrere Lösungsmöglichkeiten aufweisen. Ihr Einsatz ist unabhängig von der Art der Gleichungssysteme, die in bezug auf die experimentellen Daten betrachtet werden sollen. Die Grundfrage der Analyse besteht also darin herauszufinden, welches Modell (ausgedrückt in Form der entsprechenden Gleichung) am besten geeignet ist, die experimentellen Daten zu erklären. Hierzu ist es also erforderlich, die entsprechenden Modellgleichungen zu formulieren (1, 2, 3 Bindungsstellen, negative oder positive Kooperativität) und vergleichend einzusetzen. Dazu sind erste Parameterschätzungen erforderlich. Weiterhin ist es notwendig, exakte Werte hinsichtlich der tatsächlichen freien Radioligandenkonzentration (vergl. Kap. 6.2. und 7.2.) vorzugeben (8, 11).

Das grundsätzliche Verfahren besteht darin, daß auf Grund der initialen Parametervorgaben eine theoretische Kurve erstellt wird. Die Abweichungen der experimentellen Daten von dieser Kurve werden in der Summe der Fehlerquadrate ausgedrückt. Dementsprechend werden in den nun folgenden Iterationsschritten die Parameter so verändert, daß eine immer bessere Anpassung an die vorhandenen Daten, ausgedrückt in der Senkung der Summe der Fehlerquadrate, erreicht wird. Prinzipiell kann dies durch den Untersucher selbst vorgenommen werden, was meist ein relativ zeitaufwendiges und z. T. unsicheres Verfahren (hinsichtlich des wirklichen Minimums der Summe der Fehlerquadrate = optimale Anpassung) ist. Als Alternative hierzu bieten sich Computerprogramme zur automatischen iterativen numerischen Analyse an. Insbesondere für das sogenannte Marquardt-Verfahren existieren verschiedene Varianten derartiger Programme. Mit diesen Verfahren kann in relativ kurzer Zeit eine optimale Anpassung einer gegebenen Modellgleichung an die experimentellen Daten erfolgen, wenngleich auch in Abhängigkeit von der Güte dieser Daten sinnlose Lösungsvarianten auftreten können, die durch verbesserte initiale Parametervorgaben zu umgehen sind.

Es erscheint wichtig darauf hinzuweisen, daß sich bei dieser Stufe der Analyse nur die Aussagen ergeben können, die durch die Modellgleichung vorgegeben wurden. Das bedeutet z. B. bei der Annahme von zwei Bindungsstellen die Ausgabe der Dissoziationskonstanten beider Bindungsstellen und ihrer prozentualen Anteile. Das diese Daten Ausdruck einer optimalen Anpassung der Modellgleichung (minimale Fehlerquadrat-Summe) sind, bedeutet jedoch nicht, daß sie die wirklichen Verhältnisse widerspiegeln. Eine derartige Feststellung kann erst dann getroffen werden, wenn verschiedene, prinzipiell in Frage kommende Modellgleichungen verglichen wurden.

Welcher Parameter kann man sich bei einem derartigen Vergleich bedienen? Zunächst kommt hierfür die minimale Fehlerquadratsumme der jeweiligen optimalen Anpassung in Frage.

Dieser Parameter sollte jedoch noch durch die Beschreibung weiterer qualitativer Parameter ergänzt werden. Im Gegensatz zur linearen Regressionsanalyse kann jedoch aus mathematischen Gründen eine einfache Berechnung der Signifikanz der Regression bzw. eines 95% Konfidenzintervalls (vergl. z. B. Abb. 9., 16. und 9.17.) nicht vorgenommen werden.

Dennoch ist es wichtig, herauszufinden, ob sich die optimalen Anpassungen verschiedener Modellgleichungen innerhalb oder außerhalb eines statistisch abgeschätzten Vertrauensbereiches bewegen, d. h. gleichwertige oder alternative Möglichkeiten darstellen (12).
Das bedeutet also für die Praxis, Kurvenanpassungsverfahren nicht für Meßpunkte anzuwenden, die Durchschnittswerte verschiedener Meßpunkte darstellen, sondern jeweils die Einzelmessungen einzubeziehen. Es wurden Verfahren z. B. auf der Grundlage des F-Tests entwickelt, die unter diesem Gesichtspunkt einen „quasi-statistischen" Vergleich unterschiedlicher Modellgleichungen erlauben. Eine andere Vergleichsmethode besteht darin, eine genügend große Zahl von unabhängigen Sättigungs- oder Hemmkurven zu erstellen und die Parameter der iterativen Kurvenanpassung einer Modellgleichung mit konventionellen statistischen Methoden zu vergleichen. Dies ist jedoch nur dann sinnvoll, wenn z. B. innerhalb eines gegebenen Grundmodells zwischen zwei Geweben Unterschiede nachgewiesen werden sollen.
In Abb. 7.5. ist die ideale Dichte von Meßpunkten zur sorgfältigen Analyse eines Modells mit drei unterschiedlichen Bindungsstellen dargestellt. Das gleiche Modell liegt der in Abb. 12.3. dargestellten Analyse zugrunde. Es wird dabei deutlich, daß derartige Aussagen mit klassischen Methoden prinzipiell nicht zu gewinnen sind. Bei dem hier als Beispiel gewählten muskarinergen Acetylcholinrezeptor liegen wahrscheinlich die beiden Rezeptortypen M_1 und M_2 in jeweils einer hochaffinen und einer niedrigaffinen Agonist-bindenden Konformation vor, wobei die Affinität der einen hochaffinen und der anderen niedrigaffinen Konformation gleich sind, so daß scheinbar drei Bindungsstellen auftreten. Derartige Aussagen können auf der Basis der einleitend umrissenen Methodik gemacht werden.

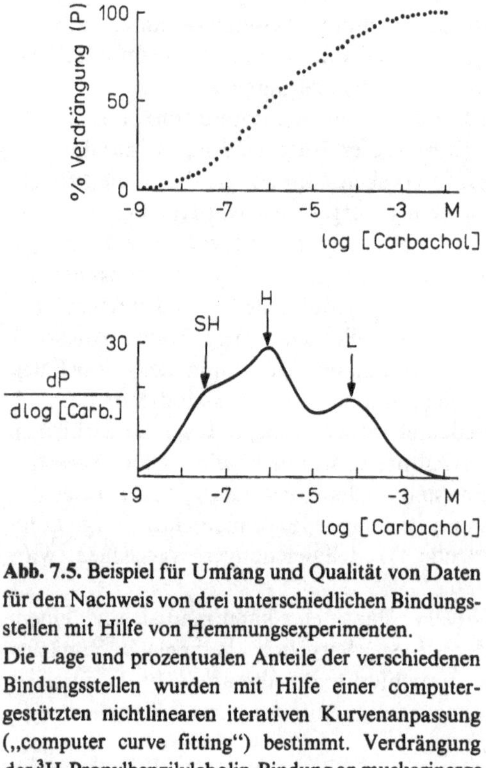

Abb. 7.5. Beispiel für Umfang und Qualität von Daten für den Nachweis von drei unterschiedlichen Bindungsstellen mit Hilfe von Hemmungsexperimenten.
Die Lage und prozentualen Anteile der verschiedenen Bindungsstellen wurden mit Hilfe einer computergestützten nichtlinearen iterativen Kurvenanpassung („computer curve fitting") bestimmt. Verdrängung der ^{3}H-Propylbenzilylcholin-Bindung an muskarinerge Azetylcholinrezeptoren des Rattenhirns (Medulla-Pons) durch den Agonisten Carbachol. Die untere Darstellung zeigt in prinzipieller Analogie zum Verfahren die Affinitätsspektren (Abb. 7.7.) die Anteile und Dissoziationskonstanten (Carbachol) der einzelnen Bindungsstellen.
(nach: H. J. M. Birdsall et al., TIPS November 1983, 1).

7.4.3. Analyse der optimalen Versuchsstrategie durch Monte-Carlo-Simulationen

Monte-Carlo-Simulationen gehen von einem bestimmten mathematischen Modell aus, wobei zunächst Parameter als die „wahren" Eckdaten vorgegeben werden. Der Computer konstruiert nun künstlich nach einem Zufallsverfahren einzelne Meßpunkte, die innerhalb eines bestimmten Streubereiches dem vorgegebenen Modell und seinen Eingangsparametern entsprechen. In Abb. 7.6. ist die vergleichende Analyse der jeweils gleichen Datensätze aus 30 Monte-Carlo-Simulationen auf der Grundlage eines Modells, das nur eine Population homogener Bindungsstellen annimmt, darstellt. Verglichen wurden dabei die nichtlineare iterative Regressionsanalyse mit Hilfe eines entsprechenden Computerpro-

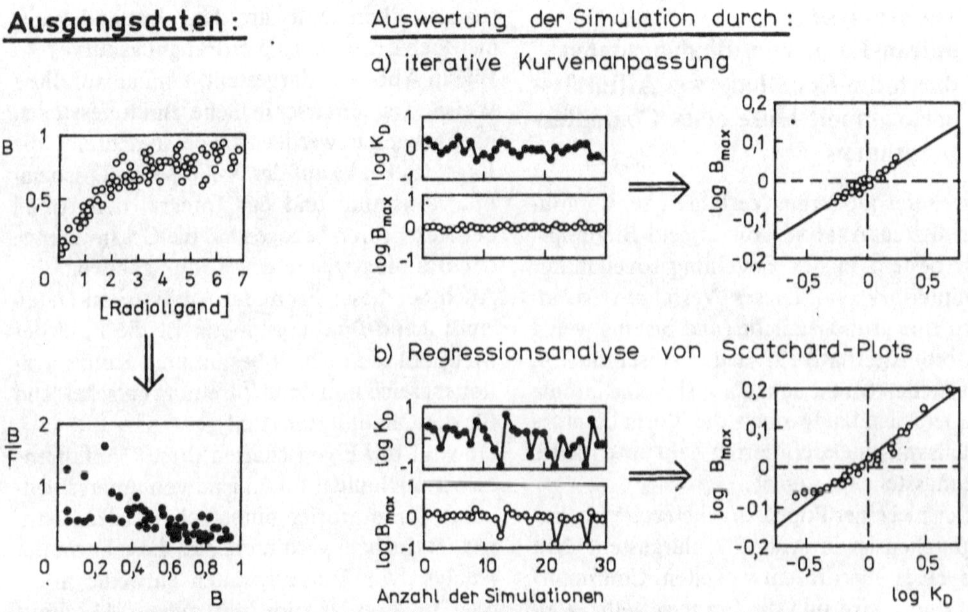

Abb. 7.6. Vergleichende Analyse der Qualität der Datenanalyse mit Hilfe der nichtlinearen iterativen Kurvenanpassung (oben) und des Scatchard-Plots (unten). Unter der Voraussetzung einer einfachen bimolekularen Reaktion wurden Bindungsdaten mit Hilfe der Monte-Carlo-Simulation generiert.
Der Schnittpunkt der gestrichelten Linien beschreibt die theoretischen Ausgangsdaten (Plot log B_{max} gegen log K_D) (nach: E. BÜRGISSER, TIPS April 1984, 142).

gramms sowie die lineare Regressionsanalyse der Scatchard-Plots.
Im wesentlichen können hieraus die folgenden Aussagen abgeleitet werden:

a) Es besteht eine enge Korrelation zwischen den Parametern K_D und B_{max}, die sich aus dem verwendeten Modell ergibt. Besonders deutlich wird diese Korrelation bei der generell wesentlich höheren Streuung der Ergebnisse auf der Basis der Scatchard-Plots. Das heißt, der Scatchard-Plot ist nicht nur nahezu ungeeignet für die Analyse heterogener Bindungsstellen, sondern ist auch mit höheren Auswertungsfehlern bei einer einfachen bimolekularen Reaktion behaftet.

b) Die Streuung der Meßdaten ist der entscheidende experimentelle Parameter. Eine Reduktion des Einflusses der Datenstreuung auf die Ergebnisse der Analyse durch Erhöhung der Zahl der Meßpunkte oder des untersuchten Konzentrationsbereiches ist nur in engen Grenzen möglich.

Derartige Simulationen können nun auch auf Modelle, denen die Annahme von zwei unterschiedlichen Bindungsstellen zugrunde liegt, ausgedehnt werden. Dabei ist es möglich, statistisch begründete Grenzwerte zu formulieren, innerhalb derer eine Unterscheidung zwischen zwei Populationen von Bindungsstellen noch mit einer Irrtumswahrscheinlichkeit von z. B. 5 % möglich ist. Das hängt einerseits von der Differenz der Dissoziationskonstanten und andererseits von dem prozentualen Anteil beider Bindungsstellen an der Gesamtmenge der Rezeptoren ab. Eine Analyse von Literaturdaten unter diesem Gesichtspunkt hat z. B. ergeben, daß rund 30 % der publizierten Daten außerhalb dieses Signifikanzbereiches liegen, d. h. keine hinreichende Sicherheit besteht, daß es sich wirklich um zwei unterschiedliche Bindungsstellen handelt.

7.5. Die Analyse untransformierter Bindungsdaten durch die Erstellung von Affinitätsspektren mit Hilfe eines Computerprogramms

Ein weiteres modernes Verfahren zur computergestützten Analyse von Ligand-Bindungsdaten besteht in der Erstellung sogenannter Affinitätsspektren. Dieses Verfahren ist insofern eine grundsätzliche (und bislang wenig erprobte) Alternative zu den in Abschnitt 7.4. dargestellten Methoden, als weder eine initiale Parameterschätzung noch die Vorgabe eines Modells mit einer definierten Zahl potentieller Bindungsstellen nötig ist.
Ein Beispiel einer Population heterogener Bindungsstellen ist in Abb. 7.7. dargestellt. Mit Hilfe eines hierfür entwickelten Computerprogramms wird nun die Frage gestellt: Welchen Anteil (ausgedrückt in B_{max}) besitzt ein hypothetischer Rezeptor mit einer kontinuierlich entlang der Abszisse veränderten Dissoziationskonstante an dem Zustandekommen der gefundenen Verdrängungskurve?
Wie in Abb. 7.7. dargestellt, können auf diese Weise zwei unterschiedliche Bindungsstellen nachgewiesen werden. Dabei beschreibt die Lage des Peaks auf der X-Achse die Dissoziationskonstante und das Integral den Anteil der Rezeptoren bezogen auf die Gesamtmenge der Bindungsstellen des Radioliganden.
Auch bei dieser Form der Analyse von Daten zur Ligand-Bindungskinetik ist die Zahl der Meßpunkte in einem bestimmten Konzentrationsbereich und deren Streuung entscheidend für die Qualität der Analyse.
Obwohl die Eigenschaften dieses Verfahrens bisher noch nicht umfassend von unterschiedlichen Laboratorien untersucht werden konnten, ist doch zu vermuten, daß diese Form der Analyse von Bindungsdaten entweder allein oder in Kombination mit den in Abschnitt 7.4. umrissenen Verfahren (Modellauswahl, initiale Parameterabschätzung) ein wesentliches Hilfsmittel darstellen wird.

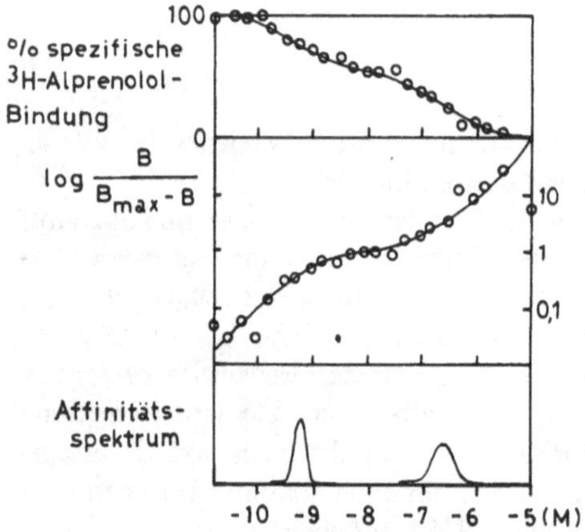

Abb. 7.7. Analyse heterogener Bindungsstellen mit Hilfe der Erstellung von Affinitätsspektren.
Dargestellt ist die Verdrängung der ^{3}H-Dihydroalprenolol-Bindung an β-Rezeptoren durch die β_1-selektive Verbindung ICI 89–406.
Dabei werden die Verdrängungskurve, die Darstellung der Daten im Hill-Plot und die resultierenden Affinitätsspektren verglichen.
(nach: H. J. Tobler et al., Naunyn-Schmiedeberg's Arch. Pharmacol. **322**, 183 (1983)).

7.6. Rezeptoraffinitätsprofile — Charakterisierung von Pharmaka, die mit verschiedenen Rezeptoren mit ähnlicher Affinität reagieren

Bisher wurden ausschließlich Liganden betrachtet, die sich durch eine relativ hohe Selektivität der Bindung gegenüber einem Rezeptor bzw. Rezeptorsubtyp im Bereich ihrer Dissoziationskonstante auszeichnen. Jedoch werden besonders in der Neuropharmakologie viele Pharmaka verwendet, die eine nahezu gleiche Affinität gegenüber unterschiedlichen Rezeptoren aufweisen. Im Rahmen dieses Buches sind die angewandten Aspekte der Wirkstoffforschung nicht berücksichtigt worden. Dennoch soll im Zusammenhang mit der Analyse von Bindungsdaten kurz auf die Möglichkeit der Charakterisierung derartiger Verbindungen mit Hilfe sogenannter Affinitätsprofile hingewiesen werden (3).
Affinitätsprofile können erstellt werden, indem die Inhibitionskonstanten dieser Verbindungen gegenüber verschiedenen Rezep-

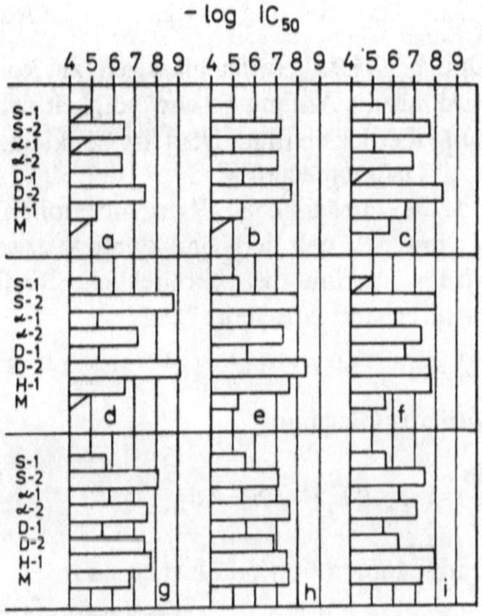

Abb. 7.8. Rezeptoraffinitätsprofile zur Charakterisierung des Wirkungsspektrums von Neuroleptika.
Die untersuchten Beispiele zeigen, daß Verbindungen dieser Gruppe eine vergleichbare Affinität zu jeweils 3–4 Rezeptortypen aufweisen. Dabei ist eine charakteristische Struktur des Affinitätsprofils zu beobachten, was eine vorläufige Einordnung neuer Substanzen mit ähnlichem Affinitätsprofil in diese Substanzgruppe erlaubt.
Untersuchte Verbindungen:
a) Domperidon, b) Haloperidol, c) Pimozid, d) Spiperon, e) Fluphenazin, f) cis-Flupentixol, g) Chlorpromazin, h) Thioridazin, i) Clozapin.
Die selektive Erfassung der untersuchten Rezeptortypen wurde durch Verwendung folgender Radioliganden und Gewebspräparationen erreicht:
- Serotonin-1 (S-1) Rezeptor: ^{3}H-Serotonin (Ratte, Hirn)
- Serotonin-2 (S-2) Rezeptor: ^{3}H-Spiperon (Ratte, frontaler Cortex)
- α_1-adrenerger (α-1)-Rezeptor: ^{3}H-Clonidin (Ratte, Hirn ohne Cerebellum)
- α_2-adrenerger (α-2)-Rezeptor: ^{3}H-WB 4101 (Ratte, Hirn)
- Dopamin-1 (D-1)-Rezeptor: ^{3}H-Dopamin (Kalb, Nucleus caudatus)
- Dopamin-2 (D-2)-Rezeptor: ^{3}H-Spiperon (Kalb, Nucleus caudatus)
- Histamin-1 (H-1)-Rezeptor: ^{3}H-Mepyramin (Ratte, Hirn ohne Cerebellum)
- muskarinerger Azetylcholinrezeptor (M): ^{3}H-QNB (Ratte, Hirn ohne Cerebellum)

(nach: A. Closse et al., Naunyn-Schmiedeberg's Arch. Pharmacol. **327**, 95 (1984)).

toren durch die Verdrängung der jeweils selektiv bindenden Radioliganden ermittelt werden. Die Zusammenfassung dieser Daten in einer geeigneten grafischen Form läßt z. B. für Neuroleptika, Antidepressiva und Pharmaka mit Anti-Parkinson-Wirkung erkennen, daß diese Verbindungsgruppen jeweils charakteristische Affinitätsprofile aufweisen. Der Vergleich der Affinitätsprofile mit diesen Datensätzen dürfte eine weitgehende Voraussage der therapeutischen Wirksamkeit erlauben (Abb. 7.8.).

Insofern sind Ligand-Bindungsstudien nicht nur auf die Analyse selektiver Wechselwirkungen beschränkt. Eine Ausdehnung dieses Verfahrens auf Rezeptorsubtypen bzw. interkonvertierbare Rezeptorkonformationen auf der Grundlage der in Abschnitt 7.5. beschriebenen Verfahren ist ein aussichtsreiches Gebiet der experimentellen Voraussage therapeutischer Wirkungen. Hierzu sind jedoch zunächst umfangreiche Vergleichsuntersuchungen mit Pharmaka erforderlich, deren therapeutische Wirkung bereits genau charakterisiert ist. Hinsichtlich der Rezeptorsubtypen ist das in einigen Bereichen bereits der Fall.

7.7. Kinetische Experimente

7.7.1. Grundlagen

Ein dritter Typ von Experimenten basiert auf der Bestimmung der Bindung in Abhängigkeit von der Zeit (t). Solche Versuche sind einerseits notwendig, um die Inkubationszeit zu ermitteln, die zur Einstellung des Gleichgewichtes notwendig ist.

Zum anderen läßt sich die Dissoziationskonstante (K_D) auch aus den Geschwindigkeitskonstanten k_{+1} und k_{-1} berechnen (15).

Die Assoziationsgeschwindigkeitskonstante k_{+1} und die Dissoziationsgeschwindigkeitskonstante k_{-1} lassen sich über die Erweiterung der Gleichung

$$R + L \underset{k_{-1}}{\overset{k_{+1}}{\rightleftarrows}} RL$$

ableiten nach

$$\frac{d[RL]}{dt} = k_{+1} \cdot [R] \cdot [L] - k_{-1} \cdot [RL]$$

Danach ist die Nettobildungsgeschwindigkeit des $[RL]$-Komplexes gleich der Differenz seiner Bildungsrate ($k_{+1} \cdot [R] \cdot [L]$) und seiner Dissoziationsrate ($k_{-1} \cdot [RL]$).

Da $\frac{d[RL]}{dt}$ im Gleichgewicht = 0 sein muß, ergibt sich

$$\frac{d[RL[}{dt} = 0 = k_{+1} \cdot [R] \cdot [RL]$$

oder

$$\frac{k_{-1}}{k_{+1}} = \frac{[R] \cdot [L]}{[RL]}.$$

Durch entsprechende Umformung entsteht dann infolge der Beziehung

$$K_D = \frac{[R] \cdot [L]}{[RL]}$$

der Ausdruck

$$K_D = \frac{k_{-1}}{k_{+1}}.$$

Allerdings verlangt diese Methode zur Bestimmung von K_D stets die unabhängige Bestimmung der Rezeptorkonzentration B_{max} durch (zusätzliche) Sättigungsexperimente. Grundsätzlich müssen die mit beiden Verfahren ermittelten K_D-Werte übereinstimmen.

7.7.2. Bestimmung der Assoziationsgeschwindigkeitskonstante

Die Assoziationsgeschwindigkeitskonstante wird ermittelt, indem man die spezifische Bindung zu verschiedenen Zeiten nach Mischung von Radioligand und Gewebe (Rezeptor) mißt. Für die Berechnung von k_{+1} gibt es zwei mögliche Wege:

7.7.2.1. Behandlung als Reaktion 2. Ordnung

Um $k_{-1} \cdot [RL]$ vernachlässigen zu können, wird nur die Anfangsgeschwindigkeit der Bindung berücksichtigt. $[RL]$ ist so klein, daß $k_{-1} \cdot [RL]$ nahezu 0 wird.
Da die tatsächlichen Konzentrationen von $[L]$ und $[R]$ definiert sind durch (verwendet wird wiederum die gebräuchliche Symbolik entsprechend Abschnitt 7.2.2.):

$$[L] = [L_T] - B \quad \text{und} \quad [R] = B_{max} - B$$

wird aus Gleichung

$$\frac{dB}{dt} = k_{+1}([L_T] - B) \cdot (B_{max} - B).$$

Durch Integration erhält man dann

$$k_{+1} = \frac{1}{t([L_T] - B_{max})} \cdot \ln \frac{B_{max}([L_T] - B)}{[L_T](B_{max} - B)}.$$

Somit kann k_{+1} zu jeder Zeit t, bei der B gemessen wurde, berechnet werden.
Wesentlicher Nachteil dieser Methode ist, daß sie stets die unabhängige, zusätzliche Bestimmung von B_{max} in separaten Sättigungsexperimenten voraussetzt. Fehler bei der Bestimmung von B_{max} gehen in die Kalkulation von k_{+1} ein. Als Beispiel ist in Abb. 7.9. die Analyse der Assoziationskinetik von Hydroxypindolol mit β-adrenergen Rezeptoren dargestellt.

7.7.2.2. Behandlung als Pseudo-Reaktion 1. Ordnung

Hierbei wird die Rückreaktion in die Betrachtung einbezogen ($k_{-1} \cdot [RL]$ ungleich 0), jedoch die Konstanz der Radioligandenkonzentration vorausgesetzt ($[L_T] = F$).
Dies ist nur zulässig, wenn die Konzentration des freien Radioliganden wesentlich größer ist als die des gebundenen (letztere sollte kleiner als 10% sein).
Diese Methode benötigt zwar die unabhängige Bestimmung von k_{-1}, nicht aber von B_{max} und dürfte für die meisten Bindungsexperimente besser geeignet sein. Bei der praktischen Durchführung des Experimentes verfolgt man die Zeitabhängigkeit der Bindung bis zur Ein-

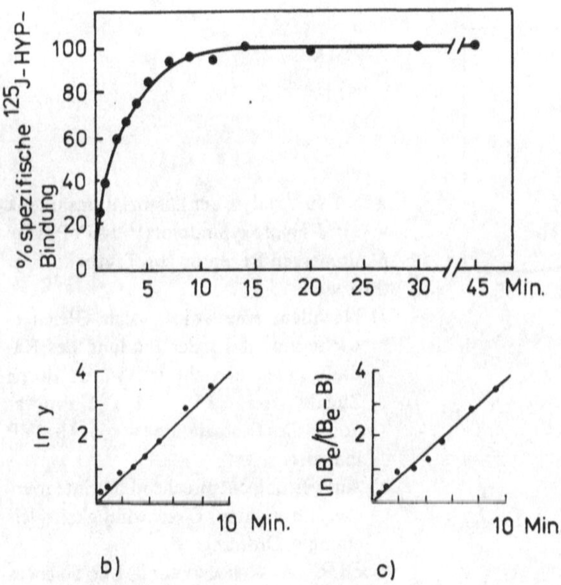

Abb. 7.9. Analyse der Assoziationskinetik der Reaktion von ^{125}J-Hydroxypindolol (^{125}J-HYP) mit β-adrenergen Rezeptoren in Membranen von Truthahn-Erythrozyten.

a) Die Gleichgewichtseinstellung ist nach etwa 10 Min. Reaktionszeit bei 30 °C erreicht.

b) Auswertung mit Hilfe der integrierten Form der Geschwindigkeitsgleichung 2. Ordnung, wobei

$$y = \frac{B_e\left([L_T] - B\,\dfrac{B_e}{B_{max}}\right)}{[L_T]\,(B_e - B)}$$

ist.

c) Auswertung entsprechend der Geschwindigkeitsgleichung pseudo-erster Ordnung.

(nach: G. A. Weiland et al., Life Sciences **29**, 313 (1981)).

stellung des Gleichgewichtes. Jede gemessene Konzentration B des gebundenen Radioliganden zur Zeit t steht zur gebundenen Konzentration im Gleichgewicht (B_e) in der Beziehung

$$\ln\frac{B_e}{B_e - B} = (k_{+1} - k_{-1})\,t = k_{obs}t$$

wobei $k_{obs} - k_{-1} = (k_{+1}[L] + k_{-1})\,t = k_{obs}t$ ist. Auf die genaue Ableitung dieser Gleichung soll hier verzichtet werden.

Bei der Auftragung von $B_e/(B_e - B)$ gegen t (Abb. 7.9c.) erhält man k_{obs} als Neigung der entstehenden Geraden. Ist aus entsprechenden Dissoziationsexperimenten k_{-1} bekannt, läßt sich k_{+1} direkt berechnen:

$$k_{+1} = \frac{(k_{obs} - k_{-1})}{[L_T]}$$

Fehler bei der Bestimmung von k_{-1} gehen hier natürlich in die Berechnung von k_{+1} ein.

Alternativ kann man auch mehrere Assoziationsexperimente bei verschiedenen Radioligandenkonzentrationen durchführen und für jeden $[L_T]$-Wert die zugehörige Geschwindigkeitskonstante (k_{obs}) ermitteln. Der Plot von k_{obs} gegen $[L_T]$ hat dann eine Neigung, die k_{+1} entspricht, der Schnittpunkt mit der Ordinate ergibt k_{-1}.

Die Plots verlaufen allerdings nur linear, wenn tatsächlich eine einfache bimolekulare Reaktion zugrunde liegt. Nichtlineare Plots sind Ausdruck heterogener Bindungsstellen (oder Liganden) oder vorliegender Kooperativität bzw. eines falschen Reaktionsmodells.

7.7.3. Bestimmung der Dissoziationsgeschwindigkeitskonstante

Die Dissoziationskonstante k_{-1} ist eine Geschwindigkeitskonstante 1. Ordnung. Ihre Bestimmung nach Ausschaltung der Hinreaktion ($k_{+1} \cdot [R] \cdot [L] = 0$) ist weniger kompliziert als die der Assoziationsratenkonstante.

Praktisch verfährt man so, daß Radioligand und Gewebe bis zur Gleichgewichtseinstellung (B_e) inkubiert werden (Abb. 7.10.).

Die Messung der Dissoziationskinetik kann dann auf 2 Wegen erfolgen:

a) Der Inkubationsansatz wird durch Zugabe von Puffer 100fach oder höher verdünnt,
b) zum Inkubationsansatz wird ein Überschuß eines unmarkierten Liganden gegeben, so daß alle Bindungsstellen durch diesen besetzt werden.

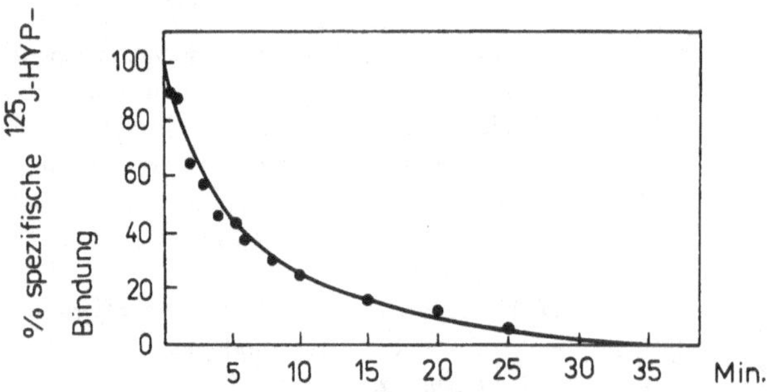

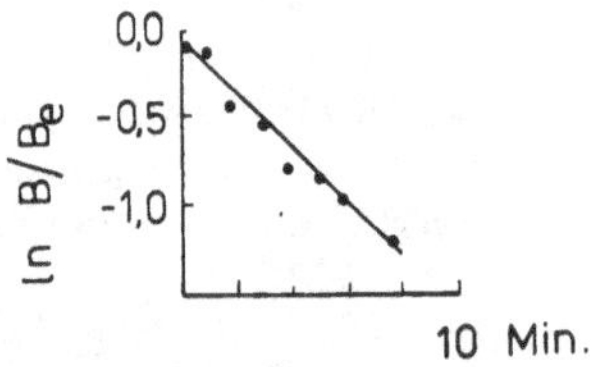

Abb. 7.10. Analyse der Dissoziationskinetik von [125]J-Hydroxypindolol ([125]J-HYP) vom β-adrenergen Rezeptor von Truthahn-Erythrozyten.

a) Nachdem eine vollständige Gleichgewichtseinstellung der Bindung des Radioliganden erreicht ist, wurde durch Zugabe von 6×10^{-7} M D,L-Propranolol die Dissoziation von [125]J-HYP induziert.

b) Auswertung entsprechend der integrierten Form der Geschwindigkeitsgleichung 1. Ordnung.

(nach: G. A. Weiland et al., Life Sciences **29**, 313 (1981)).

In beiden Fällen gilt die Gleichung 1. Ordnung

$$\frac{dB}{dt} = -k_{-1} \cdot B .$$

Nach Integration der Gleichung ergibt sich

$$\ln (B/B_e) = -k_{-1} \cdot t$$

(mit $B_e = B$ zur Zeit $t = 0$).

Ist die Reaktion reversibel, hat der Plot von $\ln (B/B_e)$ gegen t die Neigung $-k_{-1}$.

Zur Bestimmung der Dissoziationskonstanten sollten möglichst beide Methoden (Verdünnung und kompetitive Hemmung) verwendet werden und die Ergebnisse verglichen werden.

Liegt wirklich eine einfache bimolekulare Reaktion vor, dann wird k_{-1} unabhängig von der verwendeten Methode sein. Eine schnellere Dissoziation bei kompetitiver Hemmung deutet auf negative Kooperativität, die schnellere Dissoziation bei Verdünnung auf positive Kooperativität hin.

7.8. Experimente zur Thermodynamik der Ligand-Rezeptor-Interaktion

Die thermodynamische Analyse von Bindungsreaktionen hat die Untersuchung von Temperatureffekten auf die Kinetik und das Gleichgewichtsverhalten zum Inhalt. Sie dient u. a. zur Differenzierung zwischen unterschiedlichen Rezeptormodellen und zur Analyse von Konformationsumlagerungen von Rezeptoren.

7.8.1. Gleichgewichtsthermodynamik

Die Änderung der freien Enthalpie ΔG^0 (Änderung der Gibbs'schen freien Energie) im Ablauf einer chemischen Reaktion ist unter Standardbedingungen (konstanter Druck, konstante Temperatur, 1 M Konzentrationen, neutraler pH-Bereich bei biochemischen Reaktionen) definiert durch

$$\Delta G^0 = \Delta H^0 - T \cdot \Delta S^0$$

(van't Hoff-Gleichung),

H^0 ist die Änderung der Enthalpie des Systems, S^0 die Entropieänderung und T die Temperatur in °Kelvin (Vergl. Abschnitt 1.2.3.).

Bindungsreaktionen sind endergone Reaktionen ($\Delta G^0 \cong 0$) und so stets mit einer Enthalpieabnahme und/oder Entropiezunahme verbunden. Je negativer ΔG^0 wird, umso höher ist die Affinität der Bindung zwischen Ligand und Rezeptor. Triebkräfte der hochaffinen Bindungsreaktion (spezifische Bindung) sind eine negative Enthalpieänderung ($\Delta H^0 \cong 0$) und/oder die positive Entropieänderung ($S^0 > 0$) (Vergl. Abschnitt 1.2.3.).

Die Standardenthalpieänderung ΔH^0 entspricht hier der abgegebenen Wärme und reflektiert die Beteiligung der intermolekularen Kräfte an der Reaktion. Die Standardentropieänderung ΔS^0 widerspiegelt hingegen die Differenz in der Zahl der beteiligten Energiezustände und kann als Änderung des Grades von „Unordnung“ oder „Ordnung“ verstanden werden.

Bei Bindungsreaktionen (2. Ordnung) ist die Assoziationskonstante $K_A (= 1/K_D)$ im Gleichgewicht mit ΔG^0 durch die Gleichung

$\Delta G^0 = -RT \ln K_A$ verknüpft.

Dabei ist R die Gaskonstante und T die Temperatur in °Kelvin. Praktisch verfährt man so, daß $K_A(1/K_D)$ bei verschiedenen Temperaturen bestimmt wird.

Die Assoziationskonstanten können sowohl direkt (Sättigungsexperiment) als auch indirekt (Hemmungsexperiment) ermittelt werden.

Der Plot von $\ln K_A$ gegen $1/T$ (van't Hoff-Plot) besitzt die Neigung $-\Delta H^0/R$ (Abb. 7.11 b). Nachdem ΔH^0 so ermittelt und ΔG^0 entsprechend der obigen Gleichung berechnet wurde, kann auch die Standardentropieänderung S^0 für diese Reaktion kalkuliert werden:

$$\Delta S^0 = \frac{\Delta H^0 - \Delta G^0}{T}$$

Durch den Wendepunkt nichtlinearer van' Hoff-Plots läßt sich eine Rückwirkung der Lipid-Phasenumwandlung auf einen Rezeptor nachweisen.

7.8.2. Thermodynamik des Übergangszustandes

Diese Analyse beschäftigt sich mit der Temperaturabhängigkeit der kinetischen Konstanten (Geschwindigkeitskonstanten). Sie gibt quantitativen Aufschluß über die Energiebarriere, die für das Zustandekommen der Bindung überwunden werden muß.

Die Änderung der freien Enthalpie des Übergangszustandes ΔG^* setzt sich ebenfalls aus

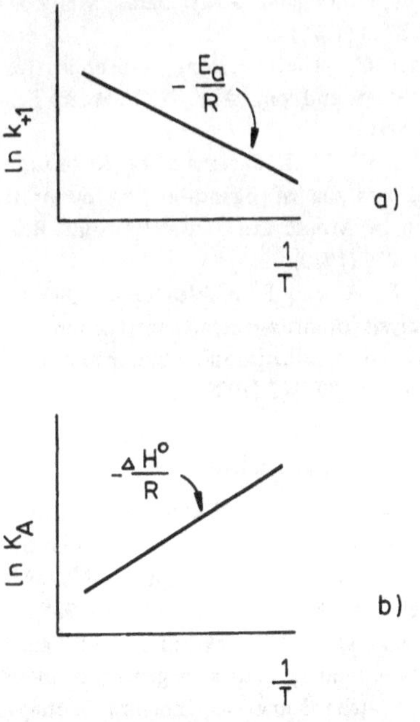

Abb. 7.11. Bestimmung thermodynamischer Parameter durch grafische Verfahren.
a) Arrhenius-Plot
b) van't Hoff-Plot.

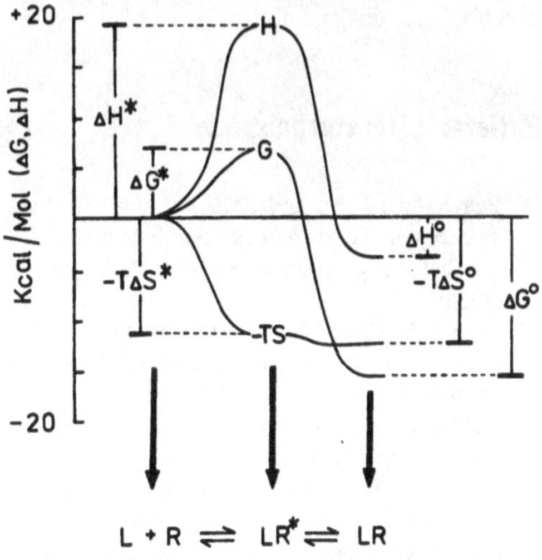

Abb. 7.12. Hypothetisches Energiediagramm im Verlauf einer Rezeptor-Ligand-Bindung zur Illustration der Bedeutung der in Abschnitt 7.8. beschriebenen Parameter.

den Komponenten Enthalpie und Entropie zusammen:

$$\Delta G^* = \Delta H^* - T\,\Delta S^* .$$

Die Verknüpfung von ΔG^* mit der Assoziationsgeschwindigkeitskonstanten k_{+1} wird beschrieben durch die Gleichung

$$\Delta G^* = -RT \cdot \ln k_{+1} + RT \ln (kT/h) .$$

Hierbei ist R die Gaskonstante, T die Temperatur in °Kelvin, k die Boltzmann'sche Konstante und h das Plank'sche Wirkungsquantum.

Die Bestimmung der Assoziationsgeschwindigkeitskonstanten k_{+1} bei verschiedenen Temperaturen gestattet über den Arrhenius-Plot die Ermittlung der Aktivierungsenergie E_a. Beim Arrhenius-Plot ($\ln k_{+1}$ gegen $1/T$) hat die Neigung der Geraden den Wert $-E_a/R$ (Abb. 7.11 a).

Bei bekannter Aktivierungsenergie E_a kann nach der Gleichung

$$\Delta H = E_a - RT$$

die Enthalpieänderung und damit die Entropieänderung ΔS^* berechnet werden. Ein ΔG-Wert größer 0 reflektiert die Existenz einer signifikanten Energiebarriere. Zur besseren Veranschaulichung ist die Veränderung der thermodynamischen Parameter im Verlauf einer typischen Rezeptor-Ligand-Interaktion in Abb. 7.12. dargestellt.

Zitierte Literaturbeispiele

1. Boeynaems, J. M. and J. E. Dumont: Outlines of receptor theory. Elsevier/North Holland Biomedical Press, Amsterdam, New York, Oxford (1980)
2. Cheng, Y.-C. and W. H. Prusoff: Relationship between the inhibition constant (K_I) and the concentration of inhibitor which causes 50 percent inhibition (IC_{50}) of an exnzymatic reaction. Biochem. Pharm. **22**, 3099 (1973)
3. Closse, A., W. Frick, A. Dravid, G. Bollinger, D. Hauser, A. Sauter and H.-J. Tobler: Classification of drugs according to receptor binding profiles. Naunyn-Schiedebergs's Arch. Pharmacol. **327**, 95 (1984)
4. Feldman, H. A.: Statistical limits in Scatchard analysis. J. Biol. Chem. **258**, 12865 (1985)
5. Hill, A. W.: The possible effects of the aggregation of the molecules of hemoglobin on its dissociation curves. J. Physiol. **40**, IV - VII (1910)
6. Hofstee, B. H. J.: On the evaluation of the constants V_m and K_m in enzyme reactions. Science **116**, 329 (1952)
7. Ketelslegers, J.-M., G. Pirens, G. Maghuin-Rogister, G. Hennen and J.-M. Frère: The choice of erroneous models of hormone-receptor interactions: A consequence of illegitimate utilization of Scatchard graphs. Biochem. Pharmacol. **33**, 707 (1984)
8. Munson, P. J. and D. Rodbard: Ligand: A versatile computerized approach for characterization of ligand-binding systems. Anal. Biochem. **107**, 220 (1980)
9. Munson, P. J.: Experimental artifacts and the analysis of ligand binding data: Results of a computer simulation. J. Receptor Res. **3**, 249 (1983)
10. Repke, H. and K. Maderspach: Muscarinic acetylcholine receptors on cultured glia cells. Brain Res. **232**, 206 (1982)
11. Richards, G., D. W. Wilson and K. Griffiths: Computer-aided assesment of receptor status in human breast cancer. Computers and Biomed. Res. **16**, 483 (1983)
12. Rodbard, D. and G. R. Frazier: Statistical analysis of radioligand assay data. Methods. Enzymol. **37**, 3 (1975)
13. Scatchard, G.: The attrations of proteins for small molecules and ions. Ann. N. Y. Acad. Sci. **51**, 660 (1949)
14. Thakur, A. K., M. L. Jaffe and D. Rodbard: Graphical analysis of ligand-binding systems: Evaluation by Monte Carlo studies. Anal. Biochem. **107**, 279 (1980)
15. Weiland, G. A. and P. B. Molinoff: Quantitative analysis of drug-receptor interactions: I. Determination of kinetic and equilibrium properties. Life Sci. **29**, 313 (1981)

Weiterführende Literatur

Ehle, B., H. Lemoine and A. J. Kaumann: Improved evaluation of binding of ligands to membranes containing several receptor-substypes. Naunyn-Schmiedeberg's Arch. Pharmacol. **331**, 52 (1985)

Hogg, P. J. and D. J. Winzor: Effects of ligand multivalency in binding studies: A general counterpart of the Scatchard analysis. Biochim. Biophys. Acta **843**, 159 (1985)

Hollemans, H. J. G. and R. M. Berlina: Scatchard plot and heterogeneity in binding affinity of labelled and unlabelled ligand. Clin. Chem. **21**, 1769 (1975)

HYNIE, S., V. KLENDEROVA, S. BOJAR and M. WENKE: Graphical orientation procedure for estimation of K_D and B_{max} values of ligand binding to two receptor subpopulations. Naunyn-Schmiedeberg's Arch. Pharmacol. 332, **313** (1986)

KLOTZ, I. M.: Ligand-receptor interactions: What we can and cannot learn from binding measurements. TIPS Juni, 253 (1983)

LIMBIRD, L. E.: Cell surface receptors: A short course on theory and methods. Martinus Nijhoff Publishing, Boston, Dordrecht, Lancaster (1986)

LOHSE, M. J., K.-N. KLOTZ and U. SCHWABE: Effects of temperature and membrane phase transitions on ligand binding to α_2-receptors of human platelets. Mol. Pharmacol. **29**, 228 (1986)

MENDEL, C. M. and D. B. MENDEL: 'Non-specific' binding. The problem, and a solution. Biochem. J. **228**, 269 (1985)

O'BRIEN, R. D. (Ed.): The receptors. A comprehensive treatise, Vol. 1. General principles and procedures. Plenum Press, New York, London (1979)

PETERS, F. and B. A. PINGOUD: Numerical analysis of binding studies: A direct procedure avoiding the pitfalls of a Scatchard analysis of equilibrium data for unknown binding models. Int. J. Bio-Med. Computing **10**, 401 (1979)

PETERS, F. and B. A. PINGOUD: A critical interpretation of experiments on binding of peptide hormone to specific receptors by computer modelling. Biochim. Biophys. Acta **714**, 442 (1982)

RODBARD, D.: Mathematics of hormone-receptor interactions. in: Receptors for reproductive hormones, B. W. O'Malley and A. R. MEANS (Eds.), Plenum Publ. Corp., New York (1972)

SNYDER, S. H.: Neurotransmitter receptor binding and drug discovery. J. Med. Chem. **26**, 1667 (1983)

YAMAMURA, H. I., S. J. ENNA and M. J. KUHAR (Eds.): Neurotransmitter receptor binding. Raven Press, New York (1985)

8. Die Zellmembran als Mikromilieu von Rezeptoren

8.1. Grundstruktur der Zellmembran

Die chemische Zusammensetzung der Zellmembran ist abhängig vom jeweiligen Zelltyp. Als Richtwert kann jedoch ein Anteil von 60–70% Lipid und 30–40% Protein, bezogen auf das Trockengewicht, angenommen werden. 20% der nativen Membranstruktur machen relativ fest gebundene Wassermoleküle aus. Kohlenhydrate kommen in Membranen in einem Anteil von 1–10% des Trockengewichtes vor. Sie sind jedoch jeweils kovalent mit den Proteinen oder Lipiden verbunden.

Fast alle Membranlipide lassen sich den drei Hauptgruppen Phospholipide, Glykolipide und Sterine zuordnen. Beispiele für die unterschiedlichen Anteile der verschiedenen Membranen des Gehirns sind in Tab. 8.1. zusammengefaßt.

Tabelle 8.1. Zusammensetzung von Membranen des Gehirns (Rind) (modifiziert nach G. H. de Vries et. al, Neurochem. J. **26**: 725–731 (1976))

	Axon	Myelin
Anteil der Gesamtlipide an der Trockenmasse der Membran (%)	13,4	75,3
prozentuale Anteile an der Gesamtlipidmenge:		
Cholestrol	20,1	28,1
Cerebroside	12,9	23,2
Sulfatide	7,2	4,1
Ganglioside	0,74	0,26
Phospholipide	60,0	43,0
prozentuale Anteile an der Gesamtphospholipidmenge:		
Phosphatidylcholin	31	24
Phosphatidyläthanolamin	24	43
Phosphatidylserin	9	14
Sphingomyelin	16	16
Plasmalogene	17	35
unidentifiziert	12	—

8.1.1. Phospholipide und Glycolipide

8.1.1.1. Der hydrophobe Teil des Lipidmoleküls

Grundsätzlich bestehen die Phospho- bzw. Glykolipide – ebenso wie die Sterine – aus einem polaren und einem apolaren Anteil. Als Brückenmolekül zwischen beiden Komponenten tritt am häufigsten Glycerin auf. Für die entsprechenden Lipide ergibt sich folgende Grundstruktur (Abb. 8.1.):

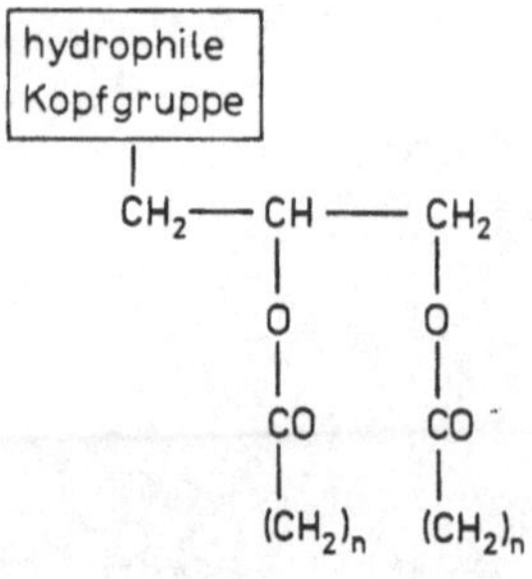

Abb. 8.1. Grundstruktur der Phosphoglyceride · hydrophile Kopfgruppen = PO_4: Phosphatidsäure.

Eine andere Gruppe von Lipiden enthält Sphingosin-Derivate als Kopplungsgruppe, woraus sich prinzipiell die folgenden Grundstrukturen ergeben (Abb. 8.2.):

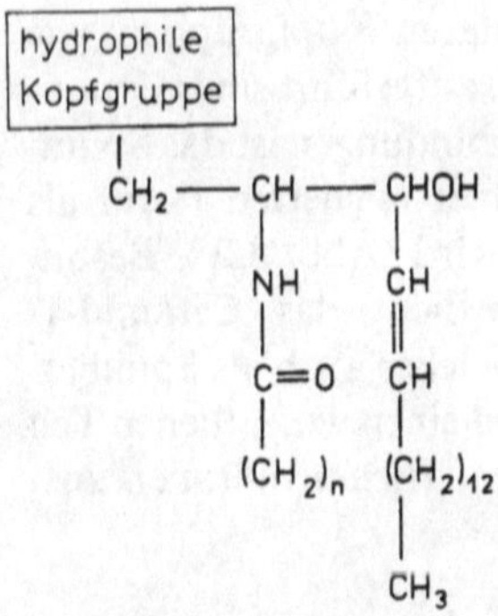

Abb. 8.2. Grundstruktur der Shingolipide hydrophile Kopfgruppe = OH: Ceramid.

Als hydrophober Anteil in diesen Molekülen (oben mit $(C)_n$ bezeichnet) können gesättigte Fettsäuren und ein – bis mehrfach ungesättigte Fettsäuren auftreten (Palmitoleinsäure, Ölsäure, Linolsäure, Linolensäure, Arachidonsäure). Obwohl prinzipiell um jede einfache C—C-Bindung eine ungehinderte Rotation des Fettsäurenmoleküls möglich ist, stellt doch die „zick-zack"-Struktur, die zu einem linearen Aufbau des Gesamtmoleküls führt, die energieärmste Konformation dar. Beispiele für die resultierende Raumstruktur sind in Abb. 8.3. gegeben. Es stellt sich in der Membran eine parallele Anordnung der hydrophoben Molekülanteile ein, wobei zwei komplementäre Schichten den hydrophoben Innenteil der Membran ausmachen (siehe Abschn. 8.1.3.).

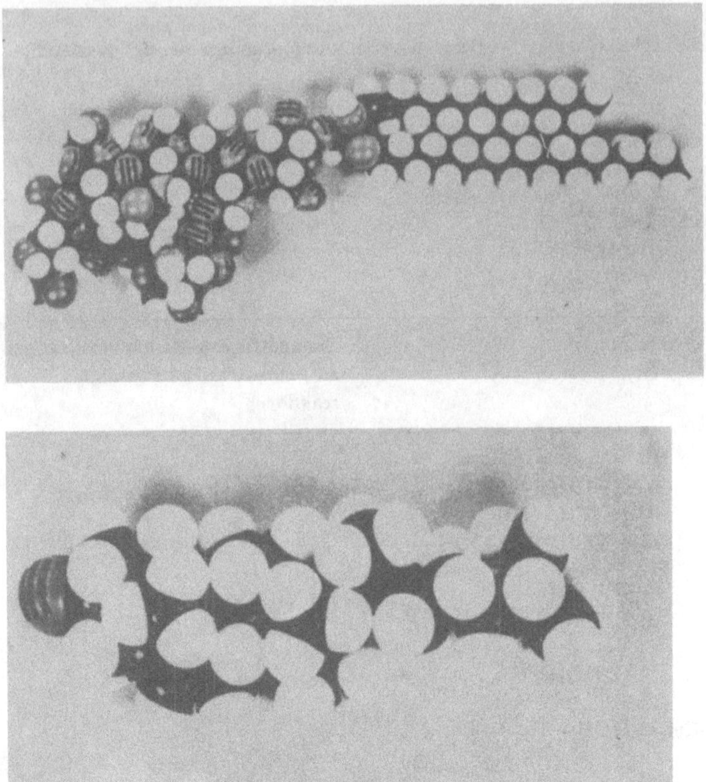

Abb. 8.3. Raumstruktur von Lipiden in der energieärmsten Konformation (Kalottenmodell).
a) Gangliosid
b) Cholesterol

8.1.1.2. Der hydrophile Teil des Lipidmoleküls

a) Phospholipide

Entsprechend der Natur der Brückenmoleküle können in der großen Gruppe der Phospholipide zwei Untergruppen, die Phosphoglyceride und die Phosphosphingolipide, unterschieden werden.

Die Phosphoglyceride stellen die quantitativ überwiegende und funktionell wichtigere Gruppe von Membranbestandteilen dar. Der Metabolismus einiger Vertreter dieser Gruppe ist Bestandteil von Effektuierungsreaktionen einiger Membranrezeptoren. Inwieweit Rezeptor-induzierte Veränderungen des Phospholipidemetabolismus Rückwirkungen auf die Funktion von Rezeptoren haben, ist noch unklar. Eine zusammenfassende Übersicht gibt Tab. 8.2. Die dort nicht aufgeführten Plasmologene sind Phospholipide, in denen eine Acylestergruppe in eine Enolestergruppe umgewandelt wurde. Sie treten besonders im Myelin auf (Tab. 8.1.).

Phosphospingolipide enthalten im wesentlichen die gleichen polaren Kopfgruppen, wie sie bereits in Tab. 8.2. aufgeführt sind. Grundstruktur für diese Verbindungen ist das Sphingosin, welches in seiner acylierten Form als Ceramid bezeichnet wird (Abb. 8.2.). Besondere Erwähnung verdient das Ceramid-1-phosphoryl-cholin, welches auch als Sphingomyelin bekannt ist und einen wesentlichen Teil der Phospholipide von Hirnmembranen ausmacht (Tab. 8.1.).

b) Glycolipide

In Analogie zu der bei den Phospholipiden vorgenommenen Unterteilung anhand der Brückenmoleküle lassen sich auch hier die

Tabelle 8.2. Struktur wichtiger Phosphoglyceride und ihre Beteiligung bei Rezeptor-induzierten Effekturierungsreaktionen

Grundstruktur:

$CH_2O-CO-(C)_n$
$CH-O-CO-(C)_n$
$CH_2-O-P(=O)(OH)-O-Ⓡ$

Bezeichnung	Struktur von Ⓡ	Bestandteil von Membranrezeptoren ausgehender Effekturierungsreaktionen
Phosphatidsäure	$-H$	
Phosphatidylcholin	$-CH_2-CH_2-N(CH_3)_3$	+
Phosphatidyläthanolamin	$-CH_2-CH_2-NH_2$	+
Phosphatidylserin	$-CH_2-CH(NH_2)COOH$	+
Phosphatidylinositol	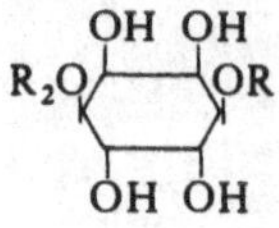 $R_1 = (H, P, P-P)$	+
Diphosphatidylglycerin	$-CH_2-CHOH-CH_2-O-$ Phosphatidylglycerin	−
Phosphatidylglycerin	$-CH_2-CHOH-CH_2OH$	−

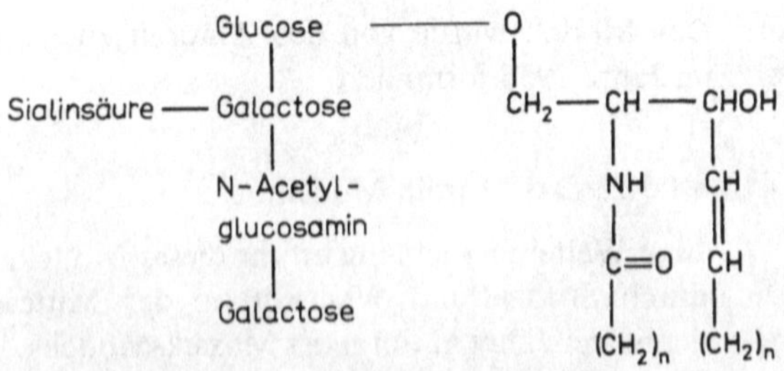

Abb. 8.4. Struktur eines typischen Gangliosids (G_{M1}).

Glycosyldiacylglycerine von den Glycosphingolipiden unterscheiden. In Umkehrung der Situation bei den Phospholipiden dominieren bei den Glycolipiden die von Sphingosinderivaten ausgehenden Verbindungen hinsichtlich Vorkommen und biologischer Bedeutung. Aus der relativ geringen Zahl der Glycosyldiacylglycerine kommt besonders Galactosyldiacylglycerin im Säugerhirn vor.
Grundstruktur der Glycosphingolipide ist das Ceramid, welches mit Monosacchariden (Cerebroside) gekoppelt sein kann. Die mit einer komplexen sialinsäurehaltigen Kohlenhydrat-Kopfgruppe ausgestatteteten Glycosphingolipide werden als Ganglioside bezeichnet (Abb. 8.4.). Ganglioside machen nur einen kleinen Anteil der Membranlipide aus (Tab. 8.1.). Sie stellen jedoch eine hochinteressante Gruppe von Lipiden dar, denen in den letzten Jahren zunehmende Aufmerksamkeit gilt. Theoretisch kann durch Variationen der Zuckerreste eine große Zahl von Gangliosiden entstehen. Chemisch charakterisiert werden konnten demgegenüber bisher nur etwa 12 Verbindungen. Drei Gesichtspunkte sprechen besonders für die Bedeutung von Gangliosiden im Nervensystem:

1. Ganglioside können als spezifische Bindungsorte für Bakterientoxine fungieren (Tetanus-Toxin, Botulinum-Toxin, Cholera-Toxin).
2. Wie auch bei anderen Zelltypen scheinen Ganglioside im Zuge der Differenzierung des Nervensystems eine Rolle bei Zell-Zell-Wechselwirkung im Sinne einer Erkennung komplementärer Systeme zu spielen.
3. Auch bei funktionellen Adaptationsvorgängen (z. B. Lernen) wird Gangliosiden eine Rolle bei der Ausbildung der synaptischen Plastizität zugesprochen.

8.1.2. Sterine

Innerhalb dieser dritten wichtigen Gruppe von Membranlipiden ist für tierische Membranen nur das Cholestrol von Bedeutung (Abb. 8.5.), Die geringe Beweglichkeit des hydrophoben Anteils von Cholesterol führt u. a. dazu, daß diese Substanz zu einer Stabilisierung der Membran beiträgt. Cholesterol bildet mit Saponinen (insbesondere Digitonin) sehr stabile Komplexe, deren Vorkommen in der Membran schließlich zur Lyse der intakten Membranstruktur führen kann. Dieses Phänomen kann einerseits für die Anreicherung bestimmter Zellorganellen (die innere Mitochondrienmembran enthält z. B. kein Cholestrol), andererseits aber auch für die Solu-

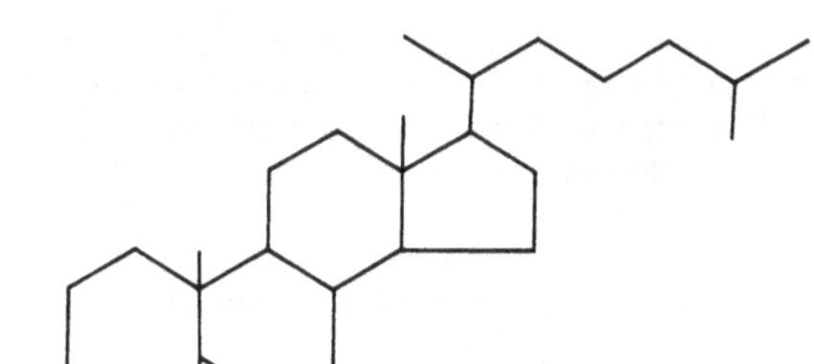

Abb. 8.5. Struktur von Cholesterol.

bilisierung von Membranrezeptoren (die dann in Digitonin-Lipid-Mizellen übergehen) genutzt werden (Vergl. Kap. 9.1.2.2.).

8.1.3. Strukturmodelle biologischer Membranen

Die Modellvorstellungen über die molekulare Struktur biologischer Membranen haben im wesentlichen vier Etappen durchlaufen. Die ersten drei dieser Etappen sollen in diesem Abschnitt kurz umrissen werden. Dem vierten und jüngsten Abschnitt dieser Entwicklung ist der Abschnitt 8.5. gewidmet.

8.1.3.1. Das Davson-Danielli-Robertson-Modell

Dieses Modell ging von der bis heute gültigen Grundannahme aus, daß biologische Membranen aus Lipiddoppelschichten („lipid bilayer") aufgebaut sind. Hierbei weisen die hydrophilen Lipidkopfgruppen nach außen, d. h. in Richtung der wäßrigen Phase, während die hydrophoben Bestandteile der Lipide den inneren Teil der Membran ausmachen. Hinsichtlich der Anordnung der Proteine wurde angenommen, daß sie an die hydrophilen Kopfgruppen der Lipide an beiden Seiten der Membran über elektrostatische Wechselwirkungen angelagert wären („unit membrane"). Schematisch ist dies in Abb. 8.6. dargestellt.

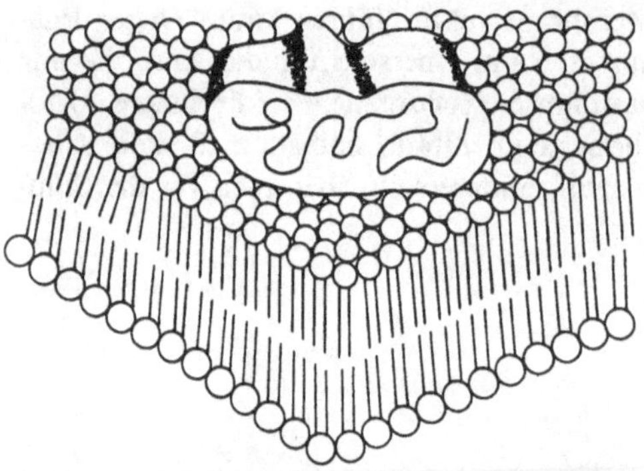

Abb. 8.6. Davson-Danielli-Robertson-Modell des Aufbaus biologischer Membranen. Proteine werden als Assoziate mit der Außenseite der Lipiddoppelschicht aufgefaßt.

Das Modell wurde von den Autoren zuerst im Jahre 1935 formuliert.

8.1.3.2. Das Mosaik-Modell

Eine Weiterentwicklung erfuhr dieses Modell durch SINGER und WALLACH in der Mitte der 60iger Jahre in Form des Mosaik-Modells. Dieses Modell stellte insofern einen entscheidenden Fortschritt dar, als es von der Möglichkeit ausging, daß Proteine direkt in die Lipidmembran eingebaut werden können (Abb. 8.7.). Dies war insbesondere für das Verständnis des aktiven Ionentransportes durch die Zellmembran von entscheidender Bedeutung. Direkte Beweise für dieses Modell ergaben sich insbesondere aus der elektronenmikroskopischen Untersuchung von Membranpräparaten, die mit der sogenannten Gefrier-Ätz-Technik hergestellt wurden. Hierdurch werden die Membranen in der Mitte der Lipid-Doppelschicht aufgebrochen, wodurch im Elektronenmikroskop die in die Membran inkorporierten Proteine deutlich sichtbar werden.

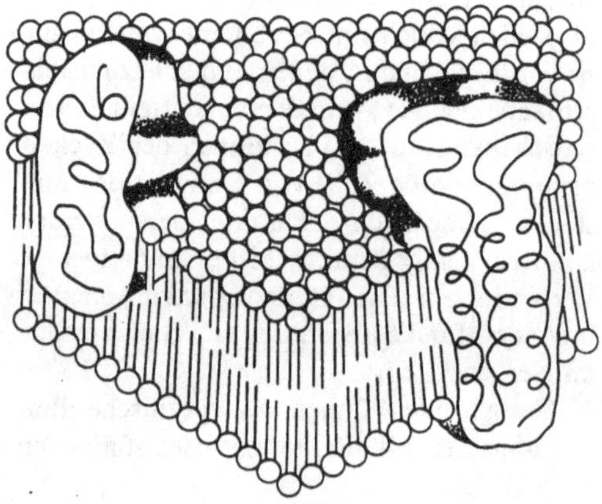

Abb. 8.7. Schematische Darstellung des Mosaik-Modells biologischer Membranen. Proteine werden auch als integraler Bestandteil der hydrophoben Phase der Lipiddoppelschicht verstanden.

8.1.3.3. Das „fluid-mosaic"-Modell

Im Jahre 1972 verbesserten NICOLSON und SINGER das Mosaik-Modell der Membranstruktur durch die Einführung der dynamischen Betrachtungsweise der Membranstruktur. In dieser Modellvorstellung wurde angenommen, daß die Membranproteine sich in freier lateraler Bewegung innerhalb der Membran befinden. Die Beweglichkeit der Membranproteine sollte entsprechend dieser Vorstellung ausschließlich durch die biophysikalischen Eigenschaften der Lipidphase bestimmt sein. Auf der Grundlage dieses Modells entwickelten sich u. a. auch die Vorstellungen zur reversiblen Kopplung von Rezeptoren mit ihren Effektorsystemen, so z. B. das „collison coupling" Modell, welches u. a. die Wechselwirkung des β-Rezeptors mit der Adenylatzyklase beschreiben soll (siehe Kap. 12. und 13.1.).

Die Entdeckung und detaillierte Charakterisierung der Komponenten des sogenannten Zytoskeletts innerhalb der letzten 10 Jahre läßt jedoch diese Vorstellungen nur als Annäherung an die wirklichen Verhältnisse erscheinen.

8.2. Strukturelle Grundmerkmale und Anordnung von Rezeptoren in der Membran

Membranproteine werden in zwei Grundtypen aufgeteilt: die intrinischen und die extrinischen (oder assoziierten) Membranproteine. Bei den intrinischen Membranproteinen handelt es sich um Proteine, bei denen ein wesentlicher Teil der Gesamtstruktur integraler Bestandteil der Lipidmembran ist. Demgegenüber sind die extrinsischen Membranproteine nur mit den polaren Kopfgruppen von Lipiden oder polaren Bereichen intrinischer Membranproteine an der Oberfläche der Membran assoziiert.

Obwohl die biochemische Analyse von Membranrezeptoren (siehe Kap. 9) in größerem Umfang erst seit Beginn der 80iger Jahre betrieben wird, kann bereits jetzt gesagt werden, daß wahrscheinlich alle Membranrezeptoren in die Gruppe der intrinischen Membranproteine gehören.

Lösliche Proteine sind wesentlich leichter zu reinigen und zu kristallisieren als integrale Membranproteine. Deshalb liegen Bilder von dreidimensionalen Raumstrukturen für die erstere Gruppe in wesentlich größerer Zahl vor als für die letztere.

α-helikale Bereiche und β-Stränge sowie ungeordnete Peptidareale kommen bei löslichen Proteinen in unterschiedlichen Anteilen, meistens jedoch als Gemisch vor. Als Beispiele sind in Abb. 8.8. die Raumstrukturen von Lysozym und Triosephosphat Isomerase dargestellt (3).

Demgegenüber weisen die bisher untersuchten integralen Membranproteine eine Gemeinsamkeit auf, die sie von löslichen Proteinen unterscheidet. Es handelt sich hierbei um das Auftreten von einer oder mehreren Sequenzen von etwa 20 hydrophoben Aminosäuren (5). Diese Bereiche sind zu α-Helices geordnet, die die Membran durchdringen. So kann eine Zuordnung eines Proteins in die Gruppe der intrinischen Membranproteine theoretisch bereits durch die Analyse seiner Primärstruktur erfolgen. Das o. g. Prinzip ist in Abb. 8.9. am Beispiel des nikotinergen Acetylcholinrezeptors verdeutlicht. Voraussetzung derartiger Analysen ist die genaue Kenntnis der Primärstruktur aller 4 Untereinheiten des Rezeptors (α, β, γ, δ), die einerseits aus dem (in größeren Mengen angereicherten) Rezeptor und andererseits aus der Struktur der entsprechenden Gene bestimmt werden konnten (Kap. 9.2.2. und 9.6.).

Durch den Einsatz hochauflösender Elektronenmikrokopie konnten eindrucksvolle Bilder gewonnen werden, auf denen die ringförmige Anordnung der 5 Untereinheiten sowie die hohe Rezeptordichte in der postsynaptischen Membran erkennbar sind (Abb. 8.10). Die Analyse des Hydrophobizitätsprofiles innerhalb der Aminosäuresequenzen aller 4 Typen von Untereinheiten führte zu der Schlußfolgerung, daß jede Untereinheit 5 hydrophobe α-Helices besitzt, die die Membran in ihrer ganzen Länge durchlaufen. Dies ist in Abb. 8.9. dargestellt.

Sowohl aus der Betrachtung der Primärstruktur als auch aus der Fourier-Analyse der Hydrophobizitätsverteilung läßt sich ableiten, daß eine dieser transmembranalen α-

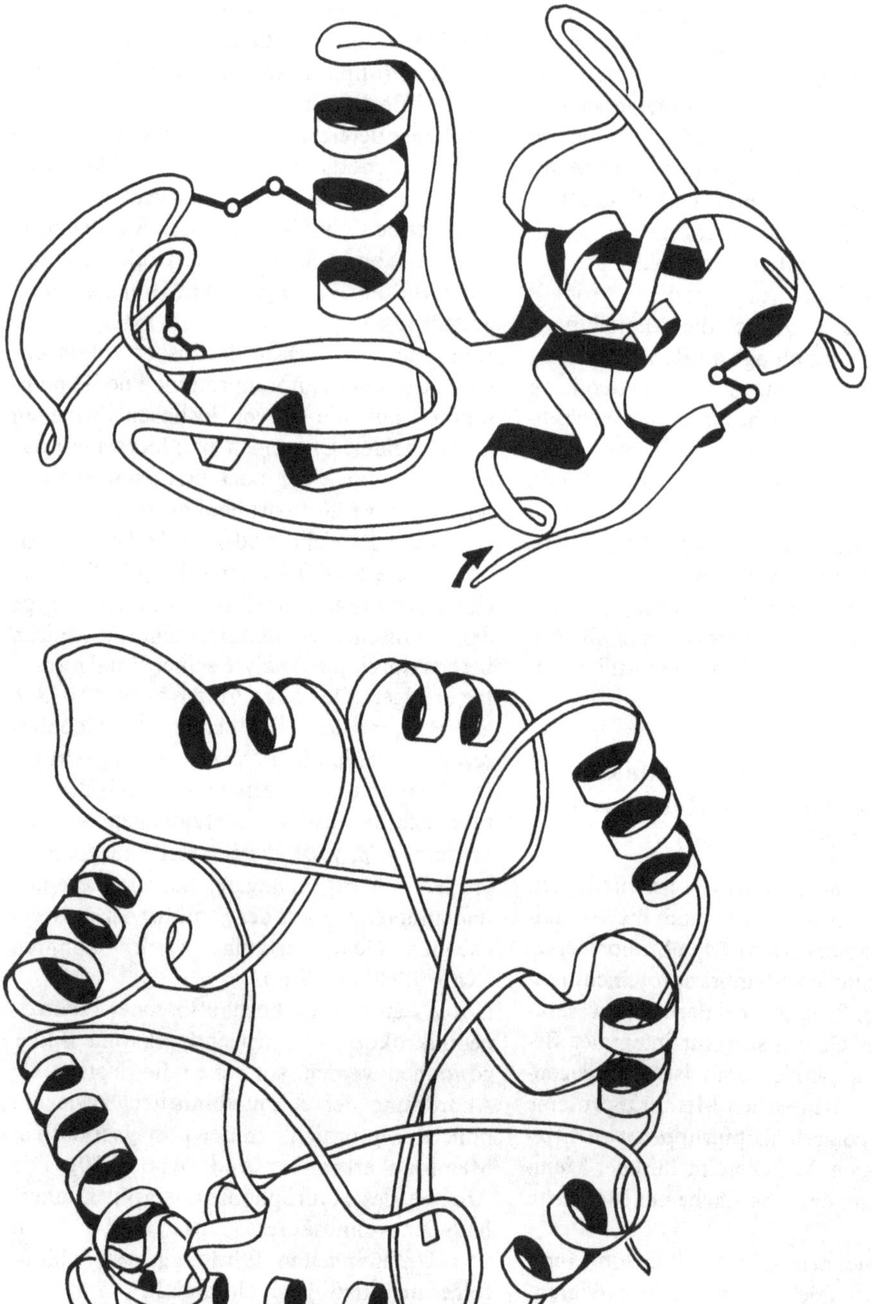

Abb. 8.8. Schematische Darstellung der Tertiärstruktur von löslichen Proteinen.
a) Lysozym
b) Triosephosphat-Isomerase
(nach: C. C. F. Blake and L. N. Johnson, TIBS April, 147 (1984)).

Helix:	1	2	3	4	5
	215 val			445 asn	446 trp
	216 thr			444 gly	447 asn
	217 phe			443 val	448 leu
	218 tyr			442 gln^{-}	449 val
	219 leu			441 gln^{-}	450 gly
	220 ile			440 asp^{-}	451 gln
	221 ile			439 tyr	452 thr
	222 arg^{+}	282 ala	283 leu	438 ala	453 ile
	223 arg^{+}	281 thr	284 ala	437 asn	454 asp^{-}
	224 lys^{+}	280 glu^{-}	285 val	436 lys^{+}	455 arg^{+}
Lipidmembran	225 pro	279 pro	286 pro	435 glu^{-}	456 leu
Lipidmembran	226 leu	278 leu	287 leu	434 lys^{+}	457 ser
Lipidmembran	227 phe	277 arg^{+}	288 ile	433 ile	458 met
Lipidmembran	228 tyr	276 gln	289 gly	432 gln	459 phe
Lipidmembran	229 val	275 ser	290 lys^{+}	431 lys^{+}	460 ile
Lipidmembran	230 ile	274 thr	291 tyr	430 val	461 ile
Lipidmembran	231 asn	273 leu	292 leu	429 ile	462 thr
Lipidmembran	232 phe	272 leu	293 met	428 tyr	463 pro
Lipidmembran	233 ile	271 leu	294 phe	427 asn	464 val
Lipidmembran	234 thr	270 phe	295 ile	426 thr	465 met
Lipidmembran	235 pro	269 val	296 met	425 ser	466 val
Lipidmembran	236 cys	268 ala	297 ser	424 asp^{-}	467 leu
Lipidmembran	237 val	267 gln	298 leu	423 ile	468 gly
Lipidmembran	238 leu	266 ala	299 val	422 gly	469 thr
Lipidmembran	239 ile	265 leu	300 thr	421 ser	470 ile
Lipidmembran	240 ser	264 leu	301 gly	420 lys^{+}	471 phe
Lipidmembran	241 phe	263 val	302 val	419 ile	472 ile
Lipidmembran	242 leu	262 ser	303 ile	418 glu^{-}	473 phe
Lipidmembran	243 ala	261 ile	304 val	417 asp^{-}	474 val
Lipidmembran	244 ser	260 ala	305 asn	416 his	475 met
Lipidmembran	245 leu	259 thr	306 cys	415 leu	476 gly
Lipidmembran	246 ala	258 ser	307 gly	414 gln	477 asn
Lipidmembran	247 phe	257 met	308 ile	413 asp^{-}	478 phe
Lipidmembran	248 tyr	256 lys^{+}	309 val	412 ser	479 asn
	249 leu	255 glu^{-}	310 leu	411 ala	480 his
	250 pro	254 gly	311 asn	410 ala	481 pro
	251 ala	253 ser	312 phe	409 ile	482 pro
	252 glu^{-}				

Abb. 8.9. Aminosäuresequenz der, die Membran durchlaufenden, hydrophoben α-Helices der β-Untereinheit des nikotinergen Acetylcholinrezeptors.
(nach: E. Kosower, FEBS lett. **172,** 1 (1984)).

Helices eine amphipatische Natur aufweist. Eine derartige Struktur tritt in allen Untereinheiten auf. Weiterhin weisen die entsprechenden Helixes der einzelnen Untereinheiten komplementäre Ladungsverteilungsmuster auf. Diese Beobachtungen drängen den Schluß auf, daß es sich hier um diejenigen transmembranalen Strukturen handelt, die den Ionenkanal bilden (Abb. 8.11.).

Der nikotinerge Acetylcholinrezeptor ist nicht für alle Membranrezeptoren typisch, da es sich um einen Rezeptor handelt, der gleichzeitig ein Ionophor darstellt. Das allgemeine strukturelle Grundprinzip des Aufbaus von integralen Membranproteinen (wie auch des nikotinergen Rezeptors) ist jedoch das Auftreten von transmembranalen α-Helixes aus hydrophoben Sequenzen von rund 20—25 Amino-

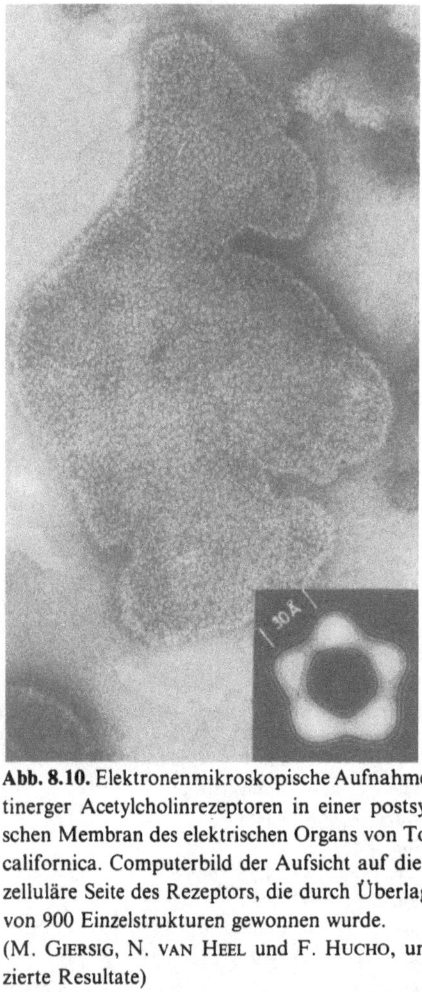

Abb. 8.10. Elektronenmikroskopische Aufnahme nikotinerger Acetylcholinrezeptoren in einer postsynaptischen Membran des elektrischen Organs von Torpedo californica. Computerbild der Aufsicht auf die extrazelluläre Seite des Rezeptors, die durch Überlagerung von 900 Einzelstrukturen gewonnen wurde.
(M. GIERSIG, N. VAN HEEL und F. HUCHO, unpublizierte Resultate)

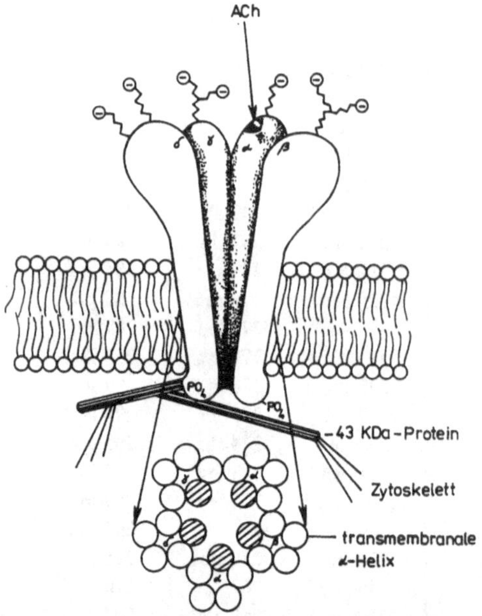

Abb. 8.11. Längsschnitt (oben) und Querschnitt (unten) durch ein Strukturmodell des nikotinergen Acetylcholinrezeptors aus Torpedo californica. Der Rezeptor kann auf der zytoplasmatischen Seite phosphoryliert werden und ist mit dem Zytoskelett verbunden. Jede Untereinheit weist 4 hydrophobe und eine amphipatische α-Helix (die die Innenseite des trichterförmigen Ionenkanals bildet) auf. Große hydrophile (glykosylierte) Sequenzbereiche befinden sich auf der Außenseite der Membran.
(nach: F. HUCHO: Eur. J. Biochm. 158, 211 (1986))

säuren. Dieses Prinzip dürfte auch für die anderen Membranrezeptoren gelten.

8.3. Wechselwirkungen zwischen Lipiden und Membranrezeptoren

8.3.1. Sind Rezeptoren durch eine festgebundene Lipidschicht umgeben?

Diese Frage ist bislang nur auf der Grundlage von Untersuchungen zu diskutieren, die allgemein für integrale Membranproteine gelten. Die zunächst akzeptierte Meinung über das Auftreten stöchiometrischer Komplexe zwischen Membranproteinen und Lipiden wird zunehmend in Zweifel gezogen (8, 6). Folgende Techniken wurden hauptsächlich zur Untersuchung dieses Problems eingesetzt:

1. Paramagnetische Elektronenresonanz
2. Magnetische Kernresonanz
3. Fluoreszenzpolarisation.

Eine bessere Interpretation der Grenzen dieser Methoden sowie der für Lipide untypischen Besonderheiten einiger der verwendeten Markerverbindungen führte zu der Schlußfolgerung, daß stabile Lipid-Membranprotein-Komplexe im allgemeinen nicht auftreten. Dies bedeutet jedoch nicht, daß die biophysikalischen Eigenschaften der Lipidphase nicht durch die Anwesenheit integraler Membranproteine beeinflußt würden. Dies gilt insbesondere dann, wenn sehr viele Membranproteine in der Membran vorhanden sind und wurde durch Rekonstruktionsexperimente mit künstlichen Membransystemen nachgewiesen. So wird beispielsweise die Phasenumwandlungstemperatur der Lipidschicht durch die Anwesenheit von Proteinen drastisch gesenkt (6). Die Phasenumwandlungstemperatur kann auch durch Pharmaka verändert werden (16). Es kann also davon ausgegangen werden, daß sich die meisten Membranlipide in einem reversiblen Assoziationsgleichgewicht mit Membranproteinen befinden.

8.3.2. Sind bestimmte Lipide für die funktionale Aktivität von Membranrezeptoren von entscheidender Bedeutung?

Diese Frage läßt sich nur durch Rekonstitutionsexperimente beantworten (Vergl. Kap. 10). Die Wirkung von Lipid-abbauenden Enzymen auf die Rezeptor-Ligand-Wechselwirkung wurde häufiger zur Beantwortung der obigen Frage herangezogen, ist aber wenig aussagefähig. Dies liegt in der Entstehung von Lysolipiden und freien Fettsäuren begründet, die ihrerseits auf Rezeptoren solubilisierend oder inaktivierend wirken (8).

a) Rekonstitutionsexperimente

Die umfassendsten Rekonstitutionsexperimente mit reinen Rezeptorpräparationen und definierten Lipidgemischen wurden bislang mit dem nikotinergen Acetylcholinrezeptoren vorgenommen (Vergl. Kap. 10).

Zunächst wurde festgestellt, daß sich Vesikel mit einem hohen bzw. niedrigen Gehalt von nikotinergen Rezeptoren, die aus Torpedo marmorata gewonnen wurden, durch den Gehalt von Cholestrol und mehrfach ungesättigten Phosphoäthanolaminen unterscheiden.

Cholesterol begünstigt auch den Einbau von nikotinergen Rezeptoren in Monolayer-Lipid-Schichten. Fluoreszenzpolarisationsexperimente wiesen eine geringere Beweglichkeit der Lipidmoleküle in den rezeptorreichen Vesikelpräparationen nach. Dies ist sowohl auf den höheren Cholesterolgehalt als auch auf die größere Zahl von Rezeptoren zurückzuführen.

Der nächste Schritt bestand darin, festzustellen, inwieweit Cholesterol und Phosphoäthanolamine für die funktionellen Eigenschaften des Rezeptors von Bedeutung sind. Hierbei bieten sich zwei Möglichkeiten:

— die Messung der Agonist-induzierten Konformationsänderung des Rezeptors durch Analyse der Agonist-Bindungskinetik auf der Basis von Verdrängungsexperimenten und
— die Messung des durch Agonisten spezifisch stimulierten Einstroms von $^{22}Na^{+}$ in rezeptorhaltige Liposomen als Ausdruck der Öffnung des Ionophors.

Als Resultat dieser Untersuchungen ergab sich, daß Cholesterol zwar eine notwendige Voraussetzung für die Agonist-induzierten Konformationsänderungen des Rezeptors ist, jedoch zur Öffnung des Ionophors die Anwesenheit ungesättigter Phosphoäthanolamine erforderlich ist (7).

Inwieweit diese Membrankomponenten auch eine essentielle Rolle bei der funktionalen Aktivierung anderer Membranrezeptoren haben, ist noch offen. Auffällig ist jedoch, daß Detergenzien mit Grundstrukturen, die derjenigen des Cholestrol verwandt sind, die besten Hilfsmittel zur stabilen Solubilisierung nahezu aller Membranrezeptoren darstellen (Vergl. Kap. 9.1.). Weiterhin ist Cholestrol derjenige Membranbestandteil, der am meisten zur Stabilisierung der Membranstruktur beiträgt.

b) Ganglioside

Fast alle Membranrezeptoren sind Glykoproteine. Wie jedoch am Beispiel des muskarinergen Acetylcholinrezeptors gezeigt werden konnte, kann diese Eigenschaft auch durch die feste Assoziation des Rezeptorproteins mit Gangliosiden vorgetäuscht werden. Die Zukkerreste der Ganglioside erscheinen so als quasi integrale Bestandteile des Rezeptors. Es gelingt in diesem Falle, selektiv diese Ganglioside vom Rezeptor zu entfernen, was eine Veränderung der Agonist-Bindungskinetik und regulativen Wirkung von GTP zur Folge hat (Kap. 9.4.3.).

Im Zusammenhang mit der Vielzahl physiologischer Effekte, die Gangliosiden zugeschrieben werden, könnte dies ein Hinweis für die Bedeutung von Gangliosiden für funktionale Eigenschaften einiger Membranrezeptoren sein. Rezeptor-assoziierte Ganglioside spielen bei der Auslösung der biologischen Effekte von Bakterientoxinen und Thyroxin als Bindungsareale in der Membran eine Rolle.

c) Kovalente Ankopplung von Fettsäuren

Eine weitere Form der Rezeptor-Lipid-Wechselwirkung besteht in der posttranslationalen Kopplung von Rezeptoruntereinheiten mit Fettsäuren. Dies wurde für die α- und β-Untereinheiten des nikotinergen Azetylcholinrezeptors beschrieben und könnte eine Rolle im Zusammenhang mit dem Einbau des Rezeptors in die Membran spielen. Letzteres wird dadurch deutlich, daß die Hemmung der Fettsäuresynthese durch Cerulenin zu einer starken Verminderung der Einbaurate nikotinerger Rezeptoren in die Membran führt, ohne daß die Proteinsynthese beeinflußt wird.

d) Biophysikalische Eigenschaften der Lipidmembran

Schließlich erhebt sich die Frage, ob die Stabilität der ligandbindenden Konformation von Rezeptoren von dem Vorhandensein einer intakten Lipid-Doppelschicht, d. h. von der räumlichen Anordnung der Lipide, abhängig ist. Entsprechend Experimenten mit geordneten und ungeordneten Lipid-Monoschichten scheint dies z. B. für den muskarinergen Acetylcholinrezeptor nicht der Fall zu sein (15).
Die unter a) bis d) diskutierten Möglichkeiten der Rezeptor-Lipid-Wechselwirkung stellen die jüngsten Beispiele für Arbeiten auf einem Forschungsgebiet dar, welches sich noch im Anfang seiner Entwicklung befindet. Sie stellen deshalb nicht allgemeingültige Grundprinzipien, sondern vielmehr Einzelbeispiele dar.

8.4. Biosynthese von Membranrezeptoren

Die detaillierten Untersuchungen zum Mechanismus der Biosynthese von Rezeptoren wurden am Beispiel des nikotinergen Acetylcholinrezeptors vorgenommen. Die hierbei sichtbar werdenden Grundprinzipien dürften jedoch Modellcharakter für andere Membranrezeptoren haben.
Das in Abb. 8.12. dargestellte Schema umfaßt die Stufen der Biosynthese des nikotinergen Rezeptors beginnend mit der Translation. Die Translation erfolgt an Membran-assoziierten Polyribosomen. Jede der vier unabhängig voneinander translatierten Untereinheiten ist mit einer Signalsequenz ausgestattet, die bald nach Abschluß der Translation abgespalten werden dürfte, da sie sich bereits in der nativen Konformation der einzelnen Untereinheiten nicht mehr nachweisen läßt. Die Funktion der Signalsequenz scheint in der Kopplung des Polyribosoms mit der entstehenden Rezeptorsequenz an ein Ribonucleoprotein („signal recognition particle") zu bestehen. Letzteres vermittelt die Bindung des Translationskomplexes an ein Membranareal des endoplasmatischen Retikulums. Der Peptidstrang wird nun so weit im Zuge seiner Entstehung durch die Membran hindurchgeschoben, bis eine sogenannte „Stop-Sequenz" erreicht ist. Diese besteht vorwiegend aus hydrophoben Aminosäuren und dürfte eine der in Abb. 8.9. dargestellten transmembranalen α-Helices darstellen. Wahrscheinlich ist eine weitere Signalsequenz notwendig, um die nächste Polypeptidschleife in die Membran einzufügen (Abb. 8.12a (3–4)). Wiederum verhindern

Abb. 8.12.
a) Vermutlicher Ablauf der Biosynthese einer Untereinheit des nikotinergen Acetylcholinrezeptors an Membranen des rauhen endoplasmatischen Retikulums (Erläuterungen im Text).
b) Schematisierte Darstellung der Assoziation der Untereinheiten des nikotinergen Acetylcholinrezeptors zum Rezeptorkomplex bestehend aus den Untereinheiten $2 \times \alpha$, β, γ, δ. Die entsprechenden Vesikel des Golgi-Apparates fusionieren mit der Zellmembran, so daß die Ligand-Bindungsstellen an die Außenseite der Membran gelangen.
Das Schema stützt sich auf Untersuchungen an kultivierten Muskelzellen der Maus, die Primärstruktur der Rezeptoruntereinheiten sowie auf Analogieschlüsse aus Kenntnissen über die Biosynthese anderer integraler Membranproteine.

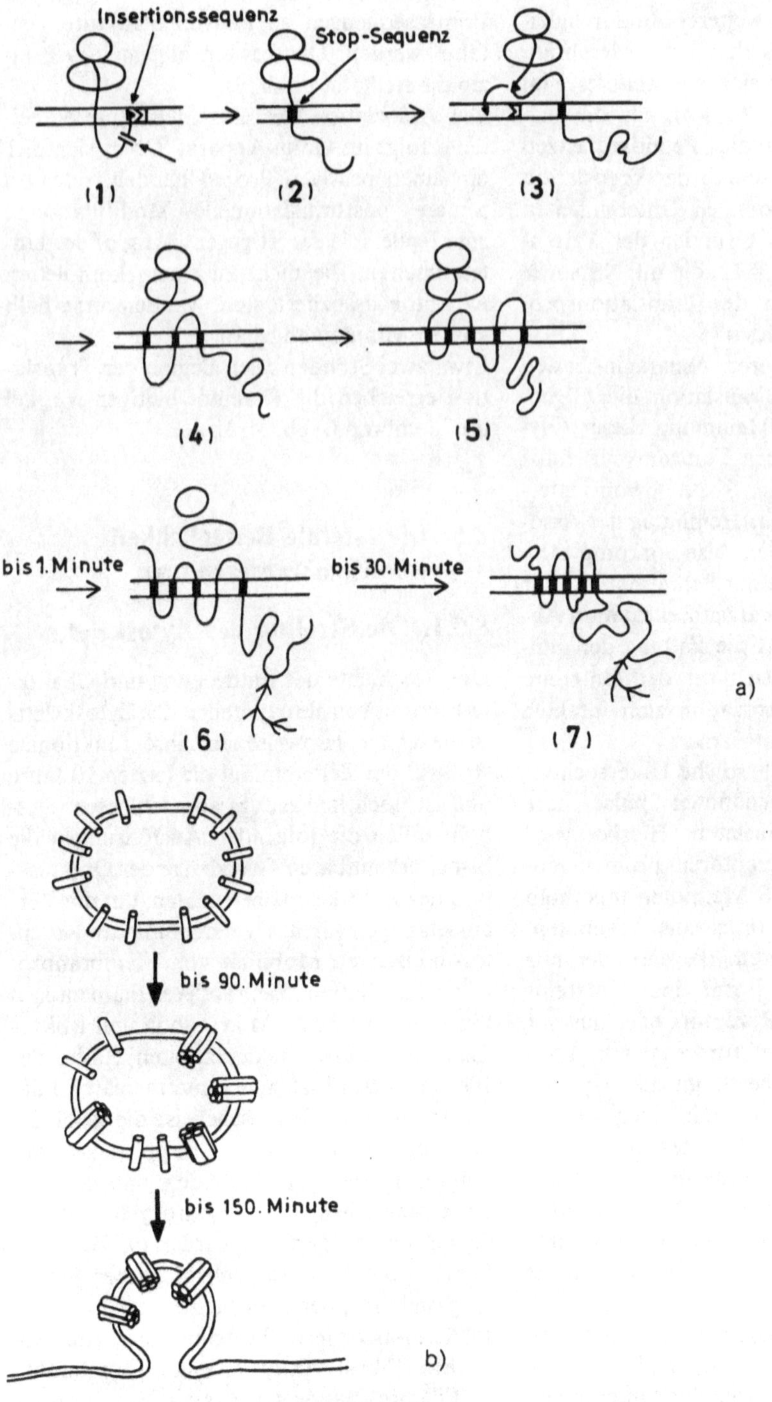
Insertionssequenz
Stop-Sequenz
(1)
(2)
(3)
(4)
(5)
bis 1. Minute
bis 30. Minute
(6)
(7)
a)
bis 90. Minute
bis 150. Minute
b)

„Stop-Sequenzen" ein weiteres Hindurchgleiten des Peptidstranges durch die Membran. Dieser Prozess dürfte sich ein weiteres Mal wiederholen (Abb. 8.12a (5)), bis die insgesamt 5 transmembranalen Peptidsequenzen fixiert sind. Nach Abschluß der Translation dissoziieren die ribosomalen Untereinheiten vom Polypeptid. Aus Gründen der Vereinfachung sind in Abb. 8.12. die mRNS sowie weitere Komponenten des Translationsprozesses weggelassen worden.

An einem oder mehreren Asparagin-Resten findet während der Translation die Glycosylierung statt. Eine Hemmung dieser Glykosylierung (z. B. durch Tunicamycin) führt nicht zur Hemmung der Synthese von Untereinheiten, wohl aber zur Hemmung der Assoziation zum funktionalen Rezeptorkomplex.

Während die Synthese der Peptidsequenz nur einen vergleichsweise kurzen Zeitraum in Anspruch nimmt, verläuft die Faltung der dreidimensionalen Raumstruktur der Untereinheiten und deren Assoziation zum intakten Rezeptor wesentlich langsamer.

Methodisch lassen sich solche Untersuchungen mit Hilfe der sogenannten „pulse chase labeling"-Technik realisieren. Hierbei wird einer (nikotinerge Rezeptoren produzierenden) Muskelzellinie ^{35}S-Methionin innerhalb eines bestimmten Zeitintervalls angeboten. Mit Hilfe von Antiseren, die entweder nur mit der denaturierten Form einer Untereinheit des nikotinergen Rezeptors oder nur mit der nativen Tertiärstruktur reagieren, können die während einer bestimmten Zeitspanne synthesierten Rezeptoruntereinheiten selektiv präzipitiert werden. So konnten erst 15 bis 30 Minuten nach der Gabe der markierten Aminosäure erste native α-Untereinheiten nachgewiesen werden, die auch mit α-Bungarotoxin reagieren. Mit dieser Methode konnte weiterhin nachgewiesen werden, daß auch die Konformation der Ligand-spezifischen Bindungsstelle zu dieser Zeit ausgebildet ist, d. h. nicht von der Assoziation der Untereinheit zum kompletten Rezeptormolekül abhängig ist (11, 17).

Quantitative Untersuchungen deuten darauf hin,. daß nur 20—30% der synthetisierten Primärsequenzen zu nativen Strukturen gefaltet werden. Ob dies ein allgemeines Prinzip darstellt, ist unklar.

Die Assoziation der einzelnen Untereinheiten erfolgt im Golgi-Apparat. Ob es sich hier um einen passiven Prozeß handelt, oder ob weitere posttranslationelle Modifikationen eine Rolle spielen, ist gegenwärtig offen. Untereinheiten, die nicht zu einem kompletten Rezeptor assoziiert sind, werden innerhalb von 15 Minuten abgebaut.

Etwa zwei Stunden nach Beginn der Translation erreichen die Rezeptor-haltigen Vesikel die Membran (Abb. 8.12b).

8.5. Die laterale Beweglichkeit von Membranrezeptoren

8.5.1. Die Struktur des Zytoskeletts

Die Geschichte der Entdeckung und Charakterisierung von Bestandteilen des Zytoskeletts sowie erster Hinweise auf ihre funktionale Rolle in der Zelle umfaßt die letzten 10 Jahre und ist noch keineswegs abgeschlossen. Deshalb sollen die folgenden Ausführungen die bisher erkennbaren Grundzüge der Organisation des Zytoskeletts beleuchten, um die Voraussetzungen für das Verständnis der Rezeptor-induzierten Mobilität von Membranproteinen zu schaffen. Nach anderen filamentösen Systemen der Zelle (Mikrotubuli und Mikrofilamente) wurde in der zweiten Hälfte der 70er Jahre das System der intermediären Filamente entdeckt. Inzwischen ist die Zahl der bekannten Proteine dieser Gruppe relativ umfangreich geworden, besonders nachdem die Untersuchungen vom Erythrozyten auf andere Zellen ausgeweitet wurden (4, 9).

Diese Proteine lassen sich in grober Einteilung drei Gruppen zuordnen:

1. Actin-assoziierte Proteine (Spectrin, Fodrin, Fibrin, Ankyrin, Villin, Calmodulin, Filamin, Bande-4.1-Protein).
2. Proteine verschiedener Typen von Intermediarfilamenten (Desmin, Gliäres-Filamentprotein, neuronale Filamentproteine, Vimentin, Cytokeratine, Filaggrin).

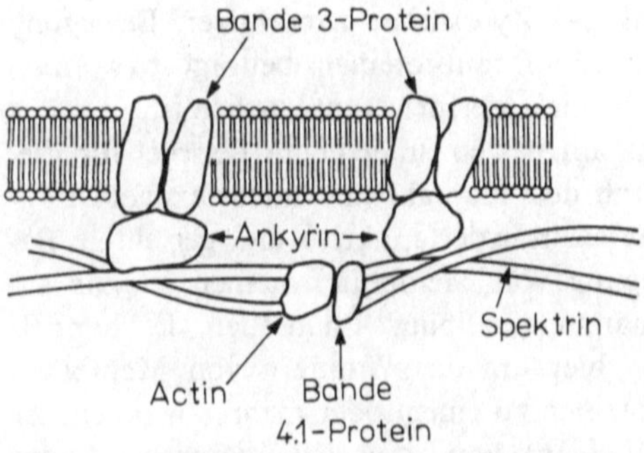

Abb. 8.13. Schematische Darstellung der Wechselwirkung von Komponenten des Zytoskeletts mit einem integralen Membranprotein der Erythrozytenmembran.

3. Tubulin-assoziierte Proteine (Clathrin, Dynein, MAP 1/2).

Eine schematische Darstellung der Vorstellungen über die Organisation des Zytoskeletts in Erythrozyten ist in Abb. 8.13. zusammengefaßt.

Die Kopplung von Spectrin-Polymeren untereinander erfolgt demnach über Actin sowie das Protein der elektrophoretischen Bande 4.1, während die Wechselwirkung des dadurch entstehenden Netzwerkes mit der Membran in Form der Assoziation des Spectrin-bindenden Moleküls Ankyrin mit transmembranalen Proteinen erfolgt.

Aus diesem Modell (welches unter Einbeziehung anderer Komponenten den Vorstellungen über den Aufbau des Zytoskeletts anderer Zellen entspricht) ergibt sich die Frage, inwieweit diese Strukturen starre, unveränderliche Gebilde darstellen. Zur Untersuchung dieser Frage sind insbesondere zwei Techniken erfolgreich eingesetzt worden. Einerseits handelt es sich um die Injektion fluoreszierender Zytoskelett-Proteine in lebende Zellen und die Verfolgung von deren Einbau in die vorgefundenen zellulären Strukturen. Andererseits wird eine Spielart der sogenannten „photo-bleaching"-Technik benutzt. Hierbei handelt es sich um die durch einen eng fokussierten Laserstrahl induzierte Ausbleichung der Fluoreszenz von Bestandteilen des Zytoskeletts. Anhand des Verschwindens dieser nichtfluoreszierenden Stelle kann die Halbwertszeit des Austausches bestimmter Elemente des Zytoskeletts zwischen dem gebundenen und dem löslichen Pol festgelegt werden.

Im Falle von Actin beträgt diese Austauschzeit z. B. bei kultivierten Fibroblasten zwischen 2 und 10 Minuten. Somit muß angenommen werden, daß sich das System des Zytoskeletts in einem ständigen Zustand der Assoziation und Dissoziation einzelner Komponenten befindet. Eine elektronenoptische Darstellung von Komponenten des Zytoskeletts enthält Abb. 8.14.

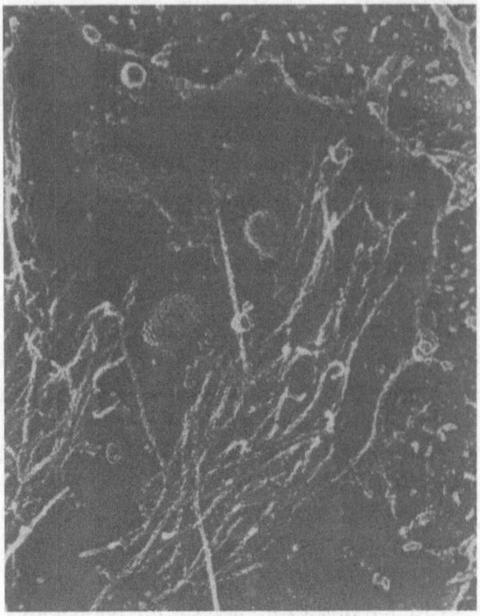

Abb. 8.14. Elektronenmikroskopische Aufnahme (Gefrier-Ätz-Technik) von Zytoskelettbestandteilen der inneren Membran eines Fibroblasten. Die drei „coated pits" zeigen das typische polygonale Muster der Clathrin-Polymere. Die F-Aktin-Filamente weisen eine helikale Substruktur auf.
(aus: J. Heuser, J. Cell Biol. **84**, 560 (1980)).

8.5.2. Wird die passive laterale Beweglichkeit der Membranproteine durch das Zytoskelett reguliert?

Methodische Grundlage derartiger Untersuchungen ist eine Technik, die bereits im vorausgegangenen Abschnitt unter anderen Voraussetzungen Erwähnung fand. Es handelt sich um die „fluorescence photobleaching recovery", d. h. die Messung der Einwanderungsgeschwindigkeit von fluoreszierenden Membranbestandteilen in solche Regionen der Membran, die durch einen fokusierten Laserstrahl fluoreszenzfrei gemacht (gebleicht) wurden.

Aus derartigen Untersuchungen ergibt sich für die laterale Beweglichkeit von Lipidmolekülen innerhalb der Zellmembran in Abhängigkeit von der Gesamtviskosität der Lipidmatrix ein Diffusionskoeffizient von etwa 10^{-8} cm²/sec. Demgegenüber zeigt sich aber, daß Membranproteine mit einer Diffusionskonstante von $2-6\times 10^{-10}$ cm²/sec wesentlich langsamer als die Lipide innerhalb der Zellmembran beweglich sind. Für einige Membranproteine (so u. a. den *β*-Rezeptor) haben Untersuchungen mit diesem Verfahren noch eine wesentliche geringere Beweglichkeit bis hin zur fast vollständigen Immobilität ergeben. Daraus leitet sich die Schlußfolgerung ab, daß die Viskosität der Lipidmembran nicht der limitierende Faktor für die Beweglichkeit von Proteinen innerhalb der Zellmembran sein kann. Dies wird dadurch unterstrichen, daß Proteine, die in eine künstliche Lipidmembran eingebaut wurden, mit einer Geschwindigkeit von rund 5×10^{-9} cm²/sec beweglich sind. Dies entspricht tatsächlich ungefähr der Beweglichkeit der Lipidmoleküle. Das bedeutet, daß der Größenunterschied zwischen den Lipiden und Proteinen für die beobachteten Beweglichkeitsunterschiede nicht von ausschlaggebender Bedeutung ist.

Diese Aussage wird dadurch unterstrichen, daß bei Erythrozyten, die kein Spectrin besitzen, die laterale Beweglichkeit des Bande 3-Proteins um den Faktor 50 erhöht ist.

8.5.3. „Receptor capping" und „down regulation" — die aktive laterale Beweglichkeit von Membranrezeptoren

Wenn nun die passive Beweglichkeit von bestimmten intrinischen Membranproteinen durch das Zytoskelett deutlich eingeschränkt wird, erhebt sich weiterhin die Frage, inwieweit das Zytoskelett zur aktiven Bewegung von Membranproteinen beiträgt bzw. ausschließlich hierfür verantwortlich ist.

Das am besten untersuchte Beispiel für die, durch den Kontakt mit einem exogenen Liganden induzierte, aktive und gerichtete Bewegung von Membranproteinen ist das sogenannte „capping"-Phänomen. Es handelt sich hier um das Wandern von Membranproteinen zu einem oder mehreren Polen der Zelle (cap), von wo aus sie überwiegend oder vollständig internalisiert werden. Dieser Prozeß kann bei 37 °C nach etwa 15 Minuten abgeschlossen sein und leicht mit Hilfe Fluoreszenz-markierter Antikörper gegen bestimmte Membranantigene sichtbar gemacht werden (Abb. 8.15.) (14). Auslösendes Moment ist entweder die Vernetzung von Membranproteinen (Antigene durch Antikörper, Fc-Rezeptor-Immunglobulin-Komplexe) oder die Aktivierung bestimmter Rezeptoren durch den entsprechenden Liganden (Insulin, EGF, NGF, LHRH, Prolactin, α-2-Macroglobulin). Das offensichtlich sehr komplexe Geschehen, das in enger Wechselwirkung der drei filamentösen Systeme der Zelle (der Mikrotubuli,

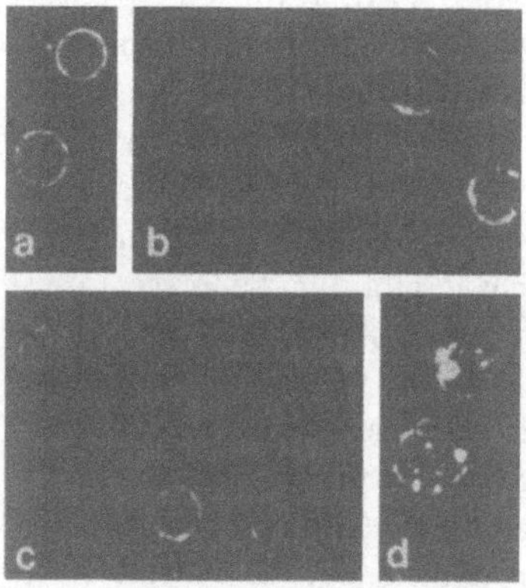

Abb. 8.15. Membranfluoreszenz von Ratten-Basophilen-Leukämiezellen nach Inkubation mit Rhodamin-markierten IgE-Tetrameren.
a) Ringfluoreszenz bei 0 °C
b) „patch"-Bildung (Aggregation) nach 2 Stunden bei 4 °C
c) „patch"-Bildung nach 1 Stunde bei 22 °C
d) Internalisation der IgE-Fc-Rezeptor Komplexe nach 7,5 Stunden bei 22 °C
(aus: A. Menon et al., J. Cell Biol. **98,** 577 (1984)).

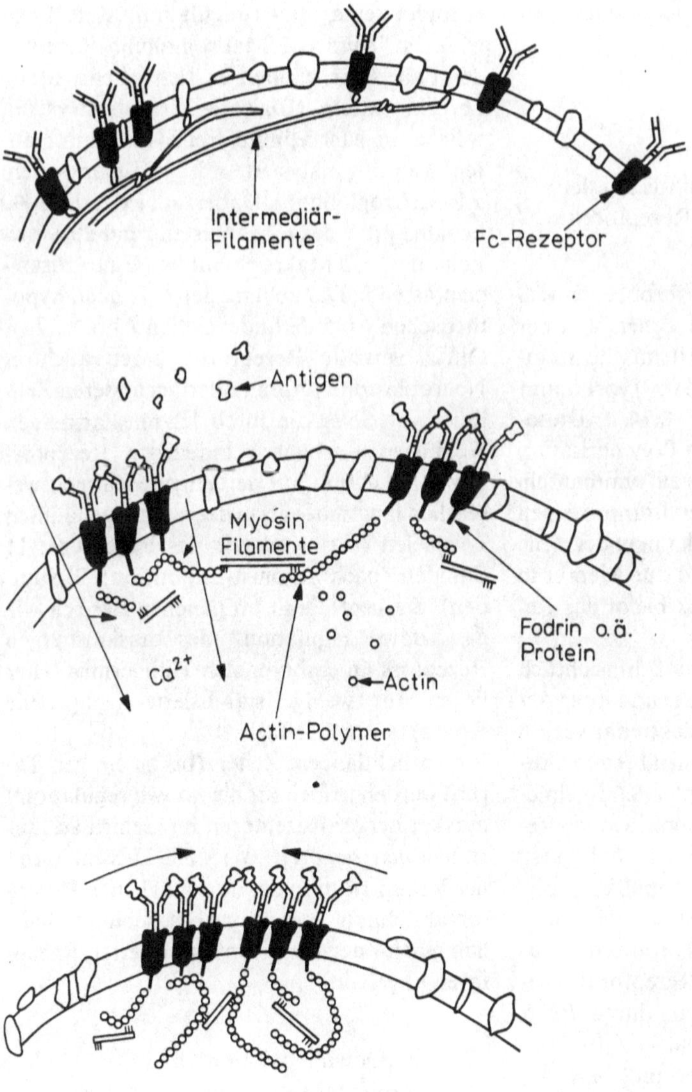

Abb. 8.16. Beteiligung einiger Komponenten des Zytoskeletts an Aggregation und Umverteilung („capping") von Fc-Rezeptoren in der Membran von Lymphozyten.

a) Fc-Rezeptor-Antikörper Komplexe liegen diffus auf der Membran verteilt vor und sind z. T. mit Intermediärfilamenten assoziiert.

b) Die Vernetzung der Fc-Rezeptor-Antikörper Komplexe durch ein Antigen führt zum Einstrom von Ca^{2+} bzw. zur Freisetzung von zytoplasmatisch gespeichertem Ca^{2+}. Die erhöhte intrazelluläre Ca^{2+}-Konzentration ermöglicht die Polymerisation von Komponenten kontraktiler Filamente. Wegen der besseren Übersichtlichkeit wurden die Intermediärfilamente weggelassen.

c) Die Aktin-Myosin Kontraktion führt zur Zusammenlagerung von Fc-Rezeptor-Aggregaten („patches"), die sich an einem Pol der Zelle anreichern können („capping").

der Mikrofilamente und der intermediären Filamente) zustande kommt, wird bisher noch nicht vollständig verstanden. Dennoch kann in Anlehnung an Burguignon ein Modell vorgeschlagen werden, welches in Abb. 8.16. zusammengefaßt dargestellt ist. Diese Hypothese stellt die Polymerisation und Kontraktion der Mikrofilamente in den Vordergrund, während den Intermediärfilamenten und den Mikrotubuli eine eher passive Rolle zugeschrieben wird (1, 4, 9, 10).

Wenn sich die Rezeptoren zu derartigen Clustern zusammengefunden haben, erhebt sich die Frage nach ihrem weiteren Schicksal. Ein geeignetes Objekt für Modelluntersuchungen ist der Fibroblast, auf dem unter anderem Rezeptoren für Insulin, den epidermalen Wachstumsfaktor, Somatomedin C, das „low density lipoprotein", das α-2-Makroglobulin, für Trijodothyronin und andere Liganden gefunden wurden.

Diese Experimente haben jedoch nur Modellcharakter für solche Rezeptoren, die diffus in der Membran verteilt sind (Abschnitt 8.5.3.1.), während Rezeptoren, die innerhalb einer geordneten postsynaptischen Region eingebaut sind (Abschnitt 8.5.3.2.), anderen Gesetzen unterliegen.

8.5.3.1. „Down regulation“ und Internalisation von diffus auf der Membran verteilten Rezeptoren

Ein Teil der Membran von Fibroblasten (rd. 2%) besteht aus Arealen, in denen in einer besonders hohen Dichte das extrinische Membranprotein Clathrin (MG 185000) vorkommt („coated pit“, vergl. Abb. 8.14.). Dieses Protein ist in der Lage, durch Polymerisation die internalisierten Vesikel zu ummanteln und steht mit integralen Membranproteinen in Wechselwirkung. Clathrin kann in der Zelle von dem Vesikel entfernt und zur Membran zurückgeführt werden. Zurück bleibt das Rezeptosom.

Es ist einerseits erstaunlich, daß hinsichtlich der Rezeptor-Ligand-Komplexe und ihrer Assoziation eine relativ hohe Selektivität gegenüber anderen Membranproteinen besteht. Andererseits muß ein multivalenter Sammelmechanismus bestehen, da sehr verschiedene Rezeptor-Ligand-Komplexe in „coated pits“ scheinbar gleichen Aufbaus internalisiert werden. Dieser Prozeß wird offensichtlich durch die Phosphorylierung der Rezeptoren induziert. Sie kann sowohl nach Rezeptoraktivierung als auch heterolog, d. h. durch Pk-A und Pk-A-Aktivierung erfolgen.

Die Heranführung des „coated pit“ bzw. des Rezeptosoms an den Golgi-Apparat könnte durch Mikrotubuli erfolgen, wie durch die Hemmwirkung von Colchicin angezeigt wird. Nach ihrer Abspaltung von der Membran von Fibroblasten erscheinen α-2-Makroglobulin-haltige Rezeptosomen in der Golgi-Region der Zelle. Hier beginnt der Abbau des Liganden, der wahrscheinlich die durch Fusion der Rezeptosomen mit bestimmten Komponenten des Golgi-endoplasmatischen Retikulum/Lysosom-Komplexes ermöglicht wird. Dabei ist es einerseits möglich, daß die Rezeptoren abgebaut werden. Andererseits können sie intakt an die Zellmembran zurückkehren, d. h. es findet keine „down-regulation“ statt. Letzteres ist beim α-2-Makroglobulin-Rezeptor der Fall. Hier handelt es sich offensichtlich um ein extrem effizientes Transportsystem, welches in jeder Minute drei Zyklen durchlaufen kann. (analysiert mit ^{125}J-markiertem α-2-Makroglobulin). Dabei faßt jedes der 1000 „coated pits“ des Fibroblasten rund 20 Moleküle des α-2-Makroglobulins. Eine zusammenfassende Darstellung der z. T. noch hypothetischen Abläufe findet sich in Abb. 8.17.

Diffus verteilte Rezeptoren liegen auch in Neuroblastomkulturen oder bei anderen Zelllinien vor. So ist die durch den muskarinergen Agonisten Carbachol induzierte Rezeptor-down-regulation auf derartigen Zellinien wesentlich langsamer als in den vorher genannten Beispielen (Halbwertszeit des Rezeptors: 11 Stunden, nach Agonist-Exposition: 3 Stunden). Sie liegt damit im gleichen Bereich wie die „down regulation“ des muskarinergen Rezeptors im embryonalen Hühnerhirn. Hier liegen nur wenige stabilisierte synaptische Kontakte vor (13, 18).

Wesentlich längere Zeiten (bis zu einigen Tagen) werden jedoch für die „down regulation“ muskarinerger Rezeptoren im Gehirn adulter Individuen benötigt. Wie die Hemmbarkeit der Rekonstitution der ursprünglichen Rezeptorzahl durch Proteinsynthesehemmer deutlich macht, werden die internalisierten Rezeptoren abgebaut.

8.5.3.2. „Down regulation“ und Internalisation von Rezeptoren aus postsynaptischen Arealen

Wie bereits angedeutet wurde, sind im allgemeinen die Daten zum Rezeptor-„turnover“ auf der Membran isolierter kultivierter Zellen oder Zellen ohne postsynaptische Areale nicht repräsentativ für die Synthese und den Abbau von Rezeptoren, die in postsynaptischen Komplexen organisiert sind. Für diese Rezeptoren gelten wesentlich längere Halbwertszeiten des Verweilens in der Membran.

Ein eindrucksvolles Beispiel für die Koexistenz von Rezeptoren mit einem schnellen und einem sehr langsamen „turnover“ in der Post-

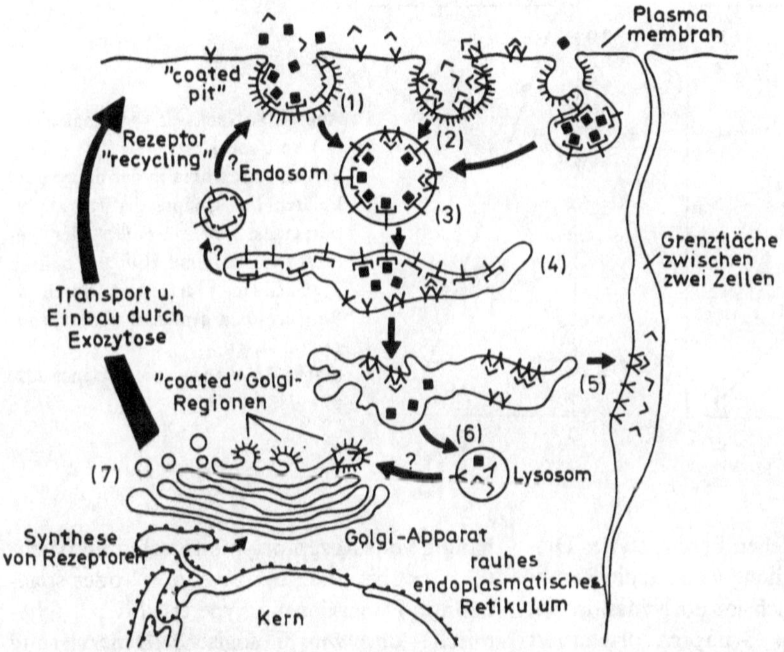

Abb. 8.17. Zusammenfassendes Ablaufschema der verschiedenen Möglichkeiten der Internalisation von Membranrezeptoren und ihres weiteren Schicksals in intrazellulären Kompartimenten.

1) In „coated pits" lokalisierte Rezeptoren (z. B. LDL-Rezeptor, α_2-Makroglobulin-Rezeptor, Rezeptoren für einige Polypeptid-Hormone und Wachstumsfaktoren).
2) Rezeptoren, die sich nach Vernetzung in „coated pits" ansammeln (z. B. Fc-Rezeptoren für IgA bzw. IgG nach Antigenbindung).
3) Durch Verlust der Clathrin-Ummantelung oder durch Ausstülpung Clathrin-freier Areale des „coated pit" entstehen die Endosomen (Rezeptosomen).
4) In peripheren endosomalen Kompartimenten erfolgt durch Senkung des pH die Dissoziation pH-sensitiver Rezeptor-Ligand-Komplexe (z. B. erfolgt die Freisetzung von LDL, Insulin, α_2-Makroglobulin).
5) Bei niedrigem pH nicht dissoziierende Komplexe werden in andere endosomale Kompartimente übernommen und von dort aus vermittels Exozytose an einer anderen Stelle der Zellmembran freigesetzt, d. h. die Rezeptorinternalisation hat primär eine Transportfunktion (z. B. Transferrin, IgA-gebundenes Antigen).
6) Alternativ können freigesetzte Liganden und undissoziierte Rezeptor-Ligand-Komplexe in Lysosomen abgebaut werden. Möglicherweise kommt auch hier eine partielle Rückführung von Rezeptoren über den Golgi-Apparat vor.
7) Parallel zu 1–6 verläuft die de novo-Synthese von Rezeptoren an Membranen des rauhen endoplasmatischen Retikulums, wie dies in Abb. 8.12. detaillierter dargestellt ist.

(nach: G. Poste, J. Appl. Physiol.: Respirat. Environ. Exercise Physiol. **57**, 1297 (1984)).

synapse ist der nikotinerge Acetylcholinrezeptor aus der neuromuskulären Synapse des Ratten-Diaphragmas. Methodisch sind solche Untersuchungen durch die in vivo Gabe von ^{125}J-α-Bungarotoxin relativ leicht auszuführen. Dieses Neurotoxin bindet nahezu irreversibel an den nikotinergen Rezeptor, so daß mit einer 48stündigen Waschung des Diaphragmas die unspezifisch gebundenen Toxinanteile quantitativ entfernt werden können, ohne das Rezeptor-gebundene Toxin abzulösen. Eine selektive Messung des „turnover" neu synthetisierter Rezeptoren ist durch die Blockade der vorhandenen Rezeptoren mit unmarkiertem Toxin vor der Gabe des markierten Toxins möglich.

Aus diesen Experimenten ergibt sich die Möglichkeit, den Ein- und Abbau von nikotiner-

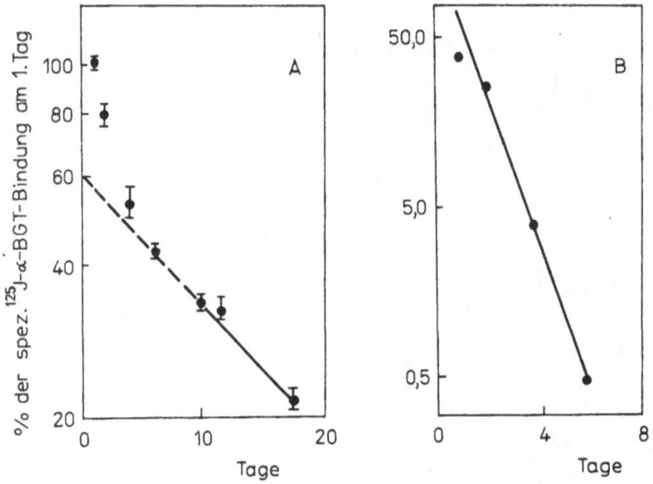

Abb. 8.18. Nachweis von langlebigen (A) und von kurzlebigen (B) nikotinergen Rezeptoren in der neuromuskulären Postsynapse des Rattendiaphragmas. Der „turnover" der Rezeptoren wurde mit Hilfe der nahezu irreversiblen Markierung durch α-Bungarotoxin gemessen (Erläuterungen im Text).
(nach: E. STANLEY et al., Science **222**, 67 (1983)).

gen Rezeptoren in solchen Bereichen des Diaphragmas zu untersuchen, in denen die Rezeptoren fast ausschließlich im postsynaptischen Teil neuromuskulärer Synapsen organisiert sind. Es bietet sich somit die Möglichkeit des Vergleichs mit solchen Bereichen des Diaphragmas, in denen nikotinerge Rezeptoren nur außerhalb der postsynaphischen Membran, d. h. diffus verteilt vorkommen.
Wie die in Abb. 8.18. dargestellten Ergebnisse derartiger Versuche zeigen, läßt sich eine Rezeptorpopulation mit kurzer Halbwertszeit (18,7 Stunden) und eine quantitativ dominierende (80%) mit langer Halbwertszeit (12,4 Tage) unterscheiden. Die Rezeptoren mit der kurzen Halbwertszeit sind diejenigen, die neu synthetisiert wurden.
Der Grad der Aktivierung der neuromuskulären Synapse entscheidet über ihren stabilen Einbau in das postsynaptische Areal und damit über „up- oder down-regulation" der Zahl der Rezeptoren.

8.5.3.3. „Up regulation" — Der vermehrte Einbau von Rezeptoren in die Membran

Während die „receptor-down-regulation" durch die Aktivierung der Rezeptoren und nachfolgenden Effektorsysteme zustande kommt, ist eine Erhöhung der Rezeptorzahl durch die chronische Gabe von Antagonisten zu erzielen. Dies gilt nicht generell und ist abhängig vom Rezeptortyp und vom untersuchten Gewebe. Die „up regulation" oder sogenannte Denervierungshypersensitivität (chemische und morphologische Denervierung wirken analog) kommt somit durch das Ausbleiben einer bestimmten Basalaktivität der rezeptorassoziierten Effektorsysteme zustande. Es handelt sich dabei fast immer um eine Neusynthese von Rezeptoren. Obwohl dieses Phänomen den Pharmakologen schon sehr lange bekannt ist, bleibt seine biochemische Charakterisierung weit hinter der der „down-regulation" zurück. Dies liegt u. a. daran, daß ausbleibende schwache Signale schwer zu messen sind. Eine Alternative zu der oben geschilderten Art der Rezeptorinduktion besteht in der Stimulierung der Rezeptorexpression auf der Membran durch den physiologischen Liganden. Dies scheint besonders bei Immunzellen der Fall zu sein, wie u. a. das Beispiel des Interleukin-2-Rezeptors nahelegt.

8.5.4. Die Vernetzung von Membranrezeptoren als biologisches Signal

Immunglobulinrezeptoren binden den Fc-Teil von Antikörpern, so daß die antigenspezifischen Regionen des Fab-Teils von der Oberfläche der Membran aus mit dem Antigen in Wechselwirkung treten können. Werden diese Antikörper-Fc-Rezeptor-Komplexe durch die entsprechenden Antigene (wie in Abb. 8.19. dargestellt) oder auch durch Anti-Antikörper

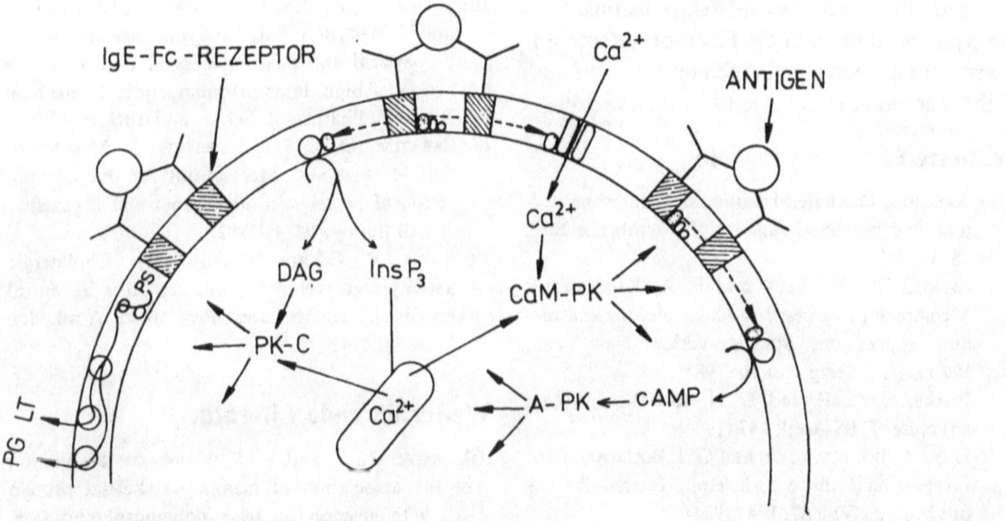

Abb. 8.19. Schematische Zusammenfassung der Effektorsysteme, die durch die Vernetzung von IgE-Fc-Rezeptoren durch Antigene in der Membran von Mastzellen aktiviert werden.

vernetzt, zeigen sich Umverteilungsphänomene, die im vorausgegangenen Abschnitt beschriebenen „capping"-Prozesse. Diese sind der Auslösungsmechanismus für die funktionale Aktivierung vieler Immunzellen. Durch die Vernetzung von IgG-Fc-Rezeptoren und ihre Folgeprozesse können Phagozytosevorgänge, die Differenzierung von B-Zellpräkursoren in Antikörper produzierende Plasmazellen sowie eine Reihe anderer Vorgänge stimuliert werden. Ein besonderes Beispiel ist die Vernetzung von IgE-Fc-Rezeptoren der Mastzellen und basophilen Granulozyten. Wie im obigen Falle handelt es sich hier um Antigene, die als Verbindungsglieder zwischen Antikörper-Fc-Rezeptor-Komplexen auftreten. Diese Vernetzung führt bereits nach 1—3 Minuten zur schnellen Exozytose der überwiegenden Zahl der in der Mastzelle präformierten Granula. Diese Granula enthalten eine Vielzahl biologisch hochwirksamer Mediatoren, unter ihnen Histamin. Gleichzeitig laufen im Rahmen dieser Aktivierung verschiedene biochemische Prozesse ab, wie sie schematisch in Abb. 8.19. dargestellt sind. Aus dieser Abbildung geht auch hervor, daß im Rahmen dieser biochemischen Reaktionskaskaden auch neue Mediatoren durch Metabolisierung von Membranlipiden in Form der Prostaglandine und Leukotriene entstehen. Wegen der außerordentlichen Schnelligkeit dieser Vorgänge konnten hier (im Gegensatz zum „capping") noch keine detaillierten Untersuchungen über die Umverteilung von Membranproteinen gemacht werden. Es ist jedoch anzunehmen, daß insbesondere beim Prozeß der Exozytose das kontraktile Mikrofilamentsystem eine entscheidende Rolle spielen dürfte.

Die auf dem hier beschriebenen Wege ausgelöste Mediatorfreisetzung aus Mastzellen ist die Ursache der sogenannten Typ I (IgE-abhängigen) Allergien, wie sie z. B. als allergisches Asthma bekannt sind (12).

An diesem Beispiel wird weiterhin die enge und biologisch sehr bedeutungsvolle Wechselwirkung der Aktivierung von Membranrezeptoren mit der Aktivierung bestimmter Reaktionsketten im Lipidmetabolismus deutlich. Es handelt sich hier, wie in Abb. 8.19. angedeutet, einerseits um die Umwandlung von Phosphatidylserin (siehe Abschnitt 8.1.1.) zu Lysolecithin und dessen weiteren Umbau zu Arachidonsäure. (Die Arachidonsäure ist das Substrat für die Lipoxygenasen bzw. Cyclooxygenasen, die die biologisch hochwirksamen Leukotriene bzw. Prostaglandine synthetisieren.) Andererseits erfolgt eine Stimulierung des Phosphoinositol-Metabolismus. Diese Systeme sind auch als Effektorsysteme anderer Rezeptoren einzustufen und werden ausführlicher in Kap. 13.3. und 14. behandelt.

Zitierte Literaturbeispiele

1. AXELROD, D.: Lateral motion of membrane proteins and biological function. J. Membrane Biol. **75**, 1 (1983)
2. BENGA, Gh., H. BAUM and F. A. KUMMEROW: Membrane processes. Molecular biology and medical applications. Springer-Verlag; New York, Berlin, Heidelberg, Tokyo (1984)
3. BLAKE, C. C. F. and L. N. JOHNSON: Protein structure. TIBS April, 147 (1984)
4. L. Y. W. BOURGUIGNON and G. J. BOURGUIGNON: Capping and the cytoskeleton. Intern. Review of Cytology, Vol. **87**, 194 (1984)
5. CAPALDI, R. A.: Structure of intrinsic membrane proteins. TIBS August, 292 (1982)
6. CHAPMAN, D., J. C. GÓMEZ-FERNÁNDEZ, and F. M. GONI: The interaction of intrinsic proteins and lipids in biomembranes. TIBS Februar, 67 (1982)
7. CRIADO, M., H. EIBL and F. J. BARRANTES: Effects of lipids on acetylcholine receptor. Essential need of cholesterol for maintenance of agonist-induced state transitions in lipid vesicles. Biochemistry **21**, 3622 (1982)
8. HOUSLAY, M. D. and K. K. STANLEY: Dynamics of biological membranes, John Wiley & Sons; Chichester, New York (1982)
9. HALL, P. F.: The role of the cytoskeleton in hormone action. Can. J. Biochem. Cell. Biol. **62,** 653 (1984)
10. KING, C. A. and P. CUATRECASAS: Peptide hormone-induced receptor mobility, aggregation, and internalization. New Engl. J. Med. **305**, 77 (1981)
11. MERLIE, J. P.: Biogenesis of the acetylcholine receptor, a multisubunit integral membrane protein. Cell **36**, 573 (1984)
12. METCALFE, D. D., M. KALINER and M. A. DONLON: The mast cell. CRC Critical Reviews in Immunology, p. 23 (1981)
13. PASTAN, I. H. and M. C. WILLINGHAM: Journey to the center of the cell: role of the receptosome. Science Vol. **214**, 504 (1981)
14. REPKE, H.: The fluorescence-plaque test — a new sensitive technique for the detection of antigens on antibody plaque-forming cells. J. Immunol. Methods **16**, 263 (1977)
15. REPKE, H. and I. SZUNDI: Membrane bound and solubilized muscarinic acetylcholine receptors. Studia biophys. **97**, 165 (1983)
16. REPKE, H., A. BERCZI, W. WETZEL, Chr. RAUCA and H. MATTHIES: Poisoning with muscarinolytics-biophysical and pharmacologcial studies on the action of high doses of quinnuclidinyl benzilate. Biochem. Pharmacol. Behav. im Druck (1987)
17. SABATINI, D. D., G. KREIBICH, T. MORIMOTO, and M. ADESNIK: Mechanisms for the incorporation of proteins in membranes and organelles. J. Cell Biology **92**, 1 (1982)
18. SIMAN, R. G. and W. L. KLEIN: Cholinergic activity regulates muscarinic receptors in central nervous system cultures. Proc. Natl. Acad. Sci. USA **76**, 4141 (1979)

Weiterführende Literatur

ANDERSON, R. A. and V. T. MARCHESI: Regulation of the association of membrane skeletal protein 4.1. with glycophorin by a polyphosphoinositide. Nature **318**, 295 (1985)

GEIGER, B.: Microfilament-membrane interaction. TIBS November, 456 (1985)

HANOVER, J. A., L. BEGUINOT, M. C. WILLINGHAM and I. H. PASTAN: Transit of receptors for epidermal growth factor and transferrin through clathrin-coated pits. Analysis of the kinetics of receptor entry. J. Biol. Chem. **260,** 15938 (1985)

HARFORD, H. and G. ASHWELL: Assesment of receptor recycling in mammalian hepatocytes: Perspectives based on current techniques. in: Methods in Enzymology 109, Part I: Peptide Hormones (L. Birnbaumer and B. W. O'Malley, Eds.) Academic Press Inc. London, New York pp. 232 (1986)

HUCHO, F.: The nicotinic acetylcholine receptor and its ion channel, Eur. J. Biochem. **158**, 211 (1986)

KOSOWER, E. M.: A molecular model for an acetylcholine binding site. Biophys. J. **45,** 13 (1984)

KRIEGER, M., D. KINGSLEY, R. SEGE, L. HOBBIE and K. KOZARSKY: Genetic analysis of receptor-mediated endocytosis. TIBS November, 447 (1985)

LIMBIRD, L. E.: Cell surface receptors: A short course on theory and methods. Martinus Nijhoff Publishing, Boston, Dordrecht, Lancaster (1986)

PAGANO, R. D. and R. G. SLEIGHT: Emerging problems in the cell biology of lipids. TIBS November, 421 (1985)

REID, E., G. M. W. COOK and D. J. MORRÈ (Eds.): Investigation of membrane-located receptors. Plenum Press, New York, London (1984)

STAHL, P. and A. C. SCHWARTZ: Receptor-mediated endocytosis. J. Clin. Invest. **77**, 657 (1986)

STORCH, J. and A. M. KLEINFELD: The lipid structure of biological membranes. TIBS November, 418 (1985)

9. Aufklärung der molekularen Struktur von Rezeptoren

9.1. Solubilisierung von Membranrezeptoren unter Erhaltung ihrer nativen Konformation

9.1.1. Die Grundstrategie

In Kapitel 8. ist ausführlicher die Struktur der Zellmembran und die Art der Einlagerung von Membranrezeptoren in diese beschrieben worden. Für intrinsische und extrinsische (bzw. assoziierte) Membranproteine gelten unterschiedliche Prinzipien der Solubilisierung. Die intrinsischen Membranproteine weisen sowohl hydrophile als auch hydrophobe Areale auf und können nur durch amphipathische Verbindungen aus der Membran herausgelöst werden. Assoziierte Membranproteine sind überwiegend hydrophil und durch Zerstörung ihrer ionischen Wechselwirkung mit der Membran bzw. mit integralen Membranproteinen in Lösung zu bringen, z. B. durch Erhöhung der Ionenstärke oder des pH (Abb. 9.1.).

In Kap. 8.2. ist die Art der vermutlichen Anordnung der meisten Rezeptoren in der Membran dargestellt. Kap. 8.3. beschrieb einige Formen der Wechselwirkung von Membranrezeptoren mit Lipiden. Aus diesen Erkenntnissen ergibt sich die Frage: Unter welchen Voraussetzungen bleibt die native Konformation des Rezeptors nach dessen Solubilisierung erhalten? Dieses Problem reduziert sich im wesentlichen auf die Stabilisierung der hydrophoben Regionen des Rezeptors in einer Weise, die den Eigenschaften des natürlichen Milieus möglichst nahe kommt. Die Eigenschaften der hierfür in Frage kommenden Detergentien werden in Abschnitt 9.1.2. ausführlicher besprochen.

Hinsichtlich der Charakterisierung solubili-

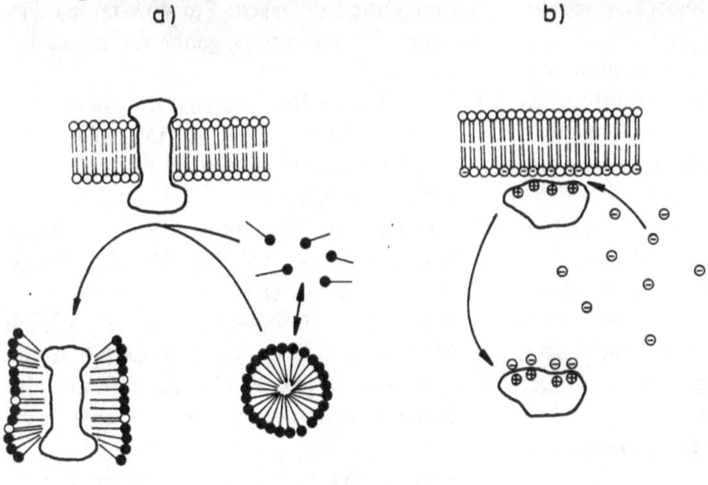

Abb. 9.1. Schematische Darstellung der Solubilisierung intrinsischer (a) und extrinsischer (b) Membranproteine.

sierter Membranrezeptoren sind zwei Untersuchungsebenen von besonderer Bedeutung (6, 9). Es handelt sich dabei um den Nachweis des nativen Rezeptors bzw. möglicher Veränderungen seiner Eigenschaften sowie den Nachweis einer tatsächlichen Solubilisierung (im Unterschied zur Mikrodispersion).

a) Kriterien zur Charakterisierung solubilisierter Membranrezeptoren

1. Dissoziationskonstante der Bindung selektiver Radiologanden:
Häufig ist zu beobachten, daß die Affinität der Rezeptor-Ligand-Wechselwirkung um rund eine Größenordnung im Vergleich zum membrangebundenen Rezeptor absinkt, ohne daß die Selektivität der Bindung verändert ist. Die unspezifische Bindung ist durch Bindung der Radioliganden an Detergensmizellen oft deutlich erhöht.
2. Vergleich der Assoziations- und Dissoziationskinetik:
Vergleichende Untersuchungen dieser Parameter zwischen solubilisierten und membrangebundenen Rezeptoren können eine nähere Erklärung für Unterschiede der Dissoziationskonstante des Radioliganden liefern. Deren Anstieg kann z. B. durch eine Einschränkung der Isomerisierung des Rezeptor-Ligand-Komplexes in einen quasi-irreversiblen Komplex (muskarinerger Rezeptor) erklärt werden.
3. Nachweis der pharmakologischen Spezifität der Bindung:
Zu diesem Zweck wird die Kinetik der Verdrängung des (an den solubilisierten Rezeptor gebundenen) Radioliganden durch unmarkierte Liganden untersucht. Eine weitgehende Identität oder Parallelität mit den Werten für membrangebundene Rezeptoren ist ein hinreichendes Kriterium für die pharmakologische Spezifität der im Überstand gemessenen Radioligand-Bindung. Diese Untersuchungen können durch den Einsatz enantiomerer Liganden ergänzt werden.
4. Bilanzierung der Rezeptormenge in den eineinzelnen Fraktionen:
Die Quantifizierung der im Überstand und in den Restmembranen nachweisbaren Rezeptoren liefert ein Kriterium für das Ausmaß der Denaturierung der Rezeptoren während der Solubilisierungsprozedur.
5. Verteilung von Rezeptorsubtypen zwischen Membran und Überstand:
Dies ist möglich durch Verdrängungs- und Sättigungsexperimente mit Liganden, die selektiv mit den in Frage kommenden Subtypen reagieren. Derartige Untersuchungen können der Ansatzpunkt zur Charakterisierung unterschiedlicher biochemischer Eigenschaften von Rezeptorsubtypen sein.

b) Kriterien zur Verifizierung einer molekulardispersen Verteilung der solubilisierten Rezeptoren

Diesem Problemkreis ist in der Vergangenheit zuweilen nicht ausreichend Beachtung geschenkt worden. So zeigte sich, daß z. B. 2- bis 3-molare Salzlösungen (NaCl, KCl) nicht zu einer molekulardispersen Solubilisierung von integralen Membranproteinen führen. Es entstehen vielmehr kleine, in konzentrierten Salzlösungen schwer sedimentierbare Membranbruchstücke. Die auf der Basis dieser Methode ausgeführten Untersuchungen erwiesen sich als Artefakte. Ähnliches gilt für bestimmte Detergentien, die größere Komplexe aus der Membran herauslösen, bzw. deren Protein-Detergens-Komplexe eine Aggregationsneigung aufweisen. Für eine molekulardisperse Solubilisierung gelten die folgenden Kriterien (9):

1. Solubilisierte Rezeptoren dürfen in Medien normaler Dichte (z. B. 50 mM Puffersystemen) bei 100000 g über 60 Minuten nicht sedimentierbar sein.
2. Solubilisierte Rezeptoren sollten durch Membranfilter mit einer Porengröße bis zu 0,22 µm filtrierbar sein.
3. Eine klare Differenzierung zu kleinen Membranpartikeln kann weiterhin durch Gelchromatografie oder Bestimmung des Sedimentationskoeffizienten erzielt werden.
4. Eine Reihe von Autoren verwenden zu-

sätzlich eine elektronen-mikroskopische Untersuchung der solubilisierten Präparation, um die Abwesenheit lamellarer Strukturen zu dokumentieren.

9.1.2. Substitution der Membranlipide durch Detergentien

9.1.2.1. Eigenschaften von Detergentien

Detergentien sind in analoger Weise wie Lipide aufgebaut (Vergl. Kap. 8.1.). Sie enthalten eine polare Kopfgruppe (Ion, permanenter Dipol oder Zwitterion) und einen größeren hydrophoben Teil (längerkettiges Alkan, Steran). Sie werden deshalb auch als amphipatische Moleküle bezeichnet. Unter dem Gesichtspunkt ihrer Eignung zur Solubilisierung nativer Membranrezeptoren können Detergentien durch folgende Eigenschaften charakterisiert werden (6):

a) Die kritische Mizellkonzentration

Wenn die Konzentration des Monomers erreicht ist, bei der die Bildung von Mizellen beginnt, führt jede weitere Konzentrationserhöhung des Detergens in der Lösung zur Vermehrung der Zahl der Mizellen, nicht aber zur weiteren Steigerung der Konzentration des Monomeren (Abb. 9.2.). Die Detergenskonzentration, bei der die Mizellbildung einsetzt, wird als kritische Mizellkonzentration bezeichnet. Sie ist charakteristisch für jedes Detergens, wird aber stark durch die Milieubedingungen beeinflußt. Dieser Parameter kann durch die Untersuchung der Abhängigkeit der Oberflächenspannung einer Flüssigkeitsoberfläche von der Detergenskonzentration bestimmt werden.
Die kritische Mizellkonzentration ist ebenso wie der Übergang in die kristalline Phase temperaturabhängig. Dies ist im sogenannten Krafft-Diagramm (Abb. 9.3.) darstellbar.

b) Die Aggregationszahl

Hier handelt es sich um die Zahl von Detergensmolekülen, die eine Mizelle des jeweiligen Detergens bilden. Die Aggregationszahl (errechnet aus dem Molekulargewicht der Mizelle) ist für ein bestimmtes Detergens nur dann eine charakteristische Größe, wenn Milieubedingungen und Temperatur konstant bleiben. Einen z. T. dramatischen Einfluß auf die Aggregationszahl kann bei bestimmten Detergentien (z. B. Polyoxyethylene, entsprechend den Brij-Serien) die Temperatur haben. Im Bereich von 15—20 °C kann so bereits eine Temperaturanhebung von wenigen Graden eine Verdoppelung der Mizellgröße zur Folge haben.
Eine andere wesentliche Einflußgröße ist die Salzkonzentration. Steigende Salzkonzentrationen führen oft zu einer Zunahme der Mizellgröße und einer Abnahme der kritischen Mizellkonzentration.

c) Die chemische Struktur des Detergens

Wie in Abschnitt 9.1.2.2. noch genauer ausgeführt wird, scheint die chemische Struktur von ausschlaggebender Bedeutung für die Fähigkeit eines Detergens zur Solubilisierung nativer Membranrezeptoren zu sein. Die Struk-

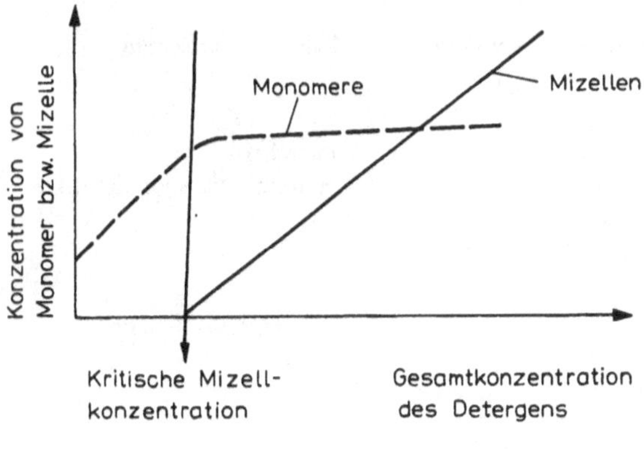

Abb. 9.2. Oberhalb der maximalen Konzentration freier Detergensmonomere (kritische Mizellkonzentration) führt eine weitere Erhöhung der Konzentration des Detergens zur Mizellbildung.

Tabelle 9.1. Detergentien zur Solubilisierung von Membranrezeptoren

Detergentien mit starren hydrophoben Regionen

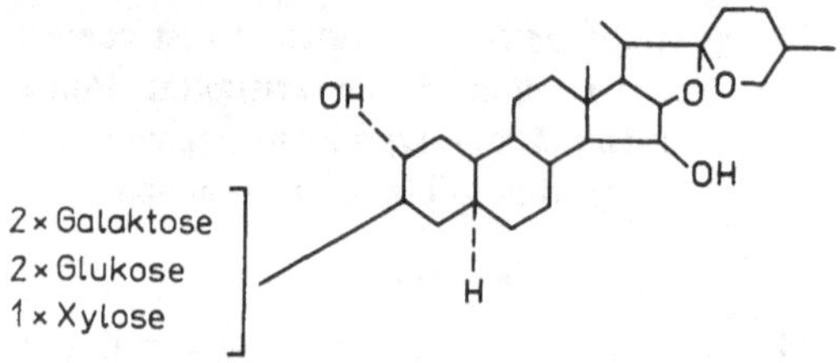

nichtionisch:
Digitonin (Abbildung)
oder
Digitonin/Gitonin (3:2)

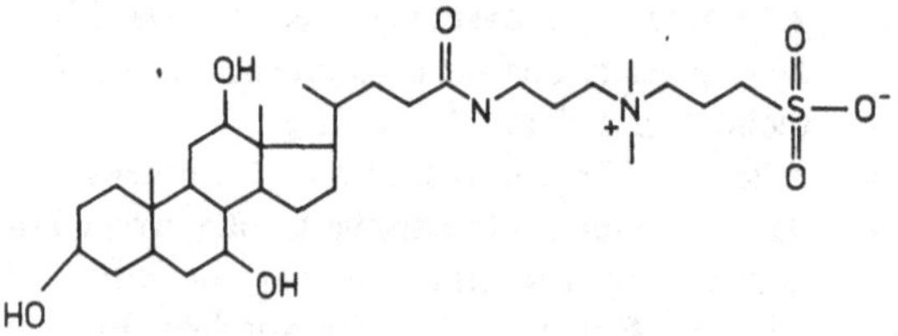

zwitterionisch:
3-(3-Cholamidopropyl)-1-Propansulfonat
(CHAPS)

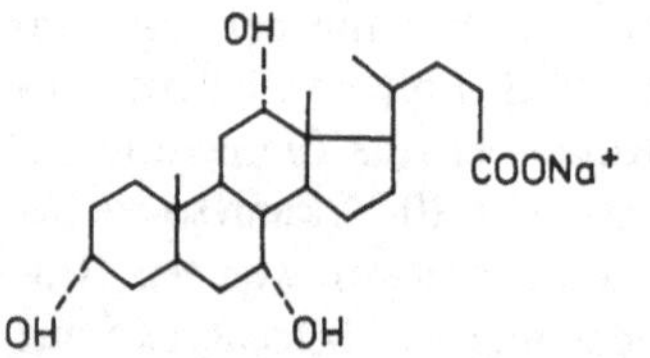

ionisch:
Natrium-Cholat (Abbildung)
oder
Natrium-Desoxycholat

Detergentien mit flexiblen hydrophoben Regionen

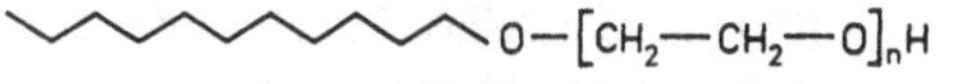

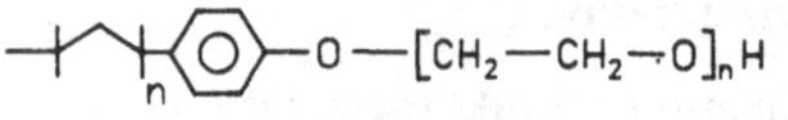

nichtionisch:
Polyoxyethylen-Alkohole
(Brij, Lubrol W/AL/P)
Polyoxyethylen-Octyl-Phenole (Triton, Nonidet, P 40)

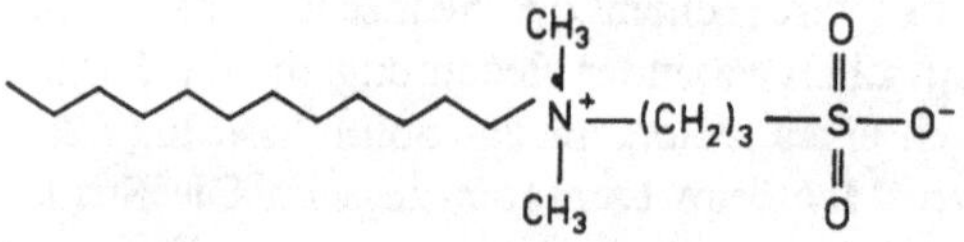

zwitterionisch:
Sulfobetain 14 (SB 14)

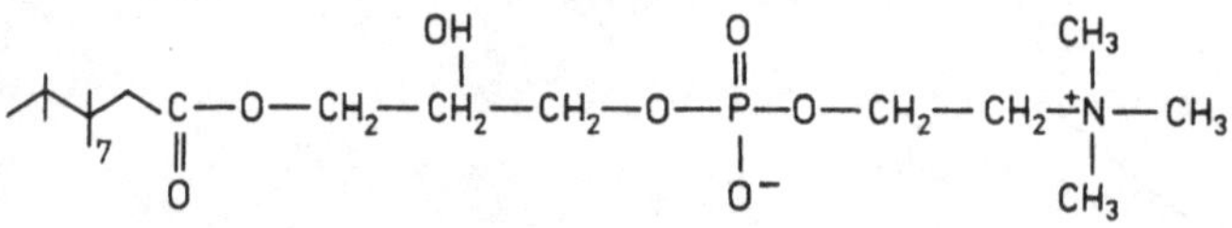

Palmitoyllysolecithin

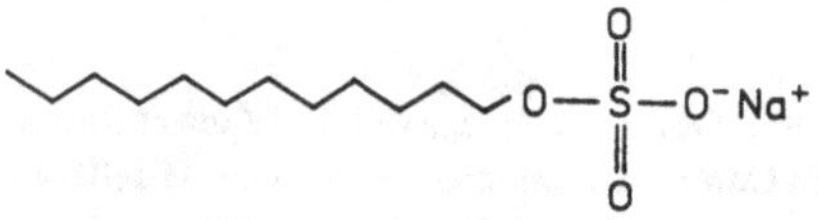

ionisch:
Natrium-Dodecylsulfat (SDS)

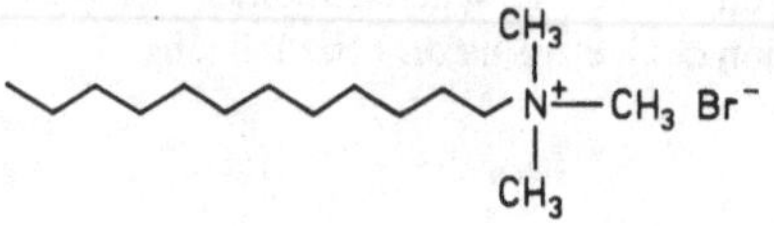

Cetyltrimethylammonium-Bromid

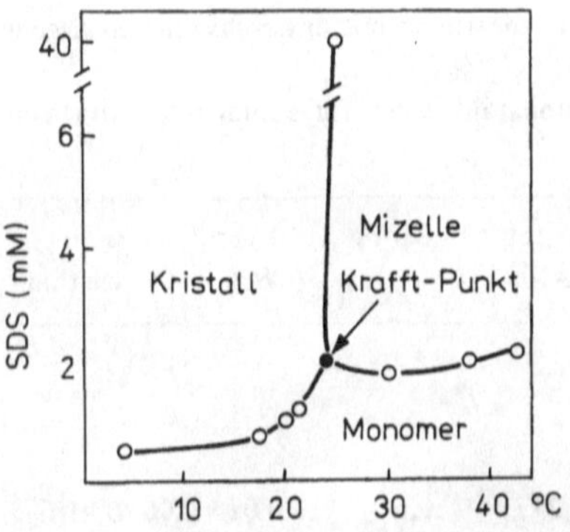

Abb. 9.3. Phasendiagramm (Krafft-Diagramm) von SDS als Funktion von Konzentration und Temperatur.
(nach L. M. HJELMELAND et al., in: Electrophoresis '78, (N. CATSIMPOOLAS, Ed.) Elsevier, New York 1978, p. 29.

turen von Detergentien, die für die Solubilisierung von nativen Membranrezeptoren von Bedeutung sind, sind in Tab. 9.1. zusammengefaßt.

Nur wenige der kommerziell erhältlichen Detergentien weisen eine ausreichende chemische Reinheit auf, um starke Unterschiede der Eigenschaften unterschiedlicher Chargen auszuschließen. Dies trifft insbesondere für die sich aus Polymergemischen zusammengesetzten Detergentien zu (Triton, Brij, Lubrol, Nonidet). Es empfiehlt sich daher die vergleichende Verwendung unterschiedlicher Chargen. Cholsäuren sind durch 3—4fache Umkristallisation erfolgreich zu reinigen.

Digitonin-Präparate aller kommerziellen Hersteller enthalten bis zu 50% Gitonin, welches in Wasser nur schwer löslich ist. Methoden zur Trennung beider Komponenten sind in größerem Maßstab sehr aufwendig. Da Gitonin nach Umkristallisation von Digitonin/Gitonin-Gemischen (2%ig) aus Wasser zu größeren Anteilen ausfällt, läßt sich durch Lyophilisation der zurückbleibenden wäßrigen Phase ein leicht lösliches (3 Teile Digitonin: 2 Teile Gitonin) Gemisch beider Komponenten gewinnen, welches optimal für die native Solubilisierung der meisten Membranrezeptoren ist (14).

9.1.2.2. Die Auswahl von Detergentien und Solubilisierungsbedingungen

Aufgrund der im vorangegangenen Abschnitt umrissenen Eigenschaften von Detergentien sowie der bisher publizierten Erfahrungen über die Solubilisierung nativer Rezeptoren können folgende Aussagen zur experimentellen Strategie getroffen werden:

a) Auswahl eines geeigneten Detergens

Ionische Detergentien führen bei alleiniger Verwendung zur Denaturierung von Membranrezeptoren. Im Gemisch mit nichtionischen Detergentien sind sie unter bestimmten Bedingungen anwendbar. Nichtionische bzw. zwitterionische Detergentien erweisen sich nur dann als geeignet, wenn sie einen starren hydrophoben Molekülanteil haben. Hohe Salzkonzentrationen führen nicht zur molekulardispersen Solubilisierung nativer Rezeptoren.

Cholesterol ist das einzige Membranlipid, welches durch seinen starren hydrophoben Teil zur Stabilisierung der Membran (Senkung der Membranfluidität) beiträgt (siehe Kap. 8.1.). Cholesterol scheint für die funktionale Integrität mancher Rezeptoren von Bedeutung zu sein (siehe Kap. 8.3.2.). Die hydrophoben Anteile der in Tabelle 9.1. dargestellten Detergentien Digitonin, CHAPS und Cholat weisen weitgehende Analogie zu demjenigen von Cholesterol auf. Digitonin bildet mit Cholesterol sehr feste Komplexe und lysiert auf diese Weise Zellen, deren Membranen Cholesterol enthalten (7).

Generell kann also gesagt werden, daß nichtionische Detergentien mit starrem, hydrophobem (cholesterolähnlichem) Molekülteil optimal für die Solubilisierung der meisten Membranrezeptoren sind. Die kritische Mizellkonzentration und die Aggregationszahl scheinen von untergeordneter Bedeutung zu sein (Vergl. Tab. 9.2.).

Die o. g. Detergentien sind offenbar am besten in der Lage, die native Konformation von Membranrezeptoren zu stabilisieren. Aufgrund der bisherigen Erfahrungen sollten die Detergentien in der Reihenfolge: Digitonin/

Tabelle 9.2. Solubilisierung von nativen Membranrezeptoren durch Detergentien mit unterschiedlichen Eigenschaften.
Die Angaben der kritischen Mizellkonzentration und der Aggregationszahl gelten für Raumtemperatur und Medien geringer Ionenstärke.

Detergens	Digitonin (Gitonin)	CHAPS	Na-Cholat	Triton X-100	SB-14	Lybrol WX	Lyso-lecithin
Eigenschaften der Detergentien:							
kritische Mizellkonzentr. (mM)	0,1–0,75	8,0	8–13	0,24	0,6	0,02–0,06	0,01(C_{16}) –8(C_{10})
Aggregationszahl (n)	60–80	10	2–4	140	8,0	96	181(C_{16})
Eignung für Solubilisierung nativer Membranrezeptoren:							
nikotinerger AchR			× × ×	× × ×			
muskarinerger AchR	× × ×	× ×	×	—	—	×	× ×
β-adrenerger Rezeptor β_1	× × ×						
β_2	× × ×						
α-adrenerger Rezeptor α_1	× ×	× × ×					
α_2	× ×						
Dopamin-Rez. D_2	× ×	× ×	× ×				
Serotonin-Rez. S_2							
Histamin-Rez. H_1	× × ×						× × ×
Opiat-Rez.	× × ×	× ×					
GABA/Benzodiazepin-Rez.		× × ×		× ×			
Adenosin-Rez. A_1			× ×				
Ca^{++}-Antagon.-Rez.	× × ×						
Prolactin-Rez.		× × ×					
fMet-Leu-Phe-Rez.	× × ×	× × ×	×	—	—		

× × × hohe Ausbeuten und wenig veränderte Ligandbindung
× × mäßige Ausbeuten und/oder mäßig veränderte Ligandbindung
× geringe Ausbeuten und/oder deutlich veränderte Ligandbindung
– Rezeptor denaturiert

Gitonin, CHAPS, Cholat/Desoxycholat, Lysolecithin, Lubrol, Triton getestet werden. Dabei werden üblicherweise Konzentrationen im Bereich von 0,5 bis 1,5% des Detergens verwendet.
Triton X-100 hat sich als geeignet für die Solubilisierung des nikotinergen Rezeptors aber auch des GABA/Benzodiazepin-Rezeptors erwiesen. Beide stellen einen Komplex von sich gegenseitig stabilisierenden Untereinheiten dar. Dies erklärt die Ausnahme von der oben umrissenen Regel.

b) Extraktionsbedingungen

Zur Solubilisierung werden zweckmäßigerweise größere Mengen weitgehend angereicherter Membranpräparationen einsetzt. Derartige Makromethoden sind insbesondere für synaptosomale Membranen beschrieben. Die Solubilisierung erfolgt überwiegend bei 4 °C bzw. bei 0 °C, wobei es bei Verwendung von Digitonin bzw. CHAPS nicht unbedingt einer mechanischen Bewegung der Probe bedarf. Eine optimale Solubilisierung ist nach 60 bis 120 Minuten meist erreicht.

c) Detergensgemische —
Modifikation von kritischer Mizellkonzentration und Aggregationszahl

Wie bereits erwähnt, ist durch die Ionenstärke die Mizellgröße zu beeinflussen. Dies dürfte der zuweilen erfolgreich verwendeten Kombination von Detergentien (Cholat, CHAPS, Digitonin) mit 0,5 bis 1 M NaCl zugrunde liegen. In ähnlicher Weise ist auch die Kombination von Digitonin/Gitonin mit Na-Cholat zu interpretieren. Die in der Literatur meist fälschlich mit Digitonin bezeichneten Detergenspräparationen enthalten zu großen Anteilen Gitonin. Wie die systematische Variation der Anteile beider Komponenten ergeben hat, erweist sich z. B. für die Solubilisierung des muskarinergen Rezeptors ein Gemisch von 3 Teilen Digitonin und 2 Teilen Gitonin als optimal. Die reinen Bestandteile hingegen sind nahezu ineffektiv (14). Eine Beeinflussung der Aggregationszahl bzw. der kritischen Mizellkonzentration durch Temperaturvariation ist wegen der möglichen Denaturierung der solubilisierten Rezeptoren problematischer.

d) Solubilisierung durch Mizellen oder
Monomere des Detergens?

Wie die meisten integralen Membranproteine dürften auch die Membranrezeptoren oft nur durch die mizellare Form der Detergentien und nicht durch deren Monomere zu solubilisieren sein. Dies wird deutlich durch den charakteristischen sigmoidalen Verlauf der Solubilisierungskurve. Als Beispiel sei hier die Solubilisierung des muskarinergen Acetylcholinrezeptors durch Digitionin/Gitonin angeführt (Abb. 9.4.).

Aus derartigen Experimenten läßt sich auch die kritische Mizellkonzentration unter den gegebenen Versuchsbedingungen (Temperatur, Ionenmilieu, Absorption von Monomeren durch Lipidphase und Proteine) bestimmen.

Weiterhin ergibt sich die Möglichkeit, eine selektive Vorextraktion von Nicht-Rezeptor-Proteinen unter Bedingungen durchzuführen, unter denen sich keine Mizellen in der Lösung befinden (Abb. 9.5.). Dieser Punkt kann durch die systematische Verschiebung des Membran-Detergens-Verhältnisses ermittelt werden (Abb. 9.6.). Die Vorextraktion ermöglicht nicht nur eine höhere Anreicherung der solubilisierten Rezeptoren, sondern (wie im Falle des muskarinergen Rezeptors) auch die Abtrennung von Rezeptor-assoziierten Proteinen bzw. Glykolipiden (vergl. Abb. 9.9.).

9.1.2.3. Radioligand-Bindungsmessungen an solubilisierten Rezeptoren

Die in Abschnitt b) des Kapitels 9.1.1. formulierten Kriterien für den Nachweis der pharmakologischen Spezifität der Radioliganden-Bindung an solubilisierten Rezeptoren erfordern eine zuverlässige Methode der Trennung

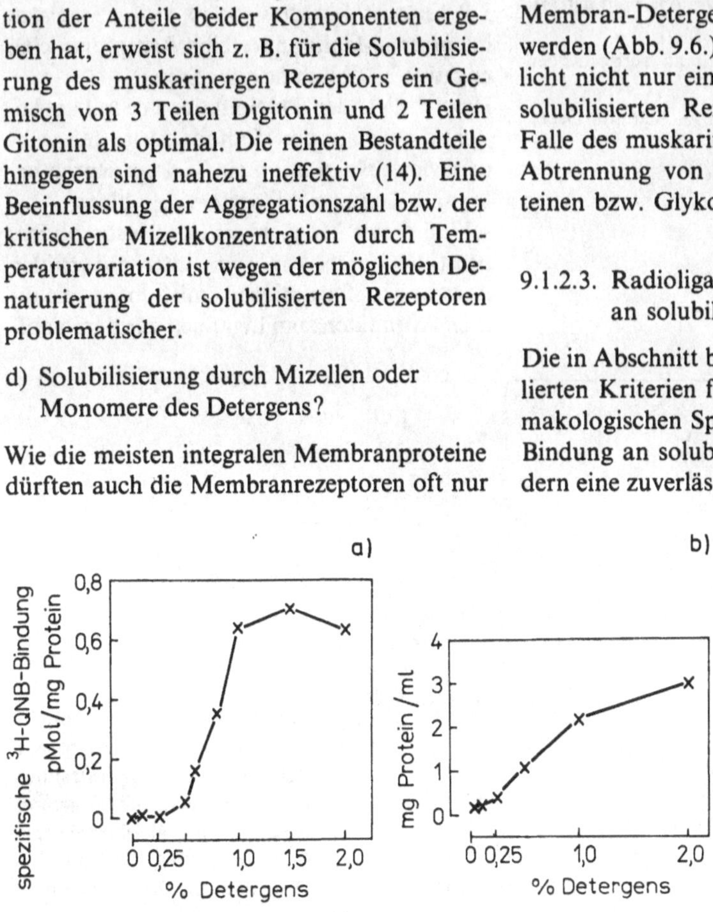

Abb. 9.4. Solubilisierung von muskarinergen Azetylcholinrezeptoren (a) und Gesamtmembranprotein (b) durch Digitonin/Gitonin aus Synaptosomen des Schweinehirns. Der sigmoidale Kurvenverlauf (a) zeigt an, daß Mizellen essentiell für die Solubilisierung sind.
(nach: H. Repke, Biochem. Biophys. Acta, im Druck (1986a).

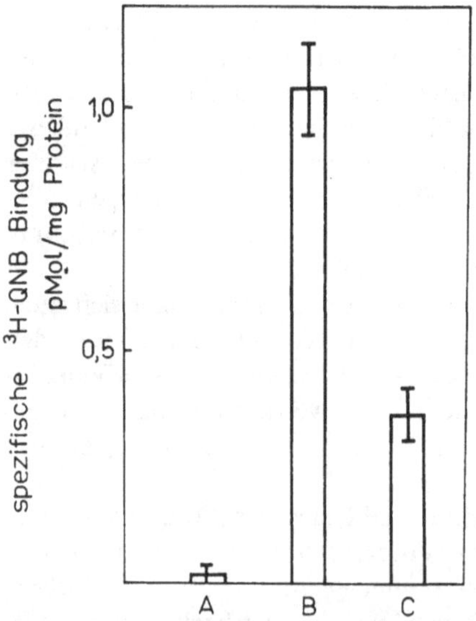

Abb. 9.5. Selektive Rezeptorsolubilisierung durch Vorextraktion unterhalb der kritischen Mizellkonzentration (A) und Rezeptorextraktion oberhalb der kritischen Mizellkonzentration (B).
(C) Restmenge der in der Membran verbleibenden muskarinergen Rezeptoren.
(nach H. Repke, Biochem. Biophys. Acta, im Druck (1986a)).

von gebundenen und nicht gebundenen Radioliganden. Wegen der besonderen Eigenschaften solubilisierter Rezeptoren (nicht sedimentierbar, keine Bindung an Glasfasermembranen) ist die Verwendung anderer bzw. modifizierter Trennverfahren notwendig. Dabei sind insbesondere drei Grundverfahren entwickelt worden, die im folgenden kurz umrissen werden sollen.

a) modifizierte Filtrationsmethoden

Die vollständige Bindung der Rezeptor-Ligand-Komplexe an den Filter ist die zwingende Voraussetzung der Anwendung von Filtrationsmethoden für Rezeptor-Ligand-Bindungsstudien. Dies kann einerseits dadurch erreicht werden, daß der Rezeptor-Ligand-Komplex präzipitiert wird. Andererseits bietet sich der Einsatz von Filtern an, deren Oberflächenladung Anionenaustauschern ähnelt. Letzteres ist deshalb sinnvoll, weil die meisten integralen Membranproteine/Rezeptoren eine negative Nettoladung aufweisen.
Hinsichtlich der Präzipitationstechniken besteht die Gefahr der Methode darin, daß während der Präzipitation ein Teil der Rezeptor-Ligand-Komplexe dissoziert. Ein klarer Ausschluß dieser Möglichkeit kann insbesondere beim Vorliegen von zwei interkonvertiblen Rezeptorkonformationen mit unterschiedlichen Affinitäten zum Liganden nur durch auf-

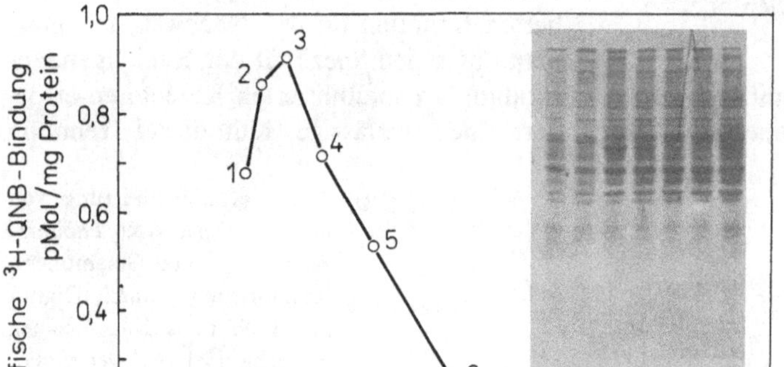

Abb. 9.6. Ermittlung der optimalen Detergens: Membranprotein Relationen für die Vorextraktion und die Rezeptorsolubilisierung. Einschub: Slab-Gelektrophorese. (nach: H. Repke, Biochem. Biophys. Acta im Druck (1986a).

wendige Vergleichsuntersuchungen, z. B. mit der Gleichgewichtsdialyse, vorgenommen werden. Besonders problematisch ist in diesem Zusammenhang die Präzipation mit NH_4SO_4, weil hier auch durch gesättigte Lösungen insbesondere Digitonin-solubiliserte Rezeptoren nicht vollständig zur Präzipation zu bringen sind, somit die Rezeptorzahl unterbestimmt wird. Bessere Ergebnisse werden mit der Polyethylenglykol-Präzipation erzielt.

Die Veränderung der Oberflächenladung von Filtern ist demgegenüber als die elegantere Methode einzuschätzen.

So können z. B. auch Glasfasermembranen durch 12stündige Inkubation mit einer 2 bis 3%igen Polyethylenimin-Lösung eine positive Nettoladung erhalten, was die komplette Adsorption bestimmter Mengen Digitonin- oder CHAPS-solubilisierter Membranproteine bzw. Rezeptoren zuläßt.

Zunächst wurden jedoch in Analogie zu den zur Rezeptorreinigung verwendeten Anionenaustauschsäulen DEAE-Zellulose-Filter verwendet. Auch hier ist unter Beachtung bestimmter Randbedingungen (pH, Protein- und Detergensart und -menge) eine komplette Bindung der solubilisierten Rezeptoren zu erreichen.

b) Gleichgewichtsdialyse

Die Gleichgewichtsdialyse stellt die langsamste, aber für viele Zwecke zuverlässigste Methode für Radioligand-Bindungsstudien mit solubilisierten Rezeptoren dar. Während die klassische Form der Gleichgewichtsdialyse mindestens 12 Stunden in Anspruch nimmt, können durch spezielle, für diesen Zweck entwickelte Geräte diese Zeiten erheblich verkürzt werden. In jedem Falle ist aber in dem Probenvolumen sowohl der gebundene Radioligand als auch der ungebundene Radioligand vorhanden. Dies führt zu sehr hohen Werten „unspezifischer" Bindung. Somit ist die Genauigkeit dieser Methode direkt von einer ausreichenden Rezeptorkonzentration abhängig.

c) Gelchromatografie

Besonders in der Anfangsphase der Arbeiten mit solubilisierten Rezeptoren wurde die Permeation von Rezeptor-Ligand-Gemischen durch Gele mit niedriger Porengröße verwendet. Dabei erscheint bei richtiger Dimensionierung der Säule nur der gebundene Radioligand mit dem Proteinpeak im Ausschlußvolumen. Nachteilig bei dieser Methode ist der relativ hohe Aufwand, da bei jeder Säule 8—10 Fraktionen vermessen werden müssen, um die entstehenden Peaks gebundener und freier Radioaktivität sauber voneinander trennen zu können. Weiterhin ist bei langsamen Durchlaufzeiten (wie sie für eine klare Trennung der Peaks erforderlich sind) die partielle Dissoziation von spezifisch gebundenen Liganden nicht auszuschließen.

Gegenwärtig werden praktisch nur noch die unter Punkt a) umrissenen Methoden verwendet.

9.2. Isolierung reiner Membranrezeptoren

Die Isolierung reiner Membranrezeptoren ist bisher nur in wenigen Fällen gelungen. Dies ist auf folgende Schwierigkeiten zurückzuführen:

a) Die Lipidmembran muß durch geeignete Detergentien so substituiert werden, daß die native Konformation des Rezeptors erhalten bleibt.
b) Fast alle Rezeptoren liegen in sehr geringen Konzentrationen vor, so daß Anreicherungsfaktoren zwischen 50000 und 150000 erzielt werden müssen.
c) Die den Rezeptor ummantelnde Detergenshülle führt zu unspezifischen Wechselwirkungen mit Trägermaterialien von Säulen.

Prinzipiell kann der Versuch der Rezeptorreinigung von denaturierten Rezeptorpräparationen, die mit einem kovalent gebundenen, radioaktiv markierten Liganden gekoppelt sind, oder von dem nativen solubilisierten Rezeptor ausgehen. Die erste Strategie bietet die Möglichkeit, die Primärstruktur aufzuklären. Die zweite Strategie bietet darüber hinaus den Vorteil, den nativen Komplex aus mehreren Untereinheiten zu reinigen und zu

Rekonstitutionsexperimenten zu verwenden. Methoden, die von kovalent markierten, denaturierten Rezeptoren ausgehen, bedienen sich elektrophoretischer Verfahren, wie sie in Abschnitt 9.4. dargestellt sind, sowie der Hochdruckflüssigkeitschromatografie (HPLC). Die folgenden Darstellungen beschränken sich auf Prinzipien von Verfahren, die zur Reinigung nativer Rezeptor-Detergens-Komplexe geeignet sind.

9.2.1. Gelfiltration und Ionenaustauscherchromatografie

Wegen der Größe der Rezeptor-Detergens-Komplexe sind zur Gelfiltration nur weitporige Gele geeignet. Diese Verfahren ergeben generell nur geringe Anreicherungen, weil die Größe der Rezeptor-Detergens-Komplexe heterogen ist und unspezifische Wechselwirkungen des Detergens mit den Trägermaterialien vorkommen.
Wegen des isolektrischen Punktes der meisten Membranrezeptoren um 5 bietet sich ein schwacher Anionenaustauscher wie DEAE für die Ionenaustauscherchromatografie an. Auch hier werden wegen der Wechselwirkungen zwischen den proteinhaltigen Detergensmizellen und dem Ionenaustauscher nur relativ breite Peaks und geringe Anreicherungsraten erzielt.
Derartige Verfahren sind somit nur als Methoden zur Voranreicherung für die Affinitätschromatografie zu nutzen.

9.2.2. Affinitätschromatografie

Die Affinitätschromatografie beruht auf der selektiven Wechselwirkung von Ligand und Rezeptor in der Säule. Die selektivste Form der Affinitätschromatografie besteht in der kovalenten Bindung eines Liganden, der nur mit dem zu untersuchenden Rezeptor reagiert, an das Trägermaterial der Säule. Hierfür werden wegen der höheren Affinität nahezu ausschließlich Antagonisten bzw. deren Derivate verwendet.
Bei anderen Formen der Affinitätschromatografie wird demgegenüber eine receptive Substanz (Lektin oder Anti-Rezeptor-Antikörper) kovalent an die Säule gebunden. In diesem Falle befindet sich der zu isolierende Rezeptor quasi in der Rolle des bindenden „Liganden".

a) Affinitätschromatografie
an kovalent gebundenen Antagonisten

Dieses Verfahren wurde zuerst auf den nikotinergen Acetylcholinrezeptor angewendet. Dieses Rezeptorsystem ist durch seine leichte Solubilisierbarkeit (Abschnitt 9.1.2.2.), sein konzentriertes Vorkommen in den elektrischen Organen einiger Arten und das Vorliegen hochaffiner Neurotoxine aus Schlangengift mit selektiver Bindung an diesen Rezeptor für derartige Anreicherungsverfahren prädestiniert. Tab. 9.3. zeigt das prinzipielle Verfahren bei der Reinigung des nikotinergen

Tabelle 9.3. Ablauf der affinitätschromatografischen Reinigung nikotinerger Azetylcholinrezeptoren aus dem elektrischen Organ von *Torpedo marmorata*

Verfahrensschritt	Dauer (Stunden)
Entnahme des elektrischen Organs (z. B. aus Torpedo marmorata)	0,25
Homogenisierung	0,25
Pelletierung	0,5
Solubilisierung durch 1% Triton X 100	1,5
Pelletierung	1,0
Inkubation des Überstandes mit Cobrotoxin-Sepharose-Konjugaten	3,0
Waschung des Gels mit Puffern hoher Ionenstärke	0,5
Elution des Rezeptors durch 1 M Carbamylcholin	4,0
Entfernung von Carbamylcholin durch Gleichgewichtsdialyse	12,0
nahezu reine Rezeptorpräparation	nach rund 24 Stunden bezogen auf den Beginn der Präparation

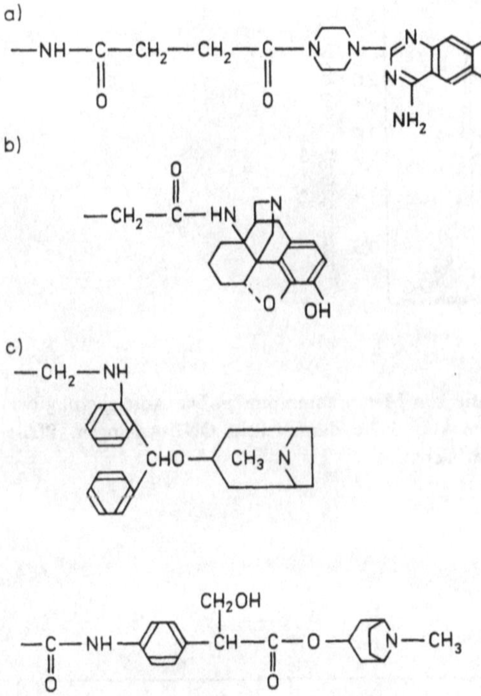

Abb. 9.7. Derivate von Antagonisten als Affinitätsliganden für die Anreicherung solubilisierter Membranrezeptoren. Die Bindung der Liganden erfolgt über „spacer"-Moleküle an Sepharose o. ä. Materialien.

a) Anreicherung von α_1-adrenergen Rezeptoren mit Hilfe des Prazosin-Derivates CP 57 609. (R. M. GRAHAM et al., Proc. Natl. Acad. Sci. USA **79**, 2186 (1982).

b) Anreicherung von Opiat-Rezeptoren mit Hilfe eines β-Fuoxymorphamin-Derivates. (Bildlack (2))

c) Anreicherung von muskarinergen Acetylcholinrezeptoren mit Hilfe eines QNB-Analogen (Haga, (5)) bzw. eines Atropin-Derivates (Repke, (13)).

Rezeptors, welches bereits in der Mitte der siebziger Jahre zum Vorliegen hochreiner Rezeptorpräparationen führte (11).

Für alle anderen Membranrezeptoren sind die Verhältnisse durch geringe Mengen, schwere Solubilisierbarkeit und die Abwesenheit „natürlicher Affinitätsliganden" weitaus komplizierter. In Abb. 9.7. sind einige Affinitätsliganden zusammengestellt, die sich in dieser oder ähnlicher Form zur Reinigung solubilisierter Membranrezeptoren bewährt haben. Für Transmitterrezeptoren sind dies Derivate hochaffiner Antagonisten. Peptidrezeptoren können mit Hilfe der trägerfixierten natürlichen Peptidliganden isoliert werden. In vielen Fällen ist die spezifische Wechselwirkung von immobilisiertem Ligand und Rezeptorareal durch die unspezifische Wechselwirkung des Detergens bzw. hydrophober Areale der solubilisierten Membranproteine mit den Affinitätsgelen ein ernsthaftes methodisches Problem (2, 13). Deshalb ist eine möglichst große Vorreinigung der solubilisierten Membranproteine sowie die sorgfältige Auswahl der Milieubedingungen von entscheidender Bedeutung für die Ausbeute und den Anreicherungsgrad. Hinsichtlich der Trägermaterialien erweist sich Agarose mit hydrophilen Spacern als besonders geeignet. Der optimale Verlauf einer Affinitätschromatografie ist anhand des Elutionsprofils in Abb. 9.8. dargestellt (5). Grundsätzlich werden nur zwei Schritte benötigt: die Desorption unspezifisch gebundener Proteine durch Puffer mit hohen Ionenstärken und die Elution des selektiv gebundenen Rezeptors durch Rezeptor-spezifische Liganden.

b) Affinitätschromatografie an kovalent gebundenen Lektinen

Viele Rezeptoren enthalten Untereinheiten, die Glycoproteine sind. Die hydrophilen Glycanreste werden nicht von Detergentien okkupiert, so daß sie der Bindung an immobilisierte Lektine, die für bestimmte Zuckerreste spezifisch sind, zugänglich sein können. Selbstverständlich befinden sich in dem Gemisch solubilisierter Membranproteine, von dem die Rezeptorreinigung ausgeht, eine Vielzahl weiterer Glycoproteine. Dies bedeutet, daß die Bindung von Rezeptoren an Lektine eine

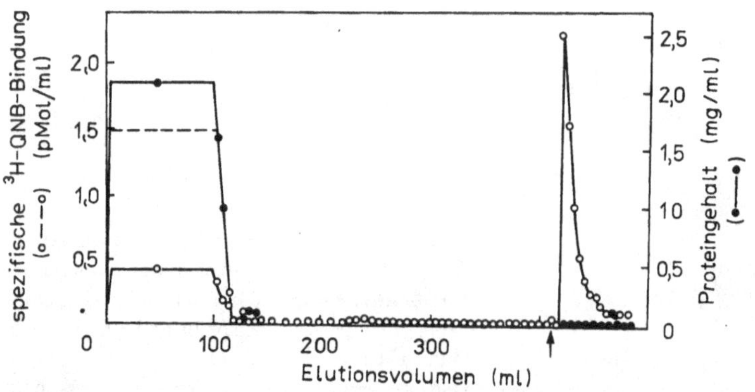

Abb. 9.8. Typisches Beispiel für die Affinitätschromatografie von Membranrezeptoren. Die Anreicherung des muskarinergen Acetylcholinrezeptors erfolgte mit dem in Abb. 9.7.c dargestellten QNB-Analogen. Pfeil: Selektive Desorbtion mit dem muskarinergen Agonisten Carbachol.
(nach: HAGA et al. (5)).

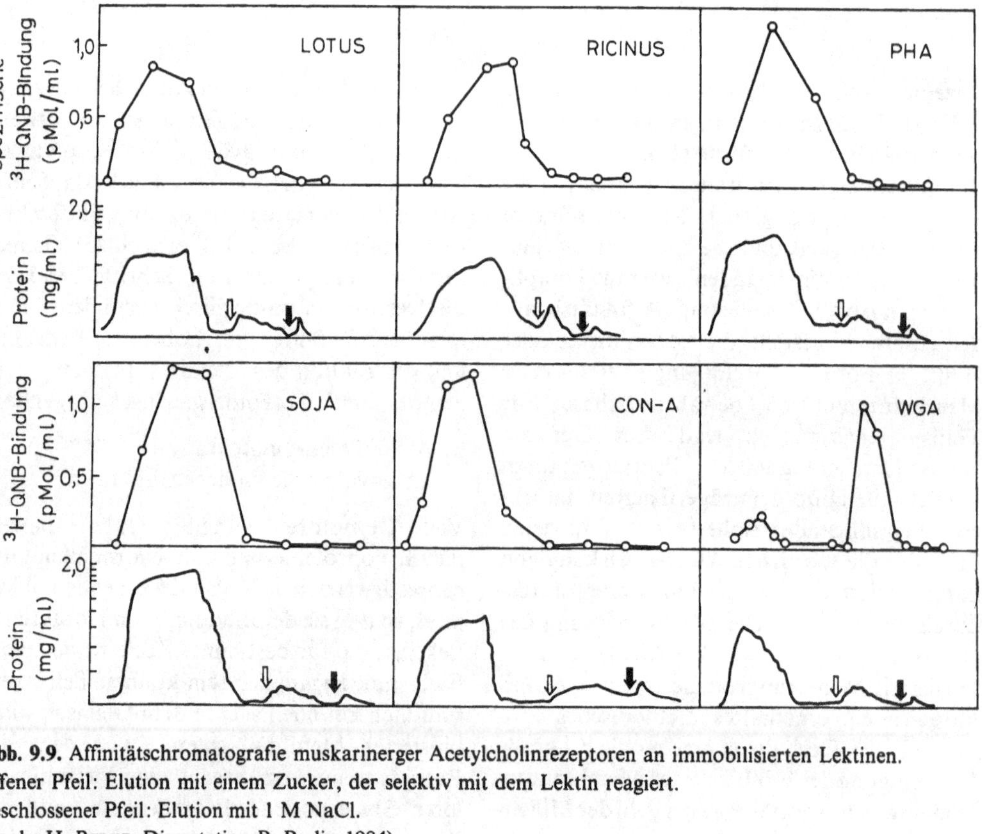

Abb. 9.9. Affinitätschromatografie muskarinerger Acetylcholinrezeptoren an immobilisierten Lektinen. offener Pfeil: Elution mit einem Zucker, der selektiv mit dem Lektin reagiert.
geschlossener Pfeil: Elution mit 1 M NaCl.
(nach: H. REPKE, Dissertation B, Berlin 1984).

wesentlich geringere Selektivität aufweist als die Bindung an immobilisierte Antagonisten. Für die methodische Optimierung ist es somit zweckmäßig, ein Spektrum von Lektinen mit Affinitäten für unterschiedliche Zucker zu testen und dasjenige Lektin auszuwählen, welches den gesuchten Rezeptor mit der höchsten Selektivität bindet. Abb. 9.9. zeigt eine derartige Auswahl am Beispiel des muskarinergen Acetylcholinrezeptors.

c) Affinitätschromatografie an immobilisierten Anti-Rezeptor-Antikörpern

Auf die Möglichkeiten zur Charakterisierung von Rezeptoren mit Hilfe von spezifischen Anti-Rezeptor-Antikörpern wird in Abschnitt 9.3. näher Bezug genommen. Hinsichtlich der Rezeptorreinigung besteht neben der Affinitätschromatografie die Möglichkeit der Immunopräzipitation. Während für die spezifische Desorption von Rezeptoren von immobilisierten Antagonisten die freien Antagonisten oder hohe Konzentrationen von Agonisten und für die spezifische Desorption von Lektinen die entsprechenden Zucker verwendet werden können, erfolgt die Desorption von Immunoaffinitätssäulen meist mit Puffern hoher Ionenstärke. Dies ist hinsichtlich der nativen Konformation des Rezeptors zuweilen nicht unproblematisch. Eine elegante Möglichkeit zur Herstellung von monoklonalen Antikörpern mit hoher Spezifität und relativ niedriger Affinität wurde kürzlich am Beispiel des nikotinergen Acetylcholinrezeptors beschrieben. Es handelt sich hier um die Verwendung monoklonaler Antikörper gegen bestimmte Peptidsequenzen des Rezeptors

9.2.3. Isoelektrische Fokussierung

Die präparative isoelektrische Fokussierung stellt eine weitere Möglichkeit zur Anreicherung von Rezeptoren dar. Meist ist hierfür jedoch eine Markierung des Rezeptors mit einem kovalent gebundenen Radioliganden notwendig, weil viele Rezeptoren beim pH-Wert ihres isoelektrischen Punktes denaturieren.

In manchen Fällen ist durch eine Gleichgewichtsdialyse (die gleichzeitig zur Bindung eines reversiblel bindenden Radioliganden

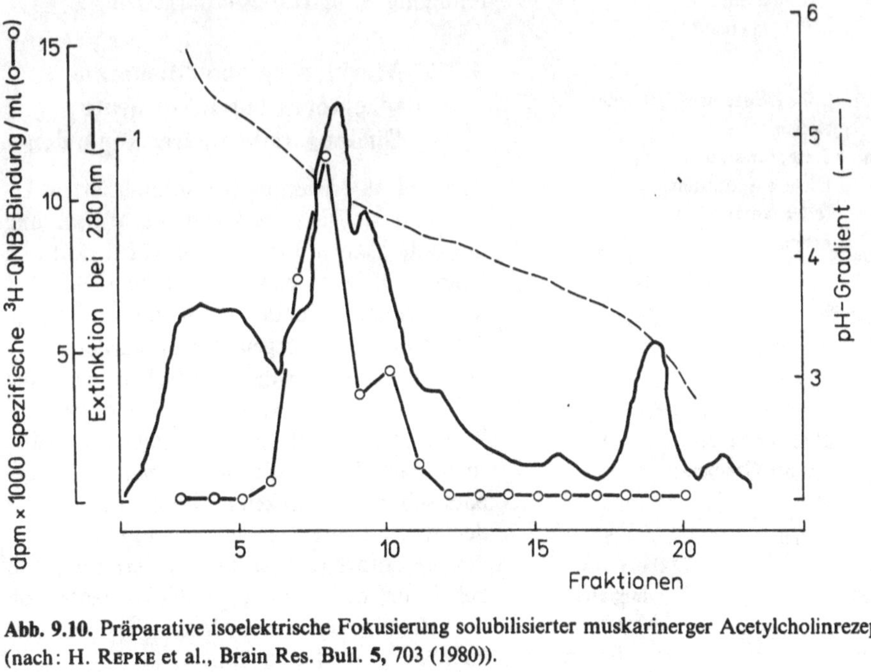

Abb. 9.10. Präparative isoelektrische Fokusierung solubilisierter muskarinerger Acetylcholinrezeptoren. (nach: H. REPKE et al., Brain Res. Bull. **5**, 703 (1980)).

benutzt wird) bei physiologischen pH-Werten eine teilweise Renaturierung möglich. Ein Beispiel hierfür ist in Abb. 9.10. dargestellt.

9.2.4. Hochdruckflüssigkeitschromatografie

Die bereits in Abschnitt 9.2.1. umrissenen Probleme bei der Anreicherung von Detergens-solubilisierten Rezeptoren nach dem Molekularsieb-Verfahren gelten sinngemäß auch für die auf dem gleichen Prinzip basierende Hochdruckflüssigkeitschromatografie. Die erreichbare Trennschärfe ist somit deutlich geringer als bei der Auftrennung löslicher Proteine. Dennoch ist dieses Verfahren wegen seiner Geschwindigkeit und guten Ausbeuten dann geeignet, wenn es sich um die Auftrennung einer bereits weitgehend vorgereinigten Rezeptorpräparation handelt. Dies konnte insbesondere für die Reinigung des Digitonin-solubilisierten *β*-adrenergen Rezeptors unter Beweis gestellt werden.

Tabelle 9.4. Übersicht über biochemische Methoden zur Anreicherung von nativen Rezeptoren

Methode	Elution durch	erreichbarer Anreicherungsfaktor
Gelfiltration	Puffer	3—5
Ionenaustauscherchromatografie	Gradient (pH oder Ionenstärke)	3—8
Lektinaffinitätschromatografie	Zucker mit Affinität zum entsprechenden Lektin	10—15
Affinitätschromatografie an immobilisierten Antagonisten (incl. Neurotoxine)	hohe Konzentrationen eines Rezeptor-spezifischen Agonisten (oder Antagonisten)	50—500
Anti-Rezeptor-Antikörper (Affinitätschromatografie oder Präzipitation)	Puffer mit hoher Ionenstärke	50—200
isoelektrische Fokussierung	Fraktionierung des pH-Gradienten	5—10
HPLC auf der Basis des Molekularsiebeffektes	Puffer	10—25 (bei vorgereinigten Präparationen)

Zusammenfassend können folgende Grundsätze für die erfolgreiche Reinigung nativer Rezeptoren formuliert werden:

— Die native Rezeptorkonformation muß durch das Detergens mindestens über mehrere Tage zu stabilisieren sein.
— Alle Reinigungsschritte müssen Gebrauch von unterschiedlichen Eigenschaften des Rezeptormoleküls machen (Größe, Zuckerreste, spezifische Ligandbindung, isoelektrischer Punkt, antigene Determinanten).
— Die Zusammenstellung der Reihenfolge der unterschiedlichen Verfahren muß in Kenntnis der Selektivität der nachfolgenden Methoden erfolgen.

Eine zusammenfassende Übersicht über die Möglichkeiten von Methoden zur Rezeptorreinigung ist in Tab. 9.4. dargestellt.

9.2.5. Markierung von Membranrezeptoren durch kovalente Bindung radioaktiver Liganden

Zur Charakterisierung von solubilisierten Rezeptoren hat sich die kovalente Markierung mit radioaktiven Liganden bewährt. Dadurch kann z. B. eine elektrophoretische Analyse unter denaturierenden Bedingungen (Vergl. Abschnitt 9.4.) vorgenommen werden. Voraussetzung der kovalenten Markierung ist die Selektivität der Bindung des Radioliganden. Dies bedeutet, daß die reaktive Gruppierung so in das Molekül des Radioliganden eingebaut sein muß, daß keine sterische Hinderung der Wechselwirkung mit dem Bindungsareal des Rezeptors eintritt. So wird erreicht, daß bei einer niedrigen Ligandenkonzentration die Markierung der anderen Proteine vernachlässigbar klein bleibt.

Der Nachteil dieser Methode besteht darin, daß die irreversible Blockade des Bindungsareals des Rezeptors dessen Anreicherung mit affinitätschromatografischen Verfahren (Affinitätsmatrix mit Derivaten spezifischer Liganden) ausschließt.
Grundsätzlich können drei verschiedene Methoden der Affinitätsmarkierung unterschieden werden:

a) Photoaffinitätsmarkierung

Das Prinzip dieser Methode besteht zunächst in der Einführung einer Azid-Gruppe in den Radioliganden (häufig in para-Stellung an einen Benzylrest). Besonders für Liganden des muskarinergen und des β-adrenergen Rezeptors wurden eine Reihe derartiger Verbindungen beschrieben (17). Dieser Ligand wird zunächst im Dunkeln und bei niedrigen Temperaturen mit einer Rezeptor-haltigen Membransuspension inkubiert, bis sich ein reversibles Assoziationsgleichgewicht eingestellt hat. Anschließend erfolgt die Photolyse durch ultraviolettes Licht, wobei die Azid-Gruppe mit einer geeigneten funktionellen Gruppe in der Umgebung des Rezeptorareals eine chemische Bindung eingeht. Bei hochaffin reversibel bindenden Liganden kann eine Auswaschung des ungebundenen Radioliganden vor der Photolyse erfolgen, um die unspezifische Markierung gering zu halten.

b) Aziridinium-Derivate

Hierbei ist die reaktive Gruppierung ein stickstoffhaltiger Dreiring, der mit nucleophilen Gruppen unter Aufspaltung des Ringes eine kovalente Bindung eingeht. Diese zyklische Gruppierung ist instabil und wird erst unmittelbar von Beginn der Reaktion durch pH-Änderung hergestellt (3).
Beispiele für den Einsatz einer derartigen Verbindung zur Charakterisierung des muskarinergen Rezeptors finden sich in Abschnitt 9.4.

c) Vernetzung von Rezeptor und Peptidhormon

Diese Methode bedient sich eines bifunktionalen „cross linkers", der sowohl mit Aminosäureresten des Rezeptors als auch des, an den Rezeptor gebundenen, radioaktiv markierten Peptidhormons reagiert. Häufig verwendet wird Bissucinimidyl-Suberat bzw. Dithiobis-Succinimidyl-Propionat. Die letztere Verbindung ermöglicht eine nachträgliche Auflösung der kovalenten Verknüpfung unter reduzierenden Bedingungen (8).
Insgesamt kann festgestellt werden, daß der überwiegende Teil der Kenntnisse über das Molekulargewicht von Rezeptoren bzw. Ligand-bindenden Untereinheiten durch elektrophoretische oder hydrodynamische Analyse von kovalent markierten Rezeptoren gewonnen wurde. Diese Methode macht die biochemische Analyse von Rezeptoren unabhängig von dem Stand der Reinigungsmethoden.

9.3. Antikörper gegen Membranrezeptoren — Hilfsmittel zur biochemischen Charakterisierung

9.3.1. Unterschiede zwischen monoklonalen und polyklonalen Antikörpern

Bis zum Jahre 1975 bestand die einzige Möglichkeit zur Herstellung von Antikörpern darin, Individuen mit einer bestimmten Menge eines möglichst gereinigten Antigens zu immunisieren und die Antikörper aus dem Serum zu gewinnen. Bei diesem Verfahren werden über einen sehr komplexen Mechanismus viele B-Zellklone stimuliert, die unterschiedliche Antikörper produzieren. Somit entsteht ein Gemisch von Antikörpern, welches mit verschiedenen Epitopen des Antigens reagiert. Dabei reagieren jeweils Gruppen von Antikörpern unterschiedlicher Primärstruktur (5 bis 20) mit dem gleichen Epitop. Die Antikörper können als Serum, als gereinigte Immunglobulin-Fraktion oder als affinitätschromatografisch gereinigte Immunglobuline vorliegen.
Monoklonale Antikörper hingegen werden jeweils durch einen Klon von Hybridzellen gebildet. Sie sind nur gegen ein Epitop gerichtet und enthalten nur Antikörper mit einer

einheitlichen Primärstruktur. Hybridome entstehen durch die Fusion von Antikörper-produzierenden B-Zellen (Plasmazellen) von immunisierten Spendern mit Zellen einer durch Mutationen veränderten Tumorlinie, die selbst keine Antikörper produziert. Monoklonale Antikörper werden in Zellkultur bzw. in vivo aus Ascites hergestellt. Ihr bahnbrechender Vorteil liegt in der Tatsache, daß nun aus der Vielzahl der stimulierten B-Zellklone ein einziger ausgewählt werden kann, dessen Antikörper die gewünschten Eigenschaften aufweisen. Hierdurch wird die Entdeckung und Charakterisierung von vielen Antigenen möglich, die bisher immunologisch nicht charakterisiert werden konnten.

9.3.2. Die Beschreibung der Lage von Rezeptoren in der Membran durch Untersuchungen mit spezifischen Antikörpern

Zunächst geht es hierbei um die Frage: Ist ein bestimmter Rezeptor ein Protein, welches die Membran auf beiden Seiten durchstößt, d. h. theoretisch in der Lage wäre, selbst als Ionophor zu funktionieren? Solche Untersuchungen wurden zuerst mit dem nikotinergen Acetylcholinrezeptor durchgeführt. Hierzu werden die Antikörper mit elektronendichten Markern konjugiert, so daß mit Hilfe Rezeptor-haltiger Vesikel im Elektronenmikroskop sowohl die extravesikuläre als auch die zytoplasmatische Antikörper-Bindung nachgewiesen werden kann. Der nikotinerge Rezeptor erwies sich als transmembranales Protein.

Die gegenwärtige Kenntnis der Primärstruktur des nikotinergen Rezeptors erlaubt aber die Verwendung von monoklonalen Antikörpern zu wesentlich weitergehenden Aussagen der molekularen Topographie von Rezeptoren. Hierzu sollen zwei Beispiele angeführt werden:

a) Posttranslationale Abspaltung eines Peptids vom Rezeptor?
Diese Frage stellt sich beispielsweise für die α-Untereinheit des nikotinergen Acetylcholinrezeptors, weil hier wesentliche Unterschiede zwischen dem Molekulargewicht der gentechnisch hergestellten Untereinheit (50 kD) und der aus dem Gewebe isolierten (40 kD) bestehen. Die Synthese eines C-terminalen Hexapeptids und die Erzeugung von monoklonalen Antikörpern gegen dieses Peptid zeigt, daß eine derartige Abspaltung nicht vorkommt. (Inzwischen sind alternative Erklärungsmöglichkeiten in der Abspaltung von Signalsequenzen (Abb. 8.12.) gefunden worden (1).

b) Wie viele α-Helix-Stränge einer Rezeptoruntereinheit durchlaufen die Bilayer?
Für die vier Typen von Untereinheiten des nikotinergen Acetylcholinrezeptors wurde nachgewiesen, daß die N-terminale Seite des jeweiligen Peptidstranges sich auf der extrazellulären Seite befindet und je 4 α-Helixes die Membran durchlaufen. Unklar war, ob noch eine fünfte transmembranale α-Helix existiert. Dies hätte zur Folge, daß das C-terminale Peptid jeweils auf der zytoplasmatischen Seite der Membran nachzuweisen sein müßte. Mit Hilfe von monoklonalen Antikörpern gegen die C-terminalen Peptide konnte tat-

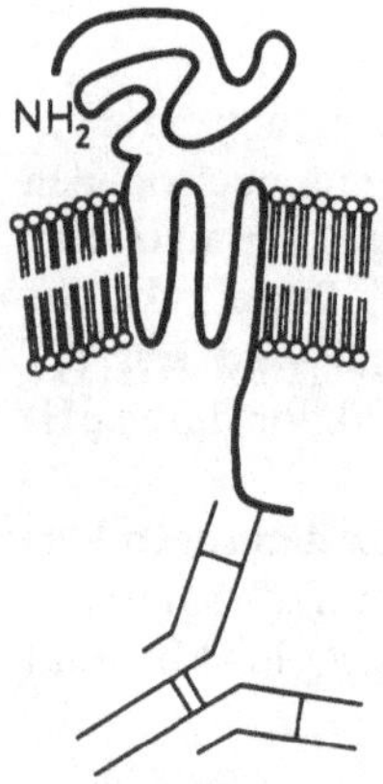

Abb. 9.11. Nachweis einer fünften transmembranalen α-Helix in der Tertiärstruktur der Untereinheiten des nikotinergen Acetylcholinrezeptors durch monoklonale Antikörper gegen C-terminale Peptide.

sächlich deren Lokalisation auf der zytoplasmatischen Seite bewiesen werden. Somit müssen fünf transmembranale α-Helices angenommen werden (Abb. 9.11.) (12).

9.3.3. Antikörper als Hilfsmittel zur Charakterisierung der Rezeptor-Ligand-Interaktion

Während die räumliche Anordnung einer Reihe von niedermolekularen Liganden für Neurotransmitterrezeptoren im Rezeptorareal relativ gut charakterisiert werden konnte, ist die Art der Wechselwirkung von Peptiden mit dem jeweiligen Rezeptor noch weitgehend unklar. Ein interessantes Beispiel für den Versuch einer derartigen Molekulartopologie mit Hilfe von monoklonalen Antikörpern wurde für die Wechselwirkung von Gonadotropin mit dem Rezeptor beschrieben. Hierbei wurden eine Reihe von Antikörpern gegen die α- und die β-Untereinheit des Gonadotropins hergestellt. Diejenigen Antikörper, die in kompetitiver Weise die Rezeptor-Ligand-Interaktion hemmten, reagierten nicht mehr auf den Rezeptor-Ligand-Komplex. Umgekehrt konnten Antikörper, die nicht zur Hemmung der Gonadotropin-Bindung in der Lage waren, ihre Epitope auch auf dem Rezeptor-gebundenen Gonadotropin erkennen. Hieraus kann geschlußfolgert werden, welche Bereiche des Gonadotropin-Moleküls für die Wechselwirkung mit dem Rezeptorareal in Frage kommen (Abb. 9.12.).

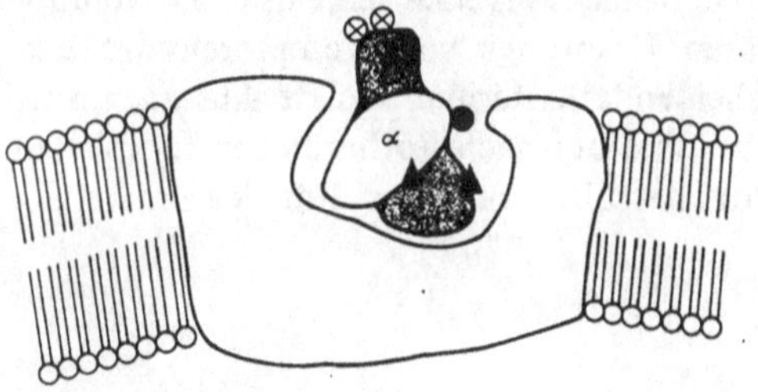

Abb. 9.12. Analyse der räumlichen Wechselwirkung von Gonadotropin mit dem Rezeptorareal mit Hilfe monoklonaler Antikörper gegen verschiedene Epitope der α- und β-Kette des Gonadotropins. Dabei wurden drei Gruppen von Antikörpern gefunden:

▲ Antikörper hemmen die Ligandbindung kompetitiv, nach Bindung des Gonadotropins an den Rezeptor sind diese Epitope nicht mehr für den Antikörper zugänglich;

● Antikörper hemmt die Ligand-Bindung nicht, bindet aber nicht an den Rezeptor-Ligand-Komplex;

⊗ Antikörper hemmen die Ligand-Bindung nicht und binden sich an den Rezeptor-Ligand-Komplex.

(nach: W. Moyle et al., Proc. Natl. Acad. Sci.: USA **79,** 2245 (1982)).

Eine andere Möglichkeit der Abbildung der potentiellen Raumstruktur des Ligand-Bindungsareals vom Rezeptor besteht in der Herstellung von monoklonalen Antikörpern gegen den Liganden. Von besonderem Interesse ist dies wiederum bei Peptiden. Ein eindrucksvolles Beispiel für einen Antikörper, der ein dem Rezeptor vergleichbares Affinitätsspektrum der Ligand-Bindung aufweist, sind monoklonale Antikörper gegen die essentielle Wirksequenz („message sequence") opioider Peptide. Die Bindungsstelle des Antikörpers dürfte hier also weitgehend die Molekular-Topologie des Rezeptorareals abbilden.

Da Antikörper in größeren Mengen und besserer Reinheit als die meisten Rezeptoren gewonnen werden können und darüber hinaus in kristallartig geordnete Strukturen zu bringen sind, könnte aus der Röntgenstrukturanalyse solcher Komplexe die Lage und Faltung von Peptiden im Rezeptorareal theoretisch modelliert werden.

Eine weitere Möglichkeit besteht in der Erzeugung von Antikörpern gegen unterschiedliche Konformationen von Rezeptoren. Damit können das Vorkommen unterschiedlicher Rezeptorkonformationen und eventuell ihre funktionale Bedeutung charakterisiert werden. Beispiele hierfür wurden durch monoklonale Antikörper gegen Oestrogen-Rezeptoren in aktivierter und nicht aktivierter Konformation erbracht. In diese Gruppe dürften aber auch solche Antikörper einzuordnen sein, die die biologischen Effekte von Agonisten und Antagonisten auslösen (z. B. monoklonale Ak gegen den epidermalen Wachstumsfaktor, den muskarinergen Rezeptor u. ä.).

9.3.4. Anreicherung von Rezeptoren mit Hilfe von Antikörpern

Da die erfolgreiche Immunisierung mit Rezeptorpräparationen deren weitgehende Anreicherung bereits voraussetzt, stellen Antikörper nicht das primäre, sondern nur ein zusätzliches Hilfsmittel zur Rezeptorreinigung dar. Voraussetzung für eine erfolgreiche Anreicherung von Rezeptoren durch Immunopräzipitation oder Affinitätschromatografie an Antikörper-beladenen Säulen ist die Erkennbarkeit des jeweiligen Epitops auf dem solubilisierten oder denaturierten Rezeptor (Abb. 9.13.). Bei nativ solubilisierten Rezeptoren (Kap. 9.1.) können dies sowohl Sequenz- als auch Konformationsdeterminanten sein. Wichtig ist nur, daß das Epitop nicht durch das Detergens maskiert wird. Bei denaturierten Rezeptoren kommen nur Sequenzdeterminanten in Frage.
Eine interessante Möglichkeit bieten auch hier monoklonale Antikörper gegen Peptidsequenzen von Rezeptoruntereinheiten. Deren Affinität ist oft geringer und ermöglicht so eine schonendere Elution des gebundenen Rezeptors (z. B. Untereinheiten des nikotinergen Rezeptors). Derartige Verfahren wurden weiterhin erfolgreich für den muskarinergen Acetylcholinrezeptor, die β-Rezeptoren, den Insulinrezeptor u. a. angewandt.

9.3.5. Histologischer Nachweis von Rezeptoren mit Hilfe von Antikörpern

Der histologische Nachweis von Rezeptoren in vitro ist gegenwärtig hauptsächlich auf die quantitative Autoradiografie beschränkt. Ungeachtet vieler Fortschritte stellt jedoch die geringe Auflösung einen wesentlichen Nachteil dieses Verfahrens dar. Die Kopplung Rezeptor-spezifischer Antikörper mit elektronendichten oder fluoreszierenden Markern ermöglicht eine genaue Lokalisation auf zellulärer und subzellulärer Ebene. Hierfür existieren bereits eine Reihe eindrucksvoller Beispiele (Oestrogen-Rezeptor, C3b-Rezeptor, Insulin-Rezeptor u. a.).

9.3.6. „Rezeptorevolution" — Nachweis homologer Sequenzen in Rezeptoruntereinheiten und verwandten Rezeptoren durch Antikörper

Die Auffindung von Homologiesequenzen ist für den Nachweis eines gemeinsamen evolutionären Ursprungs von Rezeptoren das entscheidende Kriterium. Exakte Aussagen hierüber sind nur nach Vorliegen der kompletten Primärstruktur zu treffen. Für eine zunehmen-

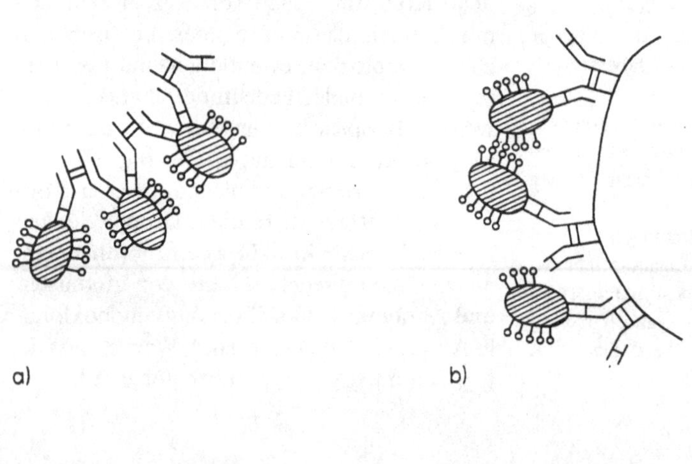

Abb. 9.13. Möglichkeiten der Anreicherung von nativen, solubilisierten Membranrezeptoren mit Hilfe von Antikörpern:
a) Immunopräzipitation
b) Affinitätschromatografie an kovalent gebundenen Antikörpern.

de Zahl von Rezeptoren liegt diese Information jedoch durch die Analyse der Gene vor. Somit kommt dem Nachweis gemeinsamer antigener Determinanten bei verschiedenen Rezeptoren nur ein vorläufiger Charakter zu. Der Nachweis von gemeinsamen antigenen Determinanten auf den 4 Typen von Untereinheiten des nikotinergen Acetylcholinrezeptors wurde später durch die Entdeckung weitgehender Sequenzhomologien auf der Basis der Primärstrukturen verifiziert (11).

Analoge Ergebnisse resultieren aus dem Vergleich nikotinerger Rezeptoren verschiedener Spezies.

Hinsichtlich anderer Rezeptoren ist man zunächst nur auf den Nachweis kreuzreagierender Determinanten mit Hilfe von Antikörpern beschränkt. Dies betrifft beispielsweise die Rezeptoren für Insulin und den Insulin-ähnlichen Faktor (Typ I) bzw. für Insulin und Somatomedin C.

Gemeinsame antigene Determinanten konnten auch auf β_1- und β_2-adrenergen Rezeptoren mit monoklonalen Antikörpern nachgewiesen werden. Die kürzlich durch gentechnische Methoden aufgeklärte Primärstruktur des β_2-adrenergen und muskarinergen Rezeptors hat weitgehende Sequenzhomologien aufgedeckt und zur Annahme eines gemeinsamen Vorläufergens geführt (KUBO et al. Nature 323, 411 (1986).

9.3.7. Die Anti-Idiotyp-Strategie — der Ligand als Modell für Anti-Rezeptor-Antikörper

Voraussetzung für die Verfolgung dieser Strategie ist die Immunisierung mit Rezeptor-spezifischen Liganden, die an einen hochmolekularen Träger gekoppelt sind. Diese Kopplung ist aus hier nicht zu diskutierenden Gründen Voraussetzung für die Immunogenität des Liganden. Die gegen den Liganden gebildeten Antikörper bilden in ihrer Bindungsregion (Idiotyp) eine Struktur aus, die kom-

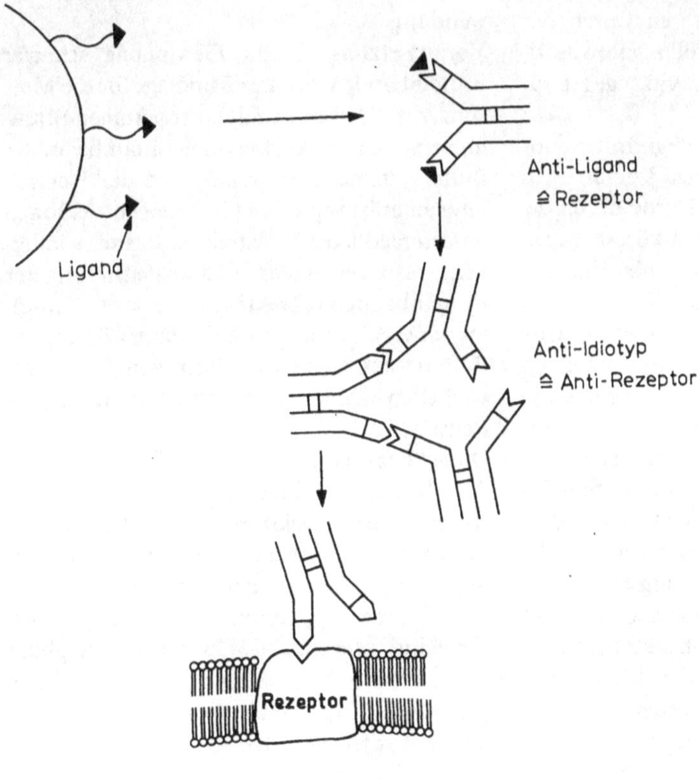

Abb. 9.14. Gewinnung von Antikörpern gegen das Rezeptorareal mit Hilfe der Anti-Idiotyp-Strategie.

plementär dem Oberflächenladungsverteilungsmuster des Liganden ist. Wird der Ligand von derjenigen Seite gebunden, von der auch der natürliche Rezeptor angreift, muß die Raumstruktur des Idiotyps weitgehend derjenigen ähnlich sein, die das Bindungsareal des Rezeptors besitzt (4, 18).
Entsprechend der Netzwerktheorie von JERNE stellt die Idiotyp-Region für das Immunsystem wiederum ein neues Antigen dar. Die Immunisierung mit derartigen Antikörpern sollte also zu Anti-Antikörpern (Anti-Idiotyp-Antikörpern) führen. Dies ist tatsächlich der Fall. Entsprechend dem oben gesagten handelt es sich somit bei den Anti-Idiotyp-Antikörpern um Antikörper, die gegen die Ligand-Bindungsregion des jeweiligen Rezeptors gerichtet sind (Abb. 9.14.).
Dieses Verfahren kann sowohl unter Verwendung polyklonaler als auch mit Hilfe monoklonaler Antikörper ausgeführt werden. Unter Verwendung polyklonaler Antiseren wurde z. B. ausgehend von Anti-Morphin-Antiseren die Anti-Idiotyp-Methode zur Herstellung von Antikörpern gegen Opiatrezeptoren genutzt. Anti-Alprenolol-Antiseren waren der Ausgangspunkt für die Herstellung von Anti-Idiotyp-Antiseren mit Reaktivität gegen β-adrenerge Rezeptoren.
Die Realisierung der Anti-Strategie mit monoklonalen Antikörpern eröffnet jedoch noch weitere Möglichkeiten. Dies wurde durch die Herstellung monoklonaler Antikörper gegen eine Verbindung bewiesen, die nikotinergen Agonisten sehr ähnlich ist (Trans-3,3'-Bis (α(trimethylammonio)methyl)azobenzol-Bromid (BisQ). Derartige Antikörper reagieren mit Agonisten mit der gleichen Affinität wie der nikotinerge Rezeptor, jedoch kaum mit Antagonisten. Sie bilden somit die reaktionsbereite (Agonist-bindende) Konformation des Rezeptorareals ab. Monoklonale Anti-Idiotyp-Antikörper zeigen eine sehr spezifische Reaktion mit der Ligand-Bindungsregion des Rezeptors (4, 18). Da entsprechend JERNE während der Immunisierung bereits Antikörper gegen das Antigen und den Idiotyp des Anti-Antigen-Antikörpers entstehen, konnten nach Immunisierung mit einem BisQ-Konjugat tatsächlich sowohl Hybridomklone mit Anti-BisQ-Reaktivität als auch solche mit Anti-Rezeptor-Aktivität isoliert werden. Dies reduziert das Zweischrittverfahren auf einen einzigen Schritt.

9.4. Elektrophoretische Verfahren zur Charakterisierung von Membranrezeptoren

9.4.1. Grundprinzipien

Die elektrophoretische Analyse von Membranrezeptoren ist bei Verwendung der modernsten Methoden wie kein anderes Verfahren in der Lage, eine komplexe Charakteristik der biochemischen Eigenschaften von Rezeptoren zu liefern. Trotz der durch CHRAMBACH und RODBARD (15) für die Analyse beliebiger Proteine ausgearbeiteten Verfahren findet die computergestützte Analyse von FERGUSON-Plots international wegen der relativ komplexen Methodik leider kaum Anwendung.
Voraussetzung für die Gewinnung scharfer Proteinbanden, die die Grundlage für die Messung von Rf-Werten mit einer geringen Streuung sind, ist die Verwendung multiphasischer Puffersysteme. Dies ermöglicht die Herstellung einer beweglichen Grenzfläche aus Ionen unterschiedlicher Wanderungsgeschwindigkeit, was zu einer starken Konzentrierung der Proteinbanden führt. Insgesamt 4000 Varianten einer Gruppe von z. T. ungewöhnlichen Puffersystemen sind in einem von JOVIN entwickelten Computerprogramm zusammengestellt.
Dieses Programm ermöglicht die Berechnung der pH-Werte und Ionenstärken in denen sich während der Elektrophorese ausbildenden Zonen und somit die Optimierung der Trennbedingungen. Dies betrifft einerseits die selektive Trennung bestimmter Proteingruppen (Proteine, die selektiv in der Grenzphase („stack") wandern) wie auch die Auswahl von pH-Werten, bei denen keine Denaturierung nativer Proteine erfolgt.

Bei der Analyse von Membranrezeptoren müssen grundsätzlich Detergentien verwendet werden. Die Verwendung von SDS führt zu einer Denaturierung aller bisher untersuchten Membranrezeptoren. SDS gibt den zu untersuchenden Rezeptoren eine uniforme Ladung und ermöglicht so die Analyse des Molekulargewichtes und unter bestimmten Voraussetzungen des theoretischen Molekülradius. Für derartige Analysen wird ein kovalent bindender spezifischer Radioligand für den jeweiligen Rezeptor benötigt.
Die elektrophoretische Analyse nativer Rezeptoren ist hingegen bisher selten ausgeführt worden und verlangt Detergentien, die die native Konformation des Rezeptors erhalten (Kap. 9.1.). Dieses Verfahren erfordert die genaue Bestimmung der sogenannten „happyness conditions", d. h. derjenigen Bedingungen, unter denen die reversiblen Rezeptor-Ligand-Bindungen erhalten bleiben und eine optimale Separation des Rezeptor-Detergens-Komplexes gewährleistet ist. Mit dieser Methode kann das Molekulargewicht des gesamten Komplexes und seine Nettoladung bestimmt werden.
Ein wesentlicher Vorteil der Verwendung der computergestützten Analyse von FERGUSON-Plots ist die Möglichkeit, statistische Analysen der Identitität von Rezeptorsubtypen hinsichtlich ihrer biochemischen Eigenschaften durchzuführen. Dies ist ein oft diskutiertes, aber wenig experimentell bearbeitetes Problem.

9.4.2. Analyse denaturierter Rezeptoren mit Hilfe von Ferguson-Plots

Der *Rf*-Wert stellt die relative Laufstrecke des betrachteten Proteins in der Elektrophorese, bezogen auf die Pufferfront dar. Mit *T* wird der prozentuale Anteil von Acrylamid in der zur Gelpolymerisation verwendeten Lösung

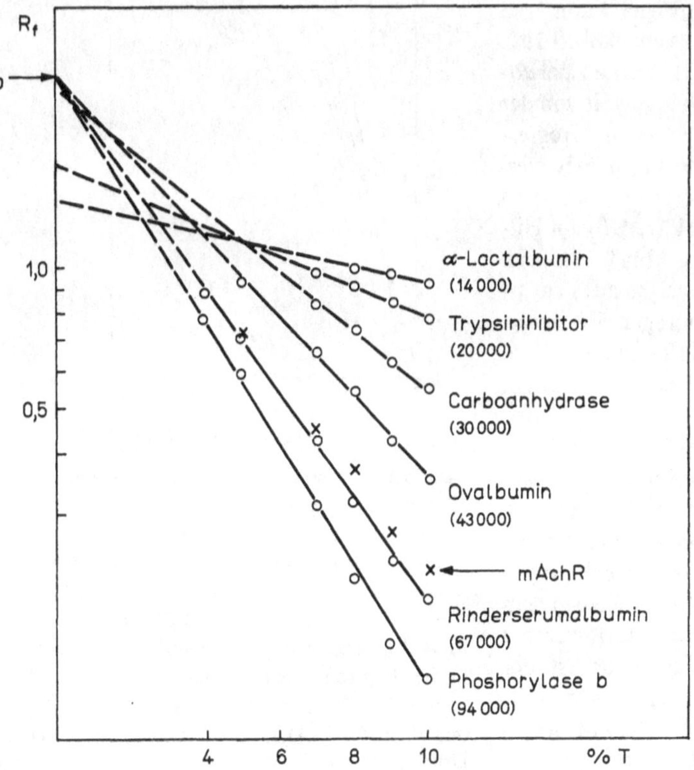

Abb. 9.15. Ferguson-Plots der elektrophoretischen Mobilität des kovalent markierten muskarinergen Acetylcholinrezeptors (^{3}H-Propyl-Benzilylcholin-Lost) sowie einiger Eichproteine nach SDS-Elektrophorese.
(nach: H. REPKE et al., Biochem. Biophys. Acta im Druck (1986b)).

bezeichnet. Dieser Parameter ist ein Maß für die Porengröße des Gels. Die Auftragung von log *Rf* gegen % *T* ergibt den sogenannten Ferguson-Plot (Abb. 9.15.). Für die Beziehung zwischen diesen beiden Parametern gilt die Gleichung:

$$\log Rf = \log (Y_0) - K_R \cdot T$$

Der Anstieg der Geraden wird als Retardationskonstante (K_R-Wert) bezeichnet. Der Schnittpunkt der Geraden mit der *Y*-Achse (Y_0-Wert) ist proportional der Ladung des Moleküls. Er ist mit Ausnahme kleinerer Moleküle (Abb. 9.15.) bei der SDS-Elektrophorese aufgrund der Vereinheitlichung der Ladungen durch SDS identisch. K_R ist proportional dem Molekulargewicht des Proteins. Bei in Schnitte zerlegten Gelen sollte die durchschnittliche Varianz der *Rf*-Werte etwa 0,02 betragen.

Die Ferguson-Plot-Analyse bietet gegenüber dem herkömmlichen Vergleich mit den Eichproteinen bei einer einzigen Gelkonzentration den Vorteil, daß die Analyse auf der Basis von Regressionsgeraden erfolgen kann und unbrauchbare Eichproteine (siehe Abb. 9.15.), eliminiert werden können. Die Varianz der *Rf*-Werte verändert sich in Abhängigkeit von der Laufstrecke, so daß statt einer linearen Regressionsanalyse eine gewichtete verwendet werden sollte.

Dies leistet das Programm RFT 1 (15) mit Hilfe eines iterativen Verfahrens. Abb. 9.16a. zeigt die gewichtete Regressionsanalyse des Ferguson-Plots für den muskarinergen Rezeptor. Grundlage der Rechnungen sind in Abb. 9.15. als Durchschnittswerte zusammengefaßten Daten.

Abb. 9.16b. zeigt die Regressionsanalyse, die zur Bestimmung des Molekulargewichtes des muskarinergen Rezeptors unter Verwendung der K_R-Werte der Eichproteine führt. Im Ergebnis dieser kurz skizzierten Rechnungen werden eine Reihe von Parametern neben dem Molekulargewicht (muskarinerger Rezeptor: 65300 D) ausgegeben. Unter ihnen ist der theoretische Molekülradius, der allerdings für Rezeptoren mit ihrer asymetrischen Molekülstruktur eine geringe Relevanz haben dürfte.

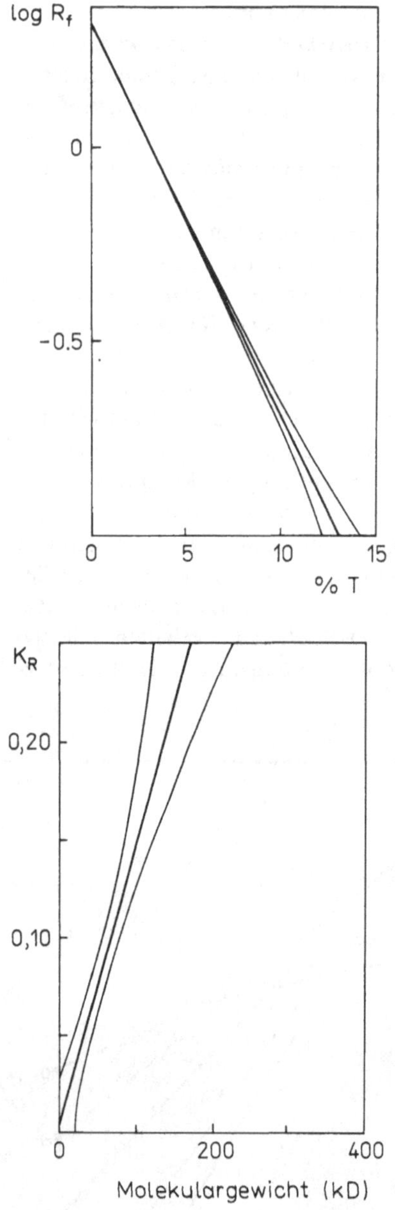

Abb. 9.16. Computer-Analyse von Ferguson-Plots (Daten entsprechend Abb. 15):

a) gewichtete Regressionsanalyse von Ferguson-Plots des muskaringergen Acetylcholinrezeptors nach SDS-Elektrophorese einschließlich der 95% Konfidenzintervalle (Programm RFT 1);
b) Molekulargewichtsbestimmung auf der Grundlage der Regressionsanalyse der K_R-Werte der Eichproteine (Programm RADKR).

(nach: H. Repke et al., Biochem. Biophys. Acta im Druck (1986b)).

9.4.3. Analyse nativer Rezeptoren durch statistische Bearbeitung von Ferguson-Plots

Diese bisher sehr selten verwendete Form der Analyse nativer Rezeptor-Detergens-Komplexe setzt die Optimierung einer Reihe von Randbedingungen (happyness-conditions) voraus. Zur Demonstration der Möglichkeiten derartiger Untersuchungen sei im folgenden der Digitionin/Gitonin-solubilisierte muskarinerge Rezeptor betrachtet. Da ein nichtionisches Detergens verwendet wird, ist der *Rf*-Wert nicht nur von der Molekülgröße, sondern gleichermaßen auch von der Ladung der Moleküle abhängig. Beide Größen sind nur mit Hilfe der FERGUSON-Plot-Analyse zu differenzieren. Die Verwendung geeigneter Computer-Programme ermöglicht weiterhin den statistischen Vergleich von Rezeptorsubtypen. Abb. 9.17. zeigt die gewichtete Regressionsanalyse der FERGUSON-Plots von zwei Typen muskarinerger Rezeptoren. Sie unterscheiden sich durch die An- bzw. Abwesenheit einer N-Acetyl-Neuraminsäure-haltigen molekularen Einheit sowie durch unterschiedliche Agonist-Bindungseigenschaften. Es ergibt sich nun die Frage: Besteht ein signifikanter Unterschied im elektrophoretischen Verhalten beider Rezeptortypen? Ist dieser Unterschied in der Komplexgröße (z. B. Assoziation mit einem GTP-bindenden Protein) oder in der Ladung des Komplexes begründet?
Diese Frage ist durch die Konstruktion sogenannter „joint confidence envelopes" zu beantworten. Hierbei werden die vom Rechner ausgegebenen Konfidenzbereiche für die Parameter K_R und Y_0 in der in Abb. 9.18. gezeigten Weise gegeneinander aufgetragen.
Die „joint confidence envelopes" der beiden Typen des muskarinergen Rezeptors überlappen sich nicht von der Y-Achse aus betrachtet, d. h. es existiert ein hochsignifikanter Ladungsunterschied ($p = (0{,}05)^2 = 0{,}0025$). Sie überlappen sich aber weitgehend aus der Sicht der x-(K_R)-Achse, d. h. der Unterschied der Komplexgröße ist nicht signifikant. Damit kann eine Assoziation mit einem G-Protein ausgeschlossen werden.
Ein weiteres Programm (CHARGE) ermöglicht unter bestimmten Voraussetzungen die Berechnung der Nettoladung der untersuch-

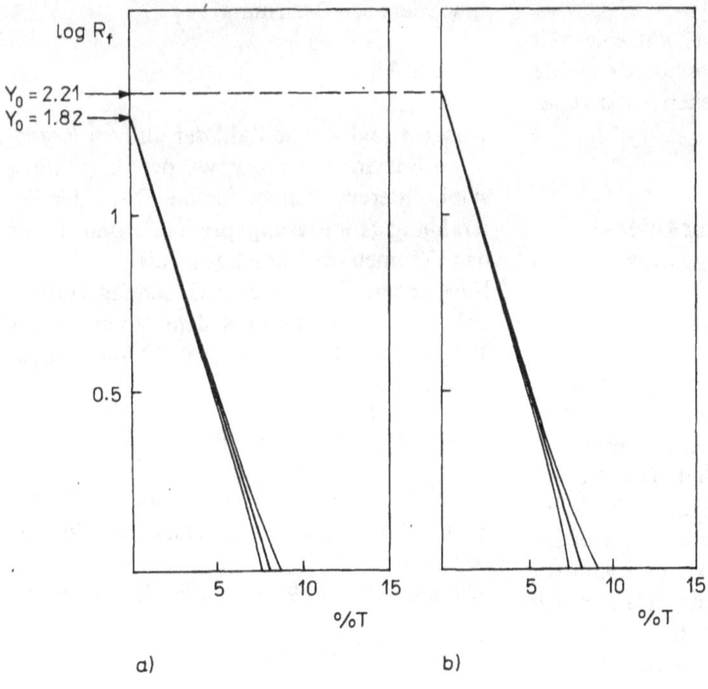

Abb. 9.17. Elektrophorese nativer Rezeptoren: Zwei unterschiedliche Typen (a und b) des muskarinergen Rezeptors nach Computer-Analyse von Ferguson-Plots-Geraden der gewichteten Regressionsanalyse mit 95% Konfidenzbereichen.
(nach: H. REPKE, Proc. FEBS Meeting, VNU Press Netherlands (1985) p. 201).

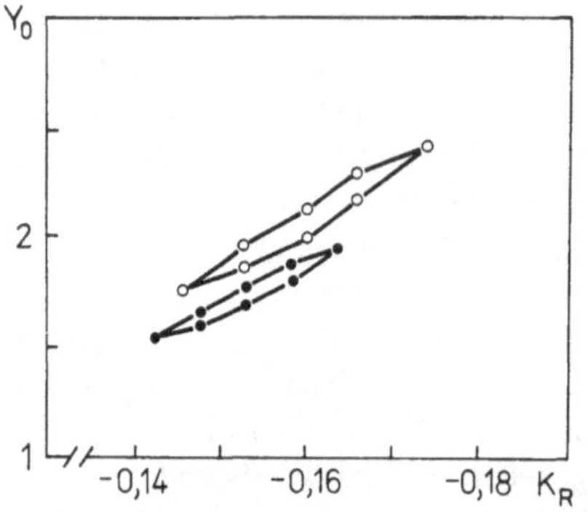

Abb. 9.18. Statistische Analyse der Identität biochemischer Eigenschaften vermutlicher Rezeptorsubtypen: „joint confidence envelopes" (Daten entsprechend Abb. 17).
(nach: H. REPKE, Proc. FEBS Meeting, VNU Press Netherlands (1985) p. 201).

ten Rezeptor-Detergent-Komplexe. Bei dem hier beschriebenen Beispiel ergibt sich eine Nettoladung von 9,3 bzw. 11,2 Protonen pro Komplex.
Es existiert eine Reihe weiterer Programme, die z. B. geeignet sind, die Trennbedingungen für ein bestimmtes Protein zu optimieren. Dies dürfte von besonderer Bedeutung für die präparative Elektrophorese zur Reinigung von Rezeptoren sein.
Insgesamt handelt es sich hier um eine weitgehend ausgearbeitete elektrophoretische Methodologie, deren Möglichkeiten leider zu selten genutzt werden.

9.5. Bestimmung des Molekulargewichtes nativer Rezeptoren

9.5.1. Die Bestrahlungs-Inaktivierung

Die Bestrahlungs-Inaktivierungs-Methode („irradiation inactivation") wird erst seit kurzem zur biochemischen Charakterisierung von Membranrezeptoren eingesetzt. Das Verfahren beruht auf der Beobachtung, daß die Bestrahlung von Proteinen mit energiereichen Elektronen zur Bildung reaktiver Ionen/Radikale und der Freisetzung einer relativ hohen Energiemenge führt (etwa 10^6 Kal/Mol). Dies hat die funktionelle Inaktivierung des entsprechenden Proteins zur Folge. Die zur Inaktivierung führende chemische Schädigung wirkt bei einem funktionalen Komplex aus mehreren Untereinheiten nicht immer nur auf eine Untereinheit, sondern auch auf den gesamten Komplex (d. h. auf alle in enger räumlicher Beziehung zur „getroffenen" Untereinheit stehenden Makromoleküle). Es handelt sich deshalb um eine Methode zur Bestimmung der Größe funktionaler Komplexe.
Meßgröße für die Aktivität der zur Eichung verwendeten Standardenzyme ist V_{max}, d. h. die maximale Geschwindigkeit der Enzymreaktion, die proportional der Menge der aktiven Enzyme ist. Analog ist die mit zunehmender Bestrahlungsdauer abnehmende maximale spezifische Ligandbindung (B_{max}) das Maß für die Inaktivierung der untersuchten Membranrezeptoren.
Die Proben werden entweder tiefgefroren lyophilisiert oder bei Raumtemperatur mit einem Elektronenstrahl im Energiebereich von einigen MeV bestrahlt und anschließend hinsichtlich der verbleibenden Zahl aktiver Enzyme oder Rezeptoren analysiert.
Zur Bestimmung des Molekulargewichtes bedient man sich der bereits 1955 von BOLLARD beschriebenen Beziehung

$$\frac{A}{A_0} = e^{-VD}$$

wobei A und A_0 die Zahl der aktiven Rezeptoren/Enzyme nach bzw. vor der Bestrahlung symbolisieren. D steht für die Dosis der Bestrahlung (Ionisierung pro cm^3) und V für das Volumen des Targetmoleküls.
Eine andere Form dieser Gleichung berücksichtigt bereits das (aus dem Volumen des Targetmoleküls ableitbare) Molekulargewicht:

$$-2{,}3 \log \frac{A}{A_0} = \frac{V}{N_0} \cdot M \cdot D$$

wobei N_0 die Avogadrosche Zahl und M das Molekulargewicht des untersuchten Enzyms bedeuten.
Wie aus Abb. 9.19. ersichtlich ist, ergibt die Auftragung von $\log \frac{A}{A_0}$ gegen D eine Gerade,

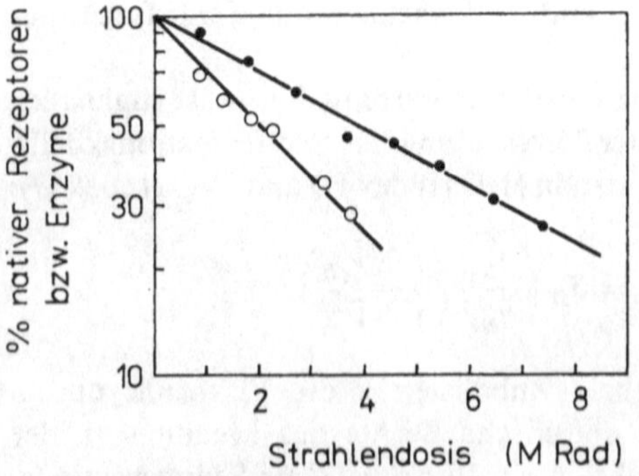

Abb. 9.19. Abhängigkeit der Inaktivierung des Dopamin-(D_2)-Rezeptors und eines Eichproteins (Alkohol-Dehydrogenase) von der Bestrahlungsdosis.
(nach: L. Lilly et al., Mol. Pharmacol. **24**, 10 (1983)).

deren Anstieg dem Molekulargewicht proportional ist, wie aus der obigen Formel deutlich wird.
Somit ergibt sich für das Verhältnis der Inaktivierungsraten eines Membranrezeptors (S_X) zur Inaktivierungsrate eines Standardenzyms (S_G):

$$\frac{S_X}{S_G} = \frac{M_X}{M_G}.$$

Daß diese Beziehung nicht nur für lösliche

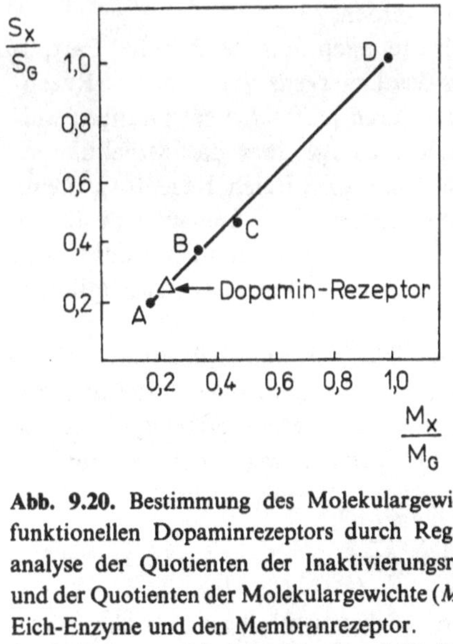

Abb. 9.20. Bestimmung des Molekulargewichts des funktionellen Dopaminrezeptors durch Regressionsanalyse der Quotienten der Inaktivierungsraten (*S*) und der Quotienten der Molekulargewichte (*M*) für die Eich-Enzyme und den Membranrezeptor.
(nach: L. Lilly et al., Mol. Pharmacol. **24**, 10 (1983)).

Enzyme, sondern auch für membrangebundene Rezeptoren ohne Modifikationen gültig ist, zeigt Abb. 9.20.
Die bislang mit dieser Methode vorgenommenen Untersuchungen sind nicht in jedem Falle frei von methodischen Problemen. Es finden sich neben außerordentlich guten Übereinstimmungen mit Molekulargewichten, die mit Hilfe anderer Verfahren gewonnen wurden, auch deutliche Unterschiede (10). Dies läßt im Einzelfall die Schlußfolgerung zu, daß der funktionale Rezeptorkomplex nicht nur aus der Ligand-bindenden Untereinheit, sondern auch aus weiteren Untereinheiten oder assoziierten Proteinen besteht. Somit besteht in der Möglichkeit, die Größe des funktionalen Membranrezeptor-Komplexes zu bestimmen, die besondere Bedeutung der Bestrahlungs-Inaktivierungs-Technik.

9.5.2. Analyse der hydrodynamischen Eigenschaften von Membranrezeptoren

Hydrodynamische Methoden ermöglichen die Charakterisierung von solubilisierten nativen Membranrezeptoren hinsichtlich des spezifischen Partialvolumens ($\bar{V}$, ml/g), des Sedimentationskoeffizienten (*S*) sowie möglicher Asymmetrien der dreidimensionalen Rezeptorstruktur („frictional ratio“, f/f^0) sowie des Molekulargewichtes (M_r).
Da es bislang nur in sehr wenigen Fällen gelungen ist, eine elektrophoretische Charakterisierung nativer Membranrezeptoren zu erreichen, kommt dieser Methodik insbesondere dann eine wichtige Rolle zu, wenn Komplexe von Membranrezeptoren mit G-Proteinen analysiert werden sollen. So gelang es in einigen Fällen, derartige Komplexe auch nach der Solubilisierung (z. B. durch CHAPS) zu erhalten und hinsichtlich ihrer molekularen Dimensionen mit hydrodynamischen Methoden zu charakterisieren und mit freien Rezeptoren zu vergleichen. Eine weitere, wichtige Aussagemöglichkeit derartiger Untersuchungen wird durch die vergleichende Analyse der Agonist-Bindungskinetik von solubilisier-

ten Rezeptoren und solubilisierten Rezeptoren, die als G-Protein-Komplex vorliegen, eröffnet. So konnte der direkte Nachweis erbracht werden, daß die in Membranpräparationen beobachteten GTP-abhängigen Veränderungen der Agonist-Bindungskinetik tatsächlich auf die Veränderung der Rezeptorkonformation durch die Assoziation mit einem G-Protein zurückzuführen sind.

Das Grundprinzip der Methode basiert auf der vergleichenden Dichtegradientenzentrifugation unter Verwendung eines linearen Saccharose-Gradienten (5–20%) mit einem Gesamtvolumen von 10–15 ml, der entweder in H_2O oder in D_2O gebildet wird. Das Medium enthält weiter einen geeigneten Puffer und bestimmte Mengen des zur Solubilisierung verwendeten Detergens. Die Rezeptor-haltige Probe (etwa 0,5 ml) wird dem Gradienten überschichtet. Anschließend erfolgt die Zentrifugation bei 4–5 °C über 15–20 Stunden bei maximalen g-Zahlen von 200000–250000. Parallel werden Gradienten analysiert, die 6–7 Standardproteine enthalten, deren hydrodynamische Eigenschaften mit den bekannten biochemischen Daten in Beziehung gesetzt werden können.

Die Fraktionierung der Gradienten erfolgt durch Punktierung des Bodes der verwendeten Röhrchen. Dabei ist eine möglichst große Zahl von Fraktionen (30–80) wünschenswert. Die Position der Rezeptor-Bande wird anhand der spezifischen Radioligand-Bindung in den Fraktionen bestimmt. Die Bestimmung der Position der Eichproteine erfolgt demgegenüber durch einfache Proteinbestimmung. Parallel wird durch Refraktometrie die Saccharose-Konzentration in jeder Fraktion analysiert.

Der durchschnittliche Sedimentationskoeffizient (S_{av}) eines Proteins ergibt sich nun aus

$$S_{av} = \frac{\Delta r}{\omega^2 t r_{av}},$$

wobei r_{av} die Distanz zwischen der Position des Proteins und dem Mittelpunkt des Rotors und Δr die Wanderungsstrecke des Proteins ist. ω ist die Winkelgeschwindigkeit des Rotors und t bezeichnet die Zentrifugationszeit.

Das spezifische Partialvolumen ist zugänglich unter Verwendung der Sedimentationskoeffizienten in H_2O (Index H) und D_2O (Index D):

$$S_H = S_D \left(\frac{\eta_D}{\eta_H}\right)\left(\frac{1 - \bar{V}_{\varrho H}}{1 - \bar{V}_{\varrho D}}\right)$$

Dabei symbolisiert η die Viskosität und ϱ die spezifische Dichte des Mediums in der Fraktion am Punkt r_{av}. Der Sedimentationskoeffizient des untersuchten Rezeptorproteins ergibt sich zu

$$S_{20,w} = \frac{S_H \eta_H}{\eta_{20,w}} \frac{(1 - \bar{V}_{\varrho 20,w})}{(1 - \bar{V}_{\varrho H})}$$

Durch Auflösung der Gleichung nach $\bar{V}$ erhält man den Wert des spezifischen Partialvolumens des untersuchten Rezeptors.

Unter der Voraussetzung, daß durch unabhängige Gelfiltrationsexperimente vorher der Stokes-Radius (a) des Rezeptors ermittelt wurde, kann das Molekulargewicht des Rezeptor-Detergens-Komplexes aus

$$M_r = \frac{6\pi N \eta_{20,w}}{(1 - \bar{V}_{\varrho 20,w})} \cdot a S_{20,w}$$

berechnet werden.

Unterschiedet sich das spezifische Partialvolumen des Detergens von dem des Rezeptors, kann durch Differenzberechnungen weiterhin eine Aussage über das Molekulargewicht des Detergens-freien Rezeptorproteins gewonnen werden. Die Genauigkeit dieser Aussage bleibt jedoch deutlich hinter der zurück, die mit elektrophoretischen Methoden erreichbar ist.

Schließlich läßt sich aus hydrodynamischen Untersuchungen eine Aussage hinsichtlich der Asymmetrie des Rezeptor-Detergent-Komplexes unter Verwendung der Beziehung

$$\frac{f}{f^0} = a \left(\frac{4\pi N}{3 M_r \bar{V}}\right)^{1/3}$$

gewinnen. Dabei symbolisiert N die Avogadro'sche Zahl.

9.6. Herstellung und Charakterisierung von Membranrezeptoren mit Hilfe der Gentechnologie

Eine neue Dimension der Charakterisierung von Membranrezeptoren wurde durch die Einführung gentechnischer Methoden in das Gebiet der Molekularpharmakologie erreicht. Die wesentlichen neuen Erkenntnisse, die durch die Verwendung klonierter cDNS für Rezeptoren bzw. deren Untereinheiten erzielt werden können, bestehen in folgendem:

1. Mit Hilfe von Hybridisierungsexperimenten kann der Nachweis des Vorhandenseins der entsprechenden „messenger RNS" (mRNS) unabhängig vom Vorhandensein der translatierten Proteine erfolgen.
2. Die Kenntnis der Nukleotidsequenz erlaubt unter Einsatz von Computern die Suche nach gleichen oder ähnlichen Strukturen innerhalb einer Genbank und damit den Nachweis eventueller Verwandtschaft mit anderen bekannten Proteinen (Rezeptorevolution, Rezeptorfamilien).
3. cDNS kann unter Verwendung von Expressionsvektoren zur Induktion der Rezeptorsynthese in Zellen verwendet werden, die den entsprechenden Rezeptor normalerweise nicht produzieren.

Tab. 9.5. Gewinnung und Charakterisierung von Genen, die Rezeptoren bzw. Rezeptoruntereinheiten kodieren (Strategie I)

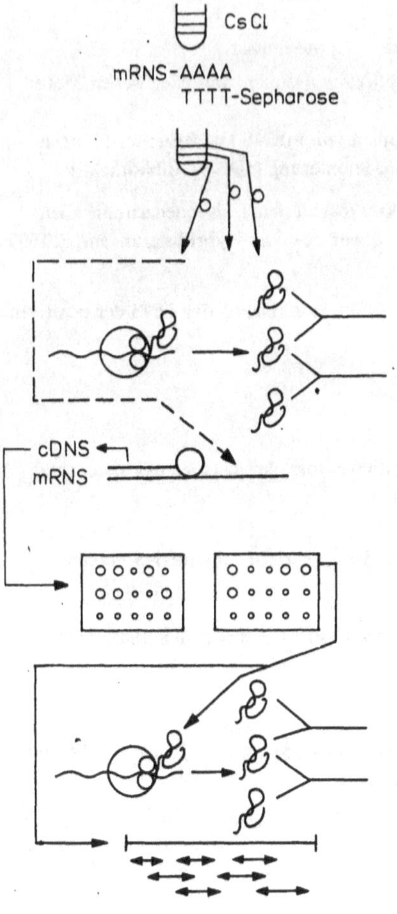

mRNS-Extraktion aus Rezeptor-haltigen Geweben und Separation von der DNS

Poly(A)mRNS-Isolierung durch Affinitätschromatografie

Fraktionierung im Saccharosegradienten

in vitro Translation der fraktionierten Poly(A)mRNS im Retikulozytenlysat

Immunopräzipitationsversuche mit den Translationsprodukten mit Anti-Rezeptor-Antikörpern, Selektion der positiven Poly(A)mRNS-Fraktion

Herstellung der cDNS-Kopien der selektionierten mRNS-Fraktion mit Hilfe von Revertase, Einbau der cDNS in *E. Coli*, Klonierung

Hybridisierung der Klon-DNS mit ^{32}P cDNS, die aus mRNS aus Rezeptor-haltigen und Rezeptor-freien Gewebe synthetisiert wurde (Revertase)

Elution der gebundenen mRNS bei denjenigen Hybridisierungsexperimenten, die differente Hybridisierungsmuster zeigen

Translation der selektionierten mRNS in vitro, Identifizierung von Rezeptoren bzw. Untereinheiten durch Immunopräzipitation

Spaltung der DNS der positiven Klone durch Restriktionsenzyme und Aufklärung der Nukleotidsequenz

Folgeschritte in Analogie zu Strategie II

4. Die Rolle von Untereinheiten in bezug auf die Funktion von Rezeptoren kann durch den selektiven Einbau von cDNS für einzelne Untereinheiten in die Erbinformation von Zellen bestimmt werden.
5. Mit Hilfe gezielter Veränderungen in bestimmten Bereichen der Basensequenz können Aminosäuren z. B. im Ligand-bindenden Areal von Rezeptoren ausgetauscht werden, wodurch deren Bedeutung für die Rezeptor-Ligand-Interaktion analysiert werden kann. Weiterhin eröffnet sich auf diesem Wege die Möglichkeit zur Herstellung von Rezeptoren mit unterschiedlichen Ligand-Bindungseigenschaften.

9.6.1. Allgemeine Strategie zur Gewinnung von cDNS, die Membranrezeptoren bzw. deren Untereinheiten kodiert

Wie in den meisten anderen Bereichen der biochemischen Charakterisierung von Rezeptoren begann auch auf diesem Gebiet die Entwicklung mit der Bearbeitung des nikotinergen Acetylcholinrezeptors.

Tab. 9.6. Gewinnung und Charakterisierung von Genen, die Rezeptoren bzw. Rezeptoruntereinheiten kodieren (Strategie II)

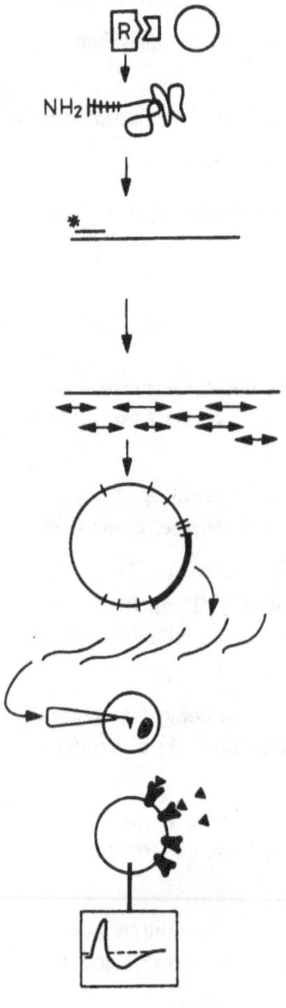

Reinigung des Rezeptors mit Hilfe von Verfahren entsprechend Abschnitt 9.3.4.

Aufklärung der N-terminalen Peptidsequenz

Synthese der zugehörigen Nukleotidsequenz mit chemischen Methoden

Herstellung von cDNS-Kopien von mRNS aus Rezeptor-haltigen Geweben, Einbau in *E. coli*, Klonierung (cDNS-„Bibliothek")

Hybridisierung der radioaktiv markierten Teilsequenzen mit allen cDNS-haltigen Klonen (Frequenz positiver Hybridisierungen 1:20000 bis 1:200000)

Sequenzierung und Primärstrukturaufklärung der DNS der positiven Klone

Konstruktion eines Expressionvektors, der das Gen des Rezeptors bzw. der Untereinheit enthält

„Transfektion" – Synthese der entsprechenden mRNS in einer eukaryotischen Zelle

Translation des Rezeptorproteins in Frosch Oozyten durch Mikroinjektion der mRNS

funktionale Charakterisierung des Rezeptors mit biochemischen oder elektrophysiologischen Methoden

Dieser Rezeptor kommt in sehr großen Mengen in den elektrischen Organen einiger Arten wie *Elektrophorus* oder *Torpedo* vor. Vergleichbar hohe Konzentrationen anderer Membranrezeptoren konnten bisher in keinem Gewebe nachgewiesen werden. Somit sind einerseits relativ leicht größere Mengen des reinen Rezeptors (siehe Kap. 9.2.) zugänglich. Andererseits kommt in den Zellen dieser Organe auch eine relativ große Menge (1–2% der gesamten Poly(A)-mRNS) der messenger RNS vor, die die Information für die Primärstruktur der Rezeptoruntereinheiten trägt.

So ist es nicht verwunderlich, daß nahezu gleichzeitig die in Tab. 9.5. und 9.6. schematisch dargestellten Alternativstrategien zur gentechnischen Bearbeitung des nikotinergen Acetylcholinrezeptors angewendet wurden.

a) Strategie 1

Strategie 1 geht von einem Nukleinsäureextrakt aus dem Gewebe aus. Nach Abtrennung der DNS über einen Cäsiumchlorid-Gradienten schließt sich die Gewinnung von Poly(A)-mRNS mit Hilfe von Poly(T)-Sepharose an. Die so gewonnene RNS-Subfraktion wird weiter mit Hilfe eines Saccharosegradienten grob in Fraktionen mit unterschiedlicher Kettenlänge aufgeteilt. Welche dieser Fraktionen mRNS enthält, die den interessierenden Rezeptor bzw. eine Untereinheit kodiert, wird durch die Translation der genetischen Information in Proteine mit Hilfe eines in vitro Translationssystems ermittelt. Voraussetzung ist allerdings, daß eine Methode vorhanden ist, unter den translatierten Proteinen den Rezeptor zu identifizieren. Unter anderem ist dies durch Präzipitation mit spezifischen Antikörpern möglich. Die nun maximal vorfraktionierte RNS enthält im Falle der γ-Untereinheit des nikotinergen Rezeptors 3 bis 6% mRNS, die diese Untereinheit kodiert.

Der folgende Schritt besteht in der Herstellung einer DNS-Kopie von allen in der Fraktion vorhandenen RNS-Molekülen mit Hilfe des Enzyms Revertase. Diese cDNS kann anschließend in das Genom des Bakterium *Escherichia coli* eingebaut werden. Die nach diesem Einbau gewonnenen Bakterienklone enthalten jeweils eine identische genetische Information. Die Summe aller Klone stellt die sogenannte Gen-Bibliothek des entsprechenden Systems dar.

Anschließend folgt ein Schritt, der sich in modifizierter und etwas komplizierterer Form

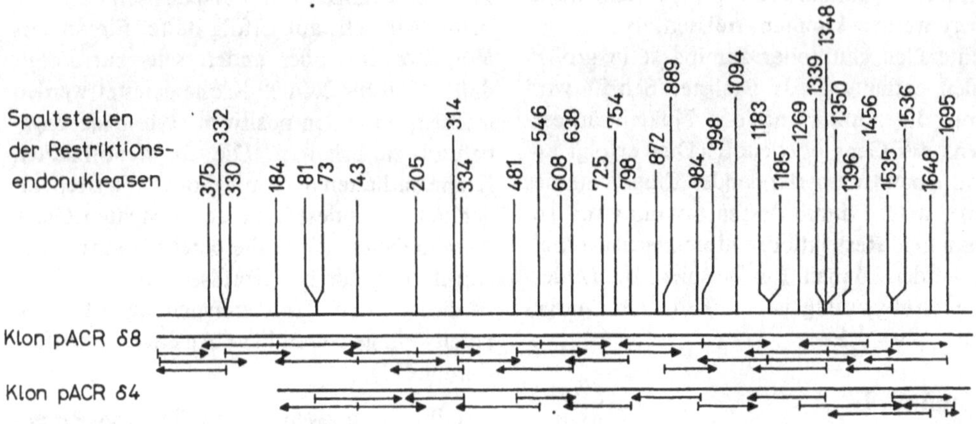

Abb. 9.21. Strategie der Sequenzierung des Gens für die δ-Untereinheit des nikotinergen Acetylcholinrezeptors aus Torpedo californica. Untersucht wurden die Rezeptor-spezifischen Genelemente der Klone pACR 8 und pACR 4. Die horizontalen Pfeile symbolisieren die durch die Restriktionsendonukleasen hergestellten Bruchstücke, wobei die Pfeilrichtung den Weg der (vom 5′-Ende ausgehenden) automatischen Sequenzierung anzeigt.
(nach: NODA et al., Nature **301,** 251 (1983)).

auch bei der Analyse der sogenannten „T-Zell-Rezeptoren" bewährt hat. Der Grundgedanke dabei ist, daß sich ein Gewebe, in dem der Rezeptor vorkommt, und ein Gewebe, in dem der Rezeptor fehlt, u. a. dadurch unterscheiden, daß nur im ersteren Rezeptor-spezifische mRNS vorkommt. So wurden im Falle des nikotinergen Rezeptors das elektrische Organ und das Gehirn von *Torpedo* verglichen. Im Falle des „T-Zell-Rezeptors" (ein nach den variablen Kompositionsprinzipien der Antikörper aufgebautes Protein zur Antigenerkennung) wurden B- und T-Zellen verglichen. Die vorfraktionierte mRNS der entsprechenden Gewebe wird in ^{32}P-markierte cDNS umgewandelt und zur Hybridisierung mit den Plasmiden der oben erwähnten Bakterienklone gebracht. Die Hybridisierungsrate mit den ^{32}P-cDNS-Fraktionen aus beiden Geweben unterscheidet sich nur bei den Klonen, die eine genetische Information tragen, die nur in einem Gewebe als mRNS experimiert wird. Also sind nur diese Klone für eine weitere Untersuchung interessant. Diese erfolgt erneut in einem in vitro-Translationssystem. Wiederum wird nach translatiertem Rezeptorprotein z. B. mit Hilfe der Immunopräzipitation gesucht.

Die Klone, aus deren Plasmiden mit dieser Methode erkennbare Rezeptorproteine translatiert werden konnten, müssen also das gesuchte Gen ganz oder zumindest in großen Teilen enthalten. Als nächster Schritt wird somit die Aufklärung der Nukleinsäuresequenz des Gens notwendig. Dies erfolgt anhand einander überlappender Fragmente des Gens, welche durch dessen Spaltung mit sogenannten Restriktionsendonukleasen erhalten werden können. Ein Beispiel für eine derartige Aufspaltung ist in Abb. 9.21. dargestellt.

b) Strategie II

Da die weiteren Schritte der Charakterisierung von Rezeptorgenen beiden Strategien (Tab. 9.5. und 9.6.) gemeinsam sind, soll hier zunächst das alternative Verfahren zur Aufklärung der Primärsequenz von Rezeptorgenen umrissen werden (Strategie II, Tab. 9.6.).

Voraussetzung für dieses Verfahren, welches erfolgreich zur gentechnischen Analyse des Interleukin 2-Rezeptors (IL 2-Rezeptor) sowie des nikotinergen Rezeptors verwendet wurde, ist das Vorliegen kleinerer Mengen (im µg-Bereich) des vollständig gereinigten Rezeptorproteins. Dies ist gegenwärtig für einige Rezeptoren bereits der Fall und wird unter Verwendung der in Abschnitt 9.2. umrissenen Methoden in Zukunft für nahezu alle Rezeptorproteine erreichbar sein. Somit handelt es sich hier um eine Methode, der in Zukunft die dominierende Bedeutung zukommen wird.

Von einem gereinigten Rezeptorprotein bzw. dessen Untereinheit wird die Sequenz der ersten 10—20 Aminosäuren aufgeklärt. Mit automatisierten chemischen Verfahren ist die Synthese der verschiedenen, dieser Sequenz entsprechenden Nukleotidsequenzen möglich. Deren radioaktive Markierung (^{32}P) ermöglicht Hybridisierungsexperimente mit den Plasmiden von Bakterienklonen, die cDNS-Kopien aus nahezu allen mRNS-Spezies des rezeptorhaltigen Gewebes enthalten. Diese Methode verzichtet also auf eine Vorfraktionierung der mRNS, weil das angesichts der geringen Mengen rezeptorspezifischer mRNS kaum Aussicht auf Erfolg hätte. Ein solches Vorgehen hat aber andererseits zur Folge, daß 20000 bis 200000 Klone getestet werden müssen, um einen positiven Hybridisierungsbefund zu erhalten. Die so identifizierten Klone enthalten aber mit großer Wahrscheinlichkeit zumindest Teile des gesuchten Gens. Anschließend erfolgt die bereits beschriebene Aufklärung der Nukleotidsequenz.

In dieser Phase der Untersuchungen können bereits einige wesentliche Aussagen getroffen werden (11).

1. Gibt es nur wenige Familien von Rezeptoren, deren Vertreter jeweils aus dem gleichen Vorläufergen entstanden sind?

Vermutlich muß diese Frage positiv beantwortet werden. Entsprechende Vermutungen leiteten sich zunächst aus den Homologien der

Untereinheiten des nikotinergen Rezeptors untereinander sowie gleicher Untereinheiten aus unterschiedlichen Spezies bzw. Organen ab. Wesentlich bestärkt wurde die Annahme aber durch die jüngst entdeckten Analogien zwischen dem β_2-adrenergen Rezeptor und Rhodopsin (Dixon et al.) sowie dem muskarinergen Rezeptor (KUBO et al.). Diese Proteine weisen jeweils 7 transmembranale α-Helices und beträchtliche Sequenzhomologien auf. Es ist also zu erwarten, daß sich die bekannten Membranrezeptoren in naher Zukunft zu Familien zusammenfassen lassen werden, die im Laufe der Evolution aus einem gemeinsamen Vorläufergen hervorgegangen sind. Vermutlich wird auch die Signalweiterleitung auf G-Proteine u. ä. innerhalb dieser Familien in prinzipiell gleicher Weise realisiert.

2. Vorhersage der Tertiärstruktur

Hierzu sind bei Membranrezeptoren die sogenannten Hydrophobizitätsprofile ein geeignetes Hilfsmittel. Dabei wird entlang des Peptidstranges das Vorkommen hydrophober Aminosäuren verfolgt. So taucht im Falle der Untereinheiten des nikotinergen Rezeptors fünfmal eine nahezu ununterbrochene Serie von rund 20 hydrophoben Aminosäuren auf, die von hydrophilen Sequenzen unterbrochen wird. Dies führte (Kap. 8.2.), unterstützt durch Untersuchungen mit monoklonalen Antikörpern gegen bestimmte Peptidsequenzen (Kap. 9.3.6.), zu der Schlußfolgerung, daß der Peptidstrang fünfmal die Membran in Form einer α-Helix durchläuft. Für den IL2-Rezeptor hingegen wurde nur eine komplette hydrophobe Sequenz beschrieben.

3. Molekulare Topografie der Assoziation von Untereinheiten

Aus komplementären Anordnungen der vereinzelten polaren Aminosäuren in den hydrophoben α-Helixes der Untereinheiten des nikotinergen Rezeptors sind Modelle der Assoziation der Untereinheiten entwickelt worden (Kap. 8.2.). Diese Vorstellungen konnten zu einem Modell des Ionenkanals ausgebaut werden (Kap. 8.2.). Ohne weitere experimentelle Verifizierung bleiben solche Modelle zwar noch hypothetisch, sie ergeben aber qualitativ neue Ansatzpunkte für zielgerichtete Untersuchungen.

4. Aminosäuresequenz bestimmter Rezeptorareale

Die Anordnung von Aminosäuren im Ligand-bindenden Rezeptorareal war bislang eine rein hypothetische Modellierung, die mit Hilfe der Computergrafik aus der vergleichenden Analyse der Bindung von Liganden mit unterschiedlicher Raumladungsverteilung an Aminosäuren abgeleitet wurde. Ergänzende Befunde konnten mit Hilfe der kovalenten Blockade bestimmter Gruppen im Bindungsareal von Rezeptoren gewonnen werden. Die genaue Kenntnis der Aminosäuresequenz der an der zytoplasmatischen Seite aus der Membran herausragenden Teile von Rezeptoren (z. B. nikotinerger Rezeptor) dürfte nun durch die Zusammenführung mit den oben skizzierten Kenntnissen in naher Zukunft die Konstruktion kompletter molekularer Raummodelle der Bindungsareal-Ligand-Komplexe ermöglichen (16). Es ist augenfällig, daß auf dieser Basis eine gezielte Pharmakonoptimierung möglich sein wird. Somit dürfte auch die quantitative Struktur-Wirkungs-Analyse durch die Fortschritte der gentechnischen Charakterisierung von Rezeptoren ungemein befruchtet werden.

Ein weiteres für die Praxis bedeutungsvolles Anwendungsgebiet der Kenntnis der Primärstrukturen von Rezeptoren ist die Charakterisierung von antigenen Determinanten von Rezeptoren. Dies ist z. B. für bestimmte Determinanten des nikotinergen Rezeptors wesentlich, gegen die bei der Myasthenia gravis (Kap. 16.1.2.) Autoantikörper gebildet werden. Hieraus dürften sich neue Ansatzpunkte für die Therapie der Krankheit ergeben.

9.6.2. Die Expression „künstlicher Rezeptoren" — Einführung fremder Rezeptoren in eukaryotische Zellen

Derartige Untersuchungen setzen voraus, daß der Rezeptor bzw. dessen Untereinheiten in die Membran einer intakten Zelle eingebaut

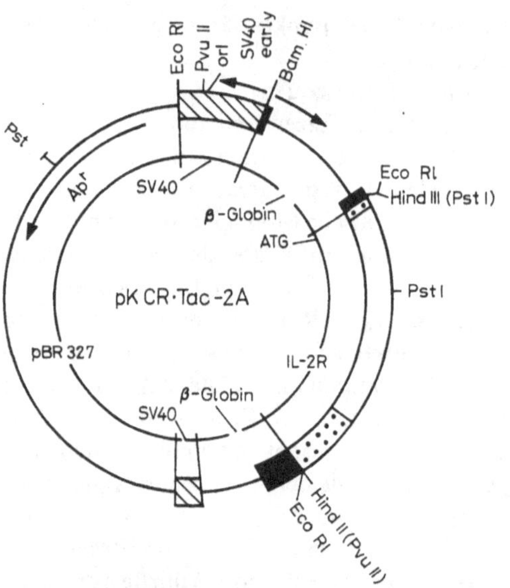

Abb. 9.22. Struktur des Expressionsvektors, der für den Einbau des Interleukin-2-Rezeptor-Gens in eine eukaryotische Zelle verwendet wurde.
(nach: T. Nikaido et al., Nature **311,** 631 (1984)).

wird, denn nur hier können seine funktionalen Eigenschaften untersucht werden. Somit stellt der Bakterienklon, der das Rezeptorgen als cDNS enthält, für diese Untersuchungen nur eine Vorstufe dar. Die Voraussetzung für den funktionsfähigen Einbau des Plasmids in ein eukaryotisches Genom ist die Verwendung eines komplexen Plasmids, welches einen sogenannten Expressionsvektor enthält. Hierfür sind z. B. Teile eines Virus-Gens (SV 40 Virus) geeignet. Der schematische Aufbau eines solchen Expressionsvektors, der u. a. das Gen des IL 2-Rezeptors enthält, ist in Abb. 9.22., dargestellt. Selbstverständlich darf die Zelllinie, in deren Genom der Expressionsvektor eingebaut wird, nicht selbst den zu untersuchenden Rezeptor produzieren. Für die Expression des Interleukin 2-Rezeptors ist die häufig verwendete Affenzellinie COS geeignet. Hier ließ sich der Einbau der neu synthetisierten IL 2-Rezeptoren in die Zellmembran anhand der spezifischen Bindung von menschlichem Interleukin 2 sowie auch durch die Bindung eines monoklonalen Anti-Human-IL 2-Rezeptor-Antikörpers (Tac) eindeutig nachweisen.

Bei der Expression der Gene für die Untereinheiten des nikotinergen Rezeptors wurde die in der Zellinie COS gebildete mRNS isoliert und mit Hilfe von Mikroinjektionen in die vergleichsweise großen Frosch-Oozyten injiziert (Strategie II, Tab. 9.6.). Hier können die Rezeptoren nun sowohl durch Bindungsstudien als auch mit Hilfe elektrophysiologischer Methoden charakterisiert werden. Außerdem ermöglicht diese Methode, die mRNS für alle Untereinheiten getrennt zu produzieren und in beliebigen Kombinationen in den Oozyten zu injizieren (11). Wenn alle Untereinheiten unabhängig voneinander in die Membran eingebaut werden und erst dort zu funktionalen Rezeptoren assoziieren, ist es möglich zu untersuchen, ob bereits die Assoziation bestimmter Untereinheiten zur Bildung eines funktional intakten Rezeptors ausreicht. Ein erstes Experiment in dieser Richtung ist in Tab. 9.7. wiedergegeben. Die zusammenfassende Schlußfolgerung dieser Untersuchungen besagt, daß ein funktionierender nikotinerger Acetylcholinrezeptor nur durch die Assoziation aller vier Untereinheiten (natürliche Relation: $2\alpha, \beta, \gamma, \delta$) gebildet werden kann, während die Ligandbindung nur auf der α-Untereinheit lokalisiert ist. Kürzlich wurden durch Injektion der entsprechenden mRNS in Frosch-Oozyten „Hybrid-Rezeptoren“ aus Untereinheiten des nikotinergen

Tabelle 9.7. Charakterisierung der funktionalen Eigenschaften von kompletten und inkompletten nikotinergen Acetylcholinrezeptoren in der Membran von Frosch-Oozyten (nach: M. Nishina et al., Nature 307: 604—608 (1984)

Injektion von mRNS, die die folgenden Untereinheiten kodiert	^{125}J-Bungarotoxin-Bindung (fMol pro Oozyten)	% Oozyten mit ACh-abhängiger Depolarisation
α, β, γ, δ	2,06	74,1
β, γ, δ	0,01	0,0
α, γ, δ	0,06	0,0
α, β, δ	0,09	2,4
α, β, γ	0,33	2,9
keine	0,01	0,0

Rezeptors aus Torpedo und Kälbermuskel hergestellt (Sakmann et al., 1985). Dabei können alle Untereinheiten von Torpedo-Rezeptoren gegen solche vom Kalb ausgetauscht werden, ohne die Funktionsfähigkeit des Rezeptorkomplexes zu beeinträchtigen. Unterschiede in der Kanalöffnungszeit führten zu der Hypothese, daß die δ-Untereinheit für das Schließen des Kanals von besonderer Bedeutung ist.

Zweifellos führt der Einsatz molekularbiologischer Methoden zu einer neuen Ära der Rezeptorforschung an deren Beginn wir uns gegenwärtig erst befinden. Deshalb soll abschließend anhand weniger Beispiele auf die zukünftig wichtigsten Schwerpunkte künftiger Forschung hingewiesen werden.

a) Analyse der strukturellen Grundlagen von Rezeptorsubtypen

Steht das klonierte Gen eines bestimmten Rezeptors zur Verfügung, eröffnet dies über mRNS-Hybridisierung einen methodisch wesentlich vereinfachten Zugang zur Klonierung der Gene von vermutlichen Subtypen dieses Rezeptors. Dadurch läßt sich die Frage beantworten, ob pharmakologisch definierte Rezeptorsubtypen sich auch in ihrer Primärstruktur unterscheiden. Kürzlich wurden in dieser Weise durch die führenden Gruppen um NUMA und BARNARD nikotinerge Rezeptoren aus verschiedenen Organen von Schwein und Huhn analysiert. Dabei treten erstaunlich große Differenzen in der Primärstruktur der hydrophilen Bereiche hervor, während die hydrophoben transmembranalen Bereiche nahezu konstant sind. Dabei wurde auch eine neue Untereinheit (ε) entdeckt, die beim Schwein erst nach der Geburt exprimiert wird und an die Stelle der γ-Untereinheit tritt. Ist die selektive Expression von Rezeptorsubtypen während der Ontogenese ein häufiges Phänomen?

b) Gezielte Veränderung des Rezeptorgens

Hierbei ist zunächst der Austausch einzelnen Aminosäuren im vermuteten Ligand-Bindungsareal zu nennen. Eindrucksvolle Ergebnisse konnten bereits durch den Austausch der Aminosäuren der α-Untereinheit des nikotinergen Rezeptors vom Schwein erhalten werden, deren Beteiligung an S—S Brücken vermutet wird. So werden neue Zugänge zur Tertiärstrukturvorhersage möglich. Darüber hinaus wurden aber auch Deletionen größerer Sequenzbereich beim gleichen Objekt analysiert. Hier führten besonders Deletionen der transmembranalen Sequenzen zum Funktionsverlust wie nach Expression der veränderten Gene im Frosch-Oocyten gezeigt werden konnte. Es ist abzusehen, daß in Kürze die zytoplasmatischen Sequenzbereiche G-Protein-bindender Membranproteine (β_2-adrenerger Rezeptor, muskarinerger Rezeptor, Rhodopsin, deren Gene bereits kloniert wurden) in analoger Weise verändert werden, um die G-Protein-Bindungsregion ausfindig zu machen.

Zitierte Literaturbeispiele

1. BARKAS, T., M. JUILLERAT, J. KISTLER, B. SCHWENDIMANN and J. MOODY: Antibodies to synthetic peptides as probes of acetylcholine receptor structure. Eur. J. Biochem. **143**, 309 (1984)
2. BIDLACK, J. M., L. G. ABOOD, P. OSEI-GYIMAH and S. ARCHER: Purification of the opiate receptor from rat brain. Proc. Natl. Acad. Sci (USA) **78**, 636 (1981)
3. BURGEN, A. S. V., C. R. HILEY and J. M. YOUNG: The binding of ^{3}H-propylbenbenzilylcholine mustard by longitudinal muscle strips from guinea pig small intestine. Br. J. Pharmac. **50**, 145 (1974)
4. CLEVELAND, W. L., N. H. WASSERMANN, R. SARANGARAJAN, A. S. PENN and B. F. ERLANGER: Monoclonal antibodies to the acetylcholine receptor by a normally functioning auto-anti-idiotypic mechanism. Nature **305**, 56 (1983)
5. HAGA, K. and T. HAGA: Affinity chromatography of the muscarinic acetylcholine receptor. J. Biol. Chem. **258**, 13575 (1983)
6. HJEMELAND, L. M., D. W. NEBERT and A. CHRAMBACH: Membrane proteins which interact directly with the hydrophobic core of phospholipid bilayers have an absolute requirement for detergent to be maintained in the soluble state. Electrophoresis, Catsimpoolas, N. (Ed.) Elsevier, New York p. 31 (1978)
7. HJEMELAND, L. M., D. W. NEBERT and J. C. OSBORNE jr.: Sulfobetaine derivates of bile acids: Nondenaturing surfactants for membrane biochemistry. Anal. Biochem. **130**, 72 (1983)

8. HWANG, J. and K. M. J. MENON: Characterization of the subunit structure of Gonadotropin receptor in luteinized rat ovary. J. Biol. Chem. **259**, 1978 (1984)
9. LADURON, P. M. and B. ILIEN: Solubilization of brain muscarinic, dopaminergic and serotonergic receptors: A critical analysis. Biochem. Pharmacol. **31**, 2145 (1982)
10. LILLY, L., C. M. FRASER, C. Y. JUNG, P. SEEMAN and VENTER, C.: Molecular size of the canine and human brain D_2 dopamine receptor as determined by radiation inactivation. Mol. Pharmacol. **24**, 10 (1983)
11. MISHINA, M., T. KUROSAKI, T. TOBIMATSU, Y. MORIMOTO, M. NODA, T. YAMAMOTO, M. TERAO, J. LINDSTROM, T. TAKAHASHI, M. KUNO and S. NUMA: Expression of functional acetylcholine receptor from cloned cDNAs. Nature **307**, 604 (1984)
12. RATNAM, M. and J. LINDSTROM: Structural features of the nicotinic acetylcholine receptor revealed by antibodies to synthetic peptides. Biochem. Biophys. Res. Comm. **122**, 1225 (1984)
13. REPKE, H., H. MATTHIES, G. DITTRICH und H. G. WERCHAN: Synthese von Affinitätsgelen zur Isolierung des muskarinergen Acetylcholinrezeptors. Ztschr. Chemie **20**, 60 (1980)
14. REPKE, H. and H. MATTHIES: Biochemical chracterization of solubilized muscarinic acetylcholine receptors. Brain Res. Bull. **5**, 703 (1980)
15. RODBARD, D. and A. CHRAMBACH: Quantitative polyacrylamide gel electrophoresis: Mathematical and statistical analysis of data in: Electrophoresis and isoelectric focusing on polyacrylamide gel. R. C. ALLEN and H. R. MAURER, Ed., WALTER DE GRUYTER, Berlin, p. 28 (1974)
16. SMART, L., H.-W. MEYERS, R. HILGENFELD, W. SAENGER and A. MAELICKE: A structural model for the ligand-binding sites at the nicotinic acetylcholine receptor. FEBS lett. **178**, 64 (1984)
17. STILES, G. L., R. H. STRASSER, T. N. LAVIN, L. R. JONES, M. G. CARON and R. J. LEFKOWITZ: The β-adrenergic receptor. J. Biol. Chem. **258**, 8443 (1983)

Weiterführende Literatur

BARON, B., M. GAVISH and M. SOKOLOVSKY: Heterogeneity of solubilized muscarinic cholinergic receptors: Binding and hydrodynamic properties. Arch. Biochem. Biophys. **240**, 281 (1985)

CAVALLA, D. and N. H. NEFF: Chemical mechanisms for photoaffinity labelling of receptors. Biochem. Pharmacol. **34**, 2821 (1985)

CONTI-TRONCONI, B. M., S. M. J. DUNN, E. A. BARNARD, J. O. DOLLY, F. A. LAI, N. RAYand M. A. RAFTERY: Brain and muscle nicotinic acetylcholine receptors are different but homologous proteins. Proc. Natl. Acad. Sci. USA **82**, 5208 (1985)

DIXON, R. A. F., B. K. KOBILKA, D. J. STRADER, J. L. BENOVIC, H. G. DOHLMAN, T. FRIELLE, M. A. BOLANOWSKI, C. D. BENNETT, E. RANDS, R. E. DIEHL, R. A. MUMFORD, E. E. SLATER, I. S. SIGAL, M. G. CARON, R. J. LEFKOWITZ and C. D. STRADER: Cloning of the gene and cDNA for mammalian β-adrenergic receptor and homology with rhodopsin. Nature **321**, 75 (1986)

HAMES, B. D. and D. RICKWOOD: Gel electrophoresis of proteins: A practical approach. IRL Press Ltd., London, Washington (1981)

HATAKEYAMA, M., S. MINAMOTO, T. UCHIYAMA, R. R. HARDY, G. YAMADA and T. TANGIGUCHI: Reconstitution of functional receptor for human interleukin-2 in mouse cells. Nature **318**, 467 (1985)

LIMBIRD, L. E.: Cell surface receptors: A short course on theory and methods. Martinus Nijhoff Publishing, Boston, Dordrecht, Lancaster (1986)

LEONARD, W. J., J. M. DEPPER, M. KANEHISE, M. KRÖNKE, M. J. PFEFFER, P. B. SVETLIK, M. SULLIVAN and W. C. GREENE: Structure of the human interleukin-2 receptor gene. Science **230**, 633 (1985)

REID, E., G. M. W. COOK and D. J. MORRÉ (Eds.): Investigation of membrane-located receptors. Plenum Press, New York, London (1984)

SAKMANN, B., C. METHFESSEL, M. MISHINA, T. TAKAHASHI, T. TAKAI, M. KURASAKI, K. FUKUDA and S. NUMA: Role of acetylcholine receptor subunits in gating of the channel. Nature **318**, 538 (1985)

SHORR, R. G. D., D. R. MCCASLIN, M. W. STROHSACKER, G. ALIANELL, R. REBAR, J. M. STADEL and S. T. CROOKE: Molecular structure of the β-adrenergic receptor. Biochem. **24**, 6869 (1985)

SOKOLOVSKY, M.: Affinity and photoaffinity labelling of receptors. in: Brain receptor methodologies, Part A, MARANGOS, P. F., I. C. CAMPBELL and R. M. COHEN (Eds.), Academic Press, New York, London p. 153 (1984)

VENTER, J. C. and L. C. HARRISON (Ed.): Receptor biochemistry and methodology, Vol. 1–3, Alan R. Liss Inc., New York, (1984)

10. Rekonstitution von isolierten Membranrezeptoren in Lipidmembranen

10.1. Rekonstitution von Rezeptoren mit Ionenkanälen

Rezeptoren, die als Komplex aus mehreren Untereinheiten einen Kanal in der Membran bilden, der im geöffneten Zustand für bestimmte Ionen durchlässig ist (Ionophor), sind unter den bisher bekannten Membranrezeptoren in der Minderzahl. Eindeutig sind dieser Gruppe bisher nur der nikotinerge Acetylcholinrezeptor sowie der GABA/Benzodiazepin-Rezeptor zuzuordnen. An der Zellmembran besteht ein Konzentrationsgradient für eine Reihe von Ionen, der in einem Energie-verbrauchenden Prozeß (ATP-Spaltung) durch verschiedene ATPasen aufrechterhalten wird. Diesem aktiven Ionentransportprozeß steht der passive „Rückfluß" von Ionen gegenüber, der zu wesentlichen Teilen durch Ionenkanäle in der Zellmembran erfolgt. Diese Ionenkanäle stellen eine relativ heterogene Gruppe von Kanal-bildenden Proteinen dar, deren Öffnung durch das Membranpotential, durch Rezeptor-Aktivierung, durch Phosphorylierung bzw. „second messenger" reguliert werden kann. Sie sind somit entweder mittelbar von der Aktivierung von Rezeptoren abhängig oder auch völlig unabhängig von Membranrezeptoren.

Die Ausführungen dieses Abschnittes beschränken sich nur auf diejenigen Ionenkanäle, die unmittelbar Bestandteil eines Membranrezeptors sind. Der Wert von Rekonstitutionsexperimenten isolierter Rezeptoren der o. g. Gruppe liegt im wesentlichen im Zugang zur Beantwortung folgender Fragen:

- Wie beeinflussen Veränderungen der Zusammensetzung der Lipidphase die Funktion des Rezeptor-Ionenkanals?
- Sind alle Untereinheiten bei der Ausbildung des Ionenkanals als essentielle Komponenten beteiligt?
  (Diese Frage kann ergänzend durch Translation der mRNS für die einzelnen Untereinheiten in einer Rezeptor-freien eukaryotischen Zelle untersucht werden (vergl. Kap. 9.6.2.).
- Sind Rezeptoren, die Ligand-Bindungseigenschaften aufweisen, die dem membrangebundenen Rezeptor entsprechen, zwangsläufig auch funktionell intakt?
- Welche Aussagen können über die Konduktivität, Kanalöffnungs-Zeit, Konformationszustände und Beeinflussung durch verschiedene Agonisten auf der Grundlage der Analyse einzelner Rezeptor-Ionenkanäle getroffen werden?

Während der siebziger Jahre waren derartige Untersuchungen durch eine unzureichende Methodik und damit mangelhafte Reproduzierbarkeit erschwert. Erst durch die Überwindung der methodischen Probleme innerhalb der letzten Jahre wurden klare Aussagen zu den oben umrissenen Fragestellungen möglich.

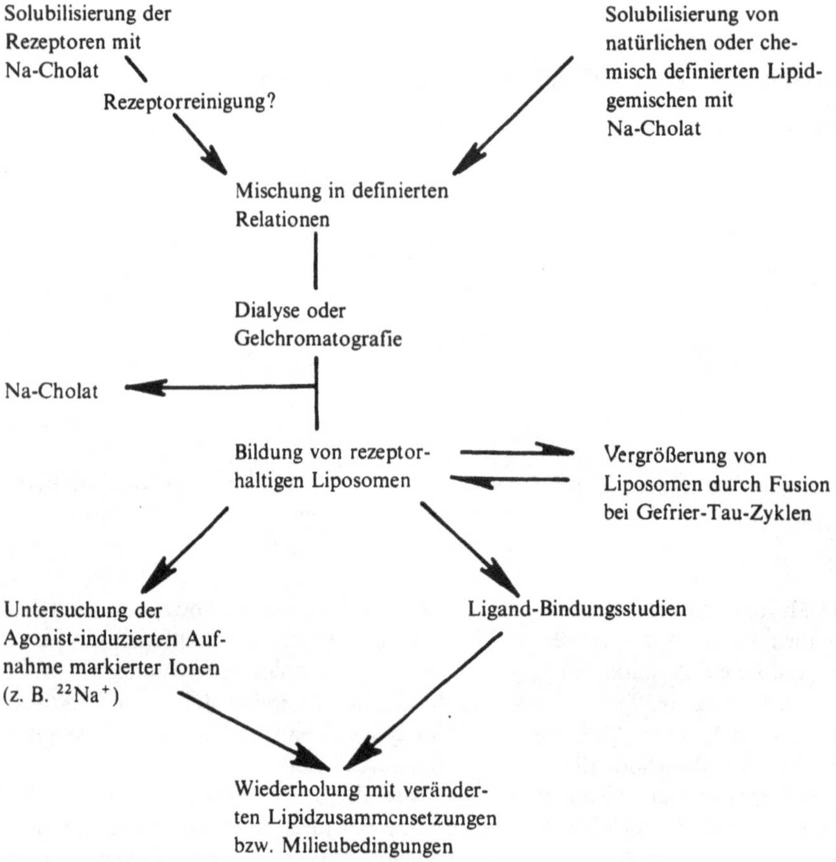

Abb. 10.1. Schematische Darstellung der Methodik des Einbaus des nikotinergen Acetylcholinrezeptors in Liposomen.

10.1.1. Inkorporation von nikotinergen Rezeptoren in Liposomen und Charakterisierung durch Messung des $^{22}Na^+$-Flusses

Eine spontane Inkorporation von solubilisierten Rezeptoren in Liposomen kommt kaum vor. Für einige Membranproteine wurde die Behandlung eines Gemisches von solubilisierten Proteinen und Liposomen mit Ultraschall erfolgreich verwendet. Am elegantesten und schonendsten erwies sich für die Rekonstitution von solubilisierten Rezeptoren jedoch die sogenannte „dialysis removal method". Es handelt sich hier um die sukzessive Entfernung des Detergens Na-Cholat aus einem vollständig solubilisierten Gemisch von Rezeptorprotein, Lipiden und Detergens. Cholat ist für ein solches Verfahren deshalb besonders prädestiniert, weil es sich durch eine außerordentlich niedrige Assoziationszahl und eine vergleichsweise hohe kritische Mizellkonzentration auszeichnet (vergl. Kap. 9.1.2.1., Tab. 9.2.). Während der Entfernung des Detergens (die durch Dialyse oder durch Säulenchromatografie erfolgen kann) bilden sich Liposomen, in die das Rezeptorprotein inkorporiert ist. Gemische, aus denen die Inkorporation des nikotinergen Acetylcholinrezeptors in Liposomen gelungen ist, bestehen aus 1—2% Na-Cholat, 0,5 mg Protein/ml, 10—15 mM Lipid und 10—15 mM Cholesterol bzw. Cholesterylhemisuccinat. Der Durchmesser der nach Dialyse entstehenden Liposomen liegt im Bereich von 200—800 Å (bei Verwendung von Sojabohnen-Lipiden) und kann durch Verwendung definierter Lipidgemische in einen Bereich bis zu 3000 Å ausgedehnt werden (Abb. 10.1.).

Die Charakterisierung der inkorporierten nikotinergen Acetylcholinrezeptoren kann nur in zweierlei Weise erfolgen. Einerseits können die Liposomen in analoger Weise wie Zellmembranen in einem Ligand-Bindungstest eingesetzt werden. Dies ermöglicht die Messung der Bindungskinetik und der Zahl der durchschnittlich pro Liposom inkorporierten Rezeptoren. Andererseits können die funktionellen Eigenschaften des Ionenkanals anhand des Agonist-induzierten Einstroms von $^{22}Na^+$ in die Liposomen gemessen werden. Hierzu werden die Rezeptor-haltigen Liposomen in einem Puffer, der $^{22}Na^+$ und eine bestimmte Konzentration des zu untersuchenden Agonisten enthält, 10—20 sec inkubiert. Dabei öffnet sich das Ionophor des Rezeptors kurzzeitig (1—2 mSek.) und erlaubt den Einstrom einer bestimmten Menge Na-Ionen. Die Abtrennung des nicht-gebundenen $^{22}Na^+$ erfolgt durch schnelle Filtration der Liposomen durch einen Kationenaustauscher (Dowex 50W-8X). Aus der Differenz der $^{22}Na^+$-Aufnahme in Anwesenheit bzw. Abwesenheit des Agonisten ergibt sich (in Analogie zur spezifischen Ligand-Bindung) der Agonist-induzierte Ionenfluß.

Im Falle des nikotinergen Rezeptors werden die Ligand-Bindungsuntersuchungen z. B. mit ^{3}H-α-Bungarotoxin oder ^{3}H-Cobrotoxin vorgenommen. Dabei ist davon auszugehen, daß der nikotinerge Rezeptor in seiner natürlichen Membranumgebung eine hochaffine und eine niedrigaffine Bindungsstelle für Agonisten (z. B. Carbamylcholin) aufweist. Die hoachaffine Bindungsstelle des Agonisten repräsentiert den desensibilisierten Zustand des Rezeptorproteins. Somit können aus der Analyse der Verdrängungskinetik von ^{3}H-Cobrotoxin durch steigende Konzentration von Carbamylcholin Rückschlüsse auf den Anteil beider Agonist-bindenden Rezeptorkonformationen in Abhängigkeit von der Lipidzusammensetzung des Liposoms erhalten werden.

Bei der Analyse von Rezeptor-haltigen Liposomen mit chemisch definierter Lipidzusammensetzung (55% Lecithinderivate, 40% Cholesterylhemisuccinat, 5% Rezeptorprotein) konnte mit Hilfe der oben skizzierten Methodik gezeigt werden, daß

a) Cholesterylhemisuccinat essentiell für das Auftreten beider Rezeptor-Konformationen ist,
b) die polaren Phospholipidkopfgruppen ohne deutlichen Einfluß auf die Ligand-Bindungseigenschaften bleiben und
c) eine steigende Acyl-Kettenlänge zu einer Zunahme der niedrigaffinen Agonist-Bindungsstellen (d. h. Umlagerung in diese) führt.

Demgegenüber konnte jedoch mit Hilfe der $^{22}Na^+$-Aufnahme gezeigt werden, daß die obigen Bedingungen zwar aus dem Blickwinkel der Bindungsstudien einen „nativen Rezeptor" suggerieren, dies aber nicht mit der Fähigkeit des Rezeptors korreliert, unter den o. g. Bedingungen als Ionenkanal zu funktionieren. Die Rekonstitution der Ionenkanalfunktion des Rezeptors ist nämlich nur in Gemischen von 28—35% Cholesterylhemisuccinat mit ungesättigten Phosphoethanolaminen möglich (3).

Es bleibt bei derartigen Untersuchungen natürlich offen, inwieweit andere Lipidgemische natürlicher Membranen nicht auch biophysikalische Eigenschaften aufweisen, die den hier als „essentiell" selektierten Gemischen entsprechen. Andererseits muß auch der Einfluß der in unbekannten Mengen zurückbleibenden Detergensmoleküle in Betracht gezogen werden.

Dennoch kann aus den hier skizzierten Experimenten im Sinne der eingangs umrissenen Fragestellungen eines geschlußfolgert werden: Bedingungen, unter denen bestimmte Ligandbindungseigenschaften denen des nativen Rezeptors zu entsprechen scheinen, sind nicht automatisch geeignet, den Rezeptor auch funktionell intakt zu halten. Eine schematische Zusammenfassung der Verfahren zur Rekonstitution und Charakterisierung des rekonstitutierten nikotinergen Rezeptors ist in Abb. 10.1. dargestellt. Eine vergleichende elektronenmikroskopische Darstellung natürlicher und rekonstituierter Vesikel, die den nikotinergen Rezeptor enthalten, zeigt Abb. 10.2.

Eine weitere wichtige Eigenschaft von Membranrezeptoren, die Agonist-induzierte Desensibilisierung, kann mit Hilfe rekonstituierter Liposomen charakterisiert werden. Ausgehend von den Untersuchungen an isolierten Organen stellt sich zunächst die Frage: Ist die Desensibilisierung eine Eigenschaft des Rezeptors oder der Effektorsysteme? Die Rezeptor-Desensibilisierung ist (im Unterschied zur Agonistinduzierten „receptor down regulation", Kap. 8.5.3.) als das Umklappen der reaktionsfähigen Rezeptorkonformation in eine nicht reaktionsfähige zu beschreiben. Dieser Prozeß vollzieht sich meist über mehrere

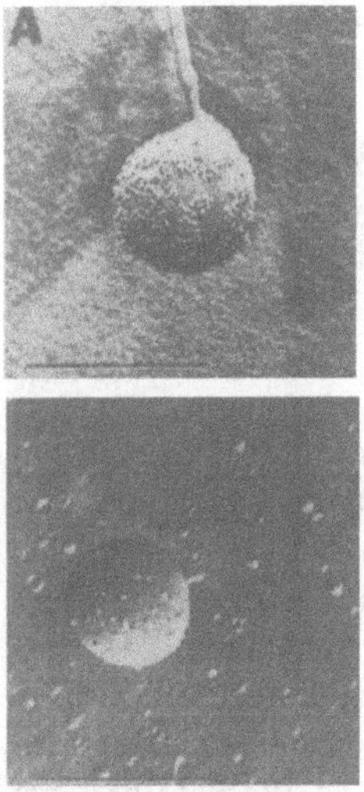

Abb. 10.2. Stereoelektronenmikroskopische Darstellung von

A) Acetylcholinrezeptor-haltigen Vesikeln, die aus Präparationen des elektrischen Organs von Torpedo marmorata gewonnen wurden und

B) nikotinergen Acetylcholinrezeptoren, die nach dem in Abb. 1 skizzierten Verfahren in Liposomen inkorporiert wurden. (aus: R. Anholt et al., J. Biol. Chem. **257,** 7122 (1982)).

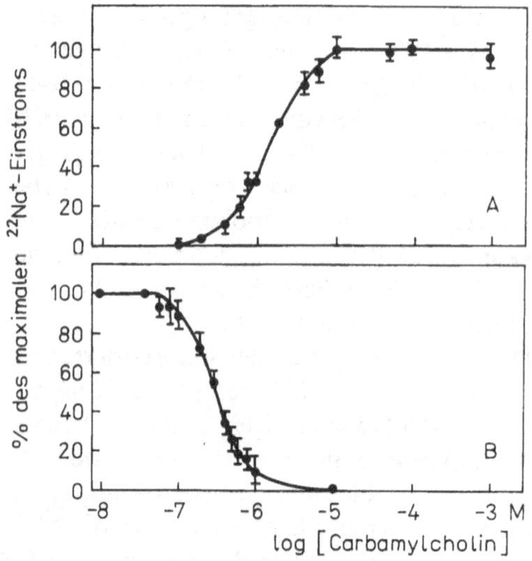

Abb. 10.3. Funktionelle Charakterisierung von nikotinergen Rezeptoren in rekonstituierten Liposomen durch Messung des Agonist-induzierten $^{22}Na^+$-Einstroms.

a) Dosis-Wirkungskurve für Carbamylcholin.

b) Desensibilisierung des Rezeptors durch Vorinkubation mit den auf der Abszisse aufgetragenen Carbamylcholin-Konzentrationen in Abwesenheit von $^{22}Na^+$.

Der anschließend erreichbare maximale Ionenstrom wurde durch 10^{-4} M Carbamylcholin ausgelöst.

(nach: R. Anholt, TIBS November 1983, 288).

Stufen und schließt bei Rezeptoren mit Ionenkanälen deren kurzzeitige Öffnung mit ein. Zu theoretischen Fragen in diesem Zusammenhang sei auf Kap. 2 verwiesen.

Mit Hilfe der Agonist-induzierten $^{22}Na^+$-Aufnahme kann dies bei Liposomen eindrucksvoll demonstriert werden, in die der nikotinerge Acetylcholinrezeptor eingebaut wurde. Wie aus Abb. 10.3a. ersichtlich ist, kann durch 10^{-5} M Carbamylcholin (ein abbauresistentes Acetylcholin-Analogen) eine maximale $^{22}Na^+$-Aufnahme, d. h. die maximale Aktivierung aller Ionenkanäle erzielt werden. Werden die Vesikel jedoch mit Carbamylcholin in Abwesenheit von $^{22}Na^+$ mit Konzentration im Bereich von 10^{-8} bis 10^{-5} M vorinkubiert, zeigt sich eine Dosis-abhängige Reduktion der anschließend durch 10^{-4} M Carbamylcholin auslösbaren Ionenkanalöffnung (Abb. 10.3b.). Dies ist auf die Agonist-induzierte Desensibilisierung der Rezeptoren zurückzuführen und deshalb meßbar, weil die Rezeptoren über mehrere Minuten in dem desensibilisierten Zustand verweilen, während die Zeit der Inkubation mit $^{22}Na^+$ nur 10 bis 20 Sek. beträgt.

Die Untersuchung des Desensibilisierungsverhaltens in Liposomen unterschiedlicher, chemisch definierter Zusammensetzung sowie in Kombination mit thermodynamisch orientierten Versuchsansätzen dürfte viele neue Einblicke in die biophysikalischen Grundlagen dieses Phänomens erlauben.

Aus der in Abb. 10.3a. dargestellten Dosis-Wirkungskurve läßt sich noch eine weitere Aussage ableiten. Der Hill-Koeffizient der Kurve A liegt bei 2. Dies ist ein Hinweis auf eine kooperative Bindung eines doppelt-ligandierten Rezeptors. Entsprechend den biochemischen Analysen (vergl. Kap. 9.6.2.) besitzt der nikotinerge Rezeptor tatsächlich zwei identische α-Untereinheiten, die jeweils ein Molekül Acetylcholin binden. Durch Untersuchungen mittels der sukzessiven Hemmung des Carbamylcholin-induzierten $^{22}Na^+$-Einstroms durch Cobrotoxin konnte in rekonstituierten Systemen weiterhin nachgewiesen werden, daß die Bindung von beiden Agonist-Molekülen für die Ionophoröffnung (zumindest beim Rezeptor aus Torpedo) entscheidend ist.

Eine weitere experimentelle Möglichkeit liegt in der systematischen Untersuchung veränderter Milieubedingungen der wäßrigen Phase (Ionen, Proteinkinasen, „second messenger") auf die o. g. Parameter.

10.1.2. Inkorporation von Rezeptoren in planare Lipidmembranen — Die selektive Messung des Verhaltens einzelner Ionenkanäle

Die Untersuchung von Rezeptoren in Liposomen und in planaren Lipidmembranen sind einander ergänzende Methoden, die spezielle analytische Möglichkeiten aufweisen, welche die jeweils andere Methode nicht besitzt. Während sich die Untersuchung Rezeptor-haltiger Liposomen besonders zur Beschreibung von Dosis-Wirkungskurven und quantitativen Messungen der Desensibilisierung sowie zum Vergleich zwischen Ligand-Bindungseigenschaften und funktionellen Eigenschaften eignet, eröffnet die Rekonstitution in planare Lipidmembranen die Möglichkeit, einzelne Ionenkanäle zu analysieren.

Grundsätzlich existieren drei methodische Möglichkeiten zum Einbau von Rezeptoren in planare Membranen:

a) Rezeptor-haltige Liposomen können mit planaren, proteinfreien Lipidmembranen zur Fusion gebracht werden.

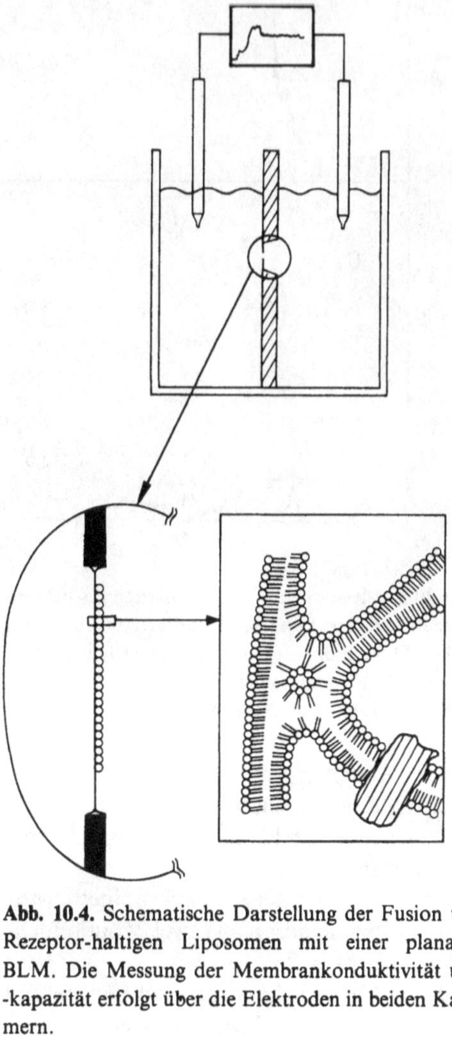

Abb. 10.4. Schematische Darstellung der Fusion von Rezeptor-haltigen Liposomen mit einer planaren BLM. Die Messung der Membrankonduktivität und -kapazität erfolgt über die Elektroden in beiden Kammern.

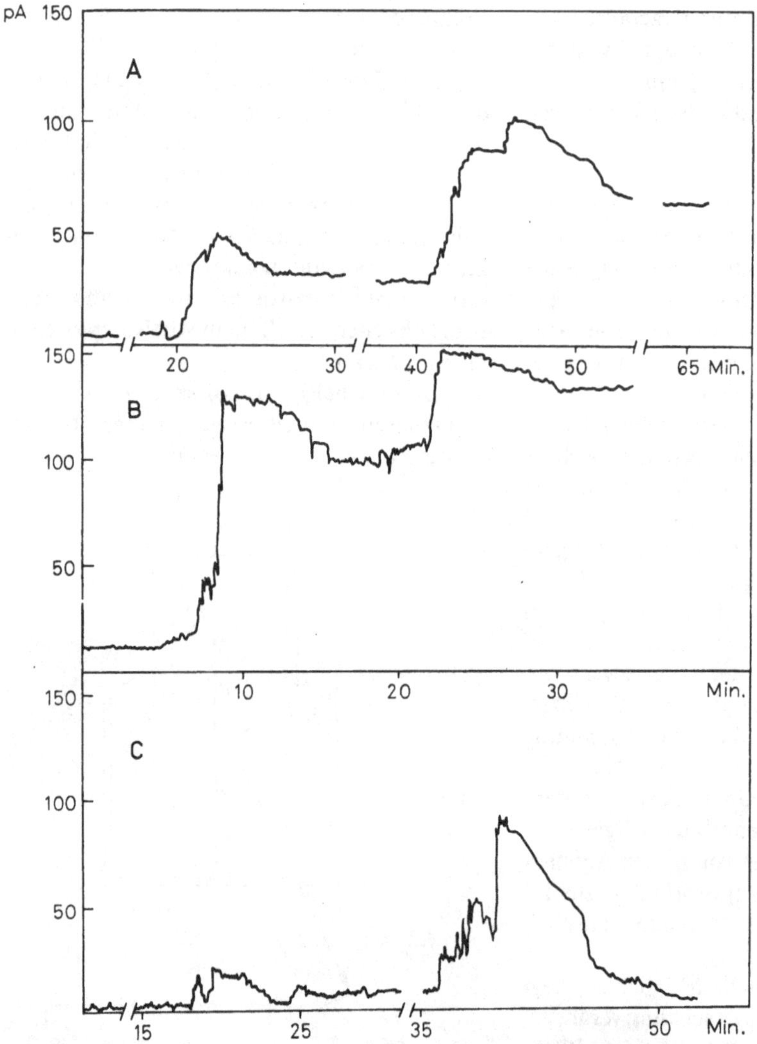

Abb. 10.5. Messung des kaskadenartigen Ablaufes der Fusion von proteinhaltigen Liposomen mit einer planaren Lipidmembran. Die Fusion kann u. a. durch Ca^{2+} aber auch durch mechanische Stimuli initiiert werden. Die Lipidphase von Liposomen und BLM besteht aus Hirn-Lipiden. Der Versuchsaufbau entspricht dem in Abb. 10.4 dargestellten Schema.
(nach: H. Repke et al., Acta biol. med. germ. **39,** 657 (1980)).

b) Aus Rezeptor-haltigen Vesikeln werden Lipid-Monoschichten an der Wasser-Luft-Grenzfläche gebildet, die zu einer BLM verschmolzen werden.
c) An der Spitze einer Glasmikropipette wird eine Lipidmembran aus zwei Monoschichten aufgebaut.

Die letzte Methode kann auch zur Gewinnung von Segmenten aus Liposomen oder natürlichen Membranen verwendet werden und stellt die modernste und eleganteste Methode dar (2).

a) Fusion einer planaren Lipidmembran mit Rezeptor-haltigen Liposomen

Das schematische Verfahren ist in Abb. 10.4. dargestellt. Die planare Membran befindet sich über einem 0,2—1 mm breiten Loch in

einer Teflonwand, die zwei mit Puffer gefüllte Kammern trennt. Derartige Membranen können aus Lipidlösungen in höheren Alkanen (z. B. Dekan) hergestellt werden. Die Fusion der Liposomen mit der Membran erfolgt nach einer Phase der Anlagerung kaskadenartig. Zur Stimulierung der Fusion von Membranen, die negativ geladene Phospholipide (z. B. Phosphatidylserin) enthalten, können Ca^{2+}-Ionen verwendet werden. Rezeptoren bzw. andere Membranproteine werden in die Liposomen mit Hilfe der „dialysis removal"-Technik inkorporiert (vergl. Abschnitt 10.1.1.).
Abb. 10.5. zeigt ein Beispiel für den kaskadenartigen Verlauf der Fusion der Liposomen mit der Membran und den permanenten Anstieg der Membrankonduktivität nach der Inkorporation von Membranproteinen. Die Nachteile dieses Verfahrens bestehen in dem schwer beherrschbaren Mechanismus der Fusion (besonders bei Arbeiten mit unterschiedlichen Lipidgemischen) sowie in den nicht genau zu definierenden Restmengen höherer Alkane in der planaren Membran.

b) Bildung der Lipidmembran
aus zwei Monoschichten

Ein Verfahren, das prinzipiell dem gleichen experimentellen Aufbau folgt, wie er unter a) bereits beschrieben wurde, besteht in der Zusammenfügung einer Lipiddoppelschicht aus zwei Monoschichten. Die Monoschichten werden durch Ausspreitung von Rezeptor-haltigen natürlichen Membranen oder Liposomen auf der Wasseroberfläche in der jeweiligen Kammer gebildet. Wie aus Abb. 10.6. ersichtlich, wächst mit der Erhöhung des Wasserstandes in der einen Kammer eine Monoschicht über das Loch in der Trennwand. Die unmittelbar folgende zweite Monoschicht schicht führt zur Ausbildung einer Lipiddoppelschicht. Die Anwendung dieser Methode setzt voraus, daß der Rezeptor in einer Lipid-Monoschicht funktionell intakt bleibt. Dies ist für den nikotinergen Acetylcholinrezeptor der Fall. Diese Methode besitzt den Vorteil, daß sie ohne den Einsatz organischer Lösungsmittel auskommt. Mit diesem Verfahren ist eindeutig ein durch nikotinerge Agonisten auslösbarer Konduktivitätsanstieg nachzuweisen (Abb. 10.7.).
Die weitere Perfektionierung dieses Verfahrens führte schließlich zum Nachweis einzelner nikotinerger Rezeptoren und der Agonist-abhängigen Öffnung des durch sie gebildeten Ionenkanals.

c) Rezeptorhaltige Lipiddoppelschichten
an der Spitze von Glas-Mikropipetten

Diese Methode hat sich in den letzten Jahren als ideal für die Analyse einzelner Ionenkanäle erwiesen. Dies liegt besonders in zwei Tatsachen begründet: a) die enge Verbindung zwischen Glas und der Membran wird durch elektrische Widerstände im Bereich bis zu 100 Giga-Ohm erreicht. Dies erlaubt eine starke Reduktion des sogenannten „thermischen Rauschens", wodurch Ionenkanäle mit einem Stromfluß von weniger als 1 pA meßbar werden. b) Das Verfahren erlaubt sowohl die Untersuchung von Rezeptoren, die in ein künstliches Lipidmilieu rekonstituiert wur-

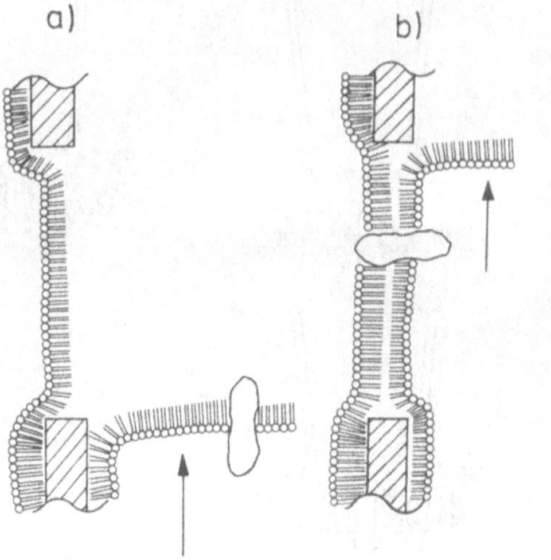

Abb. 10.6. Herstellung einer Lipiddoppelschicht aus zwei Lipidmonoschichten, die durch Ausspreitung auf der Wasseroberfläche hergestellt wurden. Durch die sukzessive Erhöhung des Flüssigkeitsspiegels in den Kammern werden eine Rezeptor-haltige und eine proteinfreie Monoschicht zusammengefügt. Der grundsätzliche experimentelle Aufbau für die Messung der Membrankonduktivität entspricht dem in Abb. 10.4. dargestellten Schema.

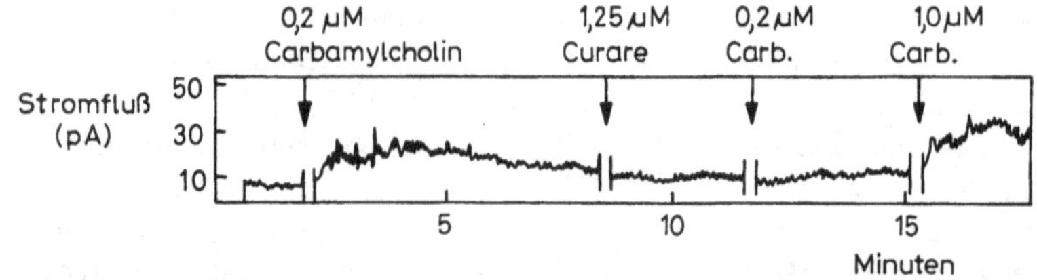

Abb. 10.7. Messung der durch den nikotinergen Agonisten Carbamylcholin ausgelösten Konduktivitätserhöhung in planaren Lipidmembranen, die aus zwei Lipidmonoschichten in Analogie zu Abb. 6. hergestellt wurden. Die Konduktivitätserhöhung ist Ausdruck der Öffnung vieler Rezeptor-Ionenkanäle. Die Spezifität der Effekte wird durch die Hemmbarkeit durch den Antagonisten d-Tubocurarin demonstriert.
(nach: R. Anholt, TIBS November 1981, 288).

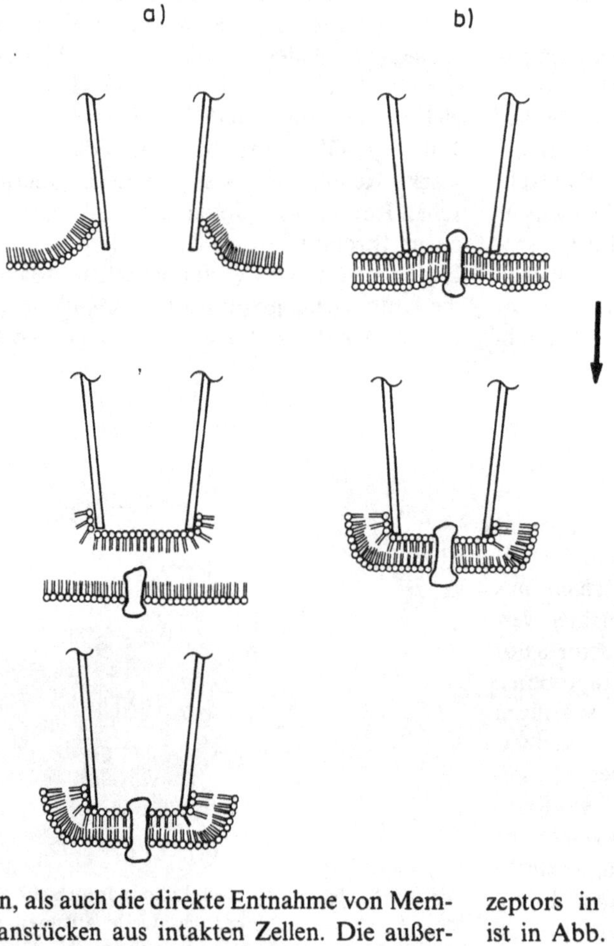

Abb. 10.8.
a) Bildung von Rezeptor-haltigen Lipiddoppelschichten in „patch clamp"-Pipetten. Rezeptorhaltige Lipidmonoschichten werden an der Wasser-Luft-Grenzfläche ausgespreitet.
Die Lipid-Doppelschicht bildet sich in der dargestellten Weise aus zwei Monoschichten.
b) Entnahme von Rezeptor-haltigen Fragmenten aus der Membran von Liposomen oder Zellen.

den, als auch die direkte Entnahme von Membranstücken aus intakten Zellen. Die außerordentliche Kleinheit des untersuchten Areals (1—10 µm²) bietet hierbei die Gewähr, nur wenige Ionenkanäle zu untersuchen.
In Abb. 10.8. ist das prinzipielle Verfahren wiedergegeben. Das Schließen und Öffnen einzelner Ionenkanäle des nikotinergen Rezeptors in einer rekonstituierten Membran ist in Abb. 10.9. dargestellt. Wenn diese Ergebnisse im Zusammenhang mit der biochemischen Reinigung, der Aufklärung der cDNS und Aminosäuresequenz (Kap. 9.2.2. und 9.6.) und der elektronenoptischen Darstellung (Kap. 8.2.) gesehen werden, stellt dies für den nikotinergen Rezeptor den Abschluß eines

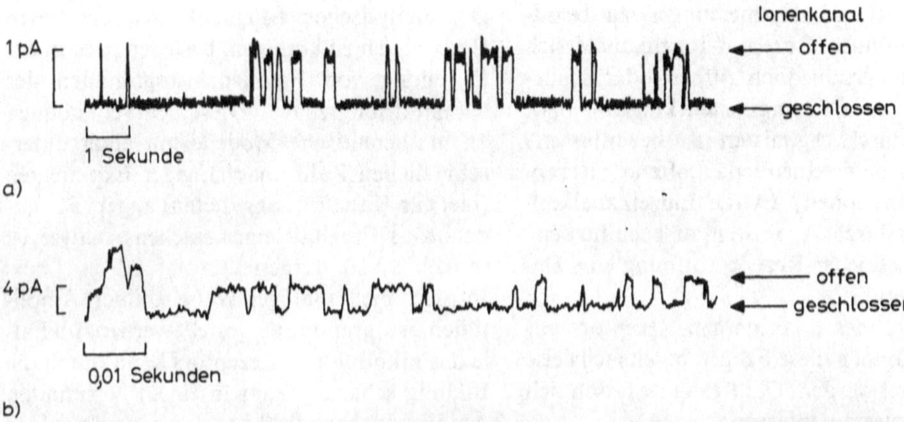

Abb. 10.9. Nachweis der Öffnung einzelner Ionenkanäle des nikotinergen Acetylcholinrezeptors mit Hilfe Rezeptor-haltiger Membran-Areale unter Verwendung der „patch clamp"-Pipetten-Technik.

a) Nikotinerge Acetylcholinrezeptoren aus Torpedo marmorata wurden nach Solubilisierung, Reinigung und Rekonstitution in Liposomen (Lipide aus Sojabohnen und Cholestrol) in der in Abb. 8a beschriebenen Weise in planare Membran eingebaut. Die Abbildung zeigt die Öffnung einzelner Kanäle nach Gabe von 10 µM Azetylcholin.
(nach: B. A. Suarez-Isla et al., Biochem. **22,** 2319 (1983)).

b) Nikotinerge Acetylcholinrezeptoren aus der postsynaptischen Membran neuromuskulärer Synapsen. Hierbei wurden mit Hilfe der Mikropipetten Areale der natürlichen Membran untersucht. Unter Berücksichtigung der stärkeren Abszissenspreizung werden die weitgehenden Analogien zu Abb. 9a erkennbar.
(nach: M. D. Leibowitz und V. E. Dionne, Biophys. J. **45,** 153 (1984)).

langen Weges von der „Fiktion zum Fakt" (Ariëns) dar.

Welche analytische Möglichkeiten eröffnet die unter c) beschriebene Methode der Einzelkanalmessung?

Diese Methode ist den unter a) und b) genannten Verfahren dahingehend überlegen, daß sie leicht die Messung einzelner Kanäle, die Ströme im Bereich von 1 pA auslösen, meßbar macht. Dies führt zu der Möglichkeit, das Verhalten eines Rezeptor-Ionophors in einem natürlichen Membranfragment und in einem rekonstituierten System zu vergleichen. Die entscheidenden Parameter für diesen Vergleich sind die Einzelkanalkonduktivität (in pS) sowie die Dauer der Kanalöffnung (in mSek.).

Ein solcher Vergleich (unter Verwendung von nikotinergen Rezeptoren aus unterschiedlichen Spezies) ist in Abb. 10.9. dargestellt. Hierbei wurden bemerkenswerte Übereinstimmungen festgestellt. So liegt in beiden Fällen die Einzelkanalkonduktivität bei einem Membranruhepotential von etwa -50 mV im Bereich von 40—45 pS. Weiterhin werden jeweils mittlere Kanalöffnungszeiten von rund einer Millisekunde gefunden. So zeigt sich, daß trotz der phylogenetischen Entfernung der untersuchten Spezies und ungeachtet der Verwendung von Rezeptoren in der natürlichen Membran einerseits und solubilisierten, gereinigten und rekonstituierten Rezeptoren andererseits nahezu identische Eigenschaften beobachtet werden können.

In Analogie zu den in Abschnitt 10.1.1. dargestellten Untersuchungen an rekonstituierten Liposomen sind bei dieser noch relativ jungen Technik umfangreiche Möglichkeiten gegeben, die Eigenschaften der Rezeptor-Ionenkanäle in Abhängigkeit von der chemischen Zusammensetzung der Lipidmembran zu analysieren. Durch die Möglichkeit der direkten Entnahme von Membranfragmenten aus rekonstituierten Liposomen ist weiterhin ein direkter Vergleich mit den Ligand-Bindungseigenschaften des Rezeptors in dem entsprechenden Lipidmilieu möglich.

Die folgenden Fragen sind jedoch nur mit

Hilfe von Einzelkanalmessungen zu beantworten: Können Rezeptor-Ionenkanäle sich graduell unterschiedlich öffnen oder schließen? Sind die Öffnungszeiten konstant bzw. sind sie durch Agonisten zu beeinflussen? Existieren unterschiedliche „offene" Rezeptorkonformationen? Ist die Einzelkanalkonduktivität durch Agonisten zu beeinflussen? Erfolgt nach jeder Rezeptoröffnung eine Desensibilisierung?

Hinsichtlich des nikotinergen Rezeptors aus *Torpedo* können diese Fragen bereits teilweise beantwortet werden. Die Resultate lassen sich wie folgt zusammenfassen:

— Die Kanalkonduktivität ist unabhängig von dem verwendeten Agonisten, aber direkt proportional dem Membranruhepotential.
— Es scheinen zwei „offene" Konformationen des Rezeptor-Ionenkanals zu existieren, die sich um den Faktor 4 in ihrer Öffnungszeit unterscheiden.
— Durch Agonist-Bindung kann der Rezeptor mehrmals in den geöffneten Zustand übergehen, ehe ein „Umklappen" in die desensibilisierte Konformation erfolgt (4).

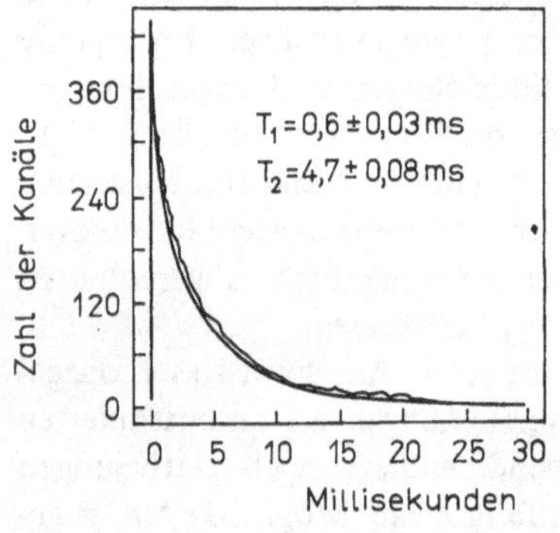

Abb. 10.10. Frequenzhistogramm der Öffnungszeiten von einzelnen Ionenkanälen des nikotinergen Acetylcholinrezeptbrs aus Torpedo marmorata. Durch „computer fitting" kann dem Histogramm eine theoretische Kurve angepaßt werden, die von der Annahme von zwei unterschiedlich langen Öffnungszuständen des Rezeptors ausgeht. Es handelt sich um Untersuchungen, die mit Hilfe der „patch clamp pipette"-Technik an rekonstituierten Rezeptoren gewonnen werden.
(nach: B. A. Suarez-Isla et al., Biochem. **22**, 2319 (1983)).

Die analytischen Möglichkeiten, zu diesen Ergebnissen zu kommen, bestehen u. a. in der Erstellung von Frequenzhistogrammen der Kanalöffnungszeiten. Diese Kurven können an mathematische Modelle mit einer unterschiedlichen Zahl unabhängiger Exponenten (hier für Kanalöffnungszeiten) angepaßt werden. Das Ergebnis einer solchen Analyse ist in Abb. 10.10. dargestellt.

In prinzipiell analoger Weise können Amplitudenhistogramme aufgestellt werden. Im Falle des nikotinergen Rezeptors kann durch die Bildung scharfer Peaks in einem bestimmten Amplitudenbereich (bzw. deren Verdopplungen und Verdreifachungen) gezeigt werden, daß alle Kanäle annähernd die gleiche Konduktivität aufweisen. Höhere Werte können nur durch die Überlagerung von mehreren Kanälen bzw. Dimere vorkommen (6).

Weiterhin kann die Analyse des Phänomens der Desensibilisierung durch die Einzelkanalmessung befruchtet werden. So wird bei rekonstituierten nikotinergen Rezeptoren bei desensibilisierenden Agonist-Konzentrationen eine zeitlich nahe beieinanderliegende Öffnung vieler Kanäle gefunden, die von einer insensitiven Phase gefolgt wird (Mehrzahl der Rezeptoren desensibilisiert). Außerordentlich interessant dürften zukünftige Untersuchungen zum Einfluß des Lipidmilieus auf die Desensibilisierung bzw. zur Thermodynamik der Desensibilisierung auf der Basis von Einzelkammerkanalmessungen sein.

10.2. Zusammenwirken separat rekonstituierter Rezeptoren und Effektorsysteme in künstlichen Lipidmembranen

Die weit überwiegende Zahl von Membranrezeptoren stellt selbst kein Ionophor dar. Vielmehr sind diese Rezeptoren mit ihren Effektorsystemen (zu denen auch Ionophore gehören können) in einer z. T. noch unbekannten Weise verknüpft. Die Übertragung des durch die Bindung des Liganden ausgelösten Signals dürfte in fast allen Fällen durch eine Änderung der Konformation bestimmter Teile a.)

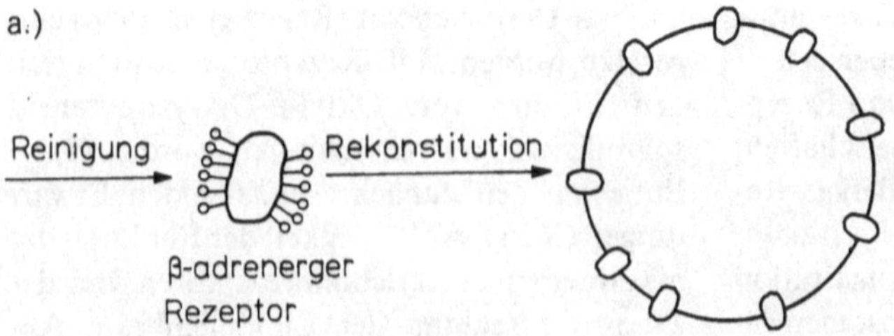

b.)

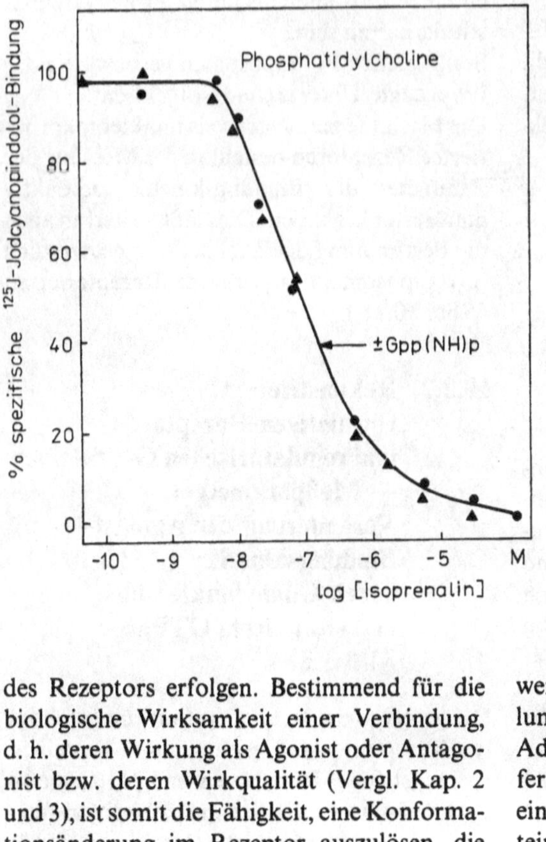

Abb. 10.11. Rekonstitution β-adrenerger Rezeptoren in Liposomen.

a) Schematische Darstellung der Verfahrensschritte.

b) Nachweis des Vorhandenseins von β-adrenergen Rezeptoren in Phosphatidylcholin-Liposomen. Die Abwesenheit der Wirkung eines nichthydrolysierbaren GTP-Derivates (= Gpp (NH)p)) auf die Agonist-Bindungseigenschaften zeigt, daß das rekonstituierte System kein G-Protein enthält.

(nach: D. H. KELLEHER et al., J. Biol. Chem. **258**, 12881 (1983)).

des Rezeptors erfolgen. Bestimmend für die biologische Wirksamkeit einer Verbindung, d. h. deren Wirkung als Agonist oder Antagonist bzw. deren Wirkqualität (Vergl. Kap. 2 und 3), ist somit die Fähigkeit, eine Konformationsänderung im Rezeptor auszulösen, die zu einem optimalen Aktivierungssignal für das unmittelbar nachgeschaltete Effektorsystem führt.

In vielen Fällen besteht aber gegenwärtig noch die Frage: Welches ist das unmittelbar nachgeschaltete Effektorsystem? Oder: Können unterschiedliche Effektorsysteme parallel durch verschiedene Gruppen des gleichen Rezeptors aktiviert werden?

Eine klare Antwort auf diese Frage kann gegenwärtig wohl nur in einem Falle gegeben werden. Es handelt sich dabei um die Kopplung von β-adrenergen Rezeptoren mit der Adenylatzyklase. Diese Kopplung ist insofern indirekt, als sie über ein aus drei Untereinheiten bestehendes GTP-bindendes Protein (G-Protein, N_s) vermittelt wird. (Vergl. Kap. 12.). Somit eignet sich dieses Rezeptor-Effektor-System gut für Experimente zur Rekonstitution funktionaler Rezeptor-Effektor-Komplexe. Hierbei steht vor allem die Frage im Vordergrund: Sind die bislang bekannten Komponenten (β-adrenerger Rezeptor, G-Protein und Adenylatzyklase) ausreichend um einen Komplex zu bilden, der wie in der intakten Membran auf β-Agonisten mit einer cAMP-Bildung reagiert?

Für Untersuchungen zur Rekonstitution funktionaler Rezeptor-Effektor-Komplexe müssen folgende Voraussetzungen gegeben sein:

a) Solubilisierung und Reinigung von Rezeptoren mit Ligand-Bindungseigenschaften, die denen des membrangebundenen Rezeptors weitgehend entsprechen.
b) Suche nach einem für die Rekonstitution geeigneten Detergens sowie Liposomen geeigneter Lipidzusammensetzung.
c) Auswahl von natürlichen Zellsystemen, die den zu untersuchenden Rezeptor nicht enthalten, wohl aber die zugehörigen Effektorsysteme besitzen, als Target für die Fusion mit Rezeptor-haltigen Liposomen.
d) Solubilisierung und Reinigung der Effektorsysteme als native Proteine.
e) Auswahl eines geeigneten Verfahrens für die Rekonstitution der Effektorsysteme.

10.2.1. Rekonstitution von nativen Rezeptoren — Meßparameter: Ligand-Bindungskinetik

Auf dieser ersten Stufe der Rezeptor-Rekonstitution geht es zunächst darum, herauszufinden, welche Detergentien für die Rekonstitution nativer Rezeptoren geeignet sind und welche Lipide in den entstehenden Liposomen in der Lage sind, die native Konformation des jeweiligen Rezeptors zu stabilisieren. Generell wird auch hier wieder von der „detergent removal"-Methode (Vergl. Kap. 10.1.) ausgegangen, wobei Na-Cholat wegen seiner geringen Assoziationszahl und hohen kritischen Mizellkonzentration (Vergl. Kap. 8.1.) favorisiert ist.

Na-Cholat führt jedoch zum Zusammenbruch der nativen Ligand-bindenden Konformation bestimmter Rezeptoren, so daß Detergentien bzw. Detergensgemische gesucht wurden, die die Inkorporation ohne Aktivitätsverlust der eingebauten Rezeptoren erlauben. Für β-adrenerge Rezeptoren sind dies Gemische aus Digitonin, Lubrol PX und Oktyl-β-D-Glycopyranosid. (Cerione et al. 1984) Für muskarinerge Rezeptoren kann ein Gemisch aus Digitonin und Na-Cholat (Haga 1985) oder Digitonin und Na-Desoxycholat (Repke et al. 1984) eingesetzt werden. IgE-Rezeptoren sind durch den Einsatz von Oktyl-β-D-Gycopyransid solubilisiert und rekonstituiert worden (5). Entgegen den zunächst bestehenden Erwartungen (Vergl. Abhängigkeit der Funktion der nikotinergen Azetylcholinrezeptoren von der Zusammensetzung der Lipidmembran, Abschnitt 10.1.1.), scheinen die o. g. Rezeptoren bereits in einfachen Lecithin (Phosphatidylcholin)-Liposomen als native Proteine rekonstituierbar zu sein.

Somit stellen PC-Liposomen gegenwärtig das bevorzugte Untersuchungsobjekt dar.

Die Methode zum Nachweis intakter inkorporierter Rezeptoren besteht in der Messung der Parameter der Bindungskinetik radioaktiv markierter Liganden. Dies läßt weiterhin auch die Bestimmung der Zahl der durchschnittlich pro Liposom inkorporierten Rezeptoren zu (Abb. 10.11.).

10.2.2. Rekonstitution von nativen Rezeptoren und regulatorischen G-Proteinen — Meßparameter: Veränderung der Agonist-Bindungskinetik durch Guanylnukleotide und stimulierte GTPase-Aktivität

Die gemeinsame Rekonstitution von gereinigten Rezeptoren und gereinigten G-Proteinen ist jüngst für β-Rezeptoren und N_s (Cerione et al. 1984) sowie für den muskarinergen Acetylcholinrezeptor und N_i (Haga et al. 1985) beschrieben worden. Sie stellt eine wesentliche Vorstufe zur Herstellung eines funktionierenden Rezeptor-Effektor-Komplexes dar. Der Einbau der Rezeptoren und regulatorischen G-Proteine (N_s bzw. N_i) erfolgt mit Hilfe der bereits in Abschnitt 10.2.1. beschriebenen Methoden in Phosphatidylcholin-Liposomen.

Der Nachweis der tatsächlichen Wechselwirkung beider Komponenten wird erbracht, wenn in Anwesenheit von Guanylnukleotiden die Agonist-Bindungskinetik des Rezeptors in

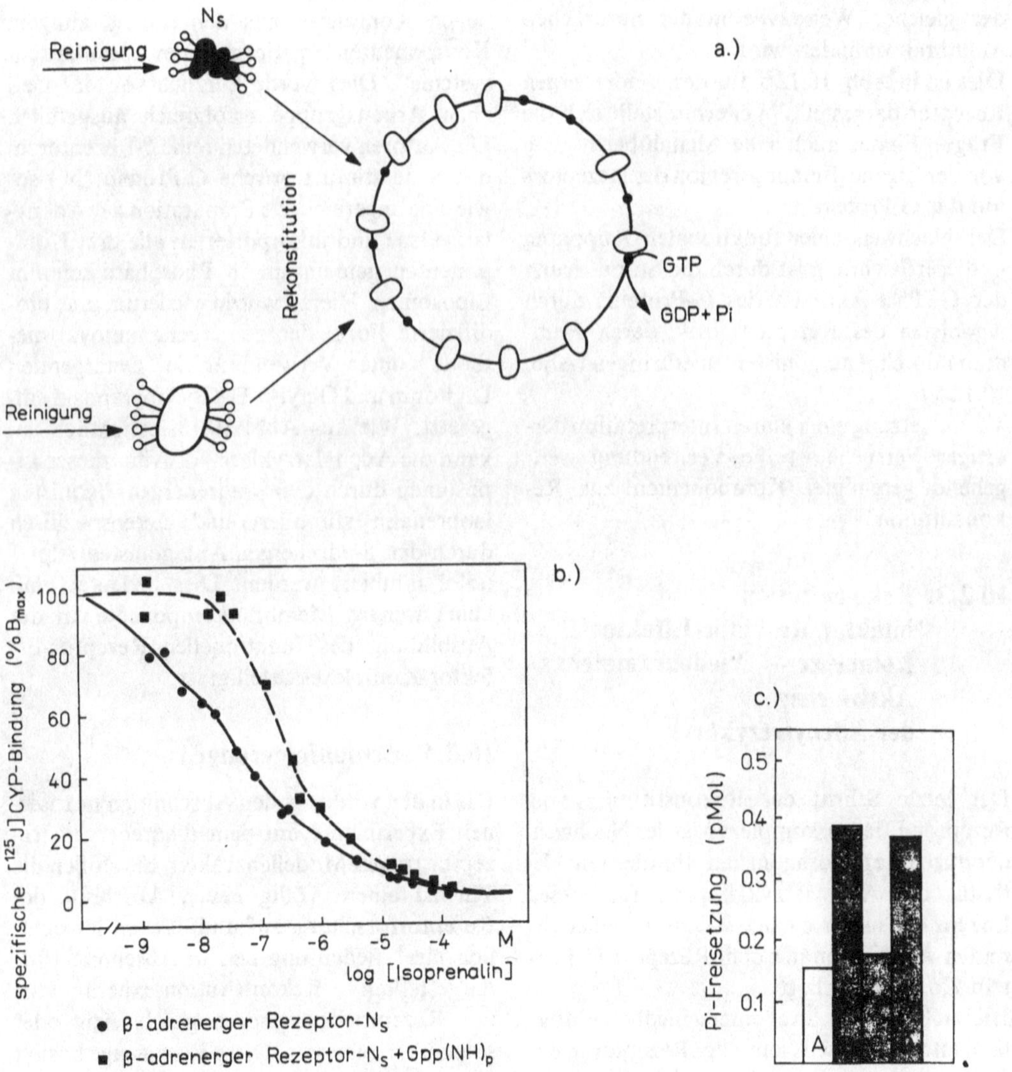

Abb. 10.12. Rekonstitution β-adrenerger Rezeptoren und stimulatorischer G-Proteine (G_s) in Liposomen.

a) Schematische Darstellung der Verfahrensschritte.

b) Nachweis der Assoziation zwischen β-Rezeptor und G-Protein durch Veränderung der Agonist-Bindungseigenschaften des Rezeptors in Anwesenheit des nichthydrolysierbaren GTP-Derivates Gpp(NH)p.

c) Nachweis der funktionalen Kopplung zwischen Rezeptor und G-Protein durch Agonist-induzierte Aktivierung der GTPase-Aktivität des G-Proteins (vergl. Kap. 12).

A: Basalaktivität
B: 10^{-7}M Isoprenalin
C: 10^{-7}M Isoprenalin + 10^{-7}M (−)Alprenolol
D: 10^{-7}M Isoprenalin + 10^{-7}M (+)Alprenolol

(nach: R. A. Cerione et al., Biochem. **23,** 4519 (1984)).

der gleichen Weise wie in der natürlichen Membran verändert wird.
Dies ist in Abb. 10.12b. für den β-adrenergen Rezeptor dargestellt. Weiterhin stellt sich die Frage: Findet auch eine Signalübertragung von der Ligand-Bindungsregion des Rezeptors auf das G-Protein statt?
Der Nachweis einer funktionalen Kopplung in dieser Richtung ist durch die Stimulierung der GTPase-Aktivität des G-Proteins durch Agonisten des Rezeptors bzw. deren Hemmung durch Antagonisten zu erbringen (Abb. 10.12c.).
Voraussetzung einer klaren Interpretation derartiger Versuche ist die Verwendung weitgehend gereinigter Komponenten zur Rekonstitution.

10.2.3. Rekonstitution intakter Rezeptor-Effektor-Komplexe — Meßparameter: Aktivierung der Adenylatzyklase

Der letzte Schritt der Rekonstitution von Rezeptor-Effektorkomplexen ist der Nachweis der durch Rezeptoragonisten stimulierten Aktivität der Adenylatzyklase, da für dieses Enzym der bisher einzige Nachweis einer direkten Assoziation mit dem Rezeptor-G-Protein-Komplex vorliegt.
Hierzu bieten sich zwei unterschiedliche Möglichkeiten: Einerseits kann der Rezeptor in ein Liposom eingebaut werden, welches in einem zweiten Schritt mit einer Zelle fusioniert wird, die den entsprechenden Rezeptor nicht enthält. Diese Zelle muß jedoch mit dem entsprechenden G-Protein und der Adenylatzyklase ausgestattet sein und so eine Rekombination der mehr oder weniger frei beweglichen Komponenten ermöglichen. Für derartige Experimente wurde von der Arbeitsgruppe um Lefkowitz der Erythrozyt von *Xenophus laevis*, der eine Prostaglandin E_1-sensitive Adenylatzyklase, nicht aber den β-adrenergen Rezeptor enthält, verwendet (1).
Der überzeugendste experimentelle Ansatz besteht jedoch in der Herstellung eines funktionellen Komplexes aus den drei gereinigten Komponenten in Form eines „Baukastensystems“. Dies wurde kürzlich von der gleichen Arbeitsgruppe erfolgreich ausgeführt. Die Autoren verwendeten reine β-Rezeptoren, das reine stimulatorische G-Protein (N_s) sowie eine angereicherte Präparation der Adenylatzyklase und inkorporierten alle drei Komponenten gemeinsam in Phosphatdylcholin-Liposomen. Hierzu wurde wiederum eine modifizierte Form der „detergent removal methode“ unter Verwendung der Detergentien Digitonin und Octyl-β-D-Glycopyranosid eingesetzt. Wie aus Abb. 10.13. ersichtlich ist, kann die Adenylatzyklase-Aktivität dieser Liposomen durch den β-adrenergen Agonisten Isoprenalin stimuliert und stereospezifisch durch den β-adrenergen Antagonisten Alprenolol inhibiert werden. Dies bedeutet, daß keine weitere Membrankomponente an der Ausbildung des funktionellen Rezeptor-Effektor-Komplexes beteiligt ist.

10.2.4. Schlußfolgerungen

Die in den vorstehenden Abschnitten umrissenen Experimente mit dem β-adrenergen Rezeptor tragen Modellcharakter. Sie stoßen die Tür zu einem völlig neuen Abschnitt der Rezeptorforschung auf und dürften hinsichtlich ihrer Bedeutung den in Abschnitt 10.1. dargestellten Rekonstitutionsexperimenten von Rezeptor-Ionophoren gleichwertig oder sogar überlegen sein. Diese Voraussage basiert einerseits auf der Erkenntnis, daß durch Modifikationen der „detergent removal“ Methode bereits verschiedene Membranrezeptoren erfolgreich rekonstituiert werden konnte (muskarinerger Acetylcholinrezeptor, IgE-Rezeptor, Dopamin-Rezeptor u. a.). Andererseits ist auch die Rekonstitution der Adenylatzyklase sowie der regulatorischen G-Proteine (N_s und N_i) gelungen. Da im Gegensatz zu den ursprünglichen Erwartungen die Lipidzusammensetzung der Membran nicht in jedem Falle von entscheidender Bedeutung für die Aktivität der o. g. Komponenten ist, dürfte nun eine Serie von Experimenten zu erwarten sein, in denen zunächst die Kopplung

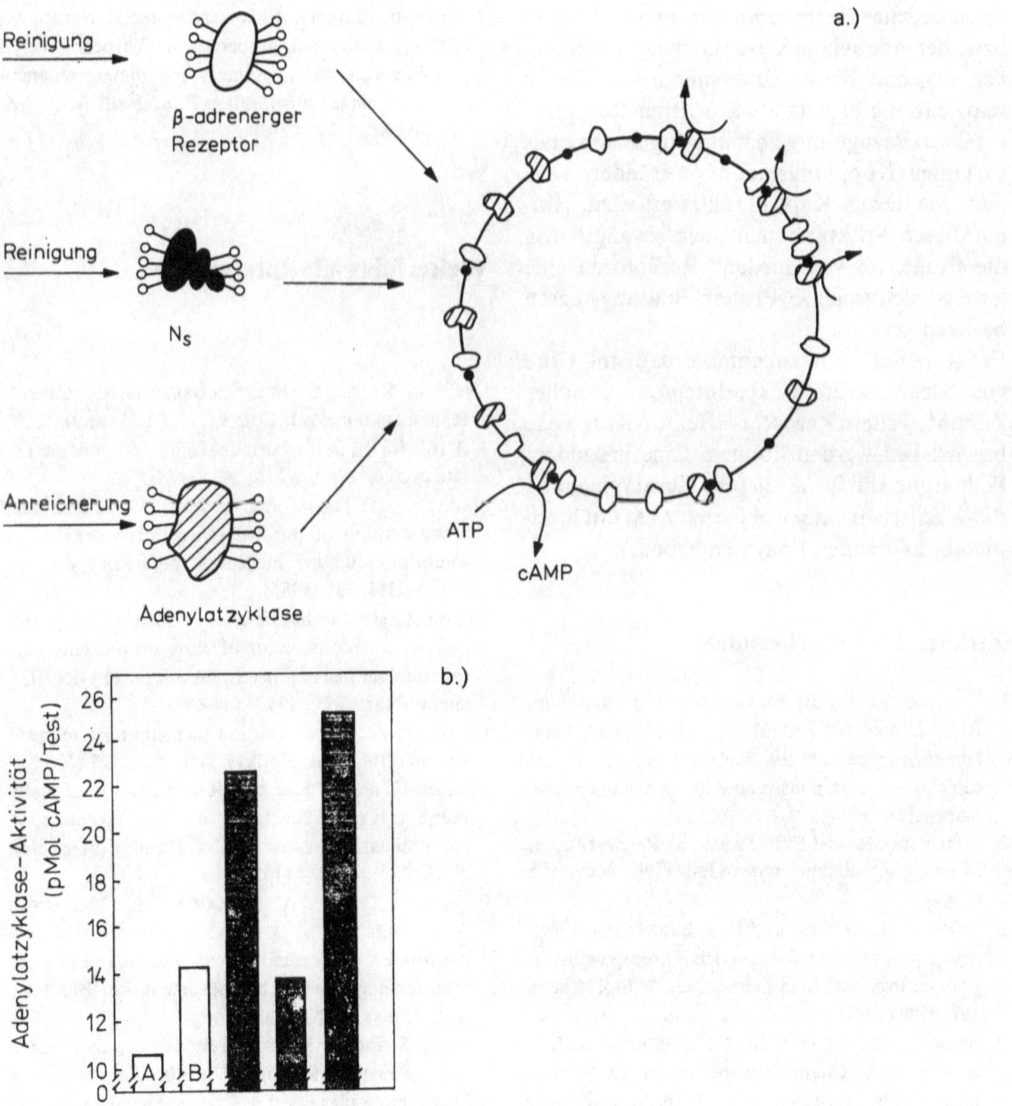

Abb. 10.13. Rekonstitution eines kompletten Rezeptor-Effektorsystems bestehend aus β-adrenergem Rezeptor, stimulatorischem G-Protein und Adenylatzyklase.

a) Schematische Darstellung der Verfahrensschritte

b) Nachweis der Rezeptor-vermittelten Stimulierung der Adenylatzyklase.

A: Basalaktivität

B: 10^{-5}M GTP

C: 10^{-5}M GTP + 10^{-4} Isoprenalin

D: wie C + 10^{-5}(−) Alprenolol

E: wie C + 10^{-4}(+) Alprenolol

(nach: R. A. Cerione et al., J. Biol. Chem. **259,** 9979 (1984)).

verschiedener Rezeptoren mit dem G-Protein bzw. der Adenylatzyklase untersucht wird. Ein Ergebnis dieser Untersuchungen könnte sein, daß die bislang etwas starren Rezeptor-Effektor-Bezüge aufgelöst und zugunsten eines variablen Kopplungsmodells verändert werden, wie dies in Kap. 11. skizziert wird. Hinter diesen Spekulationen steht zwangsläufig die Frage, ob verschiedene Rezeptoren eine jeweils identische G-Protein-Bindungsregion besitzen.
Es ist weiterhin anzunehmen, daß mit Hilfe von Rekonstitutionsexperimenten in naher Zukunft weitere Rezeptor-Effektor-Komplexe beschrieben werden können. Eine besondere Bedeutung dürfte in diesem Zusammenhang die Wechselwirkung von Rezeptoren mit lipidmetabolisierenden Enzymen haben.

Zitierte Literaturbeispiele

1. Cerione, R. A., B. Strulovici, J. F. Benovic, R. J. Lefkowitz and M. G. Caron: Pure beta-adrenergic receptor: the single polypeptide confers catecholamine responsiveness to adenylate cyclase. Nature **306**, 562 (1983)
2. Coronado, R. and P. P. Labarca: Reconstitution of single ion-channel molecules. TINS May, 155 (1984)
3. Criado, M., H. Eibl and F. J. Barrantes: Functional properties of the acetylcholinreceptor incorporated in model lipid membranes. J. Biol. Chem. **259**, 9188 (1984)
4. Montal, M., P. Labarca, D. R. Fredkin and B. A. Suarez-Isla: Channel properties of the purified acetylcholine receptor from Torpedo californica reconstituted in planar lipid bilayer membranes. Biophys. J. **45**, 165 (1984)
5. Rivnay, B. and H. Metzger: Reconstitution of the receptor for immunoglobulin E into liposomes. J. Biol. Chem. **257**, 12800 (1982)
6. Schindler, H. G., F. Spillecke and E. Neumann: Different channel properties of Torpedo acetylcholine receptor monomers and dimers reconstituted in planar membranes. Proc. Natl. Acad. Sci. (USA) **81**, 6222 (1984)

Weiterführende Literatur

Cerione, R. A., C. Staniszewski, M. G. Caron, R. J. Lefkowitz, J. Codina, and L. Birnbaumer: A role for N_i in the hormonal stimulation of adenylate cyclase. Nature **318**, 293 (1985)

Haga, K., T. Haga, and A. Ichiyama: Functional reconstitution of purified muscarinic receptors an inhibitory guanine nucleotide regulatory protein. Nature **316**, 731 (1985)

Koepsell, H.: Methodological Aspects of the purification and reconstitution of transport proteins from mammalian plasma membranes. Rev. Physiol. Biochem. Pharmacol. **104**, 65 (1986)

Levitzky, A.: Reconstitution of membrane receptor systems. Biochim. Biophys. Acta **822**, 127 (1985)

Miller, C. and E. Racker: Reconstitution of membrane transport functions. in: The receptors. A comprehensive treatise, Vol. 1. Plenum Press, New York, London p. 1 (1979)

Panayoto, G. M., A. I. Magee, M. Gregoriou, A. R. Rees and M. J. Geison: Transfer of the reconstituted epidermal growth factor receptor to receptor-negative cells by liposome fusion. Biochem. Soc. Trans. **14**, 298 (1986)

Steiner, S. and M. Schramm: Study of receptor function by membrane fusion. The glucagon receptor in liver membranes fused to foreign adenylate cyclase. Methods Enzymol. **109**, 346 (1985)

Venter, J. C. and L. C. Harrison (Eds.): Receptor biochemistry and methodology, Vol. 3: Molecular and chemical characterization of membrane receptors. Alan, R. Liss, Inc. New York (1984)

11. Die Grundprinzipien der Signalweiterleitung

11.1. Einführung

Grundsätzlich können drei Typen von Effektorsystemen unterschieden werden:

a) endogene chemische Signalweiterleitung (cAMP, cGMP, Diacylglycerin, Inositoltriphosphat, Ca^{++})
b) endogene elektrochemische Signalweiterleitung (Veränderung des Membranpotentials durch Öffnung von Ionenkanälen für Na^{+}/K^{+}, Ca^{++} und Cl^{-})
c) exogene chemische Signalweiterleitung (Metabolite der Arachidonsäure).

Im Vergleich zu der Vielzahl der Rezeptoren ist das Repertoire der Signalweiterleitungssysteme beschränkt. Die Mechanismen, die dennoch die Auslösung einer großen Zahl unterschiedlicher physiologischer Effekte erlauben, sind in Abschnitt 11.2. umrissen.

Im engeren Sinne als „second messenger" werden nur die Verbindungen der Gruppe a) bezeichnet. Dieser Begriff wurde von SUTHERLAND zur Beschreibung der Rolle des bis heute am besten charakterisierten Effektormoleküls, des cAMP, geprägt (Kap. 12.1.). Als „first messenger" einer vom Membranrezeptor ausgehenden Reaktionskaskade wird der rezeptorspezifische Agonist angesehen.

In den folgenden Jahren wurde durch RASMUSSEN erkannt, daß Ca^{++}-Ionen nicht nur Ladungsträger sind, sondern auch alle Kriterien eines „second messenger" (Kap. 13.) erfüllen. Die wechselvolle Geschichte der Charakterisierung von cGMP als potentieller chemischer Signalsubstanz begann wenige Jahre später und ist auch gegenwärtig noch nicht abgeschlossen (Kap. 13.1.2.).

Der Familie der endogenen Effektorsubstanzen dürften aber noch zwei weitere Mitglieder angehören: das Inositoltriphosphat und das Diacylglycerin (Kap. 13.3.). Die Charakterisierung der Wirkung beider Verbindungen ist gegenwärtig im Fluß. Sie könnten die Erklärung der seit langem bekannten (und zunächst schwer interpretierbaren) schnellen Veränderungen des Phosphatidylinositol-Metabolismus nach Aktivierung verschiedener Membranrezeptoren sein.

Während die Effektorsysteme der Gruppe a) hauptsächlich für die Regulation des intrazellulären Stoffwechsels verantwortlich sind, dienen die Effektorsysteme der Gruppe b) der interzellulären Kommunikation (besonders der Nervenzellen) durch Auslösung oder Hemmung der Membrandepolarisation.

Abgesehen von der Arachidonsäure selbst, haben die Effektoren der Gruppe c) ihre Funktion nahezu ausschließlich in der Signalübertragung zwischen Zellen auf humoralem Wege.

Am umfassendsten erforscht sind die Effektorsysteme der Gruppe a), die auch den Schwerpunkt der folgenden Ausführungen bilden sollen.

11.2. Wie bewirkt ein oligospezifischer „second messenger" einen spezifischen physiologischen Effekt?

Die belebte Materie bedient sich u. a. zweier Grundprinzipien zur Herstellung von stofflicher Vielfalt und Spezifität bei der Regulation der Stoffwechselprozesse:

a) Zunächst handelt es sich um die Aneinanderreihung von einfachen Molekülelementen zu großen Strukturen (Proteine, Nukleinsäuren, Glykane), wobei durch die Einhaltung bestimmter Ordnungsprinzipien nicht nur eine große Vielfalt von Stoffen, sondern auch von Informationen entsteht.

b) Auf der Basis von a) ist die selektive Erkennung und Wechselwirkung von Makromolekülen mit kleineren Molekülen und untereinander möglich, die die entscheidende Grundlage aller spezifischen biologischen Wechselwirkungen auf der Ebene der Genetik, des Stoffwechsels und der interzellulären Kommunikation (Membranrezeptoren) ist.

Rezeptor-Effektor-Systeme bedienen sich beider Grundprinzipien in modifizierter Form. Zunächst wird die Selektivität der Interaktion eines kleinen Ligandmoleküls mit dem Makromolekül „Membranrezeptor" ausgenutzt.

Gegenwärtig ist es schwierig, die Zahl der existierenden Typen von Membranrezeptoren abzuschätzen. Es dürften jedoch über 100 sein. Dennoch ist jede Zelle nur mit bestimmten Rezeptoren auf der Membran (etwa 1—10) ausgestattet. Diese Selektivität auf der Seite des Signalempfanges wird durch die selektive Innervierung und die unterschiedlichen Konzentrationen zirkulierender Hormone weiter erhöht.

Auf der anderen Seite sind die den Rezeptoren zur Signalweiterleitung zur Verfügung stehenden Effektorsysteme weit weniger vielfältig. Dies führt immer wieder zu der Frage: Wird die gesamte Vielfalt des Lebens einer Zelle nur durch cAMP und Ca^{++} und eventuell 2—3 weitere „messenger" reguliert? Warum sind die Wirkungen der Stimulierung gleicher Rezeptoren auf unterschiedlichen Zellen so verschieden? Wird die Selektivität der Signalerkennung über eine Vielzahl von verschiedenen Membranrezeptoren durch die relativ uniformen Effektorsysteme wieder zunichte gemacht?

Die Lösung dieses Problems liegt in der Nutzung des unter a) beschriebenen Prinzips in einer modifizierten Form. Effektorsysteme stellen in der Tat nur relativ wenige und in fast allen Zellen wiederkehrende Enzymsysteme dar. Das entscheidende Geheimnis liegt in der Art ihrer Verknüpfung miteinander.

Die unterschiedlichen Formen der Wechselwirkung von Effektorsystemen sind abhängig von der Menge der vorliegenden Enzyme und Kofaktoren sowie ihrer Kompartimentierung.

Warum reichen bereits derartig einfache Veränderungen aus, um ein von der Aktivierung eines Membranrezeptors ausgehendes Signal in verschiedene Richtungen zu lenken, dramatisch zu verstärken oder vor Auslösung eines physiologischen Effektes zu inhibieren?

Dies liegt in folgenden Tatsachen begründet: Die meisten Effektorsysteme sind zyklische Reaktionsketten. Dies kann einerseits ein thermodynamisch bestimmter Konformationszyklus sein, wie z. B. bei vielen Membranrezeptoren. Weiterhin kommen Assoziations-Dissoziationszyklen verschiedener Moleküluntereinheiten, wie z. B. bei den regulativen G-Proteinen vor. Dem schließen sich Zyklen der chemischen Modifikation, wie z. B. bei Phosphorylierungs-Dephosphorylierungsreaktionen an. Darüber hinaus sind alle enzymatischen Reaktionen Gleichgewichtsreaktionen, d. h. die Konzentrationen der Reaktionspartner bestimmen die Geschwindigkeit und Richtung der Reaktion.

Ohne auf die jeweiligen Einzelheiten der zyklischen Reaktionen einzugehen, ist in Abb. 11.1. ein Spektrum von Effektorsystemen zusammengestellt, die durch diejenigen Membranrezeptoren aktiviert werden können, die zu einer Beeinflussung der Aktivität der Adenylatzyklase führen. Dabei sind die Reaktionen nur bis zu einer Ebene verfolgt worden, die auf der Basis der gegenwärtigen Kenntnisse noch überschaubar ist. Diese Zusammenstellung reicht aber bereits aus, die außerordentlich vielfältigen Möglichkeiten der Modulation des relativ uniformen „input"-Signals (Aktivierung eines Rezeptors, der die Adeylatzyklase stimuliert) zu demonstrieren. Es ist klar, daß die weitere Verfolgung des Weges

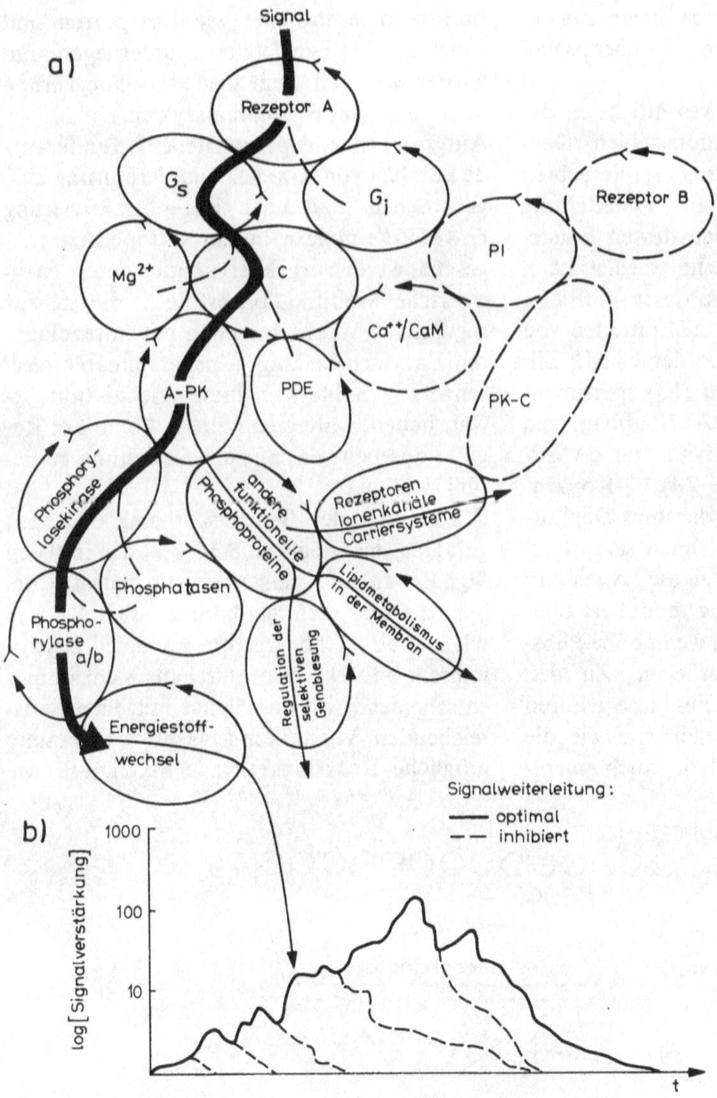

Abb. 11.1. Schematische Darstellung der Möglichkeiten für die Modulation von Amplitude und Richtung von Effektuierungsreaktionen am Beispiel der Adenylatzyklase-Aktivierung.

a) Die einzelnen Elemente der Signalweiterleitungskaskade sind zyklische Prozesse. Dies bedeutet für
   - den Rezeptor: Konformationsumlagerungen,
   - die G-Proteine G_s und G_i: Konformationsumlagerungen und Assoziation und Dissoziation der Untereinheiten,
   - die Adenylatzyklase (C): Aktivierung/Inaktivierung durch G-Proteine, Abbau des cAMP durch Phosphodiesterasen (PDE),
   - die Proteinkinase (A-PK): Assoziation bzw. Dissoziation der inhibitorischen Untereinheiten in Abhängigkeit von der cAMP-Konzentration

   und gilt in analoger Weise für die anderen beteiligten Enzymsysteme.

b) Der Gleichgewichtszustand jedes einzelnen Reaktionszyklusses entscheidet über die Effektivität der Signalweiterleitung. Ein theoretisch optimaler Signalweiterleitungsprozeß ist mit der ausgezogenen Linie symbolisiert, während die gestrichelten Linien die in a) vereinfacht angedeuteten Möglichkeiten der Hemmung der Reaktion auf verschiedenen Ebenen darstellen.

dieses Signals zu einer weiteren Steigerung der Zahl zu berücksichtigender biochemischer Reaktionen führt.

Abb. 11.1a. zeigt nur die wesentlichsten der potentiell beteiligten Reaktionszyklen. Dennoch wird bereits aus dieser vereinfachten Darstellung deutlich, daß die Weiterleitung des Signals schon kurz nach dessen Entstehung zum Erliegen gebracht werden kann (Dominanz des G_i-Systems, desensibilisierte Rezeptoren, zu geringe Konzentrationen von GTP). Auch auf der Ebene der cAMP-Bildung ist derartiges möglich (Kompartiment mit wenig oder keinen cAMP-abhängigen Proteinkinasen, starke Aktivität der cAMP-Phosphodiesterase, geringe Mg^{++}-Konzentrationen). Die Phosphorylierungs-Dephosphorylierungsreaktionen zeichnen sich durch außerordentliche Schnelligkeit aus. Auch hier kann die Signalweiterleitung moduliert oder sogar unterbrochen werden, wenn hohe Phosphatasekonzentrationen vorliegen. Zu den Targetproteinen der A-Proteinkinase gehören aber nicht nur Stoffwechselenzyme wie die Phosphorylasekinase, sondern auch membranständige Proteine wie Rezeptoren und Ionenkanäle. Die letzteren unterliegen nun wieder weiteren (von der Phosphorylierung unabhängigen) Regulationszyklen.

Aufgrund erster experimenteller Befunde wurde kürzlich von RODBELL die Vermutung ausgesprochen, daß nach Rezeptoraktivierung G_α-GTP-Komplexe in das Cytoplasma freigesetzt werden α). Hier könnte deren enzymatische Modifikation erfolgen, die sie zur regulativen Wechselwirkung mit intrazellulären Enzymen befähigt („programmable messengers"). Sollte sich diese Spekulation bewahrheiten, wäre eine weitere, komplexe Regulationsebene der Signalweiterleitung zu berücksichtigen.

Wird nun unter Berücksichtigung des oben gesagten das mögliche Schicksal des initialen Signals anhand seines Verstärkungsfaktors hypothetisch verfolgt, könnten sich Kurven wie in Abb. 11.1b. ergeben. Für einen physiologischen Effekt ist es durchaus nicht immer entscheidend, ob das Signal mit einem ausreichenden Verstärkungsfaktor die gesamte mögliche Reaktionskaskade durchläuft, wie

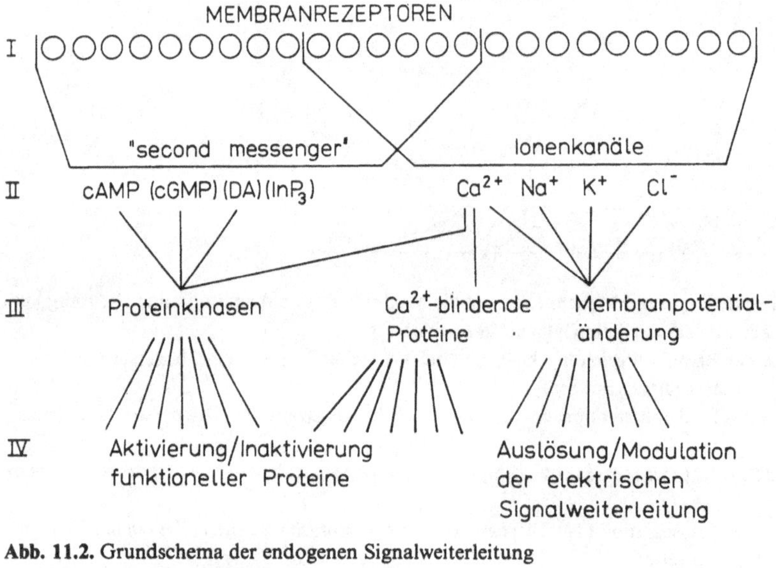

Abb. 11.2. Grundschema der endogenen Signalweiterleitung

Ebene I: unterschiedliche Membranrezeptoren

Ebene II: Effektorsysteme

Ebene III: „uniformiertes Signal"

Ebene IV: Erneute Diversifizierung des Signals durch Art, Zahl und Reaktionslage der potentiellen Targetsysteme einer bestimmten Zelle.

dies für die stark gekennzeichnete Linie in Abb. 11.1 b. gilt. Vielmehr liegt ein zusätzlicher Selektivitätsfaktor in der Aktivierung nur eines Teiles der Effektorkaskade.

Auf dem Hintergrund dieser Betrachtungen sollte deutlich werden, daß es durchaus möglich ist, mit einem Effektorsystem eine außerordentliche Vielfalt biologischer Wirkungen auszulösen. Hierbei wurde zunächst jedoch nur ein Rezeptor-Effektor-System betrachtet. Die meisten Zellen besitzen jedoch mehrere Typen von Membranrezeptoren, die z. T. mit unterschiedlichen Effektorsystemen gekoppelt sind.

Daraus ergeben sich weitere Einflußmöglichkeiten, die mit dem zusammenfassenden Begriff „cross talk“ umschrieben wurden. Hierbei ist ein „cross talk“ auf der Ebene der Rezeptoren bereits durch die Konkurrenz um regulative G-Proteine möglich. Eine Vielfalt hier nicht dargestellter Möglichkeiten ergibt sich jedoch auf der Ebene der Effektorsysteme. Dies ist in Abb. 11.1 a. durch die Einbeziehung des metabolischen Zyklus der Phosphoinositide und des Ca^{++}-Calmodulin-Systems angedeutet (Kap. 13.).

Die Berücksichtigung aller Formen der Wechselwirkung zweier (oder mehrerer) Rezeptor-Effektor-Systeme würde zu einer grafisch nicht mehr darstellbaren Komplexität führen. Derartige Versuche wären aber auch sachlich sinnlos, denn der Nachweis der Interaktion bestimmter Elemente von Effektorsystemen ist an einen bestimmten Zelltyp und definierte Bedingungen gebunden.

Wie aber bereits anhand von Abb. 11.1. demonstriert werden sollte, können schon kleine Änderungen im Zusammenspiel der Einzelelemente der Effektorsysteme zu großen Veränderungen der Signalweiterleitung führen. Somit sollten „scheinfunktionale“ Aneinanderreihungen von einzelnen Effektorsystemen aufgrund isolierter Daten, die unter verschiedenen Bedingungen gewonnen wurden, vermieden werden. Unter Berücksichtigung dieser Argumentation muß auch Abb. 11.1. als spekulatives Modell zur Illustration eines Organisationsprinzips verstanden werden. Gleiches gilt für Abb. 8. und 9. in Kap. 2.

11.3. Grundschema Rezeptor-vermittelter Signalweiterleitungsprozesse

Während in Abb. 11.1. die Modulation der von einem Rezeptor ausgehenden Signalweiterleitung im Vordergrund stand, soll Abb. 11.2. zur zusammenfassenden Verdeutlichung eines Grundprinzips dienen. Eine Vielzahl von unterschiedlichen Rezeptoren, die mit ihren endogenen Liganden im physiologischen Konzentrationsbereich mit hoher (wenngleich nicht immer ausschließlicher) Selektivität reagieren, ermöglichen eine große Spezifität der Signalweiterleitung. Diese wird durch die selektive Rezeptorverteilung und die morphologische Struktur der Organe weiter erhöht (Ebene I). Durch die Kopplung dieser Rezeptoren mit einer relativ geringen Zahl von Effektorsystemen setzt zunächst eine „Uniformierung des Signals“ ein (Ebene II und III). Die Weiterleitung des Signals wird durch interagierende Reaktionszyklen bereits stark moduliert (Abb. 11.1.). Nur drei Grundreaktionen finden auf der anschließenden Reaktionsebene Verwendung: die Modulation bzw. Aktivierung/Inaktivierung durch Phosphorylierung und Ca^{++}-Bindung sowie die Veränderung des Membranpotentials (Ebene III).

Anschließend setzt jedoch die erneute Diversifizierung des Signals ein, die ausschließlich durch die besonderen Eigenschaften der jeweiligen Zelle bzw. eines Zellkompartimentes bestimmt wird (Ebene IV). Die vielfältige Aufspaltung des Signals erfolgt durch:

- die unterschiedlichen Ca^{++}-bindenden Proteine (Art, enzymatische Aktivität, Konzentration, Regulation, Art und Reaktionslage der Targetsysteme),
- die verschiedenen Proteinkinasen (wie oben),
- die integrativen Prozesse bei der Reaktion einer Zelle auf die Rezeptor-vermittelte Änderung des Membranpotentials.

Zusammenfassend läßt sich also sagen, daß nicht jeder Rezeptor das selektiv empfangende Signal über eine eigene, für diesen Rezeptor spezifische Signalweiterleitungskaskade vermittelt. Vielmehr erfolgt eine „Uniformierung des Signals“, dessen Amplitudenmodulation und erneute „Redifferenzierung“ durch die besonderen Eigenschaften der Targetzelle bestimmt wird. Dies bedeutet u. a., daß gleiche Rezeptoren an unterschiedlichen Targetzellen sehr unterschiedliche Effekte auslösen können.

11.4. Problematische Begriffsbildungen

Unter Berücksichtigung der Organisationsprinzipien von Rezeptor-Effektor-Systemen sowie der Verschiedenartigkeit der biochemischen Reaktionen, deren sich Effektorsysteme bedienen (Kap. 12—15), dürfte es von geringem praktischen Nutzen sein, verschiedene Stufen der Signalweiterleitung zu kategorisieren. So wurden z. B. von RASMUSSEN sieben verschiedene Stationen unterschieden: die Signalerkennung (Rezeptor-Ligand-Bindung), die Signalwandlung (die Wechselwirkung des „aktivierten“ Rezeptors mit einem Protein der Zellmembran, die zu einer Veränderung der Konformation des letzteren führt), die Signalweiterleitung (Diffusion des „second messenger“ ins Zellinnere), der intrazelluläre Signalempfang (Bindung der „second messenger“-Moleküle), die Modulation intrazellulärer biochemischer Prozesse, der biologische Gesamteffekt und die Signalabschaltung. Diese Begriffe müssen in ihrer allgemeinen Form eher als Einengung des Blickfeldes, denn als hilfreich angesehen werden. So ist z. B. die Signalabschaltung nicht die Beendigung des Gesamtprozesses, sondern Element aller einzelnen Reaktionsstufen, die als Zyklen von An- und Abschaltung organisiert sind. Eine Gesamtabschaltung setzt sich somit aus einem bestimmten Zusammenspiel der Gleichgewichtszustände der Einzelelemente des Effektorsystems zusammen (Abb. 11.1.).
Die Unterscheidung zwischen Signalwandlung und Signalweiterleitung ist gleichfalls problematisch, denn jede Signalweiterleitung ist auch gleichzeitig durch den Wechsel des chemischen Substrates und des Verstärkungsfaktors eine Signalwandlung. Gerade die Art der Signalwandlung auf jeder Stufe der Weiterleitung entscheidet über das Schicksal des biologischen Gesamteffektes. Die oben genannten Begriffe können hingegen den Zweck der Versinnbildlichung bestimmter Effektuierungsprozesse dann erfüllen, wenn sie in bezug auf eine konkrete biochemische Reaktion gebraucht werden. In diesem Zusammenhang werden sie in den Kapiteln 12—15 verwendet. Zu dieser Problematik gehört auch die von Fall zu Fall unterschiedliche Bewertung von Produkten der Effektorsysteme als „messenger“ oder Modulator.

11.5. Regulation der synaptischen Signalweiterleitung: Koexistenz und Koergismus von Neurotransmittern und Peptiden und die Rolle präsynaptischer Autorezeptoren

Das bereits klassische Dale'sche Prinzip, wonach ein Neuron nur einen Transmitter synthetisiert und freisetzt, kann im Lichte neuerer Untersuchungen wahrscheinlich nicht mehr aufrechterhalten werden. Vielmehr scheint es ein sehr häufig vorkommender Fall zu sein, daß Neurotransmitter und Peptide gemeinsam in einer Präsynapse vorkommen. Dabei können sie sowohl gemeinsam in synaptischen Vesikeln gespeichert sein (Katecholamine und opioide Peptide im Nebennierenmark) wie auch in unterschiedlichen Vesikelpopulationen vorkommen (z. B. Acetylcholin und VIP in postganglionären Neuronen der Submandibular-Drüse und Serotonin und Substanz P in Neuronen des Rückenmarks der Ratte). Die letztere Situation ist möglicherweise häufiger. Jedoch können hierzu gegenwärtig noch keine umfassenden Aussagen gemacht werden. Weiterhin soll erwähnt werden, daß auch Beispiele für eine Peptid-Peptid Koexistenz und eine Neurotransmitter-Neurotransmitter Koexistenz existieren.
Tabelle 11.1. gibt eine Übersicht über wesentliche, bislang untersuchte koexistierende Neurotransmitter/Peptid-Paare. Wenngleich die Untersuchungen dieses Phänomens noch am Anfang stehen, kann doch bereits jetzt ver-

Tabelle 11.1. Neurotransmitter/Peptid-Paare, deren Koexistenz in Präsynapsen des peripheren und zentralen Nervensystems nachgewiesen werden konnte. (nach: J. M. Lundberg und T. Höfkelt, TINS August 1983: 325)

Neurotransmitter	Peptid
Acetylcholin	Vasoaktives intestinales Polypeptid (VIP)
	Enkephalin
	Neurotensin
	„luteinizing hormone releasing hormone" (LHRH)
	Somatostatin
	Substanz P
Noradrenalin	Somatostatin
	Enkephalin
	Neurotensin
	„avian pancreatic polypeptide" (APP)
	„bovine pancreatic polypeptide" (BPP)
	Neuropeptid Y
Adrenalin	Enkephalin
	APP
	BPP
	Neuropeptid Y
Serotonin	Substanz P
	„thyrotropin releasing hormone" (TRH)
	Enkephalin
Dopamin	Enkephalin
	Cholecystokinin (CCK)
GABA	Somatostatin
	Motilin

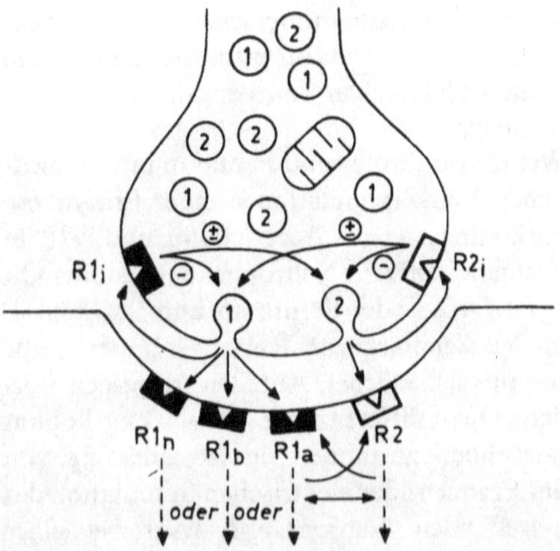

Abb. 11.3. Schematische Darstellung eines synaptischen Bereiches, in dem ein Neurotransmitter und ein Peptid koexistieren und an der postsynaptischen Membran zusammenwirken. Neurotransmitter (1) und Peptid (2) werden in Abhängigkeit der Frequenz der elektrischen Stimulierung in unterschiedlichen Anteilen freigesetzt. Für beide existieren auch präsynaptische Autorezeptoren (R1i und R2i), über die auch eine Modulation der Freisetzung des jeweils anderen Mediators erzielt werden kann. In Abhängigkeit von dem postsynaptisch vorkommenden Subtyp des Neurotransmitterrezeptors (R1 a–n) kommen auf der Ebene der Effektuierungssysteme sowohl koergistische als auch gegenläufige Beeinflussungen zustande. Darüber hinaus kann (z. B. durch Phosphorylierungsreaktionen) die Reagibilität des postsynaptischen Neurotransmitterrezeptors durch die Aktivierung des Peptidrezeptors und vice versa verändert werden („receptor cross talk").

mutet werden, daß besonders im peripheren Nervensystem koexistierende Neurotransmitter/Peptid-Paarungen häufig vorkommen. Sie werden jedoch auch zunehmend im ZNS nachgewiesen.

Das Koergismus-Konzept ist jedoch auch methodisch begründeten Kritiken ausgesetzt. Diese leiten sich insbesondere von den Schwierigkeiten ab, die angesichts der komplexen neuronalen Verschaltungsmuster im ZNS dem Nachweis entgegenstehen, daß koergistisch wirkende Neurotransmitter und Peptide wirklich aus der gleichen Präsynapse freigesetzt werden. Hier bieten sich periphere Neurone wegen der besseren Überschaubarkeit der Systeme zur Untersuchung an. Demgegenüber ist die Koexistenz mittels histochemischer (Nachweis von Enzymen des Neurotransmitter-Metabolismus) und immunhistochemischer Techniken (Nachweis der Peptide) eindeutiger nachzuweisen.

Die Regulation der Signalweiterleitung in Synapsen, die dem in Abb. 11.3. dargestellten prinzipiellen Aufbau entsprechen, kann unter vier verschiedenen Gesichtspunkten analysiert werden:

a) Die Freisetzung unterschiedlicher Proportionen von Neurotransmitter und Peptid in Abhängigkeit von der Stimulationsfrequenz

Wenn Transmitter und Peptid in unterschiedlichen Vesikelpopulationen einer Präsynapse vorkommen (z. B. Acetylcholin und VIP in postganglionären Neuronen der Submandibular-Drüse oder Serotonin und Substanz P im Rückenmark von Ratten) könnten beide in unterschiedlichen Anteilen freigesetzt werden. Diese differenzierte Freisetzung kommt tatsächlich zustande. Sie ist abhängig von der Frequenz der elektrischen Stimulation des betreffenden Neurons. So wird bei einer Stimulationsfrequenz unter 0,5 Hz beim zuerst genannten Beispiel nur Acetylcholin freigesetzt. Stimulationsfrequenzen über 2 Hz führen zu einer gemeinsamen Freisetzung von Acetylcholin und VIP. Eine Verlängerung der Stimulationszeit kann schließlich zum Überwiegen der VIP-Freisetzung führen, weil die Peptidfreisetzung eine langsamere Kinetik aufweist und möglicherweise zu einer längeren Stimulierung der postsynaptischen Effektorsysteme führt.

So kann sich also durch die Art der elektrischen Stimulation einer Synapse deren Charakter von einer cholinergen in eine VIPerge wandeln. Sollte dieses, erst vereinzelt dokumentierte, Prinzip weit verbreitet sein, eröffnet sich ein weites Feld von Untersuchungen zur Modulierbarkeit der synaptischen Signalweiterleitung.

Mit welcher Geschwindigkeit die Synapse jedoch nach langdauernder hochfrequenter Stimulation wieder in die Ausgangslage zurückkehrt, ist noch offen. In diesem Zusammenhang ist darauf hinzuweisen, daß das Peptid (im Gegensatz zum Neurotransmitter) nicht in der Präsynpase synthetisiert werden kann, also über den axonalen Transport ersetzt werden muß.

Inwieweit diese, durch artifizielle Stimulation gewonnenen Erkenntnisse tatsächlich physiologische Bedeutung haben, läßt sich noch nicht übersehen. Möglicherweise kommen die hier dargestellten Extremsituationen nur selten vor.

b) Wechselwirkungen der Effektorsysteme von Neurotransmitter und Peptid (Koergismus)

Wie in Abb. 11.3. dargestellt, reagieren die freigesetzten Neurotransmitter und Peptide mit den entsprechenden postsynaptischen Rezeptoren. Sie stimulieren hier die mit diesem Rezeptoren gekoppelten Effektorsysteme. Dabei wird allgemein beobachtet, daß die Peptide die biologische Wirkung des koexistierenden Neutrotransmitters nicht auslösen können, diese jedoch verstärken, d. h. sie haben eine modulatorische Funktion. Wie kann dieser modulatorische Einfluß ausgeübt werden? Hier können drei Möglichkeiten unterschieden werden:

- Die parallele Aktivierung beider Effektorsysteme führt zu einem additiven biologischen Effekt. (Hierfür liegen noch keine überzeugenden Beweise vor).
- Das Effektorsystem des Peptids bewirkt eine Veränderung des Rezeptors für den Neurotransmitter im Sinne einer Modulation von dessen Affinität gegenüber Agonisten. Der biochemische Mechanismus dieser Wechselwirkung ist noch unklar. Derartige, mit „receptor cross talk" bezeichnete Phänomene wurden für die Wirkung von TRH auf den Serotonin-Rezeptor, CCK auf den Dopamin-Rezeptor und VIP auf den muskarinergen Acetylcholinrezeptor beschrieben. Diese Wechselwirkung manifestiert sich aber auch auf der Ebene der Signalweiterleitung, z. B. durch die Hemmung der von dem einen Rezeptor ausgehenden Adenylatzyklase-Stimulierung durch Aktivierung des G_i-Proteins über einen zweiten Rezeptor.
- Das Peptid wirkt über seinen präsynaptischen Autorezeptor auf die Freisetzung und Synthese des Neurotransmitters. Ergänzende Ausführungen zu diesem Prinzip werden im folgenden Abschnitt gemacht.

c) Regulation der synaptischen Signalweiterleitung über präsynaptische Autorezeptoren

Präsynaptische Autorezeptoren werden in zahlreichen Neurotransmittersynapsen vermutet. Sie können durch die hemmende (Agonisten) oder stimulierende (Antagonisten) Wirkung auf die durch elektrische Stimulation ausgelöste Freisetzung des ^{3}H-markierten Neurotransmitters charakterisiert werden. Daraus ergibt sich, daß präsynaptische Autorezeptoren in der Regel inhibitorisch auf die Transmitterfreisetzung wirken (Abb. 11.3.). Gegenwärtig gibt es noch eine Reihe von Einwänden gegen die vorschnelle Annahme präsynaptischer Autorezeptoren. Insbesondere müssen inhibitorische Effekte (z. B. von Interneuronen) auf die elektrisch induzierte Transmitterfreisetzung in intakten Geweben bzw. Gewebsschnitten in Rechnung gestellt werden. Diese Argumente können jedoch durch parallele Untersuchungen mit Synaptosomenpräparationen, in denen naturgemäß derartige Einflüsse entfallen, entkräftet werden. Präsynaptische Autorezeptoren sind bei verschiedenen Transmissionssystemen nachgewiesen worden, so z. B. für Noradrenalin, Dopamin, Serotonin, Acetylcholin und ˙ABA.

Wie in Abb. 11.3. angedeutet, sind jedoch die Verhältnisse bei Synapsen, in denen sowohl ein Neurotransmitter als auch ein Peptid in unterschiedlichen Vesikelpopulationen gespeichert sind, noch komplizierter. So können Autorezeptoren des einen Mediators inhibitorische Effekte auch auf die Freisetzung des anderen vermitteln. In bestimmten Fällen kommt möglicherweise auch eine Stimulierung der Neurotransmitterfreisetzung über aktivierte präsynaptische Autorezeptoren für das Peptid zustande (z. B. Stimulierung der Dopamin-Freisetzung durch CCK im mesolimbischen System der Ratte; Aufhebung der Serotonin-Autoinhibition durch Substanz P im ventralen Rückenmark der Ratte). Diese Beispiele müssen jedoch angesichts der erwähnten Einwände gegen eine unkritische Anwendung des Autorezeptor-Konzepts mit Vorsicht betrachtet werden. Dieser Vorbehalt liegt darin begründet, daß eine gleichsinnige inhibitorische Wirkung von Autorezeptoren auf die Freisetzung aller präsynaptischen Vesikel wahrscheinlicher ist, wenn man sich der verbreiteten Annahme anschließt, daß Autorezeptoren den präsynaptischen Ca^{2+}-Spiegel regulieren.

d) Ist die Veränderung von Präsynapsen mit koexistierenden Neurotransmitter/Peptid-Paaren an der Ausbildung von chronischen Pharmakoneffekten beteiligt?

Wie bereits erwähnt, unterscheiden sich Neurotransmitter und Peptid hinsichtlich des Syntheseortes, der Freisetzungskinetik und der postsynaptischen Effektorsysteme. Unter Berücksichtigung der im vorangegangenen Abschnitt umrissenen Prinzipien der Freisetzungsregulation durch präsynaptische Autorezeptoren ist es leicht einzusehen, daß die chronische Gabe von Neutransmitter-Antagonisten über eine Hemmung der präsynaptischen Rezeptoren zu einer vermehrten Freisetzung beider Mediatoren führt. Dies bedeutet, bei der Beurteilung der Wirkung von Langzeitbehandlungen, wie sie z. B. bei Psychopharmaka vorkommen, sind nicht nur die resultierenden Veränderungen beim entsprechenden Neurotransmitter und den zugehörigen postsynaptischen Rezeptoren von Interesse. Gleiche Aufmerksamkeit muß auch Veränderungen beim (koexistierenden) Peptid gewidmet werden. Als Beispiel sollen hier die Wirkungen chronischer Haloperidol-Gabe (D_1-Rezeptor-Antagonist) im mesolimbischen System der Ratte erwähnt werden. Hier ist die Haloperidol-induzierte Verminderung des Dopamingehaltes von einer gleichzeitigen Erhöhung des CCK-Gehaltes begleitet. Es können aber auch gleichsinnige Veränderungen (z. B. die Atropin-induzierte Verminderung von Acetylcholin und VIP in der Präsynapse postganglionärer Neuronen der Submandibular-Drüse und im cerebralen Cortex der Ratte) beobachtet werden.

Wie bereits in den vorangegangenen Abschnitten, muß auch hier angemerkt werden, daß aus methodischen Gründen ein zweifelsfreier Nachweis für die Koexistenz der untersuchten Mediatoren bzw. die präsynaptische Natur der beeinflußten Rezeptoren noch nicht erbracht ist. Inwieweit diese Modelluntersuchungen zum besseren Verständnis von chronischen Pharmakonwirkungen beitragen können, bleibt abzuwarten.

e) präsynaptische Heterorezeptoren: Kritik des Autorezeptor-Konzepts

Voraussetzung für den Einbau von präsynaptischen Autorezeptoren in die Membran ist der axonale Transport rezeptorhaltiger Vesikel von ihrem zytoplasmatischen Syntheseort in die Präsynapse. Dies kann u. a. durch die Akkumulation von Rezeptoren im Bereich künstlicher Ligaturen von Nerven nachgewiesen werden. Weitere Kriterien, die für den Nachweis von Autorezeptoren erforderlich sind, bestehen in der Beschreibung Rezeptor-spezifischer physiologischer Wirkungen in der Präsynapse sowie im Nachweis des vermuteten Autorezeptors im Zellkörper, Axon und der Präsynapse.
Entsprechend diesen Kriterien ist die Existenz der meisten postulierten Autorezeptoren noch ungenügend untermauert.
Klarer erscheinen die Beweise für die Existenz präsynaptischer Heterorezeptoren (z. B. muskarinerger Rezeptoren auf Noradrenalin-enthaltenden Präsynapsen sympathetischer Neuronen). Präsynaptische Heterorezeptoren ermöglichen also die Modulation der Transmitterfreisetzung in einer Präsynapse über ein unabhängiges Neuron.
Eine Abwägung der gegenwärtigen experimentellen Beweise für präsynaptische Auto- bzw. Heterorezeptoren hat Anlaß zu der Vermutung gegeben, daß das Autorezeptor-Konzept etwas voreilig in das Gerüst des gesichert erscheinenden Wissens aufgenommen worden ist (LADURON, 1985).

Weiterführende Literatur

BARTFAI, T.: Presynaptic aspects of the coexistence of classical neurotransmitters and peptides. TIPS August, 331 (1985)

FRIEDLANDER, G. and C. AMIEL: Somatostatin and α_2-adrenergic agonists selectively inhibit Vasopressin-induced cyclic AMP accumulation in MDCK cells. FEBS lett. **198**, 38 (1986)

FUXE, K. and L. F. AGNATI: Receptor-receptor interactions in the central nervous system. A new integrative mechanism in synapses. Med. Res. Reviews **5**, 441 (1985)

GÖTHERT, M.: Role of autoreceptors in the function of the peripheral and central nervous system. Arzneimittelforschung **35**, 1909 (1985)

HOLLENBERG, M. D.: Mechanisms of receptor-mediated transmembrane signalling. Experientia **42**, 718 (1986)

KITO, S., T. SEGAWA, K. KURIYAMA, H. I. YAMAMURA and R. W. OLSEN (Eds.): Neurotransmitter receptors. Mechanism of action and regulation. Plenum Press, New York, London (1984)

KLEINZELLER, A., B. R. MARTIN (Eds.): Current Topics in membranes and transport. Vol. 18: Membrane receptor, Academic Press, New York, London (1983)

LADURON, P. M.: Presynaptic heteroreceptors in regulation of neuronal transmission, Biochem. Pharmacol. **34**, 467 (1985)

LAUFFENBURGER, D. and D. DELISI: Cell surface receptors: Physical chemistry and cellular regulation. Int. Rev. Cytol. **84**, 269 (1983)

RODBELL, M.: Programmable messenger: A new theory of hormone action. TIBS November, 461 (1985)

12. Kopplungsglieder zwischen Rezeptoren und Effektorsystemen: Die GTP-bindenden Proteine

12.1. Einführung

Es besteht weitgehende Einigkeit darüber, daß die Bindung von Agonisten an Membranrezeptoren die Umlagerung in eine andere Konformation induziert, wenngleich dies bislang nur durch indirekte Beweise zu dokumentieren ist (veränderte Ligand-Bindungseigenschaften, Rezeptor-Desensibilisierung, Öffnen und Schließen von Ionenkanälen des nikotinergen Acetylcholinrezeptors).

Damit stellt sich die Schlüsselfrage: Wie wird die durch die Ligandbindung ausgelöste Konformationsänderung des Rezeptors in ein Signal zur Aktivierung eines Effektorsystems umgewandelt? Es liegt zunächst nahe, eine direkte Assoziation des Rezeptors mit dem entscheidenden funktionellen Protein des Effektorsystems (Adenylatzyklase, Ca^{++}-Ionophor, Phospholipid-metabolisierende Membranenzyme) anzunehmen. Gegenwärtig ist noch nicht auszuschließen, daß dies in bestimmten Fällen auch tatsächlich der Fall ist. Direkte Beweise hierfür fehlen jedoch noch.

Durch umfangreiche Untersuchungen untermauert ist aber ein anderer Mechanismus. Es handelt sich dabei um die Übertragung der Konformationsänderung des Rezeptors auf ein Kopplungsprotein, welches seinerseits mit einem Enzym des Effektorsystems in Wechselwirkung tritt. Diese Wechselwirkung kann sowohl zu dessen Aktivierung als auch zur Inaktivierung führen. Diese Kopplungsproteine wurden Ende der 70er Jahre erstmals beschrieben und zeichnen sich besonders durch eine spezifische Bindung von GTP bzw. GDP aus, die essentielle Kofaktoren bei der Ausbildung der verschiedenen Konformationen dieser Kopplungsproteine sind (3, 5).

Unter Bezug auf diese Guanylnucleotid-Bindung wurde die Bezeichnung G-Proteine gewählt. Parallel hierzu wird auch noch häufig die Abkürzung N mit einem den Subtyp charakterisierenden Index verwendet.

Zunächst wurde vermutet, daß nur ein Typ eines G-Proteins existiert. Gegenwärtig sind bereits drei Typen genauer charakterisiert (zwei davon sind funktionelle Antagonisten) und für weitere Guanylnucleotid-bindende Proteine wird eine ähnliche Funktion vermutet. Ob es noch andere Typen von Kopplungsproteinen gibt, die nicht GTP binden, ist gegenwärtig noch offen. Es sei jedoch darauf hingewiesen, daß das Prinzip der Kopplungsproteine in der Natur weit verbreitet ist, wie durch das Beispiel der Ca^{++}-bindenden Regulatorproteine deutlich wird. Diese unterscheiden sich jedoch von den G-Proteinen dadurch, daß ihre regulative Wirkung auf die Aktivität vieler Enzyme nicht von der Konformationsänderung eines Rezeptors und der Bindung eines essentiellen Kofaktors (GTP), sondern nur von der Bindung eines Kofaktors (Ca^{++}) abhängt.

12.2. Die biochemischen Eigenschaften der G-Proteine

Die G-Proteine G_s (Adenylatzyklase-stimulierendes G-Protein) und G_i (Adenylatzyklasehemmendes G-Protein) sind ubiquitär auf nahezu allen tierischen Zellen verbreitet. Dennoch ist die Isolierung und vollständige Reinigung erst vor kurzem gelungen, u. a. weil diese Proteine nur einen kleinen Teil der Membranproteine ausmachen. Besonders umfangreiche Arbeit wurde von der Arbeitsgruppe um GILMAN in den letzten Jahren auf diesem Gebiet geleistet.

Die Isolierung von G_s und G_i wurde von diesen Autoren aus 1,5 kg Kaninchenleber vorgenommen. Dabei wird zunächst eine Membranpräparation hergestellt, aus der die G-Proteine mit Hilfe des Detergens Na-Cholat solubilisiert werden. Die folgenden Anreicherungsschritte umfassen die Ionenaustauscherchromatografie (DEAE-Sephacel), die Gelchromatografie (AcA-34-Gel) und die hydrophobe Affinitätschromatografie (Heptyl-Sepharose). Die letztere Methode erlaubt bereits eine Trennung von G_s und G_i, die durch Chromatografie an Hydroxylapatit noch verfeinert werden kann.

Es ist also möglich, ohne den Einsatz einer spezifischen Affinitäts-Chromatografie beide Proteine bis zur elektrophoretischen Homogenität zu reinigen. Die Ausbeute liegt im Bereich von 100 µg (2).

Leichter ist die Isolierung eines anderen G-Proteins — des Transducins. Es macht etwa 5% des Proteins der intrazellulären „Scheibenmembran" von Retinazellen aus und kann bereits durch niedrige Ionenstärken von der Membran dissoziiert werden.

Wie sind diese G-Proteine aufgebaut? Zunächst wurde vermutet, daß G-Proteine aus zwei Untereinheiten bestehen, der α- und der β-Untereinheit. Im Verlaufe detaillierter Untersuchungen hat sich jedoch gezeigt, daß die G-Protein-Präparationen ein weiteres Protein mit einem Molekulargewicht im Bereich von 10 KD enthalten. Dieses Polypeptid wurde als γ-Untereinheit bezeichnet (3, 4).

Der sich aus diesen Untersuchungen ergebende prinzipielle Aufbau von G_i, G_s und Transducin ist in Abb. 12.1. wiedergegeben. Während sich die α-Untereinheiten unterscheiden, scheinen die β-Untereinheiten strukturell und funktionell identisch zu sein.

Dabei fällt die außerordentliche Ähnlichkeit dieser drei Proteine auf. Auch andere Guanylnucleotid-bindende Proteine, die möglicher-

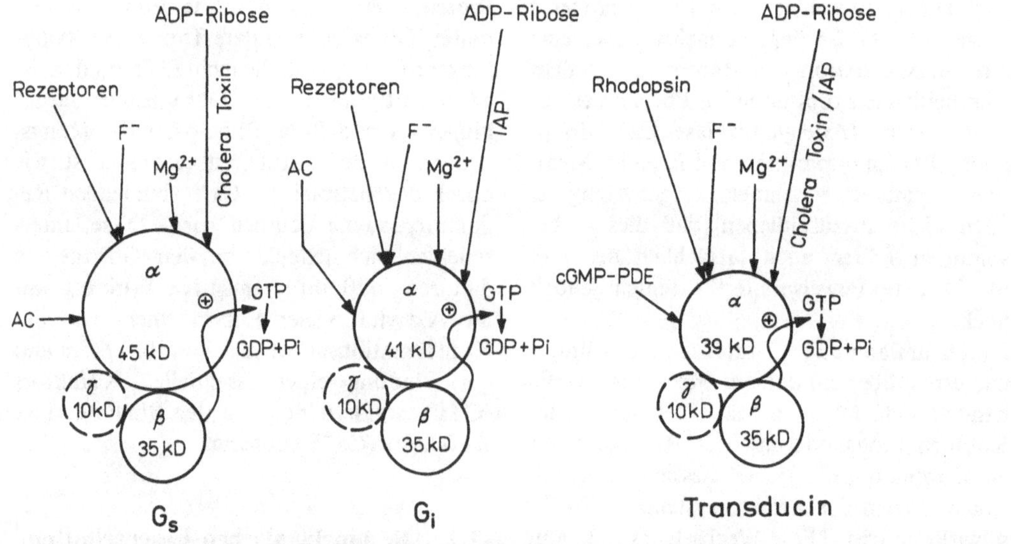

Abb. 12.1. Schematische Darstellung des Aufbaus verschiedener regulatorischer GTP-bindender Proteine und der Beeinflußbarkeit der funktionellen Eigenschaften der Untereinheiten. (Die angegebenen Molekulargewichte stellen Näherungswerte dar, von denen die aufgrund der Aminosäuresequenz kürzlich (1986) clonierter *G*-Proteine berechneten Daten geringfügig abweichen.)

weise in diese Gruppe gehören, sind ähnlich aufgebaut. Dies gilt z. B. für Initiationsfaktoren der Proteinsynthese bei Eu- und Prokaryonten sowie für Elongations- und Terminierungsfaktoren, die ebenfalls die Proteinsynthese regulieren (5).

12.3. Das funktionelle Zusammenspiel der Untereinheiten der G-Proteine

Wie aus Abb. 12.1. ersichtlich ist, sind nicht nur die Molekulargewichte, sondern auch die funktionellen Eigenschaften der Untereinheiten bei den drei näher charakterisierten G-Proteinen außerordentlich ähnlich.
Von dominierender Bedeutung ist dabei die α-Untereinheit. Sie besitzt die Bindungsstelle für Guanylnucleotide. Wird hier GDP gebunden, ist die α-Untereinheit inaktiv. Die Interaktion dieser Untereinheit mit dem aktivierten Rezeptor ermöglicht die Bindung von GTP. Dieser GTP-G-Protein-Komplex ist außerordentlich stabil. So führt auch das nichthydrolysierbare GTP-Derivat γ-S-GTP in Anwesenheit von Mg^{++} zu einem praktisch irreversiblen Komplex mit der α-Untereinheit und somit zu einer permanenten Aktivierung (G_s) oder Inaktivierung (G_i) der Adenylatzyklase. Der Prozeß der GTP-Bindung führt zur Abkopplung der β-Untereinheiten (3, 8).
Die dominierende Rolle der α-Untereinheit wird weiterhin dadurch unterstrichen, daß diese Untereinheit sowohl die Bindungsregion für die Ankopplung an die Rezeptoren als auch an die Enzyme des Effektorsystems enthält. Es ist zu vermuten, daß es sich hierbei um unterschiedliche Regionen des Moleküls handelt.
Die α-Untereinheit ist weiterhin Target für die NAD-abhängige ADP-Ribosylierung durch bakterielle Toxine (vergl. Abschnitt 12.5.) sowie für F-Ionen. Beide führen zu einer Umlagerung der α-Untereinheit in andere Konformationen (vergl. 12.5.2.).
Über die funktionellen Eigenschaften der γ-Untereinheit ist gegenwärtig noch nichts bekannt.

12.4. Wie übertragen G-Proteine die Ligand-induzierte Konformationsumwandlung eines Rezeptors auf ein Effektorsystem?

Aufgrund der bislang vorliegenden Ergebnisse kann diese Frage detailliert nur für die Aktivierung bzw. Inaktivierung der Adenylatzyklase beantwortet werden. Es kann jedoch vermutet werden, daß diese Reaktionsfolge exemplarischen Charakter auch für die Regulation der Aktivität anderer Effektorenzyme hat. Abb. 12.2. faßt die gegenwärtigen Vorstellungen zur Signalübertragung vom β-adrenergen Rezeptor auf die Adenylatzyklase zusammen.
Obgleich diese Vorstellungen nicht unwidersprochen geblieben sind, dürfte das Grundprinzip der Reaktion nicht im „collision coupling", d. h. in der Bildung eines ternären Komplexes aus Rezeptor, G-Protein und Adenylatzyklase bestehen. Vielmehr sprechen die experimentellen Daten dafür, daß es sich um einen „shuttle"-Mechanismus handelt. Darunter ist zu verstehen, daß die aktivierte α-Untereinheit des G-Proteins nach Ablösung vom Rezeptor mit der Adenylatzyklase reagiert (1, 3).
Die in Abb. 12.2. dargestellten Reaktionssequenz geht von der Existenz eines Komplexes zwischen dem Rezeptor und den drei Untereinheiten des G-Proteins aus. Dieser Komplex ist das Produkt einer sich im Gleichgewicht befindlichen reversiblen Assoziation, d. h. seine Konzentration wird durch die Affinität der Wechselwirkung beider Komponenten und deren Konzentration in der Membran bestimmt. Berücksichtigt man das gemeinsame Vorkommen von G_s und G_i in der gleichen Plasmamembran, werden Konkurrenzreaktionen von Rezeptoren um G-Proteine verständlich. Dieser Vorgang dürfte die Grundlage der Beeinflussung der Ligandbindungseigenschaften eines Rezeptors durch die Aktivierung eines anderen, in der gleichen Membran befindlichen Rezeptors („receptor cross talk") sein.

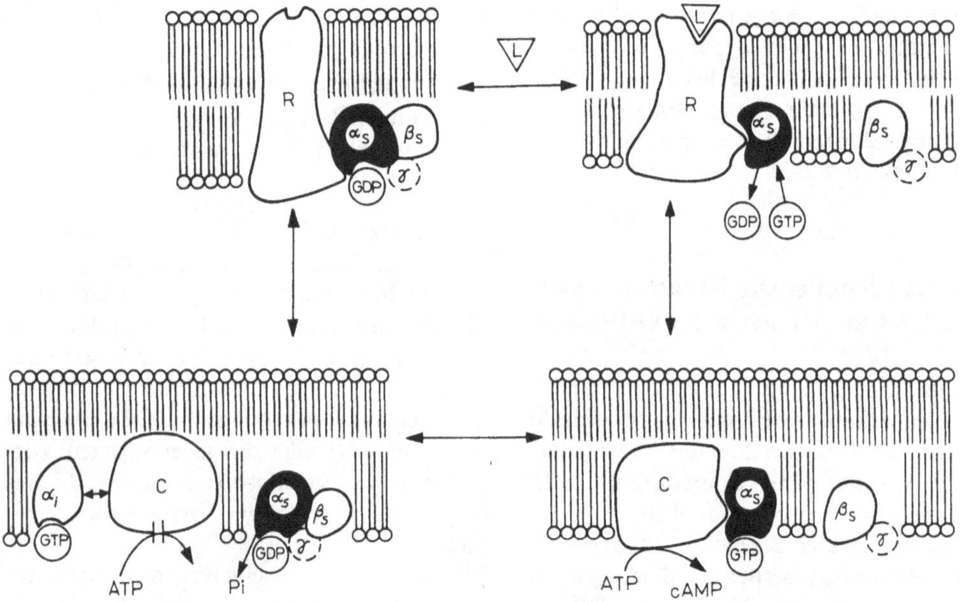

Abb. 12.2. Modellvorstellung der Signalübertragung vom Rezeptor auf die Adenylatzyklase durch die α-Untereinheit eines stimulatorischen G-Proteins (G_s) entsprechend einem „shuttle"-Mechanismus. (Erläuterungen im Text).

Auf dieser Stufe der Reaktion befindet sich die α-Untereinheit in der inaktiven Konformation, d. h. sie hat den Kofaktor GDP gebunden.

Die Bindung eines Agonisten an den Rezeptor induziert dessen konformationelle Umlagerung, die auf die α-Untereinheit übertragen wird. Dies hat zur Folge, daß die Bindungsregion für Guanylnucleotide der α-Untereinheit ihre hohe Affinität gegenüber GDP verliert und statt dessen eine hohe Affinität gegenüber GTP aufweist. Dies führt zu einem Austausch von GDP gegen GTP. Die Affinität der aktivierten Form der α-Untereinheit gegenüber GTP ist so hoch, daß durch wechselseitige Stabilisierung ein quasi-irreversibler Komplex entsteht.

Parallel zu diesem Prozeß lösen sich die Untereinheiten β und γ von der α-Untereinheit.

Anschließend löst sich auch die aktivierte α-Untereinheit vom Rezeptor, was vermutlich durch dessen Umlagerung in eine andere Konformation induziert wird (Resensibilisierung). Die nun frei in der Membran bewegliche aktivierte α-Untereinheit (der „shuttle") kann mit der inaktiven Adenylatzyklase in Wechselwirkung treten. Kürzlich wurde von RODBELL die Hypothese aufgestellt, daß der G_α-GTP-Komplex auch intrazellulär freigesetzt werden kann und hier (nach enzymatischer Modifizierung) mit anderen Targetproteinen in Wechselwirkung tritt („programmable messengers"). Der Energieeinhalt der Bindung zwischen beiden Komponenten ist offenbar so groß, daß hierdurch die Umlagerung der Adenylatzyklase in die aktive Konformation induziert werden kann. Diese aktive Konformation des Enzyms erlaubt die Umwandlung von ATP in cAMP solange, wie die aktivierte α-Untereinheit des G-Proteins gebunden bleibt.

Prinzipiell die gleichen Reaktionsfolgen müssen für das G_i-Protein postuliert werden. Im Unterschied zu G_s führt jedoch die aktivierte α-Untereinheit von G_i nicht zu einer Aktivierung der Adenylatzyklase, sondern zu einer Stabilisierung der inaktiven Konformation (6).

Welche Möglichkeiten zur „Abschaltung" der

Adenylatzyklaseaktivität bietet dieses System? Aus dem bereits Gesagten ergeben sich zwei Möglichkeiten, die auch schon überzeugend experimentell untermauert werden konnten:

a) Die Inaktivierung des $G_{s\alpha}$-GTP-Komplexes

Da die GTP-Bindung in diesem Komplex nahezu irreversibel ist, kann eine Umwandlung in die inaktive Form der α-Untereinheit nur durch die GTP-Spaltung erfolgen. Diese GTP-Spaltung erfolgt durch die α-Untereinheit selbst. (Sie kann auch anhand ihrer GTPase-Aktivität in rekonstituierten Systemen (vergl. Kap. 10.2.) oder während der Reinigungsverfahren (vergl. Abschnitt 12.2.) nachgewiesen werden.)
Die α-Untereinheit wirkt aber nur dann als GTPase, wenn sie als Komplex mit der β-Untereinheit vorliegt. Dabei haben wahrscheinlich β_s und β_i die gleiche Wirkung.
Das Resultat dieser Reaktion ist die Bildung des bereits am Ausgangspunkt der Reaktionskette befindlichen ternären, GDP-bindenden G-Protein-Komplexes. Dieser bindet nicht an die Adenylatzyklase, die wiederum ihre inaktive Konformation einnimmt.
Die gleichen Prinzipien gelten für die Aktivierung der cGMP-abhängigen Phosphodiesterase durch Transducin. Als Rezeptor tritt hier Rhodopsin in Erscheinung.

b) Die Stabilisierung der inaktiven Konformation der Adenylatzyklase durch $G_{i\alpha}$-GTP

Wie bereits ausgeführt, entsteht $G_{i\alpha}$-GTP im Verlaufe eines analogen Prozesses wie $G_{s\alpha}$-GTP. Der Unterschied besteht nur darin, daß die Signaltransformation im ersten Falle von Membranrezeptoren ausgeht, deren Aktivierung die Adenylatzyklase hemmt, während im letzteren Falle die Bindung der aktivierten α-Untereinheit von der Aktivierung Adenylatzyklase-stimulierender Rezeptoren ausgeht. Eine tabellarische Zusammenfassung der beiden Kategorien zugehörigen Rezeptortypen ist in Kap. 13 enthalten.
Kommen nun Rezeptoren der einen sowohl als auch der anderen Kategorie in der gleichen Plasmamembran vor, kann über die Bildung von $G_{s\alpha}$-GTP und $G_{i\alpha}$-GTP eine ausbalancierte Regulation der Adenylatzyklase erfolgen. Dies stellt ein Beispiel für den „receptor cross talk“ auf der Ebene der Effektorsysteme dar (6).

12.5. Methoden zur Analyse der Funktion von Untereinheiten der G-Proteine

12.5.1. Rekonstitutionsexperimente

In diesem Zusammenhang ist zunächst die Gewinnung der reinen G-Proteine bzw. der isolierten Untereinheiten zu nennen, wie sie in Abschnitt 12.2. kurz umrissen ist. Sie sind Voraussetzung für Rekonstitutionsexperimente, in denen die Wirkung der einzelnen Komponenten auf die Adenylatzyklase in Anwesenheit unterschiedlicher Konzentrationen der Kofaktoren untersucht werden kann. Eine Reihe von Beispielen für derartige Verfahren findet sich in Kap. 10.2.

12.5.2. Chemische Modifikation

In diesem Zusammenhang sind zunächst die schon seit längerem bekannten, NAD-abhängigen ADP-Ribosylierungen durch bakterielle Toxine zu nennen. Zunächst war beobachtet worden, daß das Cholera-Toxin zu einer permanenten Aktivierung der Adenylatzyklase führt. Im Verlaufe der genaueren Charakterisierung der G-Proteine stellte sich dann heraus, daß es sich bei dieser Reaktion um die ADP-Ribosylierung der α-Untereinheit von G_s handelt. Dadurch nimmt das Protein diejenige Konformation ein, die auch aus der GTP-Bindung resultiert und aktiviert somit die Adenylatzyklase. In gleicher Weise reagiert die α-Untereinheit von Transducin (Abb. 12.1.).
Ein anderes bakterielles Toxin, das „islet activating protein“ (IAP, Pertussis-Toxin) aus *Bordetella pertussis* führt zu einer ADP-Riboxylierung der α-Untereinheit von G_i und Transducin. Diese Reaktion führt bei $G_{i\alpha}$ zur Aufhebung der Fähigkeit des Proteins, die Adenylatzyklase GTP-abhängig zu hemmen.

Somit stellen diese enzymatischen Modifikationen der α-Untereinheit von G-Proteinen einerseits eine Möglichkeit zu deren Fixierung in bestimmten Konformationen dar. Andererseits eigenen sich diese Reaktionen zur selektiven Identifikation dieser Proteine.
Wie bereits beschrieben, reicht die Gegenwart von GTP oder nichthydrolysierbarer GTP-Derivate nicht aus, um ein aktiviertes G-Protein herzustellen. Hierzu ist zusätzlich das „Konformationssignal" des Rezeptors notwendig. Kann dieses Signal durch ein anderes simuliert werden? Dies ist tatsächlich der Fall. Fluorid-Ionen (als Aluminium-Salze) führen in Anwesenheit des Kofaktors GTP (oder S-GTP) zur Bildung der aktivierten α-Untereinheiten sowohl von G_i als auch von G_s, d. h. durch diese Komplexe kann sowohl eine Hemmung als auch eine Aktivierung der Adenylatzyklase in Abwesenheit von Membranrezeptoren ausgelöst werden.

12.5.3. Genetische Defekte

Ein außerordentlich elegantes Modell für die Untersuchung funktionaler Eigenschaften isolierter G-Proteine steht mit der cyc-Mutante der Lymphom-Zellinie S 49 zur Verfügung. Diese Zellen enthalten sowohl β-Rezeptoren als auch PGE_1-Rezeptoren und die Adenylatzyklase. Es fehlt jedoch das $G_{s\alpha}$-Protein, so daß bei diesen Zellen keine Rezeptor-vermittelte Adenylatzyklaseaktivierung ausgelöst werden kann.
Die Rekonstitution von isoliertem $G_{s\alpha}$ in die Plasmamembran dieser Zellen ist technisch gut möglich und führt zur Restauration des Signalweiterleitungssystems, das alle Eigenschaften des nativen Systems aufweist.
Daneben existieren auch Zellinien, die durch defekte G-Proteine gekennzeichnet sind.

12.6. Sind G-Proteine monospezifisch?

Diese Frage bezieht sich sowohl auf die Wechselwirkung mit Rezeptoren als auch auf die Interaktion mit Effektorenzymen. Zunächst fällt auf, daß Gruppen sehr unterschiedlicher Rezeptoren in bezug auf die Adenylatzyklase die gleiche Wirkung haben (Kap. 13, Tab. 13.1.). Sie führen entweder zu einer Stimulierung oder zu einer Hemmung der Aktivität des Enzyms. Es muß also geschlußfolgert werden, daß die Regionen, mit denen sich $G_{s\alpha}$ bzw. G_i an Membranrezeptoren binden, nicht monospezifisch sind. Dies läßt vermuten, daß die der jeweiligen Gruppe zugehörigen Rezeptoren eine identische Region in ihrer Tertiärstruktur aufweisen. Dies muß nicht zwangsläufig auch in identischen Primärsequenzen zum Ausdruck kommen. Somit konkurrieren Rezeptoren, die der gleichen Gruppe zugehörig sind, um die gleichen G-Proteine, wenn sie gemeinsam in der Membran vorkommen.
Bezüglich der Spezifität von G-Proteinen gegenüber bestimmten Enzymen von Effektorsystemen können gegenwärtig nur Vermutungen ausgesprochen werden, denn nur für die Adenylatzyklase und die cGMP-abhängige Phosphodiesterase von Retinazellen ist die Rolle von G-Proteinen als essentielle Kopplungsglieder bislang bewiesen.
Die Frage nach der Signalübertragung vom Rezeptor auf die Ca^{++}-Kanäle (Kap. 13.2.), die Phospholipase C (Kap. 13.3.) sowie Methyltransferasen (Kap. 14) ist demgegenüber noch offen. Es fällt jedoch auf, daß Rezeptoren, die in bestimmten Zellen über G_i die Aktivität der Adenylatzyklase hemmen, in anderen Zellen zu einer Öffnung von Ca^{++}-Ionophoren und Stimulierung des Phosphatidylinositol-Metabolismus führen (α-adrenerger Rezeptor, muskarinerger Acetylcholinrezeptor u. a.). Damit stellt sich die Frage, ob die zuletzt genannten Effektorsysteme möglicherweise unter Vermittlung von G_i oder anderer G-Proteine stimuliert werden.
Es ist demnach durchaus nicht unwahrscheinlich, daß auch die Bindungsregion für Effektorenzyme nicht monospezifisch ist, d. h. auch bei bestimmten Effektorenzymen homologe Oberflächenregionen auftreten. Diese Schlußfolgerung wird dadurch unterstrichen, daß kürzlich eine vom Insulinrezeptor ausgehende und wahrscheinlich über G_i vermittelte Stimulierung der cAMP-abhängigen

Phosphodiesterase in Leberzellen beschrieben wurde.
Als alternative Hypothese kann jedoch nicht vollständig ausgeschlossen werden, daß für die Bindung unterschiedlicher Rezeptoren oder Effektorsysteme jeweils verschiedene (einander überlappende?) Areale der Oberfläche der α-Untereinheit genutzt werden.

12.7. Wird der Anteil aktivierbarer Rezeptoren durch G-Proteine reguliert?

Wie bereits im Rahmen von Kap. 2. abgehandelt wurde, durchlaufen Membranrezeptoren einen Aktivierungs-Desensibilisierungszyklus, der u. a. durch unterschiedliche Affinitäten gegenüber Agonisten gekennzeichnet ist. In isolierten Membranen können die Anteile der dabei beim muskarinergen Azetylcholinrezeptor hauptsächlich in Erscheinung tretenden Konformationen („low affinity agonist binding sites" = reaktionsbereiter Rezeptor, „high affinity agonist binding sites = desensibilisierter Rezeptor) durch die dem Medium zugegebenen GTP-Konzentrationen verändert werden. Ob und in welcher Richtung die Agonist-Bindungseigenschaften durch G-Protein-Bindung verändert werden, hängt vom untersuchten Rezeptorsystem und wahrscheinlich auch vom jeweiligen Mikromilieu ab. Derartige Analysen sind mit Hilfe der Computer-Auswertung von Ligand-Bindungs- bzw. Verdrängungskinetiken mit relativ großer Präzisions auszuführen (vergl. Kap. 7.2.). Ein Beispiel hierfür ist in Abb. 12.3. dargestellt. Diese Ergebnisse sind im Sinne der vorstehenden Ausführungen so zu interpretieren, daß in Abwesenheit von GTP der Rezeptor entweder allein in der Membran vorliegt oder mit einem GDP-ligandierten G-Protein assoziiert ist. Dies entspricht der reaktionsbereiten Konformation entsprechend Abb. 12.2. Wird nun GTP oder ein nichthydrolysierbares GTP-Derivat dem Medium zugesetzt, nimmt der Anteil der hochaffinen Agonist-Bindungsstellen zugunsten der niedrigaffinen Agonist-Bindungsstellen ab.
Diese Reaktion wird gegenwärtig für viele verschiedene Rezeptoren beschrieben, scheint also ein allgemeineres Prinzip widerzuspiegeln. Unter Berücksichtigung von Abb. 12.2. kann dies so interpretiert werden, daß die hohen Konzentrationen des Guanylnucleotids (1 mM!) zu einer verstärkten Bildung des aktivierten G_α-Proteins führen, welches denjenigen Anteil der Rezeptoren stabilisiert, der in Anwesenheit des Agonisten in die desensibilisierte Konformation übergeht. Somit lie-

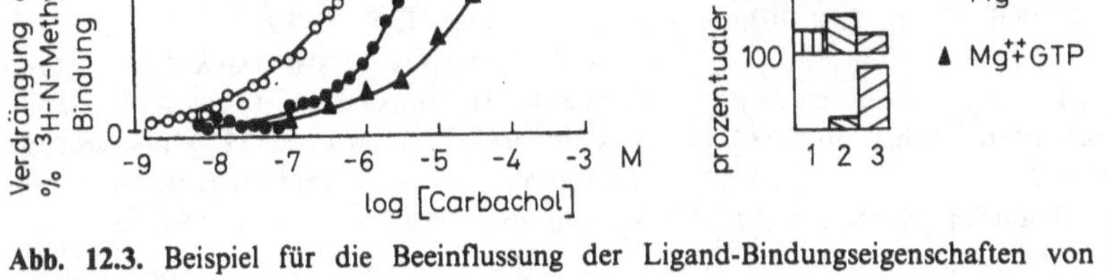

Abb. 12.3. Beispiel für die Beeinflussung der Ligand-Bindungseigenschaften von Rezeptoren durch die Assoziation mit regulatorischen G-Proteinen.
Muskarinerge Acetylcholinrezeptoren aus Myokard-Membranen wurden mit Hilfe eines Computer-gestützten nichtlinearen Kurvenanpassungsverfahrens hinsichtlich der Agonist-Bindungseigenschaften in An- bzw. Abwesenheit von GTP (10^{-4}M) untersucht. Dabei verschiebt sich der Anteil der interkonvertierbaren Rezeptorkonformationen (1, 2, 3).
(nach: N. J. M. BIRDSALL et al., TIPS Suppl. 1984, 4).

gen schließlich nur noch die im zweiten Reaktionsschritt von Abb. 12.2. dargestellten Komplexe vor.

Haben derartige Prozesse eine physiologische Bedeutung im Sinne der eingangs gestellten Frage? Dies wäre besonders dann möglich, wenn man in Rechnung stellt, daß der Übergang in die desensibilisierte Rezeptorkonformation auch in Abwesenheit des Agonisten im Sinne einer Gleichgewichtsverteilung vorkommen kann.

Trotz der Tatsache, daß dieses Problem seit einer Reihe von Jahren intensiv bearbeitet wird, muß die Beantwortung der oben gestellten Frage offenbleiben. Sie ist abhängig von genauen Kenntnissen über die an der cytoplasmatischen Seite der Membran vorkommenden GTP-Konzentrationen und die Amplitude ihrer Veränderungen. Diese Daten fehlen aber noch weitgehend.

Zitierte Literaturbeispiele

1. ARAD, H., J. P. ROSENBUSCH and A. LEVITZKI: Stimulatory GTP regulatory unit N_s and the catalytic unit of adenylate cyclase are tightly associated: Mechanistic consequences. Proc. Natl. Acad. Sci. (USA) **81**, 6579 (1984)
2. BOKOCH, G. M., T. KATADA, J. K. NORTHUP, M. UI and A. G. GILMAN: Purification and properties of the inhibitory guanine nucleotide binding regulatory component of adenylate cyclase. J. Biol. Chem. **259**, 3560 (1984)
3. GILMAN, A. G.: G-proteins and dual control of adenylate cyclase. Cell **36**, 577 (1984)
4. HILDEBRANDT, H. D., J. CODINA, R. RISINGER and L. BIRNBAUMER: Identification of a gamma subunit associated with the adenylate cyclase regulatory proteins N_s and N_i. J. Biol. Chem. **259**, 2039 (1984)
5. HUGHES, S. M.: Are guanine nucleotide binding proteins a distinct class of regulatory proteins? FEBS lett. **164**, 1 (1983)
6. KATADA, T., G. M. BOKOCH, M. D. SMIGEL, M. UI and A. G. GILMAN: The inhibitory guanine nucleotide-binding regulatory component of adenylate cyclase. J. Biol. Chem. **259**, 3586 (1984)
8. SCHRAMM, M. and Z. SELINGER: Message transmission: Receptor controlled adenylate cyclase system. Science **225**, 1350 (1984)

Weiterführende Literatur

AUDIGIER, Y., C. PANTALONI, J. BIGAY, J. BOCKAERT and V. HOMBURGER: Tissue expression and phylogenetic appearance of the β and γ-subunits of GTP binding proteins. FEBS lett. **189**, 1 (1985)

EHLERT, F. J.: The relationship between muscarinic receptor occupancy and adenylate cyclase inhibition in the rabbit myocardium. Mol. Pharmacol. **28**, 410 (1985)

EVANS, T., J. R. HEPLER, S. B. MASTERS, J. H. BROWN and T. K. HARDEN: Guanine nucleotide regulation of agonist binding to muscarinic cholinergic receptor. Relation to efficacy of agoinst for stimulation of phosphoinositide breakdown and Ca^{2+}-mobilization. Biochem. J. **232**, 751 (1985)

GOMPERTS, B. D.: Involvement of guanine nucleotide-binding protein in the gating of Ca^{++} by receptors. Nature, **306**, 64 (1983)

HELMREICH, E. J. M. and T. PFEUFFER: Regulation of signal transduction by β-adrenergic hormone receptors. TIPS November, 438 (1985)

HOLZ IV, G. G., S. G. RANE and K. DUNLAP: GTP-binding proteins mediate transmitter inhibition of voltage-dependent calcium channels. Nature, **319**, 670 (1986)

MERRITT, J. E., C. W. TAYLOR, R. P. RUBIN and J. W. PUTNEY, Jr.: Evidence suggesting that a novel guanine nucleotide regulatory protein couples receptors to phospholipase C in exocrine pancreas. Biochem. J. **236**, 337 (1986)

PFAFFINGER, P. J., J. M. MARTIN, D. D. HUNTER, N. M. NATHANSON and B. HILLE: GTP-binding proteins couple cardiac muscarinic receptor to a K^+-channel. Nature **317**, 536 (1985)

TANABE, T., T. NUKODA, Y. NISHIKAWA, K. SIGUMOTO, H. SUZUKI, H. TAKAHASHI, M. NODA, T. HAGA, A. ICHIYAMA, K. KANGAWA, M. MINAMINO, H. MATSUO and S. NUMA. Primary structure of the α-subunit of transducin and its relation to ras proteins. Nature **315**, 242 (1985)

13. Die intrazelluläre Signalweiterleitung

13.1. Das System der zyklischen Nucleotide

13.1.1. Die Adenylatzyklase

13.1.1.1. Wann sind Veränderungen des intrazellulären cAMP-Spiegels physiologisch bedeutungsvoll?

Die cAMP-Konzentration in den Zellen der verschiedenen Gewebe liegt im Bereich von $2{,}5 \times 10^{-7}$—$2{,}5 \times 10^{-6}$ M. Sie ergibt sich aus dem Fließgleichgewicht der Bildung von cAMP aus ATP durch das Enzym Adenylatzyklase (EC 4.6.1.1) und seinem Abbau durch die cAMP-Phosphodiesterase (EC 3.1.4.17). Änderungen der cAMP-Konzentration durch physiologische Stimuli (Peptide, Neurotransmitter) erfolgen in der Regel durch eine Rezeptor-vermittelte Modulation der Adenylatzyklaseaktivität. Eine Zusammenstellung der Membranrezeptoren, die die Adenylatzyklase stimulieren bzw. hemmen, enthält Tab. 13.1.

Im Cytosol entfaltet das cAMP seine Wirkung hauptsächlich durch die Bindung an Proteinkinasen, die dadurch aktiviert werden und die Phosphorylierung von Enzymen oder anderen regulatorischen Proteinen katalysieren (vergl. Kap. 13.1.6.). Wenn cAMP als direkter Mediator der Signalweiterleitung der Rezeptor-Ligand-Interaktion vermutet wird („second messenger"), müssen folgende Kriterien erfüllt sein (31):

a) Der intrazelluläre cAMP-Spiegel muß durch physiologische Konzentrationen von Rezeptor-Agonisten verändert werden. Dabei können zuweilen die Dosis-Wirkungs-Kurven für die Veränderung der cAMP-Konzentration und den gemessenen Gesamteffekt in bestimmten Grenzen korreliert werden.
b) Der betrachtete Agonist muß die Aktivität der Adenylatzyklase zellfreier Systeme ebenfalls verändern können.
c) Der biologische Effekt von Agonisten, die zu einem cAMP-Anstieg führen, sollte durch die Hemmung der Phosphodiesterase verstärkt werden können.
d) Exogenes cAMP (bzw. das abbaustabile und durch die Zellmembran wandernde cAMP-Derivat Dibutyryl-cAMP) kann am Targetgewebe die gleiche biologische Wirkung auslösen wie der untersuchte Rezeptor-Agonist. Da die Signalwirkung von cAMP oft durch seine Kompartimentierung und den Zeitverlauf der Konzentrationsänderung bestimmt wird, gilt dies nicht für alle Systeme.
e) Für das entsprechende Targetgewebe sollte die Aktivität einer cAMP-stimulierten Proteinkinase nachweisbar sein.

Die intrazelluläre cAMP-Konzentration kann in einigen Geweben durch artifizielle Rezeptoraktivierung sehr stark erhöht werden, so z. B. in der perfundierten Rattenleber durch unphysiologisch hohe Glukagonkonzentrationen bis auf das 60fache des Ausgangswertes.

Verglichen mit diesen Maximalwerten sind bereits wesentlich geringere Steigerungen von biologischer Bedeutung. Physiologische Glukagon-Konzentrationen produzieren beispielsweise nur einen etwa 2—3fachen An-

Tabelle 13.1. Zusammenstellung endogener Stimulatoren und Inhibitoren der Adenylatcyclase

Adenylatcyclase-Stimulierung	Adenylatcyclase-Hemmung
Glukagon	Insulin
Vasopressin (V_2-Rezeptor)	Opioidpeptide
Parathormon	Angiotensin II
Calcitonin	(Niere, Leber)
VIP	Somatostatin
Sekretin	Acetylcholin (M_2-Rezeptor)
Bradykinin (Rattenduodenum)	Dopamin (D_2-Rezeptor)
ACTH	Adenosin (A_1-Rezeptor)
TSH	NA (α_2-Rezeptor)
MSH	GABA ($GABA_B$-Rezeptor)
LH, FSH	
Hypothalamische „Releasing Factors" (Liberine)	
Dopamin (D_1-Rezeptor)	
Adrenalin, NA (β_1- und β_2-Rezeptoren)	
Serotonin (S_1-Rezeptor)	
Histamin (H_2-Rezeptor)	
Adenosin (A_2-Rezeptor)	
Prostaglandine (PGE_1, PGE_2, PGI_2)	

stieg der cAMP-Konzentration in der Rattenleberzelle.

Oft fehlt jedoch eine deutliche Veränderung der cAMP-Konzentration in der Zelle nach Stimulierung von Rezeptoren, deren Aktivierung diesen „second messenger" induziert. Hierfür gibt es folgende Gründe:

a) Die cAMP-Konzentration differiert in unterschiedlichen Zellkompartimenten. Der meßbare, basale cAMP-Spiegel repräsentiert stets die totale cAMP-Konzentration in der Zelle. Wenn nun der aktive cAMP-Pool nur eine kleine Fraktion des totalen Pools darstellt, kann ersterer durchaus verdoppelt werden, ohne daß damit eine meßbare Erhöhung des gesamten cAMP-Spiegels verbunden ist.

b) Weiterhin ist die Kinetik der induzierten cAMP-Synthese entscheidend für die Qualität der Signalfunktion. Dies wird zum Beispiel bei Aktivierung der Mediatorfreisetzung aus Mastzellen deutlich. Hier ist ein kurzer cAMP-Syntheseanstieg von rund 60 Sekunden essentiell für die Fc_ε-Rezeptor-vermittelte Mediatorfreisetzung. Eine längere (2—5 Min.) Synthesesteigerung (z. B. durch Aktivierung des β_2-adrenergen Rezeptors) führt dagegen zu einer hocheffektiven Hemmung der Degranulation.

Für die Bestimmung der cAMP-Konzentration stehen mit der Radioligand-Bindungsmethode (GILMAN, (14)) oder dem Radioimmunoassay (STEINER, (32)) sehr sensitive und gut reproduzierbare Verfahren zur Verfügung, die auch als Testbestecks kommerziell vertrieben werden.

13.1.1.2. Die Adenylatzyklase als Teil eines Multienzym-Systems

Die Adenylatzyklase ist das einzige durch Membranrezeptoren stimulierte Effektorsystem, für das eine direkte Signalübertragung auf molekularem Niveau nachweisbar ist. Diese Aussage wurde jüngst auch durch Rekonstitutionsexperimente nach dem „Baukastenprinzip" untermauert (Kap. 10.2.). Die Aktivität der Adenylatzyklase ist an die Plasmamembran gebunden. Die Stimulierbarkeit des Enzyms durch Hormone, Neurotransmitter, Guanylnucleotide und Fluoridionen bleibt in Membranfragmenten erhalten. Diese können bei —70 °C über einen längeren Zeitraum gelagert werden, ohne daß die Adenylatzyklase wesentlich an Aktivität einbüßt. Bei höheren Lagertemperaturen erfolgt allerdings relativ rasch eine Aktivitätsabnahme.

Frühere Vorstellungen gingen davon aus, daß das Enzym durch Agonisten von Membranrezeptoren direkt beeinflußt würde. Heute weiß man, daß die Adenylatzyklase Teil eines Systems aus drei funktionellen Einheiten ist. Es handelt sich dabei um:

1. den Rezeptor,
2. das zwischen diesen beiden Komponenten lokalisierte Guanylnucleotid-bindende Protein und
3. die Adenylatzyklase.

Die Adenylatzyklase hat ein Molekulargewicht von etwa 190000 und befindet sich an der cytosolischen Seite der Membran. Sie ist besonders wärmeempfindlich und wird durch Calmodulin stabilisiert (vergl. Kap. 13.3.2.). Die Sensitivität und Hydrophibizität des Enzyms haben bislang eine vollständige Reinigung verhindert (35).

Die Guanylnucleotid-bindenden Proteine (Kap. 12.) übertragen das Signal der Rezeptor-Ligand-Interaktion (Konformationsänderung des Rezeptorproteins) auf die Adenylatzyklase. Die detaillierte Beschreibung der Wechselwirkung dieser Komponenten wurde in Kap. 12. zur Illustration der Prinzipien der G-Protein vermittelten Signalübertragung herangezogen. Deshalb sei zu Fragen der Aktivierung und Inaktivierung der Adenylatzyklase auf dieses Kapitel verwiesen.

13.1.1.3. Welche Rolle spielen divalente Kationen bei der Regulation der Adenylatzyklase?

Mg^{++} erfüllt neben der Bildung des Mg^{++}-ATP-Substratkomplexes im Adenylatzyklase-System noch wenigstens zwei weitere Funktionen (8):

a) Die Aktivierung der Adenylatzyklase durch G_s-GTP ist essentiell abhängig von der gleichzeitigen Bindung von Mg^{++}.
b) Die G_s-Untereinheit kann auch ohne GTP, aber in Anwesenheit von Mg^{++} an die Adenylatzyklase binden und diese aktivieren. Dies ist die Ursache der sogenannten Basalaktivität des Enzyms (8).

Ca^{++} bildet mit ATP einen Substratkomplex, der als kompetitiver Inhibitor wirkt. Von Bedeutung ist weiterhin die Aktivierung oder Stabilisierung der Adenylatzyklase durch Ca^{++}/Calmodulin (vergl. Kap. 13.3.2.). Dieser Einfluß wurde ursprünglich für die Adenylatzyklase im Gehirn beschrieben, ist inzwischen jedoch auch für andere Gewebe (z. B. Nebennierenmark, Pankreas, Enterozyten) nachgewiesen.

13.1.1.4. Radioligand-Bindungstest und Aktivitätsbestimmung der Adenylatzyklase: Parallelstudien mit neuen Aussagemöglichkeiten

Die Fähigkeit zur Signalweiterleitung, d. h. die Kopplung mit einem oder mehreren Effektorsystemen, ist eine essentielle Eigenschaft eines funktionellen Membranrezeptors.

In den vorangegangenen Abschnitten wurde gezeigt, daß bestimmte Membranrezeptoren durch G-Protein-vermittelte Signalweiterleitung eine Veränderung der Aktivität der Adenylatzyklase auslösen können. Deshalb ist die parallele Ausführung von Radioligand-Bindungsstudien (Rezeptorcharakterisierung) und cAMP-Bestimmung (Verifizierung der Signalweiterleitung) von außerordentlichem Interesse für die Charakterisierung der Qualität der Signalweiterleitung.

Aus den bereits genannten Gründen (Abschnitt 13.1.1.1.) erweist es sich als günstiger, anstelle der intrazellulären cAMP-Konzentration die Änderung der Adenylatzyklaseaktivität zu bestimmen. Dazu wurden sehr sensitive und gut reproduzierbare radiochemische Verfahren entwickelt, die routinemäßig durchführbar sind. Sie beruhen auf der Umwandlung von radioaktiv markierten (in der Regel ^{32}P-)ATP zu markiertem cAMP. Die Abtrennung des gebildeten ^{32}P-cAMP vom Substrat erfolgt meist mittels einer zweistufigen Säulenchromatographie. Das Ablaufschema einer vielbenutzten Methode, die mit geringen Modifikationen auch auf die Aktivitätsbestimmung der Guanylatzyklase anwendbar ist, kann der Abb. 13.1. entnommen werden.

Die parallele Bestimmung von Radioligand-Bindung und Aktivierung der Adenylatzyklase im gleichen experimentellen System (Membranfraktionen) eröffnet neue Möglichkeiten zur Charakterisierung der physiologischen Modulation des Rezeptor-Effektor-Systems. Dies soll am konkreten Beispiel einer Untersuchung zur heterologen Regulation β-adrenerger Rezeptoren verdeutlicht werden.

Kempson et al. (20) hatten schon 1978 nachgewiesen, daß Trijodthyronin (T_3) und Thyro-

INKUBATIONSANSATZ (100 µl)

- 50 mM Tris-HCl pH 7,6
- 0,1 mg Rinderserumalbumin
- 10 mM Mercaptoethanol
- 20 mM Theophyllin
- 5 mM $MgCl_2$
- 1,2 mM ATP mit $1-2 \times 10^6$ CPM [^{32}P]ATP
- 0,2 µM cAMP
- 15 mM Kreatinphosphat + 10 IU Kreatinkinase (ATP-regenerierendes System)
- ENZYM (200–400 µg Protein/ml Membranpräparation)

HARZ-REGENERIERUNG

Die DOWEX-Säulen werden vor und nach jeder Benutzung mit jeweils einem Säulenvolumen
- H_2O
- 5% NaOH
- H_2O
- 6,3% HCl
- H_2O

regeneriert.

INKUBATION (10 min, 37 °C)

ABSTOPPEN (0,15 ml 1 N $HClO_4$ mit ca. 30000 CPM [^{3}H]cAMP zur Bestimmung der Wiederfindungsrate)

ZENTRIFUGATION

ÜBERSTAND

Säulen
∅ 5 mm
5 cm
Betthöhe

DOWEX 50 W × 4 oder
50 W × 8
(200–400 mesh, H^+-Form)

1. Durchlauf: Überstand
2. Durchlauf: 2,5 ml 10 mM $HClO_4$
3. Durchlauf: dto.
4. Elution mit 7 ml 10 mM $HClO_4$

ELUAT 1 g Al_2O_3

1. Durchlauf: DOWEX-Eluat
2. Durchlauf: 10 ml H_2O
3. Durchlauf: 10 ml 0,2 M Imidazol, pH 7,07
4. Durchlauf: [^{32}P]cAMP / [^{3}H]cAMP-Elution mit 3 ml 0,2 M Imidazol

Abb. 13.1. Methodik zur Bestimmung der Adenylatzyklase-Aktivität nach den Zwei-Schritt-Verfahren. (nach: A. A. WHITE und D. B. KARR, Analyt. Biochem. **85**, 451 (1978), modifiziert).

xin (T_4) die Anzahl der β-Rezeptoren in Herzmembranen erhöhen. In späteren Arbeiten stellte sich jedoch heraus, daß der Thyreoidstatus in verschiedenen Geweben (Herz, Lunge, Erythrozyten, Fettzellen) nicht nur die Rezeptoranzahl, sondern auch die Aktivität der Adenylatzyklase verändert.

Der Mangel an Thyreoidhormonen (Hypothyreoidismus) führt zu einer Abnahme der Rezeptoranzahl (B_{max}), während die Ligand-Bindungseigenschaften unverändert bleiben. Mit dem Rezeptorverlust korreliert die reduzierte Stimulierbarkeit der Adenylatzyklase durch den β-adrenergen Agonisten Isoprenalin. Die Aktivierung des Enzyms durch GTP, Gpp(NH)p und NaF bleibt unbeeinflußt, d. h. die verminderte Ansprechbarkeit der Adenylatzyklase ist an den Rezeptorverlust gebunden und nicht auf eine Modifikation von G_s zurückzuführen. Beim Überschuß an Thyreoidhormonen (Hyperthyreoidismus) hingegen ist keinerlei Veränderung auf der Rezeptorebene nachweisbar. Dennoch findet man eine gesteigerte Stimulierbarkeit der Adenylatzyklase durch Isoprenalin (Abb. 13.2.) und Guanylnucleotide sowie interessanterweise eine stark reduzierte Aktivierung durch NaF (nicht abgebildet). Diese Befunde legen den Schluß nahe, daß hier anscheinend eine Modifikation der Rezeptor-Adenylatzyklase-Kopplung, vermutlich auf der Ebene des G-Proteins, eingetreten ist. Der Vergleich zeigt, daß derart differenzierte Aussagen durch das Heranziehen einer Methode allein nicht möglich wären.

13.1.1.5. Desensibilisierung des Adenylatzyklase-Systems

Unter Berücksichtigung der in Kap. 11 dargelegten Überlegungen ist es nicht verwunderlich, wenn auch Effektorsysteme nach längerer Aktivierung desensibilisieren. Diesen Vorgängen ist bisher relativ wenig Aufmerksamkeit gewidmet worden, obwohl sie gleichberechtigt neben der Rezeptor-Desensibilisierung (vergl. Kap. 2) und der Agonist-induzierten Verminderung der Rezeptorzahl (vergl. Kap. 8.) stehen dürften.

In Abb. 13.3. ist ein eleganter experimenteller Ansatz zum Nachweis der Agonist-induzierten Desensibilisierung der Adenylatzyklaseaktivi-

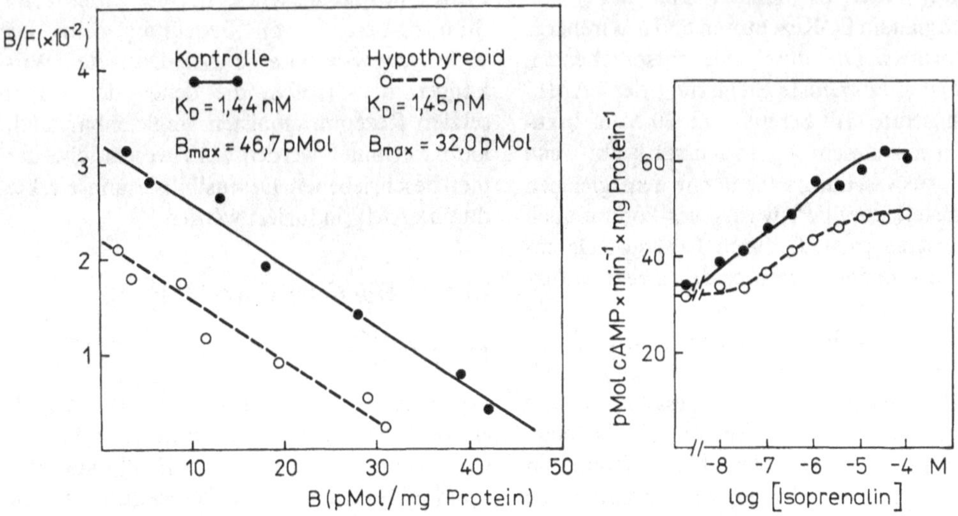

Abb. 13.2. Vergleich euthyreoider und hypothyreoider Ratten (Membranpräparationen aus den Lungen) hinsichtlich der ^{125}J-Hydroxybenzylpindolol-Bindung an β-adrenerge Rezeptoren (Scatchard-Plot) und der Isoprenalin-Stimulierbarkeit der Adenylatzyklase. Dabei beeinflußt der hypothyreoide Status nur die Rezeptorzahl, nicht jedoch die Affinität und die Rezeptor-Effektor-Kopplung.
(nach: C. LIEBMANN, Diss. B, Jena (1984)).

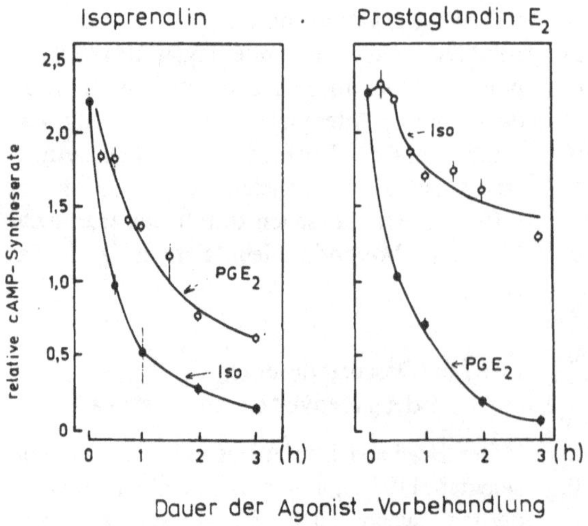

Abb. 13.3. Beispiel für die Desensibilisierung von Effektorsystemen. Untersucht wurden Zellen der Human-Atrozytom-Zellinie 1321N1, die sowohl β-adrenerge Rezeptoren und Prostaglandin E_2-Rezeptoren enthält. Der Vergleich der homologen und der heterologen Desensibilisierung zeigt, daß der Abfall der ^{3}H-cAMP-Bildung nicht durch die Desensibilisierung der beteiligten Membranrezeptoren bzw. durch eine Verminderung der Rezeptorzahl („down regulation") verursacht ist. Die Zellen wurden mit 10 µM Isoprenalin (A) bzw. 10 µM PGE_2 (B) für die, auf der Abszisse aufgetragenen Zeiträume inkubiert. Anschließend erfolgte die Auswaschung der Agonisten und eine 10-minütige Ruheperiode. Die Messung der Agonist-induzierten ^{3}H-cAMP-Bildung erfolgte nach anschließender Inkubation (5 Min.) mit dem zur Vorinkubation verwendeten Agonisten (homologe Desensibilisierung, geschlossene Symbole) oder dem Agonisten des jeweils anderen Zyklase-gekoppelten Rezeptoren (heterologe Desensibilisierung, offene Symbole). (nach: Y.-F. Su et al., J. Cyclic Nucl. Res. **2**, 257 (1976).

tät dargestellt. Hierbei wird von der Tatsache Gebrauch gemacht, daß die verwendete Zelllinie zwei Membranrezeptoren aufweist, deren Aktivierung zu einer Adenylatzyklase-Stimulierung führt. Es handelt sich dabei um Prostaglandin E_2-Rezeptoren und β-adrenerge Rezeptoren. Die durch die entsprechenden Agonisten ausgelöste Steigerung der cAMP-Syntheserate fällt bereits nach 30 Min. Inkubation mit diesem Agonisten stark ab, wenn nach Auswaschung erneut mit dem gleichen Agonisten stimuliert wird. Dies könnte auch (wenigstens partiell) durch Rezeptor-Desensibilisierung und „receptor down regulation" verursacht sein.

Das dies jedoch nicht zutrifft, wird durch analogen Abfall der Reagibilität der Adenylatzyklase nach heterologer Teststimulierung deutlich (Abb. 13.3.). Die für die Desensibilisierung des Adenylatzyklase-Systems in Betracht zu ziehenden Prozesse könnten die Verschiebung der regulativen Balance zwischen stimulatorischen (G_s) und inhibitorischen (G_i) G-Proteinen, den Verlust größerer Mengen von G_s durch Sezernierung ins Cytoplasma (vergl. Kap. 11), inhibitorische „feedback"-Effekte auf das Adenylatzyklasemolekül sowie die vermehrte Phosphodiesterase-Aktivität/Bildung umfassen. Dabei dürfte die Induktion einer vermehrten Bildung des Enzyms Phosphodiesterase nur für Effekte im Stunden-Bereich von Bedeutung sein. Da nichthydrolysierbare cAMP-Derivate Wirkungen hervorrufen, die denen der eingesetzten Rezeptoragonisten vergleichbar sind, kann vermutet werden, daß wesentliche der hier beschriebenen Desensibilisierungseffekte durch cAMP induziert werden.

13.1.2. Die Guanylatzyklase

13.1.2.1. Einführung

Wesentlich später als das cAMP wurde 1969 ein zweites zyklisches Nucleotid, das zyklische Guanosinmonophosphat (cGMP) als Bestandteil tierischer Gewebe identifiziert. In der Folgezeit fand man dann auch eine Vielzahl von Hormonen und Neurotransmittern, die die intrazelluläre cGMP-Konzentration steigern oder erniedrigen (Tab. 13.2. und 13.3.).

Tabelle 13.2. Stimulierung der cGMP-Synthese über die Aktivierung von Membranrezeptoren (nach N. D. GOLDBERG und M. K. HADDOX: Ann. Rev. Biochem. 46 823–896 (1977))

Hormon/ Neurotransmitter	Organ/Gewebe/Zelle
muskarinerge Agonisten	Herz, Lunge, Leber, Niere, Fettgewebe, intestinale Mucosa, Speicheldrüse, Pankreas, Schilddrüse, Nebenniere, Uterus, Ductus deferens, Taenia coli, Arterien, Trachea, Gallenblase, Hirnrinde, Cerebellum, Leukozyten, Lymphozyten
adrenerge Agonisten (α- u. β_1-Rezeptor)	Leber, Fettgewebe, Mucosa, Speicheldrüse, Pankreas, Cortex
Serotonin	Arterien, Aorta Intima, Monozyten
Glutamat	Cerebellum, Cortex
Glycin	Cerebellum
Adenosin	Cortex
Dopamin (D_1-Rezeptor)	Epiphyse
Histamin	Lunge, Niere, Arterien, Trachea, Aorta intima Cortex, Cerebellum
Insulin	Fettgewebe, Mucosa
Glucagon	Herz
Bradykinin	Lunge, Niere, Arterien
PTH	Knochen
CCK, Pankreozymin	Mucosa, Pankreas, Gallenblase
Somatostatin	Hypophyse
ACTH	Nebenniere
hCG	Ovar
Angiotensin	Aorta intima, Plasma
Oxytocin	Uterus
$PGF_{2\alpha}$	Uterus, Venen, Hirn, Fibroblasten
Morphin/ Levorphanol	Striatum

Auch zwei weitere „second messenger"-Kriterien (Kap. 13.1.1.1.) könnte man als erfüllt ansehen:

cGMP beeinflußt eine Reihe zellulärer Funktionen, wie Sekretion, Kontraktilität, neuronale Erregbarkeit, Entzündungsprozesse und

Tabelle 13.3. Hemmung der cGMP-Synthese über die Aktivierung von Membranrezeptoren

Hormon/ Neurotransmitter	Organ/Gewebe/Zelle
Wachstumshormon	Herz
Histamin	Herz
Isoproterenol	Herz, Lunge, Trachea, Venen
Atropin	Herz, Nebenniere
PGF_2	Ovar
$PGE_{1/2}$	Venen

immunologische Vorgänge. Weiterhin existieren sowohl eine cGMP-spezifische Phosphodiesterase als auch cGMP-abhängige Proteinkinasen. Letztere dürften (wie beim cAMP) der wesentlichste Vermittler der physiologischen Effekte von cGMP sein (27).

Gegen eine direkte Übertragung des Signals vom Rezeptor auf die Guanylatzyklase spricht jedoch vor allem folgende Beobachtung: Die Rezeptor-Agonisten, die eine Änderung des intrazellulären cGMP-Spiegels bewirken, beeinflussen die Aktivität der Guanylatzyklase in zellfreien Systemen meist nicht.

Daraus leitet sich die Vermutung ab, daß die Rezeptor-vermittelte Aktivierung der Guanylatzyklase nicht direkt (z. B. analog den G-Proteinen), sondern indirekt über andere Effektuierungssysteme erfolgt.

13.1.2.2. Membrangebundene und lösliche Formen der Guanylatzyklase

Die Guanylatzyklase (EC 4.6.1.2) war vor allem in den 70er Jahren Objekt intensiver Untersuchungen in vielen Laboratorien. Das Enzym wurde in nahezu allen Organismen und Geweben gefunden.

Im Gegensatz zur Adenylatzyklase ist die Guanylatzyklase sowohl in den partikulären (partikuläre GC, pGC) als auch löslichen Fraktionen („soluble" GC, sGC) von Zellhomogenaten enthalten, wobei das Verhältnis beider Formen zueinander Gewebe- und Spezies-spezifische Unterschiede zeigt. Die partikuläre GC ist nicht nur an die Plasmamembranen gebunden, sondern tritt auch im endoplasmatischen Retikulum, im Golgi-Apparat und in der Kernmembran auf. Die physiologische Signifikanz beider Formen wird noch immer nicht voll verstanden. Durch den Nachweis ihrer verschiedenen Bildungs- und Abbaukinetik und die Tatsache, daß durch Antikörper keine gemeinsamen antigenen Determinanten gefunden werden konnten, kann es als erwiesen angesehen werden, daß es sich um unterschiedliche Proteine handelt (12). Das Molekulargewicht der sGC schwankt in den meisten Geweben zwischen 150000 und 200000, das der pGC zwischen 300000 und 400000. Beide Formen setzen sich aus jeweils zwei Untereinheiten, vermutlich einer regulatorischen und einer katalytischen Komponente, zusammen (24).

Die Messung der Guanylatzyklase erfolgt in prinzipieller Analogie zu dem beschriebenen Verfahren für die Bestimmung der Adenylatzyklaseaktivität (Abb. 13.1.).

Die Gesamtaktivität der Guanylatzyklase im Homogenat reicht von 1,3 (Skelettmuskulatur des Frosches) bis 97 (Großhirnrinde des Kaninchens) pMol cGMP/Min × mg Protein (33).

13.1.2.3. Die Signalübertragung vom Rezeptor auf die Guanylatzyklase

a) Gibt es direkte Effekte von Neurotransmittern auf das Enzym?

Nach wie vor gilt die Meinung, daß Agonisten in zellfreien Systemen die Guanylatzyklaseaktivität nicht beeinflussen können. Allerdings erschienen in den letzten Jahren einige Arbeiten, die dennoch über eine direkte Stimulierung der pGC berichteten, so z. B. durch ACTH, Acetylcholin oder Glutamat. Auch das Peptidhormon Bradykinin stimuliert die pGC in Membranfraktionen von Uterus und Duodenum der Ratte, wobei diese Effekte essentiell von der Gegenwart hoher Ca^{++}-Konzentrationen abhängig sind. Ob diese Wirkungen tatsächlich direkt vom Rezeptor vermittelt werden oder ein intermediärer Schritt dazwischen liegt, ist noch unklar. Die erwähnten Befunde lassen die Möglichkeit einer Rezeptor-gekoppelten Aktivierung offen. Mit Sicherheit wäre dies aber kein genereller Mechanismus, sondern allenfalls eine von mehreren Möglichkeiten zur Aktivierung der Guanylatzyklase.

b) Der simultane Ca^{++}-Einstrom

Es fällt auf, daß die Aktivierung von solchen Membranrezeptoren, zu deren „second messenger"-Signalen Ca^{++} gehört, oft mit einer gleichzeitigen Stimulierung der cGMP-Synthese einhergeht (27). Daraus ergibt sich die Frage, ob Ca^{++} als Aktivator der Guanylatzyklase wirkt. Tatsächlich scheint dies der Fall zu sein, denn die cGMP-Synthese von Neuroblastomzellen kann z. B. durch das Ca^{++}-spezifische Ionophor A 23 187 sowie Phosphatidsäure (Erhöhung der Ca^{++}-Permeabilität der Membran) stimuliert werden. Bei diesen Zellen ist jedoch (bei unveränderter Zahl muskarinerger Rezeptoren) die Stimulierbarkeit der Guanylatzyklase durch Ca^{++}-Ionophore oder Rezeptor-Agonisten abhängig von der Zellreifung, d. h. wie in zellfreien Systemen ist der Ca^{++}-Einstrom kein hinreichendes Signal für die Guanylatzyklaseaktivierung (11). Dieses Paradoxon könnte sich dadurch aufklären, daß neben Ca^{++} ein weiterer endogener Aktivator existiert, wie sich aus den Experimenten einiger Autoren ergibt. Dieser endogene Aktivator reagiert offensichtlich mit der gleichen Bindungsstelle wie nucleophile Substanzen, z. B. Natriumazid, Hydroxylamin, Phenylhydrazin und Natriumnitrit sowie Verbindungen mit einer Nitro- oder Nitrosogruppe. Solche Verbindungen aktivieren sowohl die pGC als auch die sGC. Die Effekte sind gewebespezifisch, reversibel und benötigen Sauerstoff.

Diese Wirkung der Azid- und Nitroderivate kann durch reduzierende Verbindungen wie Dithiothreitol, Cystein und Glutathion gesteigert und oxidierende Substanzen, wie Cyanide oder H_2O_2, gehemmt werden.

So kann man zu der Hypothese, daß generell ein Oxydations-/Reduktionsprozeß in den Aktivierungsmechanismus des Enzyms einbezogen ist (26).

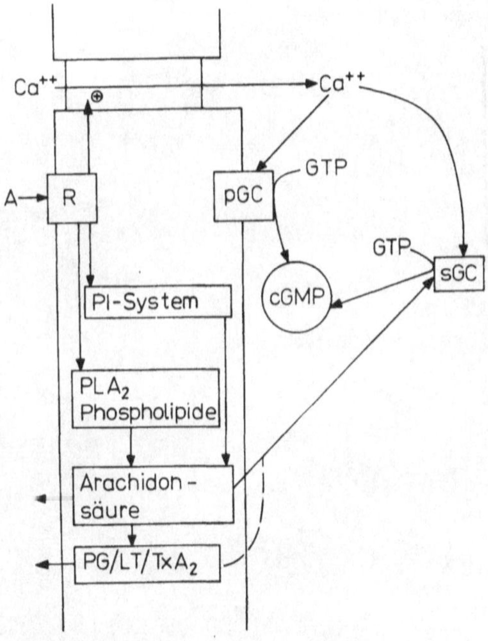

Abb. 13.4. Schematische Darstellung verschiedener potentieller Regulationsmöglichkeiten der cGMP-Synthese. A = Agonist, R = Rezeptor, pGC = partikuläre Guanylatzyklase, sGC = lösliche („soluble") Guanylatzyklase, PI = Phosphoinositid-System, PG/TxA$_2$/LT = Prostaglandine, Thromboxan A$_2$, Leukotriene.

c) Produkte des Arachidonsäure-metabolismus als endogene Aktivatoren der Guanylatzyklase?

In einer Reihe von Geweben werden beide Formen der Guanylatzyklase durch ungesättigte Fettsäuren (Arachidonsäure, Linolensäure) und/oder deren Metaboliten, die Lipoxygenaseprodukte oder Cyclooxygenaseprodukte (vergl. auch Kap. 14.) aktiviert, die eventuell den bereits erwähnten endogenen Aktivator darstellen könnten. Auch das Enzym Phospholipase A$_2$, das die Freisetzung von Arachidonsäure aus den Membran-Phospholipiden katalysiert, aktiviert die Guanylatzyklase verschiedener Gewebe. Diese Wirkung ist vermutlich auf die freigesetzte Arachidonsäure oder ihre Folgeprodukte (Prostaglandine, Thromboxane und Leukotriene) zurückzuführen. Sowohl die PLA$_2$ als auch die Lipoxygenase sind Ca^{++}-abhängige Enzyme.

Es gibt also eine Reihe von Gründen für die Annahme, daß zumindest die endogene Aktivierung der Guanylatzyklase ein komplexes Zusammenspiel der Ca^{++}-, Phosphatidylinositol- und Arachidonsäure-Systeme voraussetzt.

Die in Abb. 13.4. dargestellte Zusammenfassung der verschiedenen potentiellen Mechanismen zur Guanylatzyklase-Regulation ist gleichzeitig ein anschauliches Beispiel der Vernetzung der Effektuierungssysteme (positive und negative Modulation, An- und Abschaltmechanismen, „messenger cross talk").

13.1.3. Andere zyklische Nucleotid-monophosphate

Bereits 1975 fanden Garbers et al. (13), daß einige Guanylatzyklasen (z. B. die pGC des Seeigels oder die sGC der Rattenlunge) auch die Bildung von zyklischem Ionisitolmonophosphat (cIMP) aus ITP katalysieren.

Eine physiologische Bedeutung für das cIMP im Sinne der Signaltransformation wurde bislang nicht nachgewiesen.

Verschiedene neuere Arbeiten beschäftigen sich mit dem zyklischen Cytosinmonophosphat, das als natürlicher Zellbestandteil identifiziert werden konnte.

Nachdem das Enzym Cytidylatzyklase schon 1978 entdeckt worden war, fand man später auch

— eine cCMP-abhängige Proteinkinase sowie
— eine Hormon- und Calmodulin-sensitive Phosphodiesterase.

Die Feststellung, daß verschiedene Faktoren (Luliberin, LATS) die intrazelluläre cCMP-Konzentration ändern und daß exogenes cCMP Effekte auf Zellwachstum und Verhalten auszuüben scheint, führten zu der Vermutung, daß cCMP möglicherweise auch einen intrazellulären Modulator darstellen könnte (28).

ERSTER INKUBATIONSANSATZ (150 µl)

— 50 mM Tris-HCl, pH: 7,4
- 40 mM $MgCl_2$
— 0,8 mM EGTA
— 40 µM 5′-cAMP
— 1 µM cAMP mit ca. 15000 CPM [^{3}H] cAMP
— ENZYM (ca. 40 µg Protein)

INKUBATION (7 min, 37 °C)

ABSTOPPEN (10 sec. in Aceton/Trockeneis,
1 min bei 100 °C)

ZWEITER INKUBATIONSANSATZ

ANSATZ I nach Abstoppen plus
— 1,5 IU alkalische Phosphatase
— 0,2% Rinderserumalbumin

INKUBATION (10 min, 37 °C)

ABSTOPPEN (1 ml DOWEX 1 × 2, Cl^--Form,
15 min äquilibrieren,
Bindung des restlichen [^{3}H] cAMP

ABTRENNUNG (Zentrifugation)

LSC-MESSUNG (0,5 ml des klaren Überstandes mit
[^{3}H] Adenosin)

Abb. 13.5. Methodik der Bestimmung der Phosphodiesterase-Aktivität.
(nach: W. J. Thompson und M. M. Appleman, Biochem. **10,** 311 (1971), modifiziert).

13.1.4. Der Abbau von zyklischen Nucleotiden: die Phosphodiesterasen

13.1.4.1. Klassifizierung und allgemeine Charakteristika

Die Bezeichnung Phosphodiesterase (PDE) umfaßt eine Gruppe verschiedener Enzyme, die nach dem Reaktionsschema

3',5'-zyklisches Nucleotidmonophosphat	$+ H_2O$	$\rightarrow$	5'-Nucleotidmonophosphat

die zweiseitige Bindung des Phosphatrestes aufbrechen. Natürliche Substrate dieser Enzyme sind hauptsächlich cAMP und cGMP. Nach der Substrataffinität unterscheidet man 3 Kategorien der Phosphodiesterase-Aktivität. Viele Gewebe weisen alle drei Enzymtypen auf.

Appleman et al. (1) klassifizieren die Phosphodiesterasen in

a) die cAMP-PDE mit einem K_m-Wert für cAMP von 1—5 μM und geringer Affinität für cGMP sowie negativer Kooperativität,
b) die cGMP-PDE mit hoher Affinität für cGMP (K_m = 5—10 μM), niedriger Affinität für cAMP ($K_m \cong$ 100 μM) und Aktivierung durch Ca^{++}/Calmodulin (Ca^{++}-abhängige PDE) sowie
c) eine unspezifische PDE mit niedrigen Affinitäten für cAMP und cGMP (K_m = 50 bis 200 μM) und mit z. T. positiver Kooperativität der Reaktionskinetik.

Von allen drei Enzymtypen sind sowohl zytosolische als auch partikuläre Formen beschrieben. Die partikuläre Aktivität ist nicht ausschließlich an die Plasmamembranen gebunden, sondern findet sich auch in der Mitochondrien- und Lysosomenfraktion.

Die Phosphodiesterasen sind sehr empfindlich gegenüber Einfrieren und Auftauen. Die Aktivitätsbestimmung erfolgt üblicherweise mit der radiochemischen Methode nach Thompson und Appleman, bei dem cAMP und Adenosin durch ein Ionenaustauscherharz getrennt werden (Abb. 13.5.).

13.1.4.2. Direkte Regulation von Phosphodiesterasen durch Membranrezeptoren?

Die Eigenschaft des Insulins, die intrazelluläre cAMP-Konzentration verschiedener Gewebe (Adipocyten, Hepatocyten, Skelettmuskulatur) zu vermindern, ist schon länger bekannt. Daß dieser Effekt über die Aktivierung einer mit der Plasmamembran assoziierten cAMP-Phosphodiesterase ausgelöst wird, wurde erstmals 1970 von Loten und Sneyd nachgewiesen.

Houslay et al. (17) postulierten schließlich 1984 ein spezifisches G-Protein N_{In}, (identisch mit G_i?) das den Insulineffekt auf die Phosphodiesterase überträgt. Essentiell für die Aktivierung der Phosphodiesterase ist anscheinend die Phosphorylierung des G-Proteins. Sie wird durch eine Tyr-spezifische Proteinkinase, die integraler Bestandteil der β-Untereinheit des Insulinrezeptors ist, katalysiert. Auch andere Hormone können anscheinend die cAMP-Phosphodiesterase aktivieren, wie für das Glukagon und das Adrenalin berichtet wurde.

Mit Sicherheit spielt jedoch eine direkte Beeinflussung der cAMP-Phosphodiesterase-Aktivität durch Agonisten nicht die gleiche physiologische Rolle wie deren Einfluß auf die Adenylatzyklase-Aktivität.

Sehr interessante Regulationsphänomene ergeben sich in der Kontrolle der Phosphodiesterase-Aktivitäten durch die zyklischen Nukleotide selbst (1). Hierzu gehören Effekte wie

— die Aktivierung der unspezifischen Phosphodiesterase durch cGMP (mM),
— die Hemmung der cAMP-Phosphodiesterase durch cGMP,
— die Hemmung der cGMP-Phosphodiesterase durch cAMP und
— die Induktion auf der Transkriptionsebene der cAMP-Phosphodiesterase durch cAMP.

In den Rahmen solcher „cross talk“-Aktivitäten einzuordnen ist auch die Regulation der Ca^{++}-abhängigen Phosphodiesterase durch das Modulatorprotein Calmodulin, die später (Kap. 13.2.) noch ausführlicher besprochen werden soll.

13.1.5. Intrazelluläre Bindungsorte der zyklischen Nucleotide: die Proteinkinasen

Die dritte Stufe der über Rezeptoraktivierung und·Synthese zyklischer Nukleotide verlaufenden Signalkaskade besteht in der Aktivierung von Proteinkinasen, die daraufhin endogene Substrate, wie Enzyme (z. B. Phosphorylase-Kinase, Glykogensynthetase, Pyruvatkinase, Phosphofruktokinase, Calmodulinsensitive Phosphodiesterase, Myosin-Leichtketten-Kinase) und regulatorische Proteine (Troponin, Histone, ribosomale Proteine) phosphorylieren und so deren Eigenschaften ändern. Derzeit sind mehr als 20 Proteinkinasen bekannt, und die Zahl der durch sie kontrollierten Phosphoproteine ist fast nicht mehr zu erfassen.

Bei den cAMP-abhängigen A-Proteinkinasen und cGMP-abhängigen G-Proteinkinasen handelt es sich um homologe Proteine mit ähnlichen molekularen Eigenschaften. Sie unterscheiden sich jedoch durch

- eine unterschiedliche Spezifität für cAMP und cGMP
- die Regulationsmechanismen, denen sie unterworfen sind (die A-Proteinkinasen zeigen kein kooperatives Verhalten und werden durch einen inhibitorischen Proteinmodulator reguliert, während die G-Proteinkinasen bei der cGMP-Bindung eine positive Kooperativität aufweisen und durch einen stimulatorischen Proteinmodulator kontrolliert werden) und
- ihre Spezifität für teilweise verschiedene Substratproteine.

Die A-Proteinkinasen sind asymmetrische Tetramere mit einer Grundstruktur von 2 katalytischen (C) und 2 regulatorischen (R) Untereinheiten. Ihr Wirkungsmechanismus läuft nach einem einheitlichen Muster ab: $R_2C_2 + 2\,cAMP \rightleftarrows 2\,R\,cAMP + 2\,C$ (Abb. 13.6.).

Der inaktive Enzymkomplex bindet mit seinen regulatorischen Untereinheiten cAMP, wodurch die aktiven katalytischen Untereinheiten abdissoziieren. Sie übertragen den γ-Phosphatrest von ATP auf bestimmte Aminosäurereste der Substratproteine. Auf der Basis der Aminosäurespezifität der Phosphorylierung ergibt sich noch eine andere und vielleicht modernere Einteilung der Proteinkinasen:

a) Beim überwiegenden Teil der Proteinkinasen handelt es sich um Serin- und Threonin-phosphorylierende Enzyme. Hauptsächlich die Ser-Proteinkinasen dienen als die messenger-Akzeptoren und untergliedern sich in (Abb. 13.6.):
   - cAMP-abhängige Proteinkinasen, Typ I + II (A-PK, Struktur: R_2C_2)
   - cGMP-abhängige Proteinkinasen (G-PK, Struktur: C_2)
   - Ca^{++}/CaM-abhängige Proteinkinasen, Typ I + II (Ca/CaM-PK, vergl. Kap. 13.3.5.)
   - Ca^{++}/Diacylglycerol-abhängige Proteinkinasen (PK-C, vergl. Kap. 14.3.2.).
   - Ca^{2+}-abhängige Proteinkinasen (Myosin-Leichtekette-Kinase, Phosphormylase-Kinase)

b) Zunehmende Beachtung finden Proteinkinasen, die Tyrosin phosphorylieren. Diese Tyr-PK werden nicht durch intrazelluläre „messenger" (cAMP, Ca^{++}) beeinflußt. Sie wurden als integrale Bestandteile der Rezeptoren verschiedener Wachstumsfaktoren (Insulin, EGF, PDGF, Somatomedin) identifiziert und dienen als sowohl der Autophosphorylierung dieser Rezeptoren als auch der Phosphorylierung anderer Proteine (z. B. Vinculin), die möglicherweise bei der Proliferation eine Rolle spielen.

Interessanterweise sind die Tyr-PK selbst gleichzeitig auch Substratprotein für Ser- und Thr-Proteinkinasen. Die Bedeutung dieser Phosphorylierungen ist noch unklar.

Die Mehrheit der Proteinkinasen scheint eine relativ hohe Spezifität für eine Gruppe bestimmter Proteine bzw. für ein bestimmtes, zu phosphorylierendes Protein aufzuweisen. Zu den Proteinkinasen mit relativ niedriger Substratspezifität zählen die Proteinkinase C,

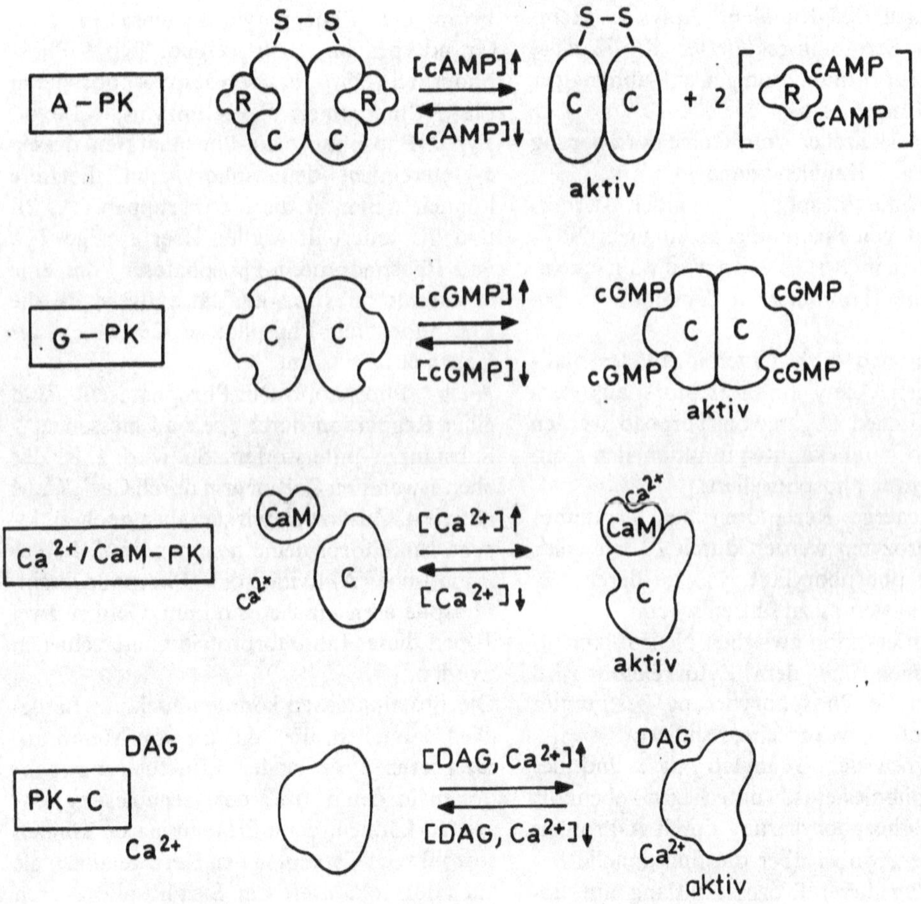

Abb. 13.6. Grundformen der Aktivierung von Proteinkinasen durch „second messenger".
A-PK: cAMP-abhängige Proteinkinasen
G-PK: cGMP-abhängige Proteinkinasen
Ca^{2+}/CaM-PK: Ca^{2+}/Calmodulin-abhängige Proteinkinasen
PK-C: Ca^{2+}/Diacylglycerin-abhängige Proteinkinase (Proteinkinase C).

die A-Proteinkinasen und die Ca^{2+}/CaM-abhängige Proteinkinase II.
Um eine anschaulichere Vorstellung von den verschiedenen Richtungen der über Proteinkinasen vermittelten Signalweiterleitung zu geben, sollen im folgenden einige Substrate für Proteinkinasen aufgezählt werden, die überwiegend in Neuronen nachgewiesen wurden. Die umfangreichsten Kenntnisse sind hinsichtlich der Substraproteine für A-Proteinkinasen vorhanden. Diese Proteinkinasen sind u. a. für folgende Reaktion verantwortlich:

— K^+-Kanäle und ihre Regulation durch A-Proteinkinasen wurden besonders ausführlich bei Neuronen von Invertebraten wie Aplysia oder Helix untersucht. Aufgrund der Größe dieser Neuronen konnte die katalytische Untereinheit C direkt injiziert werden. Dabei wurden in Abhängigkeit von der Art des untersuchten Ionenkanals (siehe Kap. 15) und der untersuchten Spezies unterschiedliche Wirkungen der Phosphorylierung gefunden (Hemmung Ca^{2+}-abhängiger K^+-Kanäle, Aplysia; Hemmung von Spannungs-ab-

hängigen K^+-Kanälen, Aplysia; Hemmung Serotonin-regulierter K^+-Kanäle, Aplysia; Stimulierung Ca^{2+}-abhängiger K^+-Kanäle, Helix).
- Bei Muskelzellen wurde eine Aktivierung von Ca^{2+}-Kanälen beobachtet.
- Durch die Phosphorylierung der α-Untereinheit von Spannungs-abhängigen Na^+-Kanälen im Ratten-Hirn wird wahrscheinlich eine Hemmung der Kanalöffnung bewirkt.
- Die γ- und die δ-Untereinheit des nikotinergen Acetylcholinrezeptors aus dem elektrischen Organ von Torpedo werden mit noch unbekannten funktionellen Konsequenzen phosphoryliert.
- β-adrenerge Rezeptoren aus Truthahn-Erythrozyten werden durch A-Proteinkinasen phosphoryliert, was zu deren Desensibilisierung zu führen scheint.
- Die Interaktion zwischen Neurofilamentproteinen und dem Zytoskeleton wird durch die Phosphorylierung bestimmter Neurofilamentproteine reguliert.
- Subtypen der Guanylatzyklase und der Phosphodiesterase unterliegen ebenfalls einer Phosphorylierung durch A-Proteinkinasen, wobei über die funktionelle Bedeutung dieser Prozesse bislang nur ungenaues bekannt ist.

Diese und andere neuronale Targetproteine können in bestimmten Fällen aber auch durch andere Proteinkinasetypen phosphoryliert werden.

Wie bereits in Abb. 11.1 schematisch dargestellt, müssen auch Proteinkinasen in enger Wechselwirkung mit ihren funktionellen Gegenspielern, den Phosphoprotein-Phosphatasen gesehen werden. Diese Wechselwirkung bestimmt einerseits die Amplitude der Signalweiterleitung, kann aber auch (bedingt durch die Reaktionsgeschwindigkeit der beteiligten Enzyme) zu sehr kurzen Reaktionszyklen führen. Somit können durch Phosphorylierungs/Dephosphorylierungsreaktionen wahrscheinlich auch Signale mit relativ hoher Frequenz weitergeleitet werden.

Phosphoprotein-Phosphatasen können anhand ihrer Reaktion mit der phosphorylierten Form der Phosphorylase-Kinase in zwei Gr. ndtypen unterteilt werden. Typ 1 Phosphoprotein-Phosphatasen desphosphorylieren die β-Untereinheit dieses Enzyms, während Typ 2 Phosphoprotein-Phosphatasen dessen α-Untereinheit dephosphorylieren. Letztere können weiter in die Untergruppen 2A, 2B und 2C unterteilt werden. Der einzige Typ von Phosphoprotein-Phosphatasen, der eine bestimmte Substratspezifität aufweist, ist die Phosphoprotein-Phosphatase 2B, auch als Calcineurin bekannt.

Auch Phosphoprotein-Phosphatasen sind einer Regulation durch „second messenger“-Substanzen unterworfen. So wird z. B. das eben erwähnten Calcineurin durch Ca^{2+}/CaM aktiviert. Zusätzlich wirken aber noch endogene Inhibitorproteine hemmend auf die enzymatische Aktivität der Phosphoprotein-Phosphatasen. Bisher sind im Gehirn zwei Typen dieser Inhibitorproteine unterschieden worden.

Die Proteinkinasen könnten auch ein Bindeglied darstellen, über das die von Membranrezeptoren ausgehenden Effektuierungsreaktionen in den Prozeß der Genablesung eingreifen können, denn Proteinkinasen können sowohl vom Cytosol in den Kern gelangen als auch dort lokalisiert sein. Sie phosphorylieren Kernproteine, wie z. B. Histone der H1-Klasse, die RNS-Polymerase II, die mit den Nucleosomen assoziierten HMG („high mobility group“)-Proteine, aber auch ribosomale Proteine. Auf diese Weise kann die Genexpression auf verschiedenen Stufen (Veränderung der chromosomalen Konfiguration, Transkription, RNA-Prozessing und Transport, Ribosomenkonfiguration, Translation) durch Proteinkinasen gesteuert werden.

13.2. Das Ca^{++}-System

13.2.1. Grundprinzipien der Regulation des intrazellulären Ca^{++}-Spiegels

13.2.1.1. Einführung

Im Ruhezustand der Zelle ist der cytosolische Ca^{++}-Spiegel relativ niedrig (0,05—0,5 μM).

Die zelluläre Stimulierung erhöht die Konzentration von freiem Ca^{++} auf Werte zwischen 0,1—10 µM. Um diesen Konzentrationsanstieg zu erreichen, stehen generell zwei Quellen zur Verfügung (5):

a) extrazelluläres Ca^{++}
Außerhalb der Zelle findet man Ca^{++}-Konzentrationen von etwa 1000—2000 µM. Obwohl damit ein 10000facher Konzentrationsunterschied zwischen Cytosol und Extrazellulärflüssigkeit besteht, ist die Plasmamembran für Ca^{++} relativ impermeabel. Der passive Ca^{++}-Einstrom beträgt bei menschlichen Zellen etwa 15—90 fMol/cm² × sec. Der gesteuerte Ca^{++}-Influx erfolgt durch die Öffnung spezifischer Ca^{++}-Kanälc in der Zellmembran.
b) zelluläres Ca^{++}
Intrazellulär ist Ca^{++} in geringem Umfang an die cytosolische Seite der Plasmamembran gebunden, hauptsächlich jedoch in intrazellulären Organellen (endoplasmatisches Retikulum, Mitochondrien, sekretorische Vesikel) gespeichert. In den Organellen beträgt die Gesamtkonzentration von ionischem und nichtionischem (komplexiertem) Calcium etwa 10—100 µM und ist damit 100—10000fach höher als im Cytosol. Zur Aufrechterhaltung dieses Konzentrationsgradienten besitzen die Organellen Ca^{++}-Pumpen, die ständig Ca^{++} aus dem Cytosol in den entsprechenden intrazellulären Pool transportieren.
Im Cytosol bindet das freie Messenger-Ca^{++} an spezifische Regulatorproteine (Signalempfänger) mit Dissoziationskonstanten für Ca^{++} zwischen 0,1—10 µM. Solche Ca^{++}-Bindungsprotein-Komplexe stellen die eigentliche physiologisch aktive Form des Calciums dar.
Für die Rückführung der Zelle in den Ruhezustand stehen wiederum mehrere Mechanismen zur Verfügung:

a) der aktive Ca^{++}-Rücktransport in die Extrazellulärflüssigkeit über die Plasmamembran-gebundene Ca^{++}-Pumpe (Ca^{++}-ATPase),
b) der $Na^{+}-Ca^{++}$-Austauschprozeß (Countertransport der $Na^{+}-K^{+}$-ATPase), und
c) die Ca^{++}-Immobilisierung durch Bindung an die Plasmamembran.

Hinsichtlich der Rolle von Ca^{++} als spezifisches biochemisches Signal ergeben sich zunächst drei wesentliche Fragen:

1. Wie initiiert die Bindung eines Agonisten an seinen spezifischen Rezeptor die Erhöhung des intrazellulären Ca^{++}-Spiegels?
2. Welche Rolle spielen die intrazellulären Ca^{++}-Bindungsproteine, d. h. wie arbeiten die folgenden Elemente der Signalweiterleitungskaskade?
3. Wie erfolgt die Rückführung der Zelle in den Ruhezustand?

13.2.1.2. Der Rezeptor-vermittelte Ca^{++}-Einstrom in die Zelle

Die Aktivierung der Zelle durch einen entsprechenden Stimulus führt zur Öffnung spezifischer Kanäle der Plasmamembran.
Hinsichtlich dieser Ca^{++}-Kanäle unterscheidet man zwei verschiedene Typen (16):

a) Potential-abhängige Kanäle (PDC, „potential-dependent channels").
Ihre Öffnung erfolgt durch die Depolarisierung der Membran, d. h. ist indirekt Rezeptor-vermittelt.
b) Rezeptorabhängige Kanäle — „receptor-operated channels" (ROC).
Hierbei ist die Änderung der Membranpermeabilität für Ca^{++} eine Folge der Agonist-Rezeptor-Interaktion.

Die Anzahl der aktivierbaren Ca^{++}-Kanäle wird anscheinend durch die Phosphorylierung/Dephosphorylierung (cAMP-abhängige und Ca^{++}/Calmodulin-abhängige Proteinkinasen) reguliert, denn nur die Kanäle im phosphorylierten Zustand sind aktivierbar. Unklar ist auch noch, wie die Übertragung des Signals vom Rezeptor auf den Ca^{++}-Kanal erfolgt. In diesem Zusammenhang werden G-Proteine diskutiert (15). Eine andere Hypothese geht z. B. von der Einbeziehung des Phosphatidylinositol-Systems in die Regulation des Ca^{++}-Einstromes aus. Verschiedene Autoren nehmen an, daß die aus dem Diacylglycerin entstehende Phosphatidsäure bereits selbst als „Ca^{++}-Ionophor" wirkt (18).

Entsprechend einer anderen Hypothese soll die Rezeptorbesetzung zur Aktivierung einer membrangebundenen Ornithindecarboxylase (ODC) führen, die die Produktion von Polyaminen katalysiert. Die Polyamine öffnen dann die Kanäle, indem sie Ca^{++} von seinen anionischen Bindungsstellen an der Membraninnenseite kompetitiv verdrängen (21). Aufgrund ihrer physiologischen Schlüsselrolle und der zunehmenden therapeutischen Bedeutung als Angriffspunkte von Pharmaka sind die Ca^{++}-Kanäle der Plasmamembran Gegenstand intensiver Untersuchungen (vergl. Kap. 15.).

13.2.1.3. Die Rezeptor-vermittelte Ca^{++}-Freisetzung aus intrazellulären Speichern

Eine wesentliche Funktion des endoplasmatischen Retikulums ist die eines intrazellulären Ca^{++}-Speichers, der eine schnelle Freisetzung von Ca^{++} gestattet. Die Membranen des endoplasmatischen bzw. sarkoplasmatischen Retikulums enthalten als intrinsisches Protein eine ATPase, die den aktiven Transport von cytosolischem Ca^{++} in das Retikulum bewirkt. Dort wird es durch das Ca^{++}-bindende Speicherprotein Calsequestrin gebunden.

Wie kann nun ein Agonist über die Interaktion mit seinem Membranrezeptor die Freisetzung von Ca^{++} aus dem intrazellulären endoplasmatischen Retikulum auslösen?

Neuere Befunde lassen es sehr wahrscheinlich erscheinen, daß dies über die Zwischenschaltung von Inositoltriphosphat ($InsP_3$) als „second messenger" erfolgt. Das Inositoltriphosphat wird Rezeptor-vermittelt aus dem Membranphospholipid Phosphatidylinositol gebildet und in das Cytosol abgegeben (vergl. Kap. 13.3.).

Es kann als gesichert gelten, daß $InsP_3$ nur aus dem endoplasmatischen Retikulum Ca^{++} freisetzt, nicht aber aus dem mitochondrialen Pool. $InsP_3$ bindet anscheinend an einen spezifischen, im endoplasmatischen Retikulum lokalisierten Rezeptor und öffnet so dort befindliche Ca^{++}-Kanäle. Da ein Molekül $InsP_3$ zwischen 10—20 Moleküle Ca^{++} freisetzt, wird somit gleichzeitig das Kaskaden-Verstärker-Prinzip (vergl. Kap. 2.6.) der Hintereinanderschaltung mehrerer Messenger realisiert.

13.2.1.4. Die Rückführung der Zelle in den Ruhezustand

Die Entfernung des Messenger-Ca^{++} erfolgt einerseits durch die bereits erwähnte Rückaufnahme des Ca^{++} in die intrazellulären Speicher. Andererseits existiert der hocheffektive und energieabhängige Transport von Ca^{++} durch die Plasmamembran gegen einen starken Ionengradienten. Dabei sind zwei Wege möglich:

a) Der $Ca^{++}-Na^{+}$-Austausch ($K_m(Ca^{++}) = 0.7-1.0\ \mu M$)
Voraussetzung ist eine asymmetrische Verteilung (hohe äußere, geringe innere Konzentration) der Natriumionen. Der Na^{+}-Gradient liefert die Energie für den Ca^{++}-Efflux. Diese Form des Ca^{++}-Ausstoßes ist für viele Zelltypen bekannt und macht bei Nervenzellen bis zu 50% des gesamten auswärts gerichteten Ca^{++}-Transportes aus. Oft spielt er aber auch nur eine untergeordnete Rolle.

b) Die Ca^{++}-Pumpe (Ca^{++}-Mg^{++}-ATPase) der Plasmamembran ($K_m(Ca^{++}) = 0.15$ bis $0.45\ \mu M$)
Die Ca^{++}-Pumpe funktioniert nach dem Prinzip eines elektroneutralen Austausches von Ca^{++} für H^{+}, der durch ATP-Hydrolyse katalysiert wird. Eine wichtige Eigenschaft ist ihre Aktivierung und Regulation durch das Ca^{++}-bindende Protein Calmodulin (Kap. 13.2.2.).

13.2.2. Ca^{++} als Induktor reversibler Prozesse

13.2.2.1. Ca^{++}-bindende Regulatorproteine

Intrazelluläre Ca^{++}-bindende Proteine sind die „Sensoren" der Zelle, mit deren Hilfe sie auf Veränderungen der cytosolischen Ca^{++}-Konzentration reagieren kann. Verschiedenartige Bindungsproteine schaffen so die Möglichkeit, daß ein derart informationsarmes Kation wie Ca^{++} eine Vielfalt unterschiedlicher Prozesse zu kontrollieren vermag. Man spricht heute bereits von einer ganzen „Familie" intrazellulärer Ca^{++}-bindender Proteine, deren physiologische Bedeutung aber noch nicht in jedem Fall voll verstanden ist. Die Tabelle 13.4. vermittelt eine Übersicht solcher intrazellulärer Akzeptorproteine für Ca^{++} (23, 22, 30).

Wichtigstes Mitglied der Familie dieser Regulatorproteine ist das Calmodulin (CaM). Calmodulin aktiviert viele Targetenzyme nach dem „alles- oder nichts"-Prinzip. Es besitzt insgesamt 4 Bindungsstellen für Ca^{++}, deren Besetzung als kooperativer Prozeß erfolgt. Die biologisch bedeutsame Konformationsänderung wird durch die Bindung des dritten und vierten Ca^{++}-Ions ausgelöst. Die scheinbare Dissoziationskonstante für Ca^{++} liegt (bezogen auf die ersten drei Bindungsstellen) im Bereich von 10^{-7}. Von entscheidender Bedeutung für die regulative Funktion des Ca^{++}—CaM-Komplexes ist zweierlei (10, 22):

a) Die Affinität des Ca^{++}_{3-4}/CaM-Komplexes für die Targetproteine ist 100000fach höher (K_d rund 10^{-9} M) als die des Ca^{++}-freien Calmodulins (K_d rund 10^{-4} M).
b) Die Kinetik der Dissoziation des aktivierten Komplexes aus Enzym und Ca^{++}_{3-4}/CaM ist so schnell ($t_{1/2}$ = 0,08 sec.), daß das System intrazellulären Schwankungen des Ca^{++}-Spiegels ohne Verzögerung folgen kann.

Die bisherigen Untersuchungen deuten darauf hin, daß CaM mit gleichen (oder analogen) Bindungsregionen mit den unterschiedlichen Targetenzymen in Wechselwirkung tritt. Dies bedeutet, daß diese Enzyme ihrerseits homologe oder analoge Regionen auf der Oberfläche aufweisen müssen. Hier findet sich das bereits bei der Diskussion der G-Proteine

Tabelle 13.4. Verschiedene intrazelluläre Ca^{++}-Bindungsproteine und ihre Eigenschaften

Ca^{++}-bindendes Protein	Charakteristika	Vorkommen	Funktion
Calmodulin	148 Aminosäuren 4 Ca^{2+}-Bindungsstellen (Kd 0,1—10 µM)	ubiquitär	Modulation der Funktion zahlreicher Proteine
Troponin C	68—85% Aminosäure-Homologie mit Calmodulin 4 Ca^{++}-Bindungsstellen	quergestreifte Muskulatur (Skelett, Herz)	Regulation der Actomyosin-ATPase
regulatorische Myosin-Leichtkette (RLC)	MG: 20000 2 Ca^{++}-Bindungsstellen	glatte Muskulatur, Skelett- und Herzmuskulatur	Regulation der Actomyosin-ATPase
Parvalbumine	109 Aminosäuren 2 Ca^{++}-Bindungsstellen α-Parvalbumin β-Parvalbumin	Skelettmuskulatur	noch unklar
Oncomodulin	108 Aminosäuren 2 Ca^{++}-Bindungsstellen hohe Homologie mit β-Parvalbumin	hauptsächlich Tumorgewebe (20000fache Konzentration im Vergleich zu Normalgewebe)	Aktivierung bei neoplastischer Transformation, regulatorische Funktion noch unklar
Intestinale Ca^{++}-bindende Proteine	1 Ca^{++}-Bindungsstelle kleine Form: MG 12500 K_D (Ca^{++}) 0,1—1,0 µM große Form: MG: 27000 K_D (Ca^{++}) 2,0 µM	Darm	intestinaler Ca^{++}-Transport und Speicherung

erwähnte Prinzip der Oligospezifität von Kopplungsproteinen wieder (Kap. 12).

Vereinfacht kann die Enzymaktivierung durch Ca^{++}/CaM in folgender Reaktionssequenz dargestellt werden:

$$Ca^{++} + CaM \rightleftharpoons Ca_1^{++}CaM \overset{Ca^{++}}{\rightleftharpoons} Ca_2^{++}CaM$$

$$\overset{Ca^{++}}{\rightleftharpoons} Ca_3^{++}CaM^* \overset{Ca^{++}}{\rightleftharpoons} Ca_4^{++}CaM^*$$

$$Ca_3^{++}CaM^* \overset{+E}{\rightleftharpoons} Ca_3^{++}CaM^*\text{-}E^* \qquad Ca_4^{++}CaM^* \overset{+E}{\rightleftharpoons} Ca_4^{++}CaM^*\text{-}E^*$$

Dabei stehen CaM* und E* für die aktivierten Formen beider Proteine.

Wie bereits Tabelle 13.4. vermuten läßt, weisen die Ca^{++}-bindenden Regulatorproteine große strukturelle Ähnlichkeiten auf. Es erhebt sich nun die Frage: Wie führt die Ca^{++}-Bindung zur Konformationsänderung des Regulatorproteins und somit zur Aktivierung des Targetenzyms?

Aus Ergebnissen, die mit Hilfe verschiedener Methoden (Primärstrukturaufklärung, Circulardichroismus, kernmagnetische Resonanzspektroskopie) gewonnen wurden, lassen sich hierzu bereits einige Aussagen ableiten, die in Abb. 13.7. zusammengefaßt sind.

Jede Ca^{++}-Bindungsstelle eines Regulatorproteins besteht aus einem β-Strang, dessen Aminosäuren Carboxylreste aufweisen. An den beiden Seiten dieses β-Stranges befinden sich α-Helices. Durch die Ca^{++}-Bindung wird eine Umlagerung dieser β-Stränge und damit eine räumliche Umverteilung der benachbarten starren α-Helices induziert. Zwischen den α-helikalen Bereichen befinden sich weitere, nicht Ca^{++}-bindende β-Stränge. Diese werden als Bindungsregionen der Target-

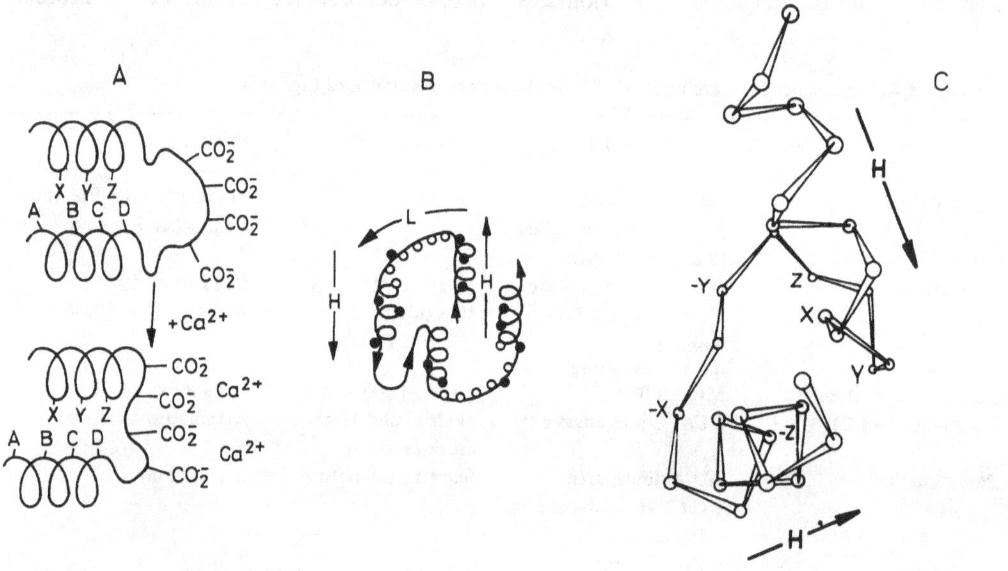

Abb. 13.7. Eigenschaften Ca^{2+}-bindender Regulatorproteine

A) Schematische Darstellung der initialen Konformationsänderung des strukturellen Grundelements Ca^{2+}-bindender Regulatorproteine.

B) Helikale (H) Bereiche und Ca^{2+}-bindende β-Stränge (L) eines Segments aus zwei strukturellen Grundelementen des Parvalbumins.
Offene Kreise: potentielle Ca^{2+}-Bindungsstellen
Geschlossene Kreise: hydrophobe Reste

C) Raumstruktur des Grundelements: (Ca^{2+}-bindender β-Strang)-Helix des Parvalbumins (H = helikale Struktur) Die Buchstaben (*x*, *y*, *z*) symbolisieren potentiell Ca^{2+}-bindende funktionelle Gruppen.

Nähere Erläuterungen finden sich im Text.

(nach: B. A. Levine et al. Biochim. Biophys. Acta **726**, 187 (1983)).

proteine angesehen. Ihre zwangsläufige Konformationsänderung führt zur Aktivierung des Enzyms. Diese Sequenz von Ereignissen resultiert in der Umwandlung einer initial kleinen Konformationsänderung (Ca^{++}-Bindung) in eine relativ große im Bereich der Bindungsregion für das Targetenzym. Diese Angaben beziehen sich auf Troponin C und Parvalbumin, dürften aber prinzipiell auch auf die anderen Proteine dieser Gruppe zutreffen (22).
Calmodulin-Inhibitoren (u. a. Phenothiazine) binden an hydrophobe Regionen des Moleküls (34).

13.2.2.2. Modulation von Enzymfunktionen durch Calmodulin-Ca^{++}-Komplexe

a) Regulation der Muskelkontraktion und der zellulären Motilität

Die Aktivierung des Actomyosin-Systems erfolgt durch eine regulatorische Untereinheit des Myosins (Troponin C), welches jedoch selbst Ca^{++}-Bindungsprotein ist. Dieses Protein wird durch die Myosin-Leichtketten-Kinase (MLCK) phosphoryliert. Die MLCK wiederum stellt ein Calmodulin-bindendes Enzym dar.
In einigen Geweben (glatte Muskulatur, Blutplättchen) existiert eine gegenläufige Regulation: die MLCK kann hier sowohl durch Ca^{++}/CaM als auch eine cAMP-abhängige Proteinkinase beeinflußt werden. Die Phosphorylierung mindert die Affinität des Enzyms gegenüber Ca^{++}/CaM. Dies ist ein weiteres Beispiel für den „cross talk" von Effektuierungssystemen.
Calmodulin kontrolliert somit auch die Bewegung von Mikrofilamenten. Über die Depolymerisierung von Mikrotubuli reguliert CaM eine weitere Funktion des Cytoskeletts, denn in Gegenwart von Ca^{++}/CaM erfolgt die Phosphorylierung von α- und β-Tubulin durch eine endogene, CaM-aktivierte Proteinkinase. Auch andere Cytoskelettelemente (Caldesmon aus dem Hühnermagen, Spektrin der Erythrocyten) sind als Ca^{++}/CaM-bindende Proteine beschrieben.

b) Kontrolle der Metabolisierung von zyklischen Nukleotiden

1) Phosphodiesterase
Die physiologische Bedeutung der CaM-abhängigen Phosphodiesterase ist noch nicht vollständig klar. Das Enzym hydrolysiert cGMP mit hoher (K_m = 5—10 µM) und das biologisch wichtigere cAMP mit niedriger Affinität (K_m = 100 µM). Die Aktivierung durch Ca^{++}_{3-4}/CaM resultiert in einem 10 bis 50fachen Anstieg von V_{max} und 2—5facher Erniedrigung des K_m-Wertes für beide Substrate.

2) Adenylatzyklase
In einigen Zellen (Hirn, Gliazellen, Nebennierenmark, Pankreas, Nierenzellen) ist die Aktivierung der Adenylatzyklase durch Ca^{++}/CaM (nicht aber durch die homologen Proteine Troponin C und Parvalbumin) nachgewiesen.
Calmodulin erhöht die V_{max} und hat hier (im Gegensatz zur Phosphodiesterase) keinen Einfluß auf den K_m-Wert. Hier handelt es sich um scheinbar gegensätzliche modulatorische Wirkungen, deren genaueres Verständnis nur unter Berücksichtigung von Konzentration, Kompartimentierung und Kinetik der beteiligten Faktoren nur im Einzelfall erschlossen werden kann.

c) Regulation von Enzymen des Intermediärstoffwechsels

Ein weiteres Beispiel für zweigleisige Signaltransformationen ist die Kontrolle der Phosphorylase-Kinase durch cAMP und Ca^{++} Die dafür verantwortliche Proteinkinase ist ein Tetramer. Jede Untereinheit setzt sich ebenfalls wiederum aus 4 Polypeptidketten zusammen. Eines dieser Polypeptide ist das Calmodulin. Es stellt einen integralen und nichtdissoziablen Bestandteil jedes Protomers dar. Ohne Ca^{++} ist das Enzym inaktiv.
Die Phosphorylierung durch eine cAMP-abhängige Proteinkinase bewirkt eine 20fache Steigerung der Ca^{++}-Sensitivität. In Gegenwart von 1.0 µM Ca^{++} erfolgt eine 150fache Aktivierung der phosphorylierten Form des Enzyms.

Die zusätzliche, reversible Bindung von exogenem Ca^{++}/Calmodulin induziert eine nochmalige 5fache Aktivierung der Phosphorylasekinase.

d) Ca^{++}-Transportsysteme und Calmodulin

1) Die Ca^{++}-ATPase der Plasmamembran
Dieses System für die Aufrechterhaltung der Ca^{++}-Homöostase ist außerordentlich gut charakterisiert (6).
Es existiert in 2 Aktivitätszuständen („low/high"). Die Aktivierung (Übergang von „low" nach „high") erfolgt durch Ca_{3-4}^{++}-Calmodulin und bewirkt eine etwa 10fache Erhöhung der Ca^{++}-Affinität und eine 7fache Steigerung der V_{max} für ATP.

2) Die Ca^{++}-ATPase des endoplasmatischen Retikulums
Die Aktivität der intrazellulären Ca^{++}-ATPase wird durch ihre Phosphorylierung sowohl über Ca^{++}-Calmodulin-abhängige als auch cAMP-abhängige Proteinkinasen reguliert.

e) Regulation von Proteinphosphorylierungen und -dephosphorylierungen

1) CaM-abhängige Proteinkinasen
Im Gegensatz zu den cAMP-abhängigen Proteinkinasen, von denen wahrscheinlich nur 2 Isozyme existieren, gibt es viele substratspezifische Ca^{++}-CaM-abhängige Proteinkinasen (7). Sie kommen im Cytosol, aber auch in der Membran vor. Typisch für die Vernetzung der Signalwege ist wiederum die oft auftretende duale Regulation des Aktivitätszustandes von Phosphoenzymen durch CaM- und cAMP-abhängige Proteinkinase — Beispiele hierfür sind die Phosphorylierung von Synapsin I, von GABA-Modulin oder von Phospholamban im Herzen.

2) Protein-Phosphatasen
Die einzige bisher mit Sicherheit identifizierte Ca^{++}-CaM-abhängige Phosphatase ist das mit der Phosphatase 2 B (Skelettmuskulatur) identische Calcineurin. Hierbei handelt es sich um um ein wichtiges CaM-bindendes Protein im Hirn. Es setzt sich aus 2 Untereinheiten zusammen: Calcineurin A (MG: 61000) und Calcineurin B (MG: 19000). Calcineurin wird durch Ca^{++}—CaM an der A-Untereinheit aktiviert.

13.2.3. Ca^{++} als Induktor irreversibler Prozesse: Ca^{++}-bindende Proteasen

13.2.3.1. Calpain

Calpain (EC 3.4.22.17) ist die 1981 eingeführte Bezeichnung für eine Gruppe von Ca^{++}-abhängigen Cystein-Proteasen. Sie katalysieren stets (im Gegensatz zu den lysosomalen Proteasen) eine limitierte Proteolyse und sind durch eine Reihe gemeinsamer Eigenschaften (cytosolisches Vorkommen, Ca^{++}-Bindung, pH-Optimum zwischen 7.0 und 8.5, endogener Inhibitor) gekennzeichnet (25, 36). Bezüglich der Affinität für Ca^{++} unterscheidet man 2 Klassen:
Calpain I wird durch 100 µM Ca^{++} aktiviert, Calpain II erst bei 1—5 mM Ca^{++}.

13.2.3.2. Calpastatin

Calpastatin ist dasjenige endogene Inhibitorprotein (MG: 250000—300000), wodurch Calpain spezifisch gehemmt wird. Für diese Hemmung scheint keine Organ- oder Speziesspezifität zu bestehen. Calpastatin hat keine Wechselwirkung mit dem inaktiven Calpain, bindet und inaktiviert jedoch die Ca^{++}-aktivierte Form des Enzyms. Beim Abfall der Ca^{++}-Konzentration dissoziiert der Komplex in die Protomeren des Calpastatins und setzt Calpain wieder frei. Vermutlich kann jede Calpastatin-Untereinheit ein Molekül Calpain binden.

13.2.3.3. Das Calpain-Calpastatin-System

Die Modifizierung eines Proteins durch limitierte Proteolyse stellt einen irreversiblen Vorgang dar, der sowohl zur Aktivierung als auch zur Inaktivierung führen kann. Für die physiologische Relevanz der irreversiblen Regulation durch das Calpain sprechen dessen endogene Substrate, die sich in 5 Gruppen unterteilen lassen:

- Myofibrilläre Proteine (Troponin T, Troponin I, Tropomyosin)
- Neurofilamentproteine
- Cytoskelettproteine
- Proteinkinasen (z. B. C-Proteinkinasen)
- Rezeptorproteine (z. B. Östrogen- und Progesteron-bindende Rezeptoren).

Calpain ist ebenso ubiquitär verbreitet und von pleiotroper Wirkung wie die Proteinkinasen und Calmodulin. Somit existieren für das Messenger-Ca^{++} zwei generelle Systeme für Signalempfang und -modulation: Ca^{2+}-bindende Regulatorproteine und Calpain. Beide sind primäre Bindungsproteine für Ca^{++}. Der entscheidende Unterschied besteht in der Reversibilität bzw. Irreversibilität der katalysierten Reaktion.

13.3. Das Phosphoinositid-System

13.3.1. Einführung

Phosphoinositide machen nur einen sehr kleinen Teil der Zellmembran aus (vergl. Kap. 6). Dennoch wurden sie bereits in den 40er Jahren isoliert. Sie stehen seit der Entdeckung der starken Stimulierbarkeit ihres Metabolismus durch Agonisten von Membranrezeptoren durch HOKIN (1953) auf der Liste der potentiellen „second messenger".

Die umfangreichen Arbeiten zu diesem Problem haben bis in die jüngste Vergangenheit die Frage, ob und in welchem Umfang diesem System eine „messenger"-Rolle zukommt, nicht beantworten können. Erst jetzt deutet sich hier ein Wandel an (Diacylglycerin als Aktivator der Proteinkinase C, Inositoltriphosphat als Ca^{++}-Releaser aus dem endoplasmatischen Retikulum) (2).

Methodischer Ausgangspunkt der Arbeiten an diesem System war die Markierung mit ^{32}P und die Analyse der entstehenden markierten Metabolite nach zellulärer Aktivierung. Gegenwärtig wird überwiegend ^{3}H-Inositol als Markersubstanz eingesetzt. Die Trennung der Metabolite erfolgt durch Dünnschichtchromatografie oder HPLC.

Jüngste Untersuchungen zeigen, daß der Phosphoinositid-Metabolismus wahrscheinlich wesentlich komplexer ist als in Abb. 13.8. dargestellt. Hinsichtlich der biologischen Bedeutung sowie des zellulären und subzellulären Vorkommens der neuaufgefundenen Metabolite bestehen gegenwärtig noch keine gesicherten Erkenntnisse.

13.3.2. Der Phosphatidylinositol-Metabolismus

Als Phosphoinositide werden die Phospholipide, die Myo-Inositol als Kopfgruppe und meist Stearinsäure und Arachidonsäure als Seitenkette enthalten, bezeichnet. Die schrittweise Phosphorylierung am Inositolring (Phosphatidylinositol (PI)) zu Phosphatidylinositol-4-phosphat und zu Phosphatidylinositol-4,5-diphosphat) wird durch spezifische Kinasen, die Rückführung der Polyphosphoinositide zu Phosphatidylinositol durch korrespondierende Phosphomonoesterasen katalysiert. Phosphorylierung und Dephosphorylierung halten ein Fließgleichgewicht zwischen diesen drei Phospholipiden aufrecht.

Die Rezeptor-vermittelte Spaltung von Phosphatidylinositol-4,5-diphosphat erfolgt durch die Phospholipase C zu Inositoltriphosphat und 1,2-Diacylglycerin. In der Vergangenheit wurde zumeist die Spaltung von Phosphatidylinositol als das entscheidende (Rezeptor-vermittelte) Ereignis angesehen. Die hier angesprochenen Reaktionen sind in der Abb. 13.8. schematisch dargestellt.

Die Resynthese von Phosphatidylinositol im endoplasmatischen Retikulum erfolgt ausgehend von Diacylglycerin, wobei zuerst Phosphatidsäure entsteht. Der Einbau in die Plasmamembran erfolgt über PI-Austauschproteine.

Für Diacylglycerin und Phosphatidsäure gibt es aber noch andere Metabolisierungswege, die nicht zu PI, sondern zur Arachidonsäurefreisetzung führen (vergl. Kap. 14). Das zur Bildung von Phosphatidylinositol notwendige Inositol ist das Endprodukt der Dephosphorylierung von Inositoltriphosphat (Abb. 13.6.).

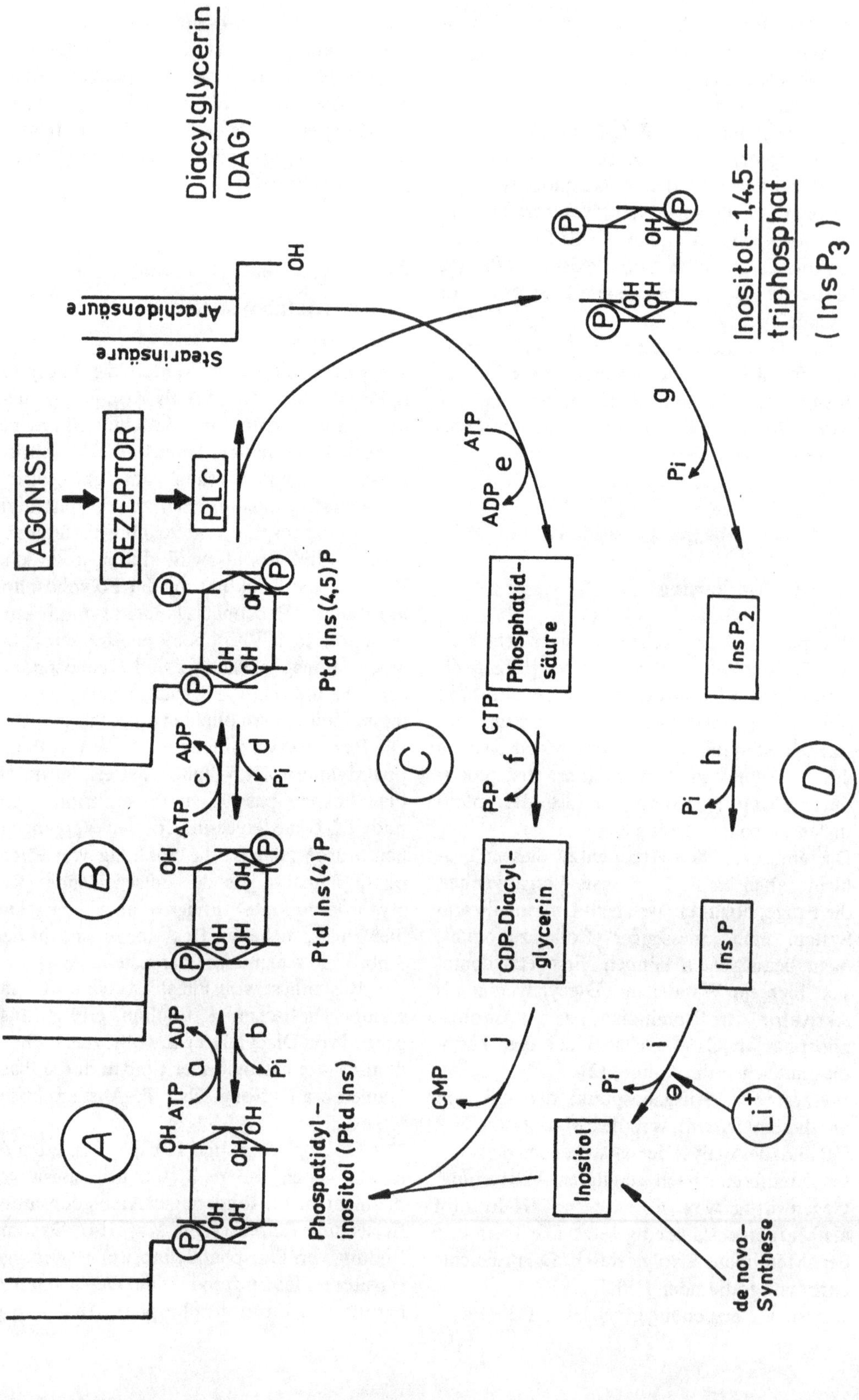
AGONIST
REZEPTOR
PLC
Diacylglycerin
(DAG)
Stearinsäure
Arachidonsäure
OH
Inositol-1,4,5-
triphosphat
(Ins P_3)
A
B
C
D
ATP
ADP
Pi
a
b
c
d
e
f
g
h
i
j
Phospatidyl-
inositol (Ptd Ins)
Ptd Ins(4) P
Ptd Ins(4,5) P
Phosphatid-
säure
CTP
P-P
CDP-Diacyl-
glycerin
CMP
Inositol
Ins P
Ins P_2
Li^+
de novo-
Synthese

Abb. 13.8. Inositid-Metabolismus in der Zellmembran

(A) Phosphatidylinositol/Phosphatidylinositol-4-Phosphat-Zyklus:
- (a) Phosphatidylinositolkinase
- (b) Phosphatidylinositol-4-Phosphat-Phosphomonoesterase

(B) Phosphatidylinositol-4,5-diphosphat-Zyklus:
- (c) Phosphatidylinositol-4-Phosphat-Kinase
- (d) Phosphatidylinositol-4,5-diphosphat-Phosphomonoesterase

(C) Lipidzyklus:
- (e) Diacylglycerinkinase
- (f) CTP: Phosphatidsäure-Cytidyltransferase

(D) Inositolphosphatzyklus:
- (g) Inositoltriphosphat-Phosphatase
- (h) Inositoldiphosphat-Phosphatase
- (i) Inositolmonophosphat-Phosphatase
- (j) CDP-Diacylglycerin: Inositol-Phosphatidattransferase

PLC = Phospholipase C,

Li^+ = Die Hemmung der Inositolbildung durch Lithiumionen erklärt die desensibilisierende Wirkung von Li^+ auf Ca^{2+}-mobilisierende Rezeptoren, denn als „Spätfolge" dieser Hemmung ist die verminderte Bildung des Ca^{2+}-freisetzenden „essenger"-Moleküls $InsP_3$ anzusehen.

(nach: Berridge (4), modifiziert).

Das dargestellte Reaktionsschema stellt das Grundgerüst der bislang am besten untersuchten Teile des Phosphoinositidmetabolismus dar. Jüngste Untersuchungen zeigen jedoch, daß in bestimmten Zellen auch weitere Metabolite vorkommen, denen z. T. auch eine physiologische Regulatorfunktion zukommt.

Als Beispiel können angeführt werden:

— Ins 1,3,4,5 P_4 entsteht aus Ins 1,4,5 P_3 und hat möglicherweise eine Funktion bei der Regulation der Permeabilität der zytoplasmatischen Membran für Ca^{++}. Die Verbindung kann zu Ins 1,3,4 P_3 und Ins 3,4 P_2 abgebaut werden, deren Rolle noch unklar ist. Interessant ist jedoch, daß die letztgenannte Reaktion etwa 10fach sensitiver gegenüber der inhibitorischen Wirkung von Li^+ als der Abbau von Ins 1,4 P_2 zur Ins 1, P und Ins ist.

— Der Abbau von Ins 1,4 P_2 kann sich über Ins 1, P und Ins 4, P vollziehen, wobei nur der erstgenannte Weg durch Li^+ hemmbar ist.

— Es wurden auch die Metabolite Ins P_5 und Ins P_6 nachgewiesen, ohne das über ihre Entstehung genaueres bekannt ist.

Sollte es sich erweisen, daß sich Zellen hinsichtlich des Vorkommens bestimmter Wege des Inositid-Metabolismus unterscheiden, liegt hier eine potentielle therapeutische Eingriffsmöglichkeit, vorausgesetzt es werden neue, selektive Inhibitoren aufgefunden.

Tabelle 13.5. Auswahl von Substanzen, die den PI-Metabolismus stimulieren

Neurotransmitter	Peptidhormone	Wachstumsfaktoren	Sonstige
Acetylcholin	Vasopressin	PDGF	Thrombin
(M_1)	(V_1)		
	Substanz P	EGF	Collagen
Noradrenalin ($alpha_1$)	Bradykinin	NGF	ConA
Histamin (H_1)	Angiotensin II		Antigen
Serotonin (S_1)	Pankreozymin		Phytohaemagglutinin
	Caerulein		
Glutamat	TSH		IgE
	TRH		TXA_2
	CCK		

13.3.3. Wie erfolgt die Kopplung von Rezeptor und Phospholipase C?

Die Kopplung erfolgt in analoger Weise wie bei der Signalweiterleitung auf die Adenylatzyklase über ein G-Protein. Dies wurde sowohl durch die Wirkung abbaustabiler GTP-Derivate sowie von Bakterien-Toxinen auf die Rezeptorvermittelte Aktivierung des PI-Metabolismus nachgewiesen. Offen ist die Frage: handelt es sich um G_i oder ein anderes G-Protein (G_0 bzw. G_p)? Das G_i-spezifische Pertussis-Toxin (IAP) hemmt zwar die entsprechenden Effekte bei Mastzellen, Neutrophilen und Adipocyten, nicht jedoch in der Leber, im Pancreas und im Herz. Offen ist auch die Frage, ob es eine Rezeptor-vermittelte Hemmung des PI-Metabolismus gibt.

13.3.4. Metabolite des Phosphatidylinositol-4,5-diphosphats und ihre potentiellen „second messenger"-Funktionen

13.3.4.1. Die Induktion der intrazellulären Ca^{++}-Freisetzung durch Inositoltriphosphat

In den letzten Jahren wurde in unterschiedlichen Zelltypen nachgewiesen, daß Inositoltriphosphat die Freisetzung von Ca^{++} aus dem endoplasmatischen Retikulum, nicht aber aus den Mitochondrien oder den sekretorischen Granula induziert (9, 19). Erste Informationen über die dort lokalisierten Inositoltriphosphat-Rezeptoren und deren Aktivierung erbrachten Experimente mit verschiedenartigen Inositolphosphaten. Neben Inositoltriphosphat wird Ca^{++} auch noch durch Glycerophosphoinositol-4,5-diphosphat und Inositol-2,4,5-triphosphat (10fach höhere Konzentration) sowie Inositol-4,5-diphosphat (100fach höhere Konzentration) freigesetzt. Alle wirksamen Analoga besitzen Phosphatreste in 4- und 5-Stellung.

Phosphatidsäure ist ein weiterer Metabolit, der mit der Veränderung der cytosolischen Ca^{++}-Konzentration in Beziehung zu stehen scheint. Ihre Rolle als ein hypothetisches „Ca^{++}-Ionophor" wurde anhand von Modellexperimenten definiert und könnte in einer Permeabilisierung der Membran gegenüber dem starken Ca^{++}-Gradienten liegen. Als Mechanismen hierfür werden Veränderung der Membranfluidität bzw. Wirkung auf die Protein-Ca^{++}-Kanäle diskutiert.

Schließlich ist die Dephosphorylierung von Phosphatidylinositol-4,5-diphosphat zu nennen. Durch diese Reaktion geht ein wesentlicher Bindungsort von Ca^{++} an der Membran verloren (Ca^{++}-Chelate). Die hierdurch erzielten (bezogen auf die Zelle geringfügigen, aber lokal eventuell bedeutsamen) Ca^{++}-

Konzentrationsveränderungen könnten ein Primärereignis in der Sequenz der Rezeptor-induzierten Veränderungen des Phosphatidylinositol-Metabolismus sein.

13.3.4.2. Die Proteinkinase C-Aktivierung durch Diacylglycerin

Das zweite Hydrolyseprodukt des Phosphatidylinositol-4,5-diphosphates ist das Diacylglycerin. Es verbleibt z. T. in der Plasmamembran und stimuliert die an der Membraninnenseite lokalisierte Proteinkinase C dadurch, daß es ihre Affinität gegenüber dem essentiellen Kofaktor Ca^{++} dramatisch erhöht. Die aktivierte Proteinkinase C phosphoryliert eine Reihe membranaler und cytosolischer Proteine (29). Statt Diacylglycerin können auch strukturanaloge Tumor-induzierende Phorbolester zu ihrer Aktivierung eingesetzt werden (7). Die physiologischen Ca^{++}-Konzentrationen sind für das aktivierte Enzym ausreichend, stellen also keinen regulativen Faktor dar.
Die noch sehr lückenhaften Kenntnisse über die Targetproteine der Proteinkinase C lassen sich wie folgt zusammenfassen:

Das Enzym phosphoryliert u. a.:
— Na^+/H^+-Carrier (Anstieg des intrazellulären pH)
— B-50-Protein (Veränderung der Transmitterfreisetzung aus der Präsynapse)
— Ca^{++}- und K^+-Kanäle (Aktivierung)
— Phospholipase C (Hemmung)
— Rezeptor des „epidermal growth factor".

Diacylglycerin wird nach der Rezeptoraktivierung nur kurz verstärkt produziert. Es ist also wahrscheinlich, daß auch ein „Ausschaltsignal" existiert (Proteinkinase-A-vermittelte Phosphorylierung der Phospholipase C?). Interessant ist in diesem Zusammenhang, daß die Tumor-Induktoren — wie Phorbolsäureester — zu einer langanhaltenden Stimulierung der Proteinkinase C führen. Ist in Tumoren eventuell (auch) dieser „Abschaltmechanismus" gestört?

13.3.5. Interaktion des Phosphoinositid-Systems mit anderen Effektorsystemen

In diesem Abschnitt sollen Beispiele dargestellt werden, wie durch die Aktivierung eines Rezeptors mehrere „second messenger" ausgelöst werden können, die auf separaten Wegen zu Reaktionen führen, deren Zusammenwirken essentiell für die Auslösung des physiologischen Effekts ist:

a) Die Aktivierung des Phosphoinositid-Systems über einen Rezeptor führt zu Produktion von zwei Messengern: Inositoltriphosphat und Diacylglycerin.

Inositoltriphosphat induziert die Freisetzung von intrazellulärem Ca^{++} und führt somit indirekt zur Aktivierung der Ca^{++}/CaM-abhängigen Proteinkinasen. Diacylglycerin aktiviert die Proteinkinase C. Beide Signaltransformationen können eigenständig ablaufen, aber ein physiologischer Effekt wird oft nur durch ihr Zusammenwirken erreicht (synergistische Wirkung). Dies konnte für die Exozytose aus Neutrophilen, Mastzellen und Platelets, die Katecholaminfreisetzung aus Nebennierenmarkzellen, die Insulinfreisetzung aus Pankreaszellen u. a. nachgewiesen werden (Abb. 13.9.).

b) Die parallele Stimulierung des Ca^{++}-Einstromes

Neben der Freisetzung von intrazellulärem Ca^{++} durch Inositoltriphosphat tritt ein erhöhter Ca^{++}-Influx durch Membrankanäle nach der Rezeptoraktivierung ein. Alle Rezeptoren, deren Aktivierung den Phosphoinositidmetabolismus stimuliert, sind gleichzeitig Induktoren dieses Ca^{++}-Einstromes (Abb. 13.9.).

c) Inhibitorische Effektuierungsreaktionen

Die meisten Zellen besitzen mehrere Typen von Membranrezeptoren. Eine duale Regulation kann z. B. dann erfolgen, wenn parallel zur Stimulierung des PI-Metabolismus die Adenylatzyklase aktiviert wird. Im Falle der Mastzelle geht die Adenylatzyklaseaktivie-

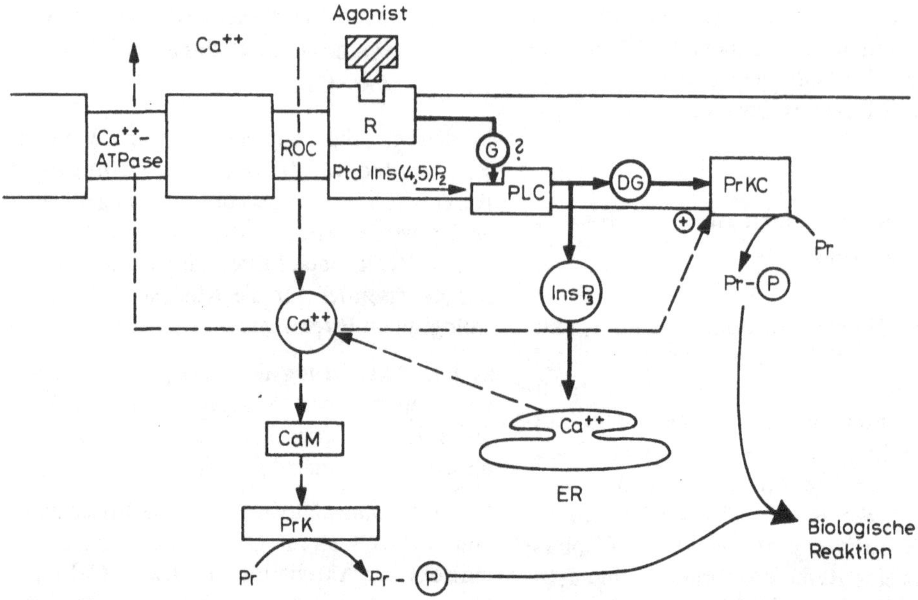

Abb. 13.9. Schematische Darstellung des möglichen Zusammenwirkens von Ca^{2+}- und Phosphoinositid-System als Effektorsysteme eines Membranrezeptors.
ROC = Rezeptor-gekoppelter Ca^{2+}-Kanal („receptor operated Ca^{2+}-channel")
G = G-Protein
PLC = Phospholipase C
PrK/PrK-C = Proteinkinasen/Proteinkinase C
PtdIns-(4,5)-P_2 = Phosphatidylinositol-4,5-diphosphat
$InsP_3$ = Inositol-1,4,5-triphosphat
DG = Diacylglycerin
Pr/Pr-P = Protein/Phosphoprotein
CaM = Calmodulin
ER = Endoplasmatisches Retikulum
(nach: H. Rasmussen, in: Calcium and Cell Function, W. J. Cheung (Ed.), Academic Press, New York, (1983), modifiziert).

rung sogar vom gleichen Rezeptorsystem (IgE-Rezeptor) aus, welches auch den PI-Metabolismus stimuliert. cAMP führt u. a. zur Aktivierung der Proteinkinase A, die inhibitorisch auf den Phosphatidylinositol-Metabolismus (Mechanismus unbekannt) zu wirken scheint.

Experimente zur malignen Transformation durch Viren führten kürzlich zur Entdeckung dominanter Oncogene, die verschiedene Elemente des PI-Signalweges kodieren:

— das sis-Oncogen ist verantwortlich für die Produktion von PGDF („platelet-derived growth factor"), einem Wachstumsfaktor, der den PI-Metabolismus stimuliert;
— das erb-B-Gen kodiert anscheinend das Rezeptorprotein für einen anderen Wachstumsfaktor (EGF = „epidermal growth factor"), der ebenfalls über das PI-System wirkt;
— die src- und ros-Oncogene enthalten die Information zur Bildung von Proteinen, die als Kinasen die Phosphorylierung von PI katalysieren und
— das ras-Gen produziert ein GTP-bindendes Protein, das vermutlich Rezeptor und Phospholipase C koppeln kann.

In Verbindung mit der Tatsache, daß bei der Auslösung des Zellwachstums durch mitogene Signale (Wachstumsfaktoren, Hormone, Neu-

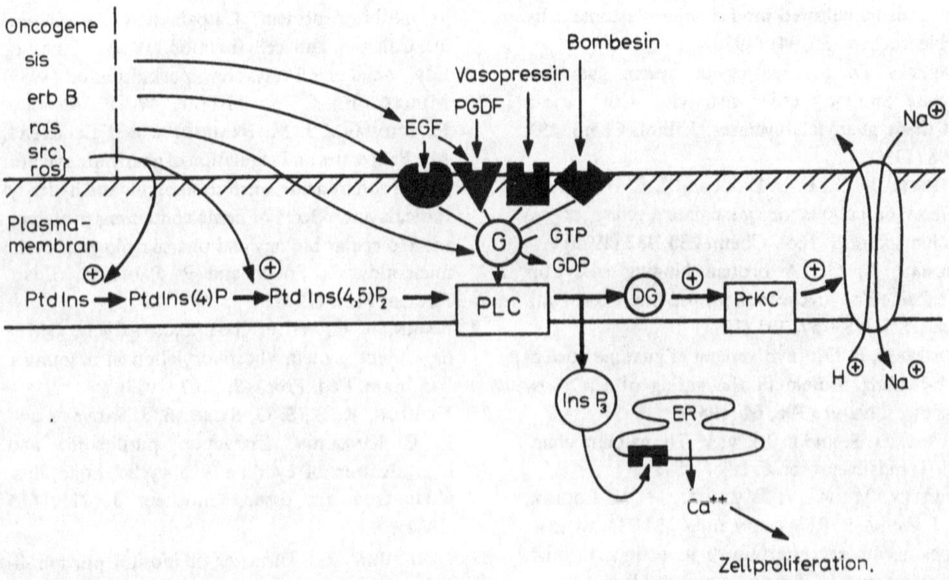

Abb. 13.10. Hypothetische Rolle von Diacylglycerin und Inositoltriphosphat als intrazelluläre „messenger" bei der Regulation der Zellproliferation. Oncogene kodieren verschiedene Elemente der Reaktionskette (Erläuterungen im Text). Inositoltriphosphat mobilisiert intrazelluläres Ca^{2+}, während Diacylglycerin über die Phosphorylierung des H^+/Na^+-Carriers den intrazellulären pH-Wert erhöht.
(nach: M. J. BERRIDGE et al., Biochem. Soc. Transact. **13,** 67 (1985)).

rotransmitter) sowohl Ca^{++} als auch der intrazelluläre pH-Anstieg eine Rolle spielen. entwickelte BERRIDGE (3, 4) ein komplexes Modell der Steuerung der Zellproliferation durch ein zweigleisiges Signalsystem (Abb. 13.10.).

Zitierte Literaturbeispiele

1. APPLEMAN, M. M., M. A. ARIANO, D. J. TAKEMOTO and R. H. WHITSON: Cyclic Nucleotide Phosphodiesterases. in: Cyclic Nucleotides, J. A. NATANSON and J. W. KEBABIAN, (Eds.), Springer Verl. Heidelberg, Berlin, New York (1982)
2. BERRIDGE, M. J.: Inositol trisphosphate and diacylglycerol as second messengers. Biochem. J. **220,** 345 (1984)
3. BERRIDGE, M. J., J. P. HESLOP, R. F. IRVINE and K. D. BROWN: Inositol lipids and cell proliferation. Biochem. Soc. Transact. **13,** 67 (1985)
4. BERRIDGE, M. J. and R. F. IRVINE: Inositol trisphosphate, a novel second messenger in cellular signal transduction. Nature **312,** 315 (1984)
5. BORLE, A. B.: Control, modulation and regulation of cell calcium, Rev. Physiol. Biochem. Pharmacol. **90,** 13 (1981)
6. CARAFOLI, E.: Calmodulin-sensitive calcium-pumping ATPase of plasma membranes: Isolation, recognition and regulation. Fed. Proc. **43,** 3005 (1984)
7. CASTAGNA, M., Y. TAKAI, K. KAIBUCHI, K. SANO, V. KIKKIKAWA and Y. NISHIZUKA: Direct activation of calcium-activated, phospholipid-dependent proteinkinase by tumor-promoting phorbolesters. J. Biol. Chem. **257,** 7847 (1982)
8. CECH, S. Y., W. C. BROADDUS and M. E. MAGUI ´E: Adenylate cyclase: The role of magnesium and other divalent cations. Mol. Cell. Biochim. **33,** 67 (1980)
9. CHAREST, R., V. PRIPIC, J. H. EXTON and P. F. BLACKMORE: Stimulation of inositol triphosphate formation in hepatocytes by vasopressin, adrenaline and angiotensin II and its relationship to changes in cytosolic free Ca^{++}. Biochem. J. **227,** 79 (1985)
10. COX, J. A.: Sequential events in calmodulin on binding with calcium and interaction with target enzymes. Fed. Proc. **43,** 3000 (1984)
11. EL FAKAHANY, E. and E. RICHELSON: Regulation of muscarinic receptor mediated cyclic GMP

synthesis by cultured mouse neuroblastoma cells. J. Neurochem. **35**, 941 (1980)
12. GARBERS, D. L.: Sea urchin sperm guanylate cyclase antibody cross reactivity with various rat tissue guanylate cyclases. J. Biol. Chem. **253**, 1898 (1978)
13. GARBERS, D. L., E. L. DYER and J. E. HARDMAN: Effects of cations on guanylate cyclase of sea urchin sperm. J. Biol. Chem. **250**, 382 (1975)
14. GILMAN, A. G.: A protein binding assay for adenosine 3':5'-cyclic monophosphate. Proc. Natl. Acad. Sci. USA **67**, 305 (1971)
15. GOMPERTS, B. D.: Involvement of guanine nucleotide-binding protein in the gating of Ca^{++} by receptors. Nature **306**, 64 (1983)
16. HAGIWARA, S. and L. BYERCY: The calcium channel. Trends Neurosci. **6**, 189 (1983)
17. HOUSLEY, M., A. V. WALLACE, M. E. COOPER, N. J. PAYNE, S. R. WILSON and C. M. HEYWORTH: Does insulin exert certain of its actions through a distinct species of guanine nucleotide regulatory protein? Biochem. Soc. Transact. **12**, 766 (1984)
18. IMAI, R., Y. ISHIZUKA, K. KAWAI and Y. NOZAWA: Evidence for coupling of phosphatidic acid formation and calcium influx in thrombin-activated human platelets. Biochem. Biophys. Res. Commun. **108**, 752 (1982)
19. IRVINE, R. F., A. J. LETCHER, A. J. LANDER and C. P. DOWNES: Inositol trisphosphates in carbachol-stimulated rat parotid glands. Biochem. J. **223**, 237 (1984)
20. KEMPSON, S., G. V. MARINETTI and A. SHAW: Hormone action at the membrane level. VII. Stimulation of dihydroalprenolol binding to beta-adrenergic receptors in isolated rat heart ventricle slices by triiodothyronine and thyroxine. Biochem. Biophys. Acta **54**, 320 (1978)
21. KOENIG, H., A. GOLDSTONE and C. Y. LU: Polyamines regulate calcium fluxes in a rapid plasma membrane response. Nature **306**, 530 (1983)
22. LEVINE, B. A. and D. C. DALGARNO: The dynamics and function of calcium-binding proteins. Biochim. Biophys. Acta **726**, 187 (1983)
23. MACMANUS, J. P. and J. F. WHITHEFIELD: Oncomodulin: Acalcium-binding protein from hepatoma, in: Calcium and cell function, W. Y. CHEUNG, (Eds.), Academic Press, New York (1983)
24. MITTAL, C. K. and F. MURAD: Guanylate cyclase: Regulation of cyclic GMP metabolism. in: Cyclic nucleotides, J. A. NATANSON and J. W. KEBABIAN, Eds., Springer Verl. Heidelberg, Berlin, New York (1982)
25. MURACHI, T.: Intracellular Ca^{++}-protease and its inhibitor protein: Calpain and Calpastatin. in: Calcium and cell function, W. Y. CHEUNG, Eds., Academic Press, New York, London (1983)
26. MURAD, F., C. K. MITTAL, W. P. ARNOLD, K. ICHIHARA, J. M. BRAUGHLER and EL-ZAYAT, M.: Properties and regulation of guanylate cyclase: Activation by azide, nitro compounds and hydroxyl radicals and effects of heme containing proteines. in: Molecular biology and pharmacology of cyclic nucleotids, G. FOLCO and R. PAOLETTI, (Eds.). Elsevier Press (1978)
27. NAIRN, A. C. and P. GREENGARD: Cyclic GMP-dependent protein phosphorylation in mammanlian brain. Fed. Proc. **42**, 3107 (1983)
28. NEWTON, R. P., S. G. SALIH, B. J. SALVAGE and E. E. KINGSTON: Extraction, purification and identification of cytidine 3':5'-cyclic monophosphate from rat tissues. Biochem. J. **221**, 665 (1984)
29. NISHIZUKA, Y.: Turnover of inositol phospholipids and signal transduction. Science **225**, 1365 (1984)
30. RASMUSSEN, H. and D. M. WAISMAN: The messenger functions of calcium in endocrine systems. in: Biochemical Actions of Hormones, G. LITWACK, (Ed.) Academic Press, New York, London (1981)
31. ROBINSON, G. A., R. W. BUTCHER and E. W. SUTHERLAND: Cyclic AMP. Academic Press, New York, London (1971)
32. STEINER, A. L., A. S. PAGLIARA, L. R. CHASE and D. M. KIPNIS: Radioimmunoassay for cyclic nucleotides II. Adenosine 3',5'-monophosphate and guanosine 3',5'-monophosphate in mammalian tissues and body fluids. J. Biol. Chem. **247**, 1114 (1972)
33. SULAKHE, P. V., S. J. SULAKHE, N. L.-K. LEUNG, P. J. STLOUIS and K. A. HICKIE: Guanylate cyclase: Subcellular distribution in cardiac muscle, skeletal muscle, cerebral cortex and liver, Biochem. J. **157**, 705 (1976)
34. TANAKA, T., T. OHMURA and H. HIDAKA: Calmodulin antagonist's binding sites on calmodulin. Pharmacology **26**, 249 (1983)
35. TERMAN, B. I., A. J. BIONTI, J. MOSS and M. VAUGHAN: Activation and stabilization of the catalytic unit of adenylate cyclase. Biochem. J. **227**, 91 (1985)
36. YOSHIMURA, N., I. TSUKAHARA and T. MURACHI: Calpain and Calpastatin in porcine retina. Identification and action on microtubule-associated proteins. Biochem. J. **223**, 47 (1984)

Weiterführende Literatur

COOPER, D. M. F. and K. B. SEAMON (Eds.): Dual regulation of adenylate cyclase. Raven Press, New York (1985)

EXTON, J.: Role of calcium and phosphoinositides in the actions of certain hormones and neurotransmitters. J. Clin. Invest. **75**, 1753 (1985)

HIRASAWA, K. and Y. NISHIZUKA: Phosphatidylinositol turnover in receptor mechanism and signal transduction. Ann. Rev. Pharmacol. Toxicol. **25**, 147 (1985)

HOKIN, L. E.: Receptors and phosphoinositide-generated second messangers. Ann. Rev. Biochem. **54**, 205 (1985)

HOUSLAY, M. D.: Renaissance for cyclic GMP? TIBS **10**, 465 (1985)

HUNTER, T. and J. A. COOPER: Protein-tyrosine kinases. Ann. Rev. Biochem. **54**, 897 (1985)

KITO, S., T. SEGAWA, K. KURIYAMA, H. I. YAMAMURA and R. W. OLSEN (Eds.): Neurotransmitter receptors. Mechanisms of action and regulation. Plenum Press, New York, London (1984)

KLEINZELLER, A., B. R. MARTIN (Eds.): Current topics in membranes and transport, Vol. 18: Membrane receptors. Academic Press, New York, London (1983)

KREBS, E. G.: The phosphorylation of proteins: a major mechanism for biological regulation. Biochem. Soc. Transact., **13**, 813 (1985)

LEVITAN, I. B.: Phosphorylation of ion channels. J. Membrane Biol. **87**, 177 (1985)

NAIRN, A. C., H. C. HEMMINGS Jr. and P. GREENGARD (Eds.): Protein kinases in the brain. Ann. Rev. Biochem. **54**, 931 (1985)

NISHIZUKA, Y.: Protein kinases in signal transduction. TIBS April, 163 (1984)

RIBEIRO-NETO, F. A. P., R. MATTERA, J. D. HILDEBRANDT, J. CODINA, J. B. FIELD, L. BIRNBAUMER and R. D. SEKURA: ADP-Ribosylation of membrane components by Pertussis and Cholera toxin. in: Methods in Enzymology 109; Hormone Action, Part I: Peptide Hormones. (L. BIRNBAUMER and B. W. O'MALLEY, Eds.) Academic Press Inc., London, New York, pp. 566 (1986)

RUBIN, R. P., G. WEISS and J. W. PUTNEY Jr.: Calcium in biological systems. Plenum Publ. Corp. New York (1985)

SCHRAMM, M. and Z. SELINGER: Message transmission: Receptor controlled adenylate cyclase system. Science **225**, 1350 (1984)

SPÄT, A., A. FABIATO and R. P. RUBIN: Binding of inositol triphosphate by a liver microsomal fraction. Biochem. J. **233**, 929 (1986)

TAYLOR, C. W. and J. E. MERRITT: Receptor coupling to polyphosphoinositide turnover: a parallel with the adenylate cyclase system. TIPS Juni, **238** (1986)

14. Die extrazelluläre chemische Signalweiterleitung: Der Arachidonsäuremetabolismus

14.1. Einführung

Die Formulierung „extrazelluläre chemische Signalweiterleitung" im Titel dieses Kapitels weist auf die dominante, nicht aber eine ausschließliche Funktion des Arachidonsäuremetabolismus hin.
Trotz der außerordentlichen Fortschritte auf dem Gebiet der Prostaglandin- und Leukotrienforschung sind die vielfältigen Funktionen der großen Gruppe von Verbindungen, die aus Arachidonsäure in verschiedenen Zelltypen entstehen können, noch bei weitem nicht erschöpfend bekannt. Dies gilt insbesondere hinsichtlich der Frage intrazellulärer Angriffspunkte. Für Arachidonsäure selbst ist bereits absehbar, daß auch intrazelluläre Wirkorte existieren, z. B. bei der Modulation der Aktivität der Guanylatzyklase. Weiterhin muß einschränkend bemerkt werden, daß der Arachidonsäuremetabolismus nicht das einzige System chemischer extrazellulärer Signalweiterleitung ist. Hierzu gehören im weiteren Sinne auch die (durch Rezeptoraktivierung ausgelösten oder modulierten) sekretorischen Prozesse, z. B. die präsynaptische Transmitterfreisetzung oder die Mediatorfreisetzung aus den Granula von Mastzellen. Der Grund, warum in diesem Zusammenhang nur der Arachidonsäuremetabolismus behandelt werden soll, besteht darin, daß es sich hier um einen Prozeß handelt, dessen Einzelelemente in der engen Verknüpfung einer Effektuierungskette in der Zellmembran ablaufen. Dabei entstehen die als extrazelluläre „messenger" in Erscheinung tretenden Arachidonsäure-Abkömmlinge als direkte Folge der Rezeptoraktivierung.
Beides ist bei der exozytotischen Mediatorfreisetzung nicht der Fall.

14.2. Wie entsteht Arachidonsäure als Folge der Aktivierung eines Membranrezeptors?

Grundsätzlich können zwei Hauptwege der Rezeptor-stimulierten Synthese von Arachidonsäure beschritten werden: a) die Abspaltung von Arachidonsäure aus Phosphatidylcholin und b) deren Freisetzung aus Diacylglycerin bzw. Phosphatidsäure.
Wie aus Abb. 14.1. ersichtlich ist, handelt es sich bei dem Syntheseweg a) um einen zweigleisigen Prozeß. Arachidonsäure wird kaum in der Zellmembran gebunden, sondern entweder freigesetzt oder durch Cyclooxygenasen und/oder Lipoxygenasen peroxydiert. Die Mehrheit des Phosphatidylcholins in der Zellmembran wird über den UDP-Cholin-Syntheseweg hergestellt. Die quantitativ geringe Fraktion, die aus Phosphatidylserin mit Hilfe der Methyltransfereasen I und II gebildet wird, scheint jedoch bei der Arachidonsäurebildung in der Folge der Aktivierung von Fc-Rezeptoren in der Zellmembran, z. B. von Mastzellen oder Basophilen, von größerer Bedeutung zu sein.
Der zuletzt genannte Zusammenhang wird dadurch deutlich, daß mutierte Zellinien, die nur eine der beiden Methyltransferasen besitzen, nicht zur IgE-Antigen-induzierten Me-

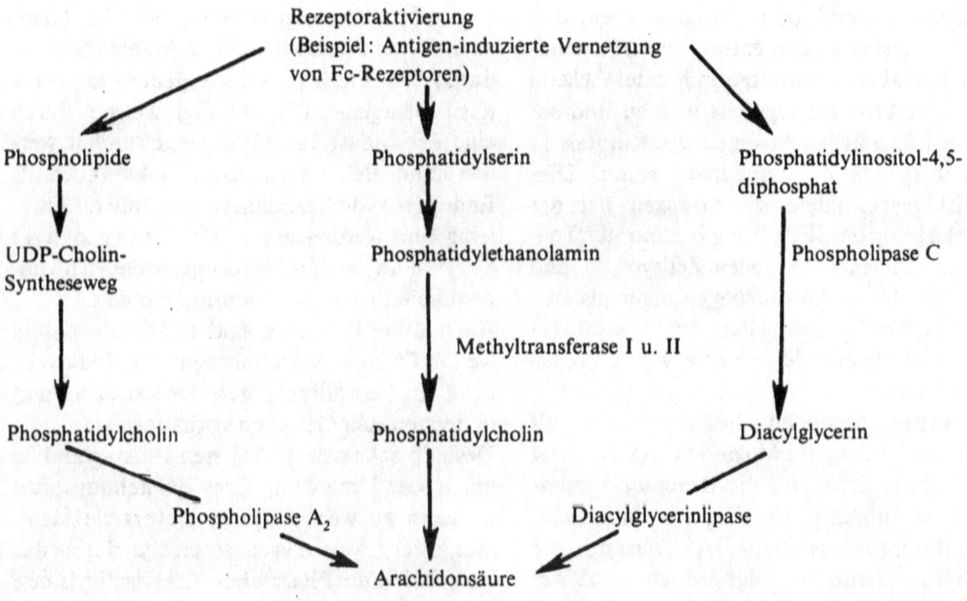

Abb. 14.1. Wege der Arachidonsäuresynthese.

diatorfreisetzung in der Lage sind. Analog dazu hemmen Inhibitoren der Methyltransferasen die Mediatorfreisetzung aus Mastzellen und Basophilen. Der Grund hierfür scheint eine in seinem Detail noch unbekannte Verknüpfung dieses Phosphatidylcholin-Syntheseweges mit der kurzzeitigen Aktivierung der cAMP-Synthese und der Öffnung von Ca^{++}-Kanälen zu sein (7).

Der Syntheseweg b) ist eine Folge der Aktivierung des Phosphoinositidmetabolismus der in Mastzellen und Blutplättchen parallel zur Aktivierung des Syntheseweges a) erfolgt. Die Details dieses Syntheseweges sind in Kap. 13.3. umrissen.

Einige Zelltypen nutzen bevorzugt einen der beiden Arachidonsäuresynthesewege. Jedoch fehlen in den meisten Fällen genauere Kenntnisse über deren Wechselspiel.

Unklar ist auch, wie die Signalübertragung vom Rezeptor auf die initialen enzymatischen Reaktionen beider Synthesewege erfolgt. Im Falle des Phosphoinositidmetabolismus wurde bereits die Rolle eines G-Proteins diskutiert (Kap. 13.3.). Bezüglich des Syntheseweges a) gibt es demgegenüber Hinweise, daß die Aktivierung der Methyltransferasen in Mastzellen über eine Protease erfolgt, die in der Folge der Vernetzung der Fc-Rezeptor/IgE-Komplexe durch ein Antigen aktiviert wird. Eine Rolle als „feedback inhibitor" dürfte hier cAMP spielen (über Proteinkinasen!?). Dies wird durch die identische Kinetik der Adenylatzyklaseaktivierung und der Aktivierung der Transmethylierungsprozesse nach der Bindung von Allergenen an die Mastzellen unterstrichen (5).

Die intrazelluläre Ca^{++}-Konzentration stellt ein weiteres sekundäres Regulationssystem der in Abb. 14.1. zusammengefaßten Reaktionsschritte der Arachidonsäuresynthese dar. Die Fc-Rezeptor-Vernetzung führt u. a. auch zur Öffnung von Ca^{++}-Kanälen in der Plasmamembran. Ca^{++} stimuliert die Phospholipase C, somit ist auch eine indirekte Aktivierung des Syntheseweges b) möglich. Die Aktivität der Phospholipase A_2 wird demgegenüber durch die Ca^{++}-Konzentration mit Hilfe des Proteins Lipomodulin kontrolliert.

Die Phosphorylierung der Phospholipase A_2 (durch cAMP oder Ca^{++}/CaM-abhängige Proteinkinasen) führt zur Aufhebung der Lipomodulin-vermittelten Hemmung der Phospholipase A_2.

Zusammenfassend kann gesagt werden, daß auch die ersten Stufen extrazellulärer chemischer Signalweiterleitung durch eine Vielzahl zyklischer Prozesse reguliert werden und somit die prinzipiellen Aussagen des Kapitels 11 auch in diesem Zusammenhang gelten. Dies betrifft insbesondere die Grenzen bei der Einschätzung der Bedeutung bestimmter Teilsysteme für einen speziellen Zelltyp. So sind auch die obigen Ausführungen mehr als Beispiel für einen prinzipiellen Reaktionsablauf denn als feststehende Sequenz von Ereignissen aufzufassen.

Das Ineinandergreifen dieser Prozesse als Folge der Allergen-induzierten Aktivierung von Mastzellen (IgE-Fc-Rezeptor-Vernetzung) ist in Abb. 19, Kap. 8 dargestellt. Die Rezeptor-vermittelte Aktivierung der Methyltransferasen erfolgt jedoch nicht nur in diesem System, sondern kann auch durch Rezeptoren für den „nerve growth factor", β-Agonisten und Gonadotropin ausgelöst und im Gehirn (Synaptosomen) nachgewiesen werden.

14.3. Arachidonsäure ist der Ausgangspunkt eines großen Spektrums biologisch aktiver Verbindungen

14.3.1. Der Cyclooxygenase-Weg

Die weiteren Stufen der Signalweiterleitung, d. h. die Umwandlung von Arachidonsäure in Prostaglandine und Leukotriene, sind im Rahmen dieser Darstellung nur noch schematisch nachzuvollziehen. Sie stellen die eigentlichen Träger des in den extrazellulären Raum gerichteten chemischen Signals dar.

Prinzipiell kann die weitere Umwandlung der Arachidonsäure in der Membran in zwei Richtungen verlaufen. Es handelt sich dabei um die Reaktionssequenzen, an deren Anfang die Cyclooxygenasen bzw. die Lipoxygenasen stehen. Ausgehend von dem Produkt der Cyclooxygenase-Reaktion entstehen eine Reihe weiterer Verbindungen wie die Prostaglandine, die Thromboxane und das Prostacyclin (3). Eine zusammenfassende Darstellung der wichtigsten Synthesewege enthält Abb. 14.2. Dementsprechend entsteht aus der Arachidonsäure durch das Enzym Cyclooxygenase zunächst das Prostaglandin G_2 (PGG_2), welches durch eine Peroxidase in PGH_2 umgewandelt werden kann. Beide Zwischenprodukte (auch als Endoperoxyde bezeichnet) sind äußerst kurzlebig und werden unter Mitwirkung anderer Enzyme in weitere Prostaglandine, Thromboxane und Postacyclin umgewandelt.

Auch diese Produkte sind relativ kurzlebig, weil effiziente Mechanismen der Inaktivierung (insbesondere durch Dehydrogenasen) in den meisten Geweben vorhanden sind.

Deshalb scheinen die meisten Prostaglandine nur in der Umgebung ihres Entstehungsortes wirksam zu werden. Eine irreversible Hemmung der Cyclooxygenase erfolgt durch das lange bekannte Pharmakon Acetylsalicylsäure (Aspirin®, Acesal®). Reversible Hemmstoffe sind Indomethacin und Ibuprofen.

Es konnten bereits eine Reihe von Membranrezeptoren, die spezifisch mit bestimmten Prostaglandinen reagieren, nachgewiesen werden. Die Effektorsysteme sind offensichtlich die gleichen, die auch zur Signalweiterleitung anderer Membranrezeptoren Verwendung finden. So führt z. B. die Aktivierung des PG E_2-Rezeptors in vielen Geweben zu einer Aktivierung der Adenylatzyklase, was wiederum die entsprechende Proteinkinase aktiviert. $PGF_{2\alpha}$-Rezeptoren wiederum induzieren einen cGMP-Anstieg mit analogen Konsequenzen (3).

So schließt sich hier eine Reaktionskette besonderer Art: Die nach einem vielstufigen Reaktionsprozeß durch Rezeptoraktivierung entstandene „messenger"-Substanz (z. B. PG E_2) reagiert an einer anderen Zelle als spezifischer Ligand eines Membranrezeptors und induziert nun wiederum ihrerseits eine Effektuierungsreaktion.

Bei welchen physiologischen Prozessen spielen Prostaglandine eine Rolle? Zunächst sind hier Entzündungsreaktionen zu nennen. Dies gilt nicht nur für die Gefäßerweiterung (und -permeabilisierung), sondern auch für die Schmerz- und Fieberauslösung. Prostaglandine können auf Granulozyten eine chemo-

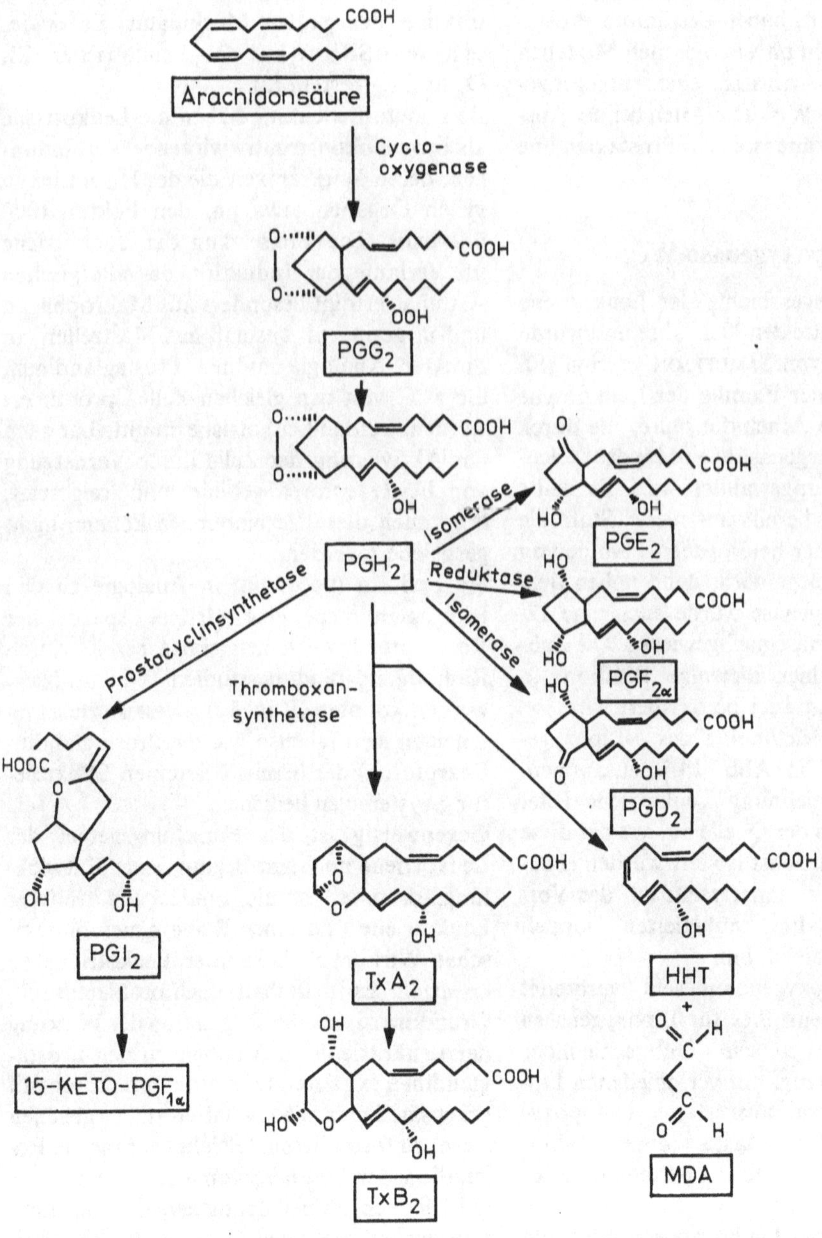

Abb. 14.2. Ausgewählte Reaktionen bei der Bildung von Prostaglandinen über den Cyclooxygenase-Weg.

taktische Wirkung haben. Eine Reihe von Zellen mit wichtigen Funktionen bei Entzündungs- und Immunreaktionen produzieren Prostaglandine, besitzen aber selbst auch bestimmte Prostaglandinrezeptoren (z. B. für PGE_2 bei Makrophagen und Mastzellen, für PGI_2 bei Blutplättchen). So ist die Produktion dieses „extrazellulären messengers" aufgrund der Aktivierung der Fc-Rezeptoren dieser Zellen gleichzeitig ein Verfahren zur „feedback-regulation" und zur Regulation der zellulären Stimulierung (6).

Durch die Existenz unterschiedlicher Rezeptoren, die z. T. unterschiedliche Effektorsysteme aktivieren, haben bestimmte Prostaglandine in einigen physiologischen Modellen (z. B. Adjuvans-Arthritis) eine entgegengesetzte biologische Wirkung. Auch bei der Auslösung der Migräne spielen Prostaglandine eine duale Rolle.

14.3.2. Der Lipoxygenase-Weg

Die Entdeckungsgeschichte der Leukotriene begann in der Mitte der 70er Jahre und wurde im wesentlichen von SAMUELSON geprägt (8). Ausgangspunkt der Familie der Leukotriene ist wiederum die Arachidonsäure, die durch das Enzym Lipoxygenase in eine Hydroxyeicosatetraen-Säure umgewandelt wird. Es stellte sich heraus, daß bereits auf dieser Stufe die Grundlage zu einer heterogenen Familie von Verbindungen gelegt wird, denn neben dem Enzym 5-Lipoxygenase wurde auch eine 12- und 15-Lipoxygenase nachgewiesen. Die Zahlen bezeichnen hier diejenige Position, in der die Arachidonsäure peroxydiert wird.

Die wichtigsten Metabolite des 5-Lipoxygenase-Weges sind in Abb. 14.3. zusammengefaßt. Die Bezeichnung Leukotriene leitet sich einerseits aus der Quelle ab, aus der diese Verbindungen zunächst isoliert wurden (Leukozyten) und weist andererseits auf das Vorhandensein von drei konjugierten Doppelbindungen im Molekül hin.

Während Cyclooxygenasen sehr verbreitet vorkommen, scheint dies für Lipoxygenasen weniger der Fall zu sein. Unterschiedliche Zellen sind bevorzugt mit verschiedenen Lipoxygenase-Subtypen ausgestattet (5-Lipoxygenase: Mastzellen, Mastozytome; 15-Lipoxygenase: Retikulozyten; 12-Lipoxygenase: Blutplättchen).

Die Entdeckung der Leukotriene ermöglichte u. a. die Beantwortung der Frage: Was ist die „slow reacting substance of anaphylaxis" (SRS-A)? Dieses Substanzgemisch wurde bereits 1938 beschrieben und ist dadurch charakterisiert, daß es im Verlaufe anaphylaktischer Reaktionen freigesetzt wird. Es hat jedoch im Gegensatz zu Histamin, welches ebenfalls in diesem Zusammenhang freigesetzt wird, eine langsame Wirkung auf die Kontraktion der glatten Muskulatur. Es erwies sich, daß SRS-A aus den Leukotrienen C_4, D_4 und E_4 besteht (2).

Besondere Bedeutung haben die Leukotriene als bronchokonstruktiv wirkende Verbindungen, deren Wirksamkeit die des Histamins in vielen Organen etwa um den Faktor 1000 übertrifft. Die Freisetzung der Leukotriene im Verlaufe der Induktion des allergischen Asthmas erfolgt besonders aus Makrophagen und in geringem Ausmaß aus Mastzellen. In direkter Analogie zu den Prostaglandinen, die z. T. von den gleichen Zellen produziert werden, werden Leukotriene unmittelbar nach der Aktivierung der Zelle durch Vernetzung von Fc-Rezeptoren gebildet und freigesetzt, d. h. auch diese Verbindungen können nicht gespeichert werden.

Sie besitzen (wiederum in Analogie zu den Prostaglandinen) eine Gruppe spezifischer Rezeptoren, von denen einige bereits durch Radioligand-Bindungsstudien identifiziert werden konnten (Kap. 17). Diese Rezeptoren scheinen sich (ebenso wie die Prostaglandin-Rezeptoren) der bereits bekannten Effektuierungssysteme zu bedienen.

Gegenwärtig ist das Forschungsgebiet der Leukotriene noch am Beginn seiner Entwicklung, d. h. es ist die Entdeckung weiterer Leukotriene und einer Reihe neuer biologischer Wirkungen bekannter Leukotriene zu erwarten. Es ist deshalb auch problematisch, Grundprinzipien der Regulation der Wirkung der Leukotriene (in Analogie zu den Prostaglandinen existieren Leukotrienrezeptoren mit gegensätzlichen Eigenschaften an der gleichen Zelle) zu formulieren. Gleiches gilt für die Regulation der Synthese von Leukotrienen. Es wird jedoch immer deutlicher, daß die Leukotriensynthese nicht nur durch die Aktivierung der Fc-Rezeptoren, sondern auch durch die eigenen Intermediärprodukte und bestimmte Prostaglandine reguliert wird (1). Da es sich jedoch um sehr schnelle Reaktionsfolgen handelt, ist es schwer abzuschätzen, ob die experimentell gewählten Konzentrationen der potentiell regulativ wirkenden Verbindungen auch wirklich in vivo-Verhältnissen nahekommen. Viele der sogenannten regu-

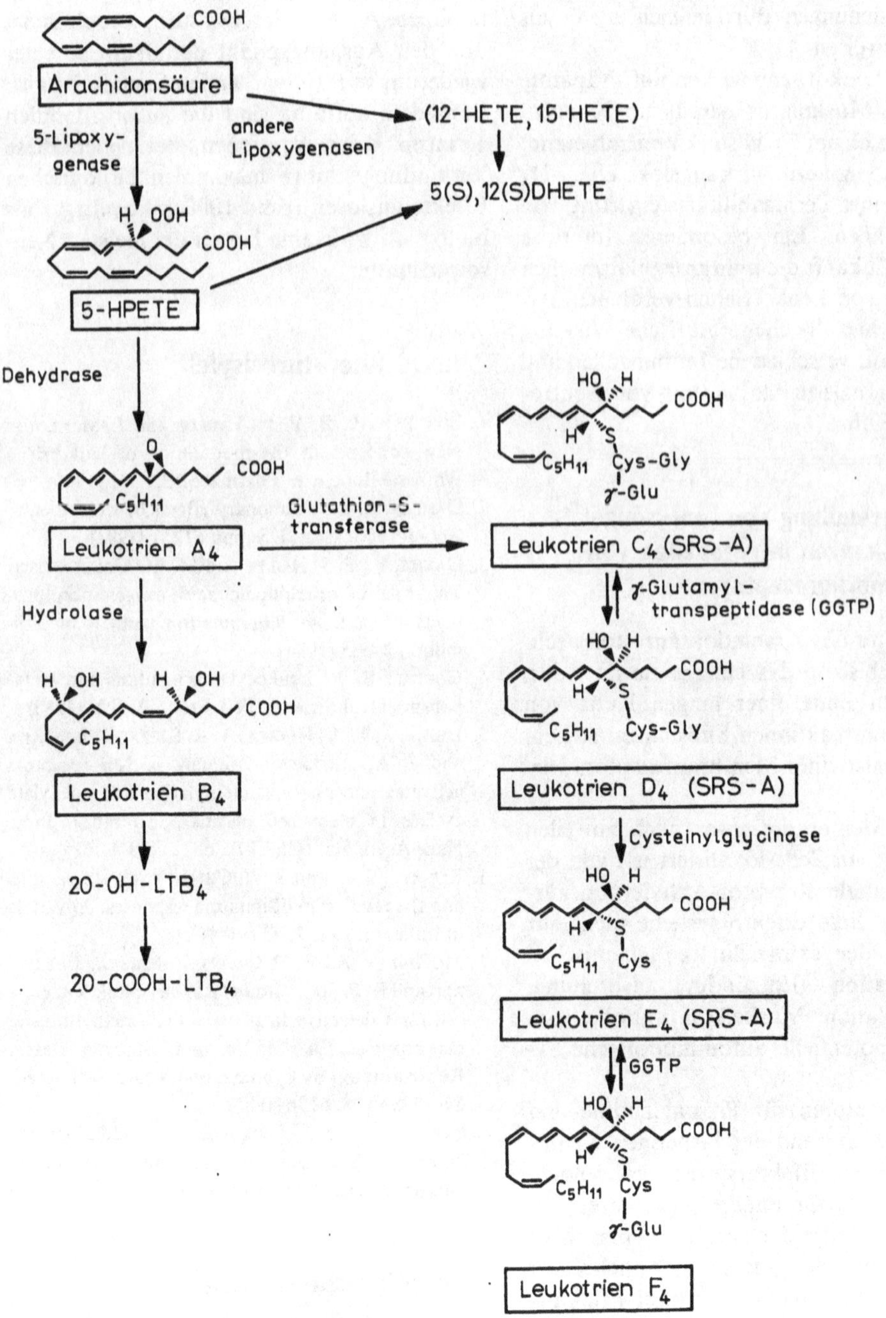

Abb. 14.3. Wichtige Reaktionswege bei der Biosynthese von Leukotrienen.

lativen Beziehungen dürften sich somit als artifiziell erweisen.
Bestimmte Leukotriene wirken auf Präparate der glatten Muskulatur bereits im Konzentrationsbereich um 1 nM stark kontrahierend. Andere sind nahezu wirkungslos. LTC_4/D_4 führen zu einer Permeabilitätssteigerung von Kapillargefäßen. Ein besonderes Interesse dürften in Zukunft die immunregulatorischen Wirkungen von Leukotrienen verdienen. Als Beispiel sei hier die chemotaktische Wirkung von LTB_4 auf verschiedene Immunzellen und die LTB_4-induzierte Aktivierung von Neutrophilen angeführt (4).

14.4. Umwandlung von „messenger"-Substanzen in Agonisten von Membranrezeptoren

Die Produkte des Arachidonsäurestoffwechsels stellen bislang das einzige Beispiel dar, bei dem am Ende einer langen Kette von Effektuierungsreaktionen Substanzen stehen, die als Agonist eines Membranrezeptors wirken.
Da dieser Membranrezeptor auch zuweilen auf der gleichen Zelle lokalisiert ist, von der auch die initiale Rezeptor-Aktivierung ausging, stellen diese Effektorsysteme nicht nur einen Weg der extrazellulären chemischen Kommunikation (Entzündungsausbreitung, Immunregulation, Muskelkontraktion), sondern auch potentielle autoinhibitorische Systeme dar.
Da die Rezeptoren für Prostaglandine und Leukotriene aufgrund der bisherigen Kenntnisse die gleichen Effektorsysteme verwenden, wie dies bereits für andere Rezeptoren beschrieben wurde, ist der „receptor cross talk" über die exogenen „messenger" sicher oft der direkten Interaktion von zwei Effektorsystemen ähnlich.
Das Arachidonsäuresystem ist weiterhin unter einem theoretischen Gesichtspunkt interessant. Zwar findet auch hier (in Analogie zu den anderen Effektorsystemen) die Umwandlung eines selektiven Signals (Rezeptoraktivierung) in ein uniformes Signal (z. B. Phospholipase A_2-Aktivierung) statt, jedoch bildet dies den Ausgangspunkt der Synthese einer wiederum selektiv wirkenden Signalsubstanz. Besonders auffällig sind die außerordentlich geringen Konzentrationen, bei denen diese Verbindungen ihre maximalen biologischen Effekte auslösen (rund 1000mal niedriger als biologisch wirksame Dosen der meisten Neurotransmitter).

Zitierte Literaturbeispiele

1. Borgeat, P., B. F. de Laclos and J. Maclouf: New concepts in the modulation of leukotriene synthesis. Biochem. Pharmacol. **32**, 381 (1983)
2. Dahlen, S.-E.: Pulmonary effects of leukotrienes. Acta Physiol. Scand. Suppl. **512**, 1 (1983)
3. Davies, P., P. J. Bailey and M. M. Goldenberg: The role of arachidonic acid oxygenation products in pain an inflammation. Ann. Rev. Immunol. **2**, 335 (1984)
4. Goetzl, E. J.: Leukocyte recognition and metabolism of leukotrienes. Fed. Proc. **42**, 3128 (1983)
5. Ishizaka, T., F. Hirata, A. R. Sterk, K. Ishizaka and J. A. Axelrod: Bridging of IgE receptors activates phospholipid methylation and adenylate cyclase in mast cell plasma membranes. Proc. Natl. Acad. Sci. (USA) **78**, 6812 (1981)
6. Kunkel, S. L. and S. W. Chensue: Prostaglandins and the regulation of immune responses. Advances in Inflamm. Res. **7**, 93 (1984)
7. McGivney, A., F. T. Crews, F. Hirata, J. Axelrod and R. P. Siraganian: Rat basophilic leukemia cell lines defective in phospholipid methyltransferase enzymes, Ca^{++} influx, and histamine release: Reconstitution by hybridization. Proc. Natl. Acad. Sci. (USA) **78**, 6176 (1981)
8. Samuelson, B.: Leukotrienes: Mediators of immediate hypersensitivity reactions and inflammation. Science **220**, 568 (1983)

Weiterführende Literatur

Bach, M. K.: Prospects of the inhibition of leukotriene synthesis. Biochem. Pharmacol. **33**, 515 (1984)

Capetola, T. J., M. E. Rosenthale, B. Dubinsky and J. L. McGuire: Peripheral antialgesics: A review. J. Clin. Pharmacol. **23**, 545 (1983)

Cullen, E.: Novel anti-inflammatory agents. J. Pharmaceut. Sci. **73**, 579 (1984)

HEGYELI, R. J. (Ed.): Atherosclerosis Reviews, Vol. 13. Arachidonic acid metabolites. Raven Press, New York (1985)

LEFER, A. M.: Eicosanoids as mediators of ischemia and shock. Fed. Proc. **44**, 275 (1985)

MONG, S., H.-L. WU, G. K. HOGABOOM. M. A. CLARK, J. M. STADEL and St. T. CROOKE: Regulation of ligand binding to leukotriene D_4 receptors: Effects of cations and guanine nucleotides. Eur. J. Pharmacol. **106**, 241 (1985)

PITER, P. J. (Ed.): The leukotrienes. Their biological significance. Raven Press, New York (1986)

SIMMET, T. and B. A. PESKAR: Eicosanoids and the coronary circulation. Rev. Physiol. Biochem. Pharmacol. **104**, 2 (1986)

15. Die intrazelluläre elektrochemische Signalweiterleitung: Die Ionenkanäle der Zellmembran

15.1. Einführung

Die elektrochemische Signalweiterleitung unterscheidet sich grundsätzlich von der chemischen Signalweiterleitung dadurch, daß die Effektormoleküle hier nur in ihrer Gesamtheit als Ladungsträger wirken. Jedoch ist im Falle von Ca^{++} eine Doppelfunktion als Ladungsträger und als Effektormolekül der Ca^{++}-bindenden Proteine (vergl. Kap. 13.2.) zu verzeichnen. Die Rezeptor-vermittelte Änderung des Membranpotentials ist die Effektuierungsreaktion, die die stärksten und am schnellsten auftretenden biologischen Effekte auslöst. Die Membrandepolarisation (oder Hyperpolarisation) ist die Grundlage der Erregungsweiterleitung im zentralen und peripheren Nervensystem und der Auslösung der Muskelkontraktion.

Welche Mechanismen ermöglichen es der Zelle, die Änderung des Membranpotentials als Instrument der Rezeptor-vermittelten oder passiven Signalweiterleitung zu nutzen? Zunächst muß ein Membranpotential durch eine unterschiedliche quantitative Verteilung von Ionen zwischen der Innen- und Außenseite der Membran aufgebaut werden. Dies wird durch spezifische „Ionenpumpen" meist unter Verbrauch von ATP (Na^+/K^+-ATPasen, Ca^{++}-ATPasen) bewirkt. Dabei werden z. T. sehr starke Konzentrationsunterschiede der entsprechenden Ionen aufgebaut, d. h. die ATPasen müssen einen starken Ionengradienten überwinden (bei Ca^{++} z. T. 10000fach im Vergleich zur cytoplasmatischen Konzentration). Die Aufrechterhaltung dieser transmembranalen elektrochemischen Gradienten ist durch die relativ geringe passive Ionenpermeabilität der Membran, d. h. deren hohen elektrischen Widerstand möglich.

Der Rückfluß der Ionen entsprechend dem Konzentrationsgradienten erfolgt durch Ionenkanäle in der Zellmembran und stellt ein nahezu universell verwendbares Instrument der Signalweiterleitung dar. Bei diesen Ionenkanälen handelt es sich um transmembranale Proteine, die direkt oder indirekt auf die Aktivierung eines Membranrezeptors oder eine Veränderung des Membranpotentials mit der Öffnung einer Pore reagieren, welche den Durchfluß bestimmter Ionen ermöglicht. Ein Vergleich dieser drei, an der Ionenbewegung durch die Zellmembran beteiligten Systeme ist in Tab. 15.1. dargestellt.

In den folgenden Ausführungen sollen nur die Ionenkanäle betrachtet werden, da diese direkt oder mittelbar über Membranrezeptoren reguliert werden, d. h. als deren Effektorsysteme anzusprechen sind.

Grundsätzlich können drei Gruppen von Ionenkanälen in der Zellmembran von Eukaryonten unterschieden werden:

1) Membranrezeptoren, die aus mehreren Untereinheiten bestehen, und nach Bindung von Agonisten zu einer Konformationsänderung befähigt sind, in deren Folge ein selektiver Ionenkanal entsteht.
2) Ionenkanäle, deren Öffnung indirekt über die Aktivierung von Membranrezeptoren mit Hilfe der in Kap. 13. beschriebenen Effektorsysteme reguliert wird.
3) Ionenkanäle, deren Öffnung durch den

Tabelle 15.1. Vergleichende Darstellung der Eigenschaften derjenigen zellulären Systeme, die den Ionengradienten an der Zellmembran beeinflussen

Passive Diffusion durch die Zellmembran	Schnelle Diffusion durch selektive Ionenkanäle in der Zellmembran	Energieverbrauchende aktive Ionentransportsysteme
Ionen-Diffusion durch die Lipidmembran vernachlässigbar klein, nachweisbar an Lipid-Protein-Grenzflächen	Proteine, die eine transmembranale Pore öffnen und so starke Ionenströme auslösen	Enzyme, die Ionen in einem stöchiometrischen Verhältnis zur energieliefernden Reaktion transportieren
Ionenbewegung entsprechend dem elektrochemischen Gradienten	Ionenbewegung entsprechend dem elektrochemischen Gradienten	Ionenbewegung entgegen dem elektrochemischen Gradienten
Keine Beziehung zu energieliefernden Reaktionen	z. T. indirekte Kopplung mit elektrochemischer Energie und Rezeptor-abhängigen Effektorsystemen	Direkt abhängig von energieliefernden Reaktionen.
Geringe Ionenselektivität Kein „Gegentransport"	Hohe Ionenselektivität Zuweilen „Gegentransport"	Hohe Ionenselektivität Prinzipiell auch umkehrbar, d. h. elektrochemischer Gradient treibt ATP-Synthese
Beispiele: — Zellmembranen, zytoplasmatische Membranen, — rekonstituierte Protein-Lipid-Systeme	**Beispiele:** — nikotinerger Acetylcholin-Rezeptor — GABA-Benzodiazepin-Rezeptor — Na^+-Kanäle — Rezeptor-abhängige K^+- und Ca^{++}-Kanäle — potential-abhängige Ca^+- und K^+-Kanäle	**Beispiele:** — Na^+/K^+-ATPase — Ca^{++}-ATPase — Bacteriorhodopsin — mitochondriale Protonenpumpen

elektrochemischen Gradienten an der Zellmembran bestimmt wird. Diese Ionenkanäle sind von entscheidender Bedeutung für die Weiterleitung einer Depolarisierung an der Zellmembran (neuronale Erregungsausbreitung).

15.2. Die Vielfalt der Ionenkanäle

Ionenkanäle stellen eine große Gruppe von integralen Membranproteinen dar, die in der Regel aus mehreren Untereinheiten bestehen. Es wird vermutet, daß bis zu 100 verschiedene Ionenkanäle existieren. Eine Primärstrukturaufklärung ist bisher jedoch nur in einem Falle (Na^+-Kanal aus Torpedo), eine genauere biochemische Charakterisierung nur in wenigen Fällen gelungen. Deshalb stehen biochemische Beweise für die strukturelle Heterogenität dieser Kanäle noch aus. Es kann also vermutet werden, daß eine funktionelle Heterogenität in vielen Fällen durch die Milieubedinungen innerhalb und außerhalb der Membran bedingt ist. Wahrscheinlich ist also die Zahl der strukturell unterschiedlichen Ionenkanäle wesentlich geringer.

Eine Klassifizierung der Ionenkanäle kann unter zwei Gesichtspunkten vorgenommen werden. Zunächst bietet sich eine Unterteilung auf der Basis der Ionenselektivität an. Demnach können unterschieden werden: Na^+-Kanäle, K^+-Kanäle, Ca^{++}-Kanäle und Cl^--Kanäle.

Es erwies sich jedoch, daß diese phänomenologische Unterteilung unter funktionellen Gesichtspunkten wenig hilfreich ist. Auf der Grundlage der verschiedenen Mechanismen der Regulation der Kanalaktivität ergibt sich folgende Einteilung:

a) Ionenkanäle als Bestandteil von Membranrezeptoren,
b) Ionenkanäle, die durch Effektorsysteme von Membranrezeptoren aktiviert oder inaktiviert werden,
c) Ca^{++}-abhängige Ionenkanäle und
d) Ionenkanäle, die durch Änderungen des Membranpotentials aktiviert werden.

Auch diese Einteilung dürfte vereinfachenden Charakter haben, weil immer deutlicher wird, wie komplex der Einfluß der – aus Kap. 11 bis 14 bekannten – cytoplasmatischen und membranalen Effektorsysteme auf die elektrische Signalweiterleitung ist.

15.3. Membranrezeptoren, deren Untereinheiten einen Ionenkanal bilden

15.3.1. Der nikotinerge Acetylcholinrezeptor und die Reizweiterleitung über spannungsabhängige Na^{+}-Kanäle

Zur Charakterisierung des aktuellen Standes verschiedener Bereiche der Rezeptorforschung ist der nikotinerge Rezeptor in den vorangegangenen Kapiteln bereits wiederholt herangezogen worden. Angaben zur Isolierung und gentechnischen Herstellung finden sich in Kapitel 9. Die Primär- und Sekundärstruktur und eine elektronenmikroskopische Aufnahme enthält Kap. 8. Der Na^{+}-durchlässige Ionenkanal wird anhand von Rekonstitutions-

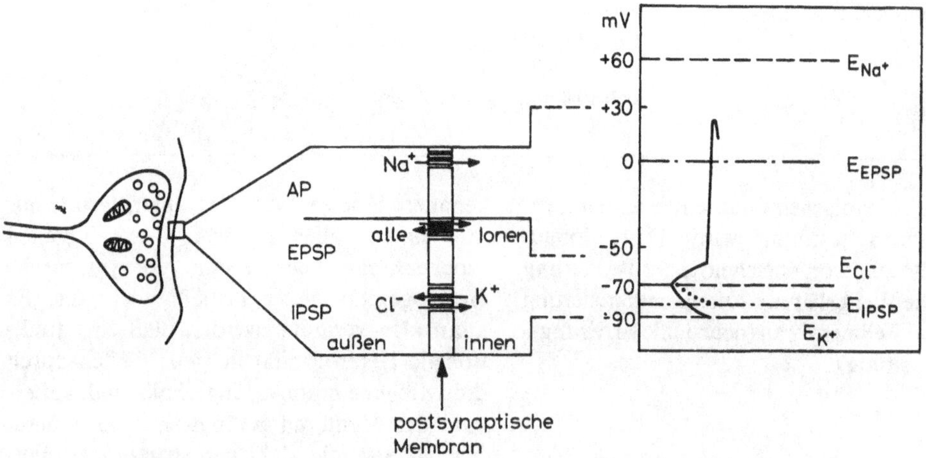

Abb. 15.1. Schematische Darstellung der Veränderung des Membranpotentials nach Aktivierung von Na^{+}, K^{+} bzw. Cl^{-}-Ionenkanälen.
Die linke Seite des Schemas stellt die wichtigsten Ionenströme an der postsynaptischen Membran dar. Auf der rechten Seite ist die Richtung und Amplitude der hierdurch ausgelösten Veränderungen des Membranpotentials dargestellt.
AP: Aktionspotential
Exzitatorisches postsynaptisches Potential
IPSP: Inhibitorisches postsynaptisches Potential
(nach: F. Klingberg et al., in: Neurobiologie (Hrsg.: D. Biesold und H. Matthies), Gustav Fischer Verlag, Jena, 1977).

experimenten in Kap. 10.2. ausführlich beschrieben.
Deshalb sollen an dieser Stelle wenige Sätze zur zusammenfassenden Rekapitulation genügen. Der nikotinerge Rezeptor besteht aus 5 Untereinheiten, die ringförmig in der Membran angeordnet sind. Im Zentrum dieses Ringes kann der Ionenkanal gebildet werden. Die beiden α-Untereinheiten sind identisch und binden jeweils ein Molekül Acetylcholin. Diese Ligandbindung ist das Signal zu einer Änderung der Konformation der Untereinheiten, was zur Öffnung des Na^{++}-selektiven Ionenkanals führt. Die Einzelkanalkonduktivität beträgt 1—2 pA (11).
In Abhängigkeit von der Zahl der aktivierten Rezeptoren entsteht ein mehr oder weniger starkes exzitatorisches postsynaptisches Potential (EPSP). Die Zahl und Amplitude mehrerer EPSPs entscheidet, ob die Zelle zu einer generalisierten Depolarisation übergeht (Abb. 15.1.). Dies bedeutet, daß die Überschreitung des zellspezifischen Schwellenwertes die Weiterleitung dieses Signals entlang der Zellmembran erlaubt. Diese Erregungsweiterleitung ist jedoch auf passivem Wege über längere Strecken unmöglich. Deshalb sind in der neuronalen Membran bzw. in den weit verzweigten Axonen Na^+-Kanäle lokalisiert, deren Aktivität durch das Membranpotential bestimmt wird.
Die Depolarisation der Membran in der unmittelbaren Umgebung dieser Kanäle führt zur Öffnung des Ionophors, was einen erneuten Einstrom von Na^+ und damit eine weitere lokale Depolarisation ermöglicht. Schematisch ist dieser Vorgang in Abb. 15.2. zusammengefaßt.
Wie bereits erwähnt, ist die Voraussetzung der elektrischen Erregungsweiterleitung die Ausbildung eines elektrochemischen Gradienten an der Membran. Dieser wird durch zwei aufeinanderfolgende Mechanismen wieder hergestellt. Zunächst erfolgt nach Inaktivierung

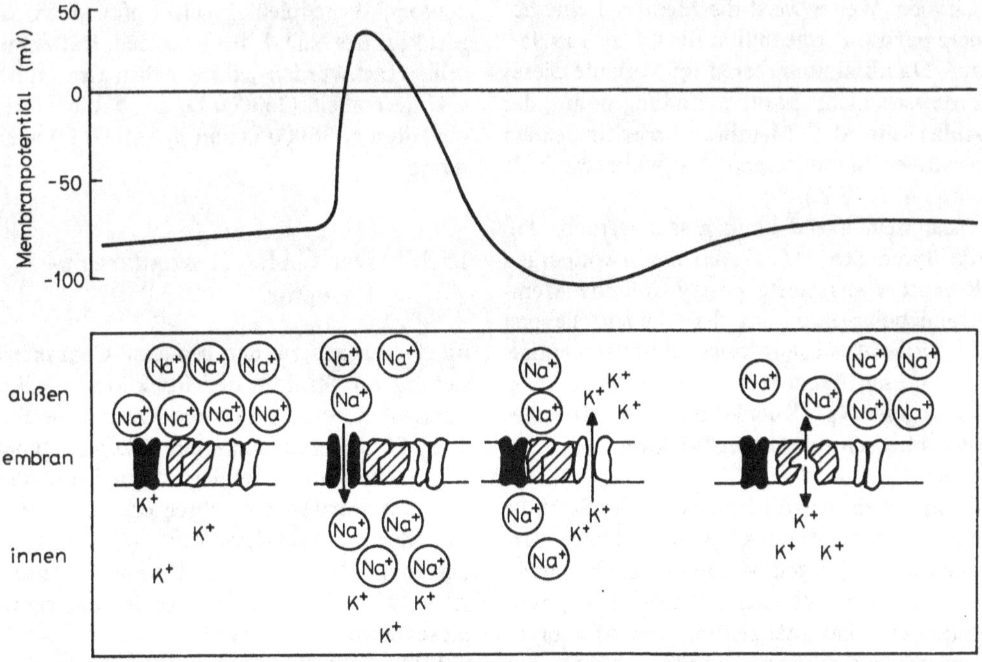

Abb. 15.2. Schematische Darstellung der Weiterleitung eines Aktionspotentials an der neuronalen Membran. schwarz: Na^+-Kanal, weiß: K^+-Kanal, schraffiert: Na^+-/K^+-ATPase; weitere Erklärungen im Text. (modifiziert nach: M. D. Houslay et al., Dynamics of biological membranes, John Wiley & Sons, 1982).

der Na^+-Kanäle die Öffnung der spannungsabhängigen K^+-Kanäle. Somit findet an der depolarisierten Membran (geringer Ionengradient für Na^+, starker Ionengradient für K^+) ein Ausstrom von K^+-Ionen statt. Da für das Membranpotential die quantitative Verteilung von Ladungsträgern, unabhängig von deren chemischer Natur, entscheidend ist, führt dies zu einer erneuten Ausbildung des elektrochemischen Gradienten, meist in Form einer überschießenden Reaktion, d. h. einer leichten Hyperpolarisation der Membran (Abb. 15.2.).

Zu diesem Zeitpunkt ist eine erneute Depolarisation durch die Öffnung von Na^+-Kanälen noch nicht möglich, da noch kein Na^+-Gradient existiert, obwohl die Membran bereits repolarisiert ist. Die Wiederherstellung der ursprünglichen Verhältnisse erfolgt durch die Na^+/K^+-ATPase. Dieses Enzym transportiert unter ATP-Spaltung Na^+-Ionen nach außen und K^+-Ionen nach innen. Die stöchiometrische Verteilung des Transportes beider Ionen ist jedoch zu ungunsten von K^+ verschoben. Weiter weist die Membran eine höhere passive Permeabilität für K^+ als für Na^+ auf. Damit akkumulieren im Verlaufe dieses Prozesses mehr positive Ladungen auf der Außenseite der Membran, was in einem negativen Membranpotential widergespiegelt wird (Abb. 15.2.).

Zusammenfassend kann gesagt werden, daß die durch den Ionenkanal des nikotinergen Rezeptors ausgelöste postsynaptische Membrandepolarisation an der Nervenzelle erst durch die Auslösung eines Aktionspotentials und dessen Weiterleitung über spannungsabhängige Na^+-Kanäle die Qualität eines physiologisch relevanten Effektorsystems gewinnt.

Damit erhebt sich die Frage nach der Struktur und Funktion der Na^+-Kanäle. Unter Verwendung derjenigen Methoden, die bereits in Kap. 9. 10. zur biochemischen und biophysikalischen Charakterisierung von Membranrezeptoren beschrieben wurden, konnten auf diesem Gebiet kürzlich wesentliche Erfolge erzielt werden.

So gelang die Solubilisierung, Reinigung und Rekonstitution der Na^+-Kanäle aus dem elektrischen Organ von *Electrophorus electricus* sowie dem Gehirn der Ratte.

Die Klonierung und Sequenzierung des Gens für den Na^+-Kanal aus *Electrophorus* erfolgte durch die Gruppe um NUMA, die bereits bei der gentechnologischen Bearbeitung des nikotinergen Rezeptors erfolgreich war. Demnach besteht dieser Na^+-Kanal aus einem einzigen großen Polypeptid mit 1820 Aminosäuren. In der Sequenz dieses Proteins wurden 4 Homologiebereiche, in denen hydrophobe Aminosäuren dominieren, nachgewiesen. Jeder dieser Homologiebereiche besitzt wiederum 8 Sequenzen, die entsprechend den in Kap. 8. umrissenen Anforderungen eine transmembranale α-Helix ausbilden könnten (7).

Unter Berücksichtigung weiterer Daten wurde geschlußfolgert, daß sich in der Membran 4 (durch hydrophile Sequenzen kovalent verbundene) „Untereinheiten", die aus je 8 transmembranalen α-Helixes bestehen, zusammenlagern. Diese Struktur erinnert außerordentlich an diejenige des nikotinergen Rezeptors. Prinzipiell gleich düfte auch die Struktur des Na^+-Kanals aus dem Rattenhirn sein. Hier wurden jedoch neben der großen α-Untereinheit (260000 D) noch die Untereinheiten β_1 36000 D und β_2 (33000 D) nachgewiesen.

15.3.2. Der GABA-Benzodiazepin-Rezeptor

Im Gegensatz zu der genauen Charakterisierung von Struktur und Funktion des nikotinergen Rezeptors sind die Kenntnisse über den GABA-Benzodiazepin-Rezeptor noch sehr lückenhaft. Dies liegt darin begründet, daß erst vor wenigen Jahren erkannt wurde, daß der „GABA-Rezeptor" (COSTA 1975) und der „Benzodiazepin-Rezeptor" (BRAESTUP 1978) Teile des gleichen Rezeptorkomplexes sind.

GABA wirkt als inhibitorischer Transmitter durch die Öffnung eines Cl^--Kanals. Der Cl^--Einstrom in die Zelle führt zur Hyperpolarisation (Abb. 15.1.). Benzodiazepine interagieren mit einer anderen Bindungsstelle im gleichen Komplex und führen zu einer Erleichterung der GABA-vermittelten Transmission.

Innerhalb des Rezeptor-Komplexes, dessen genaue Zusammensetzung noch unbekannt ist, können mindestens drei separate Untereinheiten nachgewiesen werden (6):

a) die Benzodiazepin-Bindungsstelle (α-UE) markierbar mit ^{3}H-Flunitrazepam, 51 bis 53 KD),
b) die GABA-Bindungsstelle (β-UE) (markierbar mit ^{3}H-Muscimol, 55—58 KD) und der
c) Cl^--Kanal (markierbar durch ^{3}H-Dihydropicrotoxinin, 136 KD).

Die Tatsache, daß die Funktion des Cl^--Ionenkanals durch Picrotoxin und einige andere Antagonisten ohne wesentliche Beeinflussung der GABA- und Benzodiazepin-Bindungstellen hemmbar ist, bedeutet allerdings nicht, daß es sich bei dem zuletzt genannten Protein um einen selbständigen Ionenkanal handelt. Vielmehr ist in Analogie zu dem nikotinergen Rezeptor und dem Na^+-Kanal anzunehmen, daß der Ionenkanal durch die Assoziation der oben genannten (und anderer?) Untereinheiten entsteht. Die angegebenen Molekulargewichte sind Orientierungswerte, die aus elektrophoretischen Untersuchungen und der „radiation inactivation"-Analyse abgeleitet wurden (Vergl. Kap. 9).

Kürzlich gelang die Clonierung und Aufklärung der Primärstruktur des GABA-Rezeptors (auch β-Untereinheit des Gesamtkomplexes genannt). Dieses Protein weist wahrscheinlich 6 transmembranale Bereiche auf. Die gegenwärtige Strukturvorstellung geht vom zweifachen Auftreten beider UE im Komplex aus.

Tabelle 15.2. Beispiele für die Modulation verschiedener Ionenkanäle durch den gleichen Membranrezeptor

Transmitter	Typ des Ionenkanals		chemisches Effektorsystem	physiologischer Effekt	Zelltyp
	Ion	Effekt			
Noradrenalin (β-Rezeptor)	K^+	$I_{K(Ca)}$ ↓	cAMP ↑	„spike"-Adaptation	hippocampale Neuronen (Ratte)
Noradrenalin (β-Rezeptor)	K^+	I_K ↑	cAMP ↑	Hyperpolarisation	Purkinje-Zelle (Herz)
Noradrenalin (β-Rezeptor)	Ca^{++}	I_{Ca} ↑	cAMP ↑	Kontraktion ↑ Kontraktionsgeschw. ↑	Herzzellen
Noradrenalin (β-Rezeptor)	K^+	I_x	cAMP ↑	Begrenzung der Dauer des Aktionspotentials	Herzzellen
muskarinerger Acetylcholin-Rezeptor	K^+	I_M ↓	?	slow EPSP, Hemmung des wiederholten Feuerns	Frosch, Neuron
muskarinerger Acetylcholin-Rezeptor	K^+	I_K ↓	?	slow EPSP	Meerschweinchen Neuron
muskarinerger Acetylcholin-Rezeptor	Ca^{++}	I_{Ca} ↓	cAMP ↓ cGMP ↑	Kontraktion ↑ Kontraktionsgeschwindigkeit ↓	Herzzellen, (Atrium, Ventrikel)
muskarinerger Acetylcholin-Rezeptor	K^+	I_K ↑	?	Kontraktion ↓ Kontraktionsgeschwindigkeit ↓	Herzzellen, (Atrium, Ventrikel)

Auch der Glycin-Rezeptor bildet einen Cl^--Ionenkanal und weist eine verwandte Struktur auf (UE: 2×48, 58 und 93 KD).

15.4. Rezeptor-vermittelte Regulation der Aktivität von separaten Ionenkanälen

15.4.1. Spezifische Kopplung eines Membranrezeptors mit einem bestimmten Ionenkanal?

Nahezu alle Membranrezeptoren stellen selbst keinen Ionenkanal dar. Sie bedienen sich vielmehr der in Kap. 11—14 dargestellten Effektorsysteme zur Aktivierung oder Inaktivierung von Ionenkanälen, die als separate Proteine in der Zellmembran vorliegen. Welche prinzipiellen Möglichkeiten für eine derartige indirekte Beeinflussung von Ionenkanälen existieren?

Man kann den, durch eine bestimmte Population von Ionenkanälen ausgelösten Stromfluß (I) als das Produkt von drei Faktoren beschreiben:

$$I = Ni \cdot p \cdot i$$

Dabei bedeutet Ni die Anzahl der funktionstüchtigen Kanäle, p die Wahrscheinlichkeit der Öffnung eines bestimmten Kanals und i der durchschnittliche Stromfluß, der durch einen Ionenkanal erzeugt werden kann (11).

Dadurch ergeben sich drei alternativ (oder additiv) auftretende Möglichkeiten der Rezeptor-vermittelten Modulation:

a) die Reaktivierung bzw. Inaktivierung von Kanälen,
b) die Verlängerung der Zeit, in der ein Kanal geöffnet bleibt (oder der Frequenz des Öffnens und Schließens) und
c) die Veränderung von Eigenschaften des Kanals, die zu einer Steigerung oder Verminderung der Anzahl von Ionen, die in einer bestimmten Zeit den Kanal passieren, führt.

Hinsichtlich der Selektivität derartiger Veränderungen gelten die in Kap. 11 gemachten prinzipiellen Aussagen. Dies bedeutet, ein bestimmter Rezeptor kann unterschiedliche Kanäle über die Aktivierung des gleichen primären Effektorsystems (z. B. Adenylat-Zyklase) beeinflussen. Umgekehrt ist so auch die Beeinflussung des gleichen Ionenkanals durch unterschiedliche Rezeptoren (die sich des gleichen Effektorsystems bedienen) möglich.

So wird die Besonderheit der elektrochemischen Signalweiterleitung bei einem bestimmten Zelltyp nicht nur durch die in der Zellmembran nachweisbaren Membranrezeptoren, sondern in gleicher Weise auch durch die in dieser Zelle vorkommenden chemischen Signalweiterleitungssysteme und Arten von Ionenkanälen bestimmt.

Diese Aussage soll anhand von Tabelle 15.2. verdeutlicht werden. In analoger Weise ließen sich noch viele weitere Beispiele anführen. Generell hat diese Form der Signalweiterleitung einen hochgradig multiplikativen Charakter, denn die primären (chemischen) Effektorsysteme beeinflussen nicht nur diejenigen Ionenkanäle, die sich in unmittelbarer Umgebung des Rezeptors befinden, sondern ermöglichen auch eine räumliche Ausdehnung des Signals.

Die elektrochemische Phase der Signalweiterleitung erschließt darüber hinaus die Ebene der interzellulären Wechselwirkung.

15.4.2. Membranrezeptoren können die Inaktivierung von K^+-Kanälen induzieren und so die neuronale Erregbarkeit erhöhen

15.4.2.1. Rezeptor-vermittelte Hemmung von K^+-Kanälen, die durch die Membrandepolarisation aktiviert werden

In diesem Zusammenhang sollen zwei Beispiele näher betrachtet werden, die einen Grundmechanismus der modulatorischen Wirkung von Transmittersubstanzen auf die neuronale Erregbarkeit widerspiegeln.

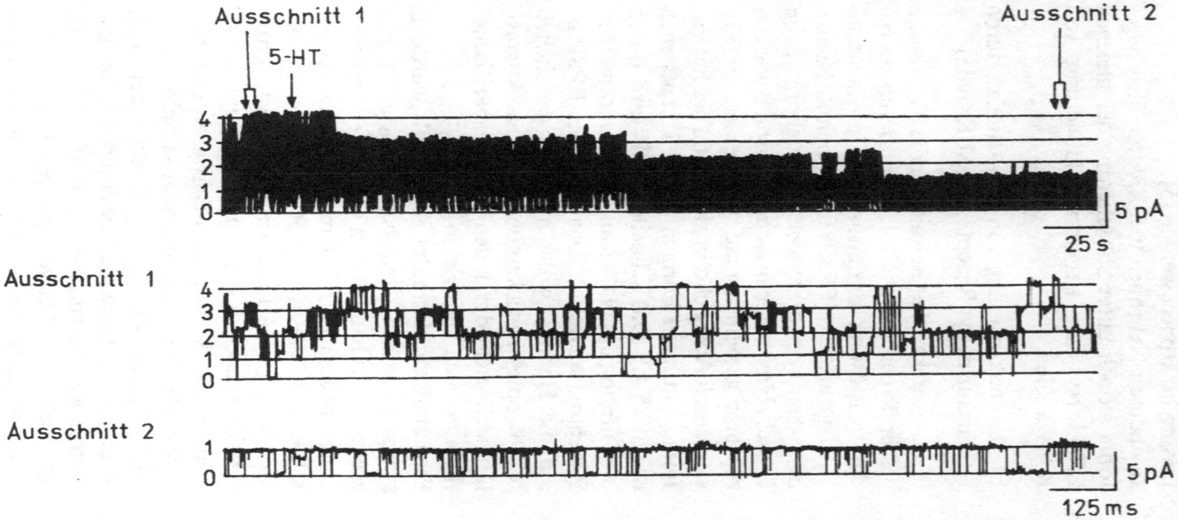

Abb. 15.3. Selektive Messung des Verhaltens von vier K^+-Kanälen aus der Membran eines sensorischen Neurons von Aplysia mit Hilfe der „patch clamp pipette"-Technik.
Serotonin-Rezeptoren führen über die Aktivierung einer cAMP-abhängigen Proteinkinase zur Inaktivierung von drei der vier Kanäle.
Nähere Erläuterungen im Text.
(nach: S. A. Siegelbaum et al. TINS August 1983, 307).

a) Die Inaktivierung von K^+-Kanälen durch Serotonin (S-Kanäle)

In sensorischen Neuronen von *Aplysia* führt Serotonin zu einer langsamen Depolarisation in Form eines „slow EPSP". Dies führt zu einer Verbreiterung der Aktionspotentiale und einer Steigerung der präsynaptischen Transmitterfreisetzung.

Die Ursache dieses elektrophysiologischen Effektes findet sich in der Schließung von K^+-Kanälen, durch die ein nach außen gerichteter K^+-Strom geleitet wird. Somit erhöht sich (vergl. Abb. 15.1. und 15.2.) die intrazelluläre K^+-Konzentration. Abb. 15.3. zeigt das Verhalten von vier dieser K^+-Kanäle in dem o. g. experimentellen System. Methodisch ist dies durch das bereits in Kap. 10.2. diskutierte Verfahren der „patch clamp micro pipettes" möglich. Wie aus der hochauflösenden Darstellung in Abb. 15.3. deutlich wird, kommt der auswärts gerichete K^+-Strom durch das stochastische Öffnen und Schließen der vier untersuchten K^+-Kanäle zustande. Wird jedoch Serotonin (100 µM) der Badflüssigkeit zugegeben, beginnt die Zelle innerhalb der nächsten Sekunden eine langsame Depolarisation zu entwickeln (nicht dargestellt). Dies ist verbunden mit einer Erhöhung des Ruhe-Widerstandes der Membran.

Die Erklärung hierfür liefert die Einzelkanalmessung, denn parallel zur Depolarisation werden drei der vier Kanäle inaktiviert. Der verbleibende vierte Kanal zeigt jedoch unveränderte Eigenschaften. Daraus kann geschlußfolgert werden, daß in diesem Falle von den drei eingangs genannten Möglichkeiten (15.4.1.) die erste, d. h. die Veränderung der Zahl der aktiven Ionenkanäle, genutzt wird.

Nun stellt sich die Frage, auf welche Weise die Signalübertragung vom Rezeptor auf den Ionenkanal erfolgt. Es konnte nachgewiesen werden, daß die Stimulierung des Serotonin-Rezeptors in dem obigen experimentellen System zu einer Steigerung der cAMP-Produktion und damit der cAMP-abhängigen Proteinkinase-Aktivität führt. In der Tat können die oben beschriebenen elektrophysiologischen Effekte sowohl auf der Ebene der sEPSP-Generierung als auch der K^+-Kanalinaktivierung durch cAMP-Injektion in die Zelle ausgelöst werden. Gleiches gilt für die Injektion der katalytischen Untereinheit der A-Proteinkinase. Eine direkte Wechselwirkung von Serotonin mit den K^+-Kanälen kann durch die Verwendung der „patch clamp"-Pipetten ausgeschlossen werden. Es ist somit wahrscheinlich, daß diese K^+-Kanäle durch Phosphorylierung inaktiviert werden (5).

In anderen Neuronen von *Aplysia* führt Serotonin jedoch unter Stimulierung der gleichen Effektorsysteme zu einer Aktivierung von K^+-Kanälen.

b) Die Inaktivierung von K^+-Kanälen durch muskarinerge Rezeptoren (M-Kanäle)

Ein eindrucksvolles Beispiel für die Koexistenz beider Typen von Acetylcholinrezeptoren bei der Auslösung exzitatorischer postsynaptischer Potentiale (EPSP) findet sich in Neuronen des sympathetischen Ganglions beim Frosch. Hier treten in einem Neuron beide Rezeptoren gemeinsam auf und werden gemeinsam durch Acetylcholin aktiviert. Dies hat zur Folge, daß zwei Formen des EPSP entstehen (Abb. 15.4.). Das schnelle EPSP wird durch die Öffnung des Na^+-Kanals des nikotinergen Rezeptors ausgelöst. Das langsame EPSP ist auf die Hemmung des auswärts gerichteten K^+-Stromes zurückzuführen. Diese Aussage läßt sich leicht durch den Einsatz spezifischer Antagonisten verifizieren.

Eine ähnliche Form des K^+-Kanals wurde in sympathetischen Neuronen der Ratte nachgewiesen. Es handelt sich hier um einen spannungsabhängigen K^+-Kanal, der sich von dem K^+-Kanal, der in die Repolarisierung der Membran (Abb. 15.2.) einbezogen ist, durch eine langsamere Kinetik und einen um 40 mV niedrigeren Aktivierungs-Schwellenwert unterscheidet. Dieser Ionenkanal ist nicht Ca^{++}-abhängig. Er wird als G_M-Kanal bezeichnet, wobei „M" auf die Modulation durch muskarinerge Rezeptoren hinweisen soll. Durch die sehr schnelle Aktivierung bei Beginn der Depolarisation der Membran interferiert der

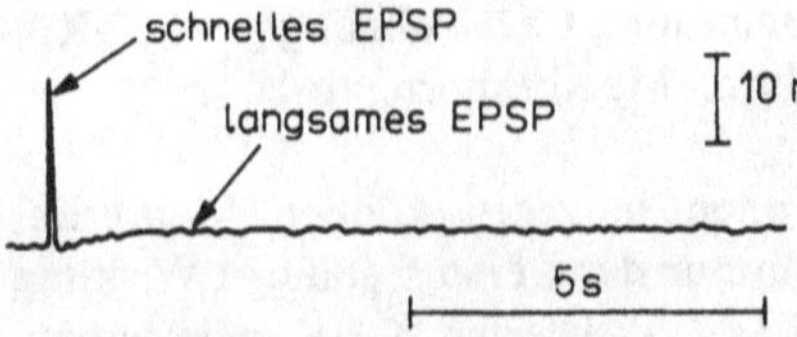

Abb. 15.4. Beispiel für die Auslösung von zwei Arten des exzitatorischen postsynaptischen Potentials (EPSP) bei sympathetischen Neuronen des Frosches. Beide Potentiale werden durch einmalige Gabe von Acetylcholin induziert, wobei das schnelle EPSP durch die Aktivierung nikotinerger Rezeptoren und das langsame EPSP durch die Aktivierung muskarinerger Rezeptoren zustande kommt.
Nähere Erläuterungen im Text.
(nach: D. A. Brown, TINS August 1983, 302)

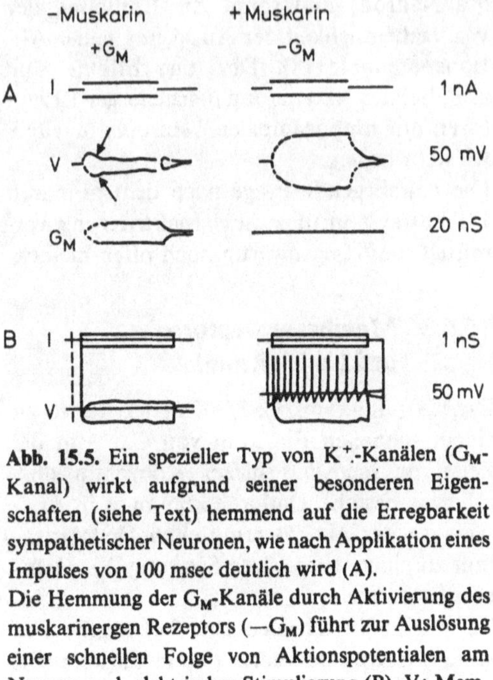

Abb. 15.5. Ein spezieller Typ von K^+-Kanälen (G_M-Kanal) wirkt aufgrund seiner besonderen Eigenschaften (siehe Text) hemmend auf die Erregbarkeit sympathetischer Neuronen, wie nach Applikation eines Impulses von 100 msec deutlich wird (A).
Die Hemmung der G_M-Kanäle durch Aktivierung des muskarinergen Rezeptors ($-G_M$) führt zur Auslösung einer schnellen Folge von Aktionspotentialen am Neuron nach elektrischer Stimulierung (B). V: Membranpotentialänderung I: Stromfluß durch die Membran.
(nach: D. A. Brown, TINS August 1983, 302)

auswärts gerichtete M-Strom bereits mit dem EPSP für die schnelle Auslösung aufeinander folgender „spikes" im Sinne einer schnellen Repolarisierung der Membran.

Die Inaktivierung der G_M-Kanäle wird unter anderem durch die Stimulierung muskarinerger Rezeptoren bewirkt. Das führt zum Wegfall dieser autoinhibitorischen „Bremse" und resultiert in einer Erhöhung der Erregbarkeit der Zelle. In Abb. 15.5. ist vergleichend die Reaktion eines sympathetischen Neurons auf eine elektrische Stimulierung in An- bzw. Abwesenheit des muskarinergen Agonisten Muskarin dargestellt. Dabei wird sichtbar, daß die Muskarin-vermittelte Hemmung des G_M-Stromes im obigen Sinne eine schnellere „spike"-Generierung nach elektrischer Reizung ermöglicht.

In analoger Weise wie die Aktivierung des muskarinergen Rezeptors, wirkt auch die Aktivierung von Substanz-P-Rezeptoren und LHRH-Rezeptoren auf G_M-Kanäle. Welche Effektorsysteme hierbei für die Signalübertragung auf den Rezeptor verantwortlich sind, ist im Gegensatz zum S-Kanal noch nicht bekannt (1).

Die auswärts gerichteten K^+-Ströme der S- und M-Kanäle sind beide autoinhibitorische Mechanismen, deren Rezeptor-vermittelte Hemmung zu einer Steigerung der neuronalen Erregbarkeit führt.

Anders verhält es sich mit K^+-Kanälen in Herzzellen. Diese werden durch muskarinerge Agonisten aktiviert, was zu einer Hyperpolarisation der Membran und damit einer Verkürzung des Aktionspotentials führt. Damit geht eine Senkung der Frequenz und Stärke der Kontraktionen des Herzmuskels einher (10).

15.4.2.2. Rezeptor-vermittelte Regulation von Ca^{++}-aktivierten K^+-Kanälen

Im Nervensystem, bei endokrinen und exokrinen Zellen, spielt eine Gruppe von K^+-Kanälen, die sich von den vorstehend diskutierten (G_S und G_M) durch ihre Aktivierbarkeit durch Ca^{++}-Ionen unterscheidet, eine wesentliche Rolle. Drei Typen von Ca^{++}-aktivierten K^+-Kanälen wurden bislang unterschieden. Zwei von ihnen können anhand der Einzelkanalkonduktivität als der große (rund 200 pS) und der kleine (rund 20 pS) Ca^{++}-aktivierte K^+-Kanal unterschieden werden. Ein weiterer Kanal unterscheidet sich von dem zuletzt genannten durch seine geringe

Ionenselektivität. Beweise für eine unterschiedliche Struktur dieser Kanäle stehen noch aus.
Ein Anstieg der intrazellulären Ca^{++}-Konzentration kann sowohl die Folge eines Aktionspotentials (durch die Öffnung Spannungs-sensitiver Ca^{++}-Kanäle) sein, als auch durch Rezeptor-aktivierte Ca^{++}-Kanäle vermittelt werden.

a) Die Aktivierung der Ca^{++}-abhängigen K^+-Kanäle durch Membranrezeptoren

Der Vorgang der Rezeptor-vermittelten Aktivierung ist ein indirekter Prozeß, da er zunächst die Stimulierung des Einstromes von Ca^{++} in die Zelle voraussetzt. Eine Reihe von Membranrezeptoren (z. B. muskarinerge Rezeptoren, α-adrenerge Rezeptoren, Substanz-P-Rezeptoren) sind in der Lage, die Öffnung von Ca^{++}-Kanälen in der Membran zu induzieren. Die Folge ist ein Anstieg der intrazellulären Ca^{++}-Konzentration.
Die für die Aktivierung der K^+-Kanäle notwendigen Ca^{++}-Konzentrationen schwanken bei unterschiedlichen Zelltypen zwischen 10^{-8} und 10^{-6} M. Die durch Ca^{++} erhöhte Wahrscheinlichkeit der K^+-Kanalöffnung führt zu einer Hyperpolarisation der Membran. Das reduziert die Aktivität dieser Kanäle, da sie nicht nur Ca^{++}-abhängig sind, sondern auch durch das Membranpotential moduliert werden. Diese regulative Balance wurde besonders bei sekretorischen Zellen nachgewiesen (9).
Gute Beispiele für die zuletzt umrissenen Prozesse finden sich bei den Flüssigkeits-sekretierenden Epithelzellen, bei denen ein Aktionspotential und somit die Öffnung Spannungs-abhängiger Ca^{++}-Kanäle nicht vorkommt. Hier dominiert der Transmitter-induzierte Ca^{++}-Einstrom und damit die indirekte Stimulierung der Öffnung der K^+-Kanäle durch Acetylcholin, Substanz P und Noradrenalin. Erste Experimente deuten darauf hin, daß in diesen Fällen die Öffnung (in Umkehrung der Verhältnisse beim S-Kanal) des K^+-Kanals durch Phosphorylierung induziert wird.

b) Die Hemmung Ca^{++}-abhängiger K^+-Kanäle durch Membranrezeptoren

In Neuronen hingegen können Membranrezeptoren nur dann eine regulative Wirkung auf die Ca^{++}-aktivierten K^+-Kanäle haben, wenn sie diese hemmen. Dies hat zwei Gründe: Zunächst erfolgt der Ca^{++}-Einstrom in Neuronen als Folge des Aktionspotentials durch die Aktivierung von Spannungs-abhängigen Ca^{++}-Kanälen. Die dadurch aktivierten K^+-Kanäle führen zu einer Hyperpolarisation und mithin zu einer reduzierten Sensivität des Neurons. In Analogie zum M-Strom führt eine Rezeptor-vermittelte Schließung dieser Kanäle zu einer schwachen Depolarisation des Neurons und somit zur Erhöhung der Wahrscheinlichkeit der Auslösung neuer Aktionspotentiale (8). Derartige Effekte sind z. B. bei der Aktivierung β-adrenerger Rezeptoren auf hippocampalen Neuronen nachgewiesen worden.
Die naheliegende Frage nach dem primären Effektorsystem, das diese Inaktivierung vermittelt, muß gegenwärtig noch offen bleiben.

15.4.3. Membranrezeptoren und Ca^{++}-Kanäle

Die Öffnung von Ca^{++}-Kanälen führt zu einem schnellen Einstrom von Ca^{++} in die Zelle, da hier ein starker Konzentrationsgradient besteht. Dadurch kommt es in Analogie zu der Na^{++}-vermittelten Depolarisation zu einer temporären Senkung des Membranpotentials.
Ca^{++}-Kanäle scheinen eine heterogene Familie von Kanalproteinen zu sein. Sie kommen auf nahezu allen elektrisch erregbaren Zellen vor. Bei einigen Zelltypen dominiert das durch Ca^{++}-Ströme ausgelöste Aktionspotential (glatte Muskulatur der Vertebraten, Muskulatur der Invertebraten u. a.), bei anderen ist es jedoch von untergeordneter Bedeutung (Skelettmuskulatur der Vertebraten, Axone). Jedoch finden sich auch Beispiele einer gleichgewichtigen Bedeutung von Na^+- und Ca^{++}-Kanälen, wie z. B. im Zellkörper der Nervenzelle bzw. bei Herzmuskelzellen (3).

Die Wirkungen von Ca^{++} gehen im Gegensatz zu Na^{+} aber weit über die Änderung des Membranpotentials hinaus, wie bereits in Kap. 13.2. dargestellt wurde.

Ca^{++}-Kanäle besitzen drei Bindungsstellen für zweiwertige Ionen in Form von Carboxylgruppen im Rezeptorprotein. Die beiden hochaffinen Bindungsstellen befinden sich an der cytoplasmatischen bzw. der extrazellulären Seite des Kanals, während eine Bindungsstelle niedriger Affinität für zweiwertige Metallionen sich innerhalb des Ionenkanals zu befinden scheint. Die Affinität von zweiwertigen Ionen zu dieser Bindungsstelle ist dafür entscheidend, ob es sich um penetrierende Ionen (niedrige Affinität: $Ca^{++} > Sr^{++} > Ba^{++}$) oder blockierende Ionen (höhere Affinität als Ca^{++}: $Cd^{++} > Mn^{++} > Co^{++}$) handelt. Die Bindung von Ca^{++} an die cytoplasmatische Bindungsstelle des Ca^{++}-Kanals führt zu dessen Inaktivierung. Somit wird der Ca^{++}-Einstrom über einen klassischen „feed back"-Mechanismus reguliert.

Ca^{++}-Kanäle können durch die Aktivierung von Membranrezeptoren sowohl aktiviert als auch inhibiert werden. Dabei lösen sogar die gleichen Transmittersubstanzen bei unterschiedlichen Zelltypen unterschiedliche Effekte aus (3).

Ein Beispiel für die Aktivierung von Ca^{++}-Kanälen durch Serotonin ist in Abb. 15.6. dargestellt. Es zeigt sich, daß dieser Ca^{++}-Strom abhängig vom Membranpotential ist. Dies bedeutet, daß Serotonin den Ca^{++}-Einstrom nur dann verstärken bzw. auslösen kann, wenn die Membran bereits depolarisiert ist.

Wie überträgt der aktivierte Rezeptor das Signal auf den Ionenkanal? Die Tatsache, daß die Injektion von cAMP in die zur Untersuchung verwendeten *Aplysia*-Neuronen identische Effekte auslöst, beweist noch nicht dessen Rolle als Signalüberträger, da Substanzen, die den cAMP-Metabolismus modulieren, ohne Wirkung sind.

Ein anderes Beispiel ist die durch Adrenalin auf Herzzellen ausgelöste Stimulierung des Ca^{++}-Einstromes während eines Aktionspotentials. Durch Injektion von cAMP oder der katalytischen Untereinheit der cAMP-abhängigen Proteinkinase konnte wahrscheinlich gemacht werden, daß die Signalübertragung vom Rezeptor auf den Ionenkanal durch Aktivierung der Effektorsysteme Adenylatzyklase und A-Proteinkinase erfolgt. Die Phosphorylierung scheint in diesem Falle nicht zur Aktivierung inaktiver Kanäle, sondern zur Verlängerung der Kanalöffnungszeit und zur Erhöhung der Wahrscheinlichkeit der Kanalöffnung zu führen.

Demgegenüber hat Noradrenalin auf Ca^{++}-Kanäle in Rückenmarksganglien und sympathetischen Neuronen eine inhibierende Wirkung, deren genauer Mechanismus noch unbekannt ist.

Die Phosphorylierung von Ca^{++}-Kanälen scheint aber nicht für die Auslösung eines bestimmten Depolarisationsimpulses, sondern auch für die Aktivität des Kanals überhaupt verantwortlich zu sein. So konnten mit Hilfe von Perfusionsexperimenten alle Ca^{++}-Ka-

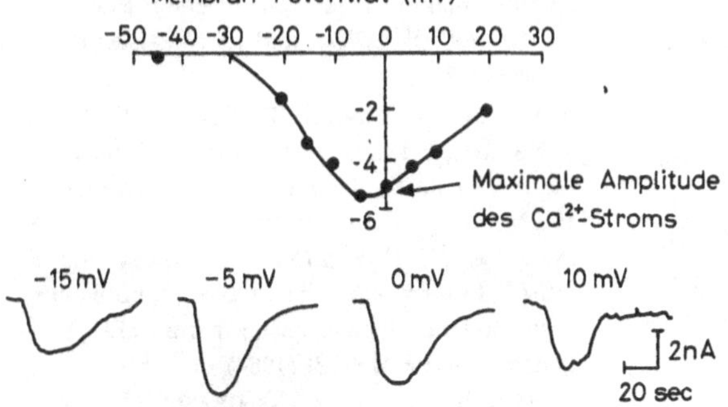

Abb. 15.6. Nachweis eines Serotonin-induzierten, einwärts gerichteten Ca^{2+}-Stromes in Neuronen von Aplysia californica.
Die Öffnung dieser Ca^{2+}-Kanäle ist auch Potential-abhängig, d. h. sie ist durch den Transmitter nur bei solchen Werten des Membranpotentials auslösbar, die während der Depolarisation erreicht werden.
(nach: T. C. FOLLMAR, Fed. Proc. 40: 2631 (1981))

näle dadurch inaktiviert werden, daß die Zellen mit cAMP-freien Lösungen durchspült wurden. Die Aktivität wurde restauriert durch cAMP, ATP und Mg^{++}-haltige Perfusionslösungen bzw. die Perfusion mit Lösungen, die die aktive Untereinheit der A-Proteinkinase enthielten.

Es ist somit zu schlußfolgern, daß generell die Aktivität der untersuchten Ca^{++}-Kanäle von deren Phosphorylierung abhängt.

15.5. Die spezifische Hemmung von Ca^{++}-Kanälen

Ca^{++}-Kanäle können durch eine Reihe von Pharmaka spezifisch gehemmt werden. Bisher haben diese Verbindungen hauptsächlich in die Herz-Kreislauf-Pharmakologie Eingang gefunden. Grundsätzlich unterscheidet sich die Gruppe der „Ca^{++}-Kanal-Blocker" von anderen Substanzen, die einen Effekt auf die intrazelluläre Ca^{++}-Konzentration haben, dadurch, daß sie in unterschiedlicher Weise mit Ca^{++}-Kanälen der Zellmembran in Wechselwirkung treten. Jedoch haben diese Verbindungen auch cytoplasmatische Angriffspunkte. Im wesentlichen wurde die Wirkung dieser Verbindungen auf die spannungsabhängigen Kanäle, die im Verlaufe der Membrandepolarisation den Ca^{++}-Einstrom verursachen, charakterisiert.

Es werden drei Gruppen von Ca^{++}-Kanal-Blockern unterschieden:

a) Zu den Verbindungen der ersten Gruppe gehören z. B. die 1,4-Dihydropyridine, Flunarizin, Fendilin und Phenylamin. Sie weisen eine Bindungsstelle und einen Hill-Koeffizienten von 1 auf.
b) Die Verbindungen der zweiten Gruppe (z. B. Verapamil, D 600) werden an unterschiedlichen Bindungsstellen gebunden, was in einem Hill-Koeffizient kleiner als 1 resultiert.
c) Verbindungen der dritten Gruppe (z. B. Biltiazem, Benzyclan) wirken als allosterische Regulatoren, indem sie die Bindung von anderen Ca^{++}-Blockern erhöhen.

Durch die Entdeckung dieser Verbindungen, für die bislang noch kein natürlich vorkommendes Äquivalent gefunden wurde, können Ca^{++}-Kanäle in analoger Weise wie Rezeptoren charakterisiert werden. Dabei weisen die Ca^{++}-Kanal-Blocker eine Reihe von Vorteilen gegenüber den Peptidtoxinen auf, die spezifisch die Funktion von Na^{++}-Kanälen inhibieren.

Durch Digitonin-Solubilisierung und ^{3}H-Nitrendipin-Markierung konnten jüngst Ca^{++}-Kanäle aus der Skelettmuskulatur isoliert und angereichert werden. Es handelt sich dabei um einen Komplex von drei Untereinheiten (130 KD, 50 KD und 33 KD). Mit ^{3}H-Azidopin ist eine Photoaffinitätsmarkierung der größten Untereinheit möglich. Dies erlaubt den Zugang zu denaturierenden Reinigungsmethoden.

Zitierte Literaturbeispiele

1. Brown, D. A., A. Constanti and P. R. Adams: Slow cholinergic and peptidergic transmission in sympathetic ganglia. Fed. Proc. **40**, 2625 (1981)
2. Curtis, B. M., and W. Catterall: Purification of the calcium antagonist receptor of the voltage-sensitive calcium channel from skeletal muscle transverse tubules. Biochem. **23**, 2113 (1984)
3. Hagiwara, S. and L. Byerly: The calcium channel. TINS Mai, 189 (1983)
4. Janis, R. A. and A. Scriabine: Sites of action of Ca^{2+} channel inhibitors. Biochem. Pharmacol. **32**, 3499 (1983)
5. Levitan, I. B., J. R. Lemos and I. Novak-Hofer: Protein phosphorylation and the regulation of ion channels. TINS Dezember, 496 (1983)
6. Nielsen, M. and C. Braestrup: Target size of brain benzodiazepine receptor, GABA receptor and S-TBPS binding sites. In: Regulation of transmitter function, Proc. 5th Meeting Eur. Soc. Neurochem., E. S. Vizi and K. Magyar: (Eds). p. 429 (1984)
7. Noda, M., S. Shimizu, T. Tanabe, T. Takai, T. Kayano, T. Ikeda, H. Takahashi, H. Nakayama, Y. Kanaoka, N. Minamino, K. Kangawa, H. Matsuo, M. A. Raftery, T. Hirose, S. Inayama, H. Hayashida, T. Miyata and S. Numa: Primary structure of Electrophorus electricus sodium channel deduced from cDNA sequence. Nature **312**, 121 (1984)
8. North, R. A. and T. Tokimasa: Muscarinic

suppression of calcium-activated potassium conductance. TIPS Suppl., p. 35 (1984)

9. PETERSEN, O. H. and Y. MARUYAMA: Calcium-activated potassium channels and their role in secretion. Nature **307,** 693 (1984)
10. SAKMANN, B., A. NOMA and W. TRAUTWEIN: Acetylcholine activation of single muscarinic K^+ channels in isolated pacemaker cells of the mammalian heart. Nature **303,** 250 (1983)
11. STEVENS, C. F.: Biophysical studies of ion channels. Science **225,** 1346 (1984)

Weiterführende Literatur

BROWN, D. A., B. H. GÄHWILER, S. J. MARSH and A. A. SELYANKO: Mechanisms of muscarinic excitatory synaptic transmission in ganglia and brain. TIPS Februar (Supplement) **66,** (1986)

CATTERALL, W. A.: Voltage-dependent gating of sodium channels: correlating structure and function. TINS Januar, **7** (1986)

COLQUHOUN, D.: The link between drug binding and response: Theories and observations. in: The receptors. A comprehensive treatise. Vol. 1, R. D. O'BRIEN (Ed.), Plenum Press, New York, London p. 93 (1979)

FRANCIOLINI, F.: Patch clamp technique and biophysical study of membrane channels. Experientia **42,** 589 (1986)

GREENBLATT, R. E., Y. BLATT and M. MONTAL: The structure of the voltage-sensitive sodium channel. Interferences derived from computer-aided analysis of the Electrophorus electricus channel primary structure. FEBS lett. **193,** 125 (1985)

GUY, H. R. and P. SEETHARAMULU: Molecular model of the action potential sodium channel. Proc. Natl. Acad. Sci. USA **83,** 508 (1986)

SCHRAMM, M. and R. TOWART: Modulation of calcium channel function by drugs. Life Sci. **37,** 1843 (1985)

STONE, T. W.: Cyclic nucleotides and adenylate cyclase in brain: Electrophysiological studies. in: Brain receptor methodologies, Part A. P. J. MARANGOS, I. D. CAMPBELL and R. M. COHEN (Eds.); Academic Press, New York, London p. 171 (1984)

16. Funktionsstörungen von Membranrezeptoren als Krankheitsursache

16.1. Autoantikörper gegen Membranrezeptoren

16.1.1. Einführung

Das Auftreten von Autoimmunantikörpern gegen Membranrezeptoren ist selten ein isoliert vorkommendes Phänomen. Vielmehr ist es oft Teil umfassenderer, genetisch bedingter Störungen der Immunregulation (Abschn. 16.1.6.). Dies ist deshalb nicht verwunderlich, weil das Immunsystem ein hochgradig ausbalanciertes System seiner Teilelemente darstellt. Hierdurch wird unter anderem sichergestellt, daß nur diejenigen antigenen Determinanten als „fremd" und damit eine Immunreaktion auslösend erkannt werden, die nicht im Körper selbst (bzw. an einer dem Immunsystem zugänglichen Stelle des Körpers) vorkommen. Der Mechanismus, der diese ausschließliche Reagibilität gegenüber Fremdantigenen sicherstellt, ist auch gegenwärtig noch nicht vollständig aufgeklärt.

Es kann jedoch die allgemeine Feststellung getroffen werden, daß Störungen in Teilelementen des Immunsystems auch die Wahrscheinlichkeit steigern, daß diese Wirkungsselektivität durchbrochen wird. Die Folge ist u. a. die Bildung von Autoantikörpern, d. h. Antikörpern, die gegen körpereigene antigene Determinanten gerichtet sind. Einer neueren Hypothese zufolge werden derartige Antikörper ständig gebildet, ihre Menge wird jedoch im gesunden Organismus durch spezielle Suppressormechanismen ständig vernachlässigbar klein gehalten (5). Im Zusammenhang mit der Thematik dieses Kapitels sind nur diejenigen Autoantikörper von Interesse, die gegen Membranrezeptoren gerichtet sind. Unter zusätzlicher Berücksichtigung der Hormon-produzierenden Zellen, der Hormone und der Rezeptor-tragenden Zellen ergeben sich die in Abb. 16.1. dargestellten vier Angriffspunkte für Autoimmunantikörper bei der Beeinflussung der Ligand-Rezeptor-Interaktion.

Es ist zu vermuten, daß es sich bei den hier aufgelisteten Krankheitsbildern (die z. T. im folgenden noch näher charakterisiert werden) nur um die „Spitze eines Eisberges" handelt. Vieles deutet darauf hin, daß eine große Zahl von Erkrankungen von bislang noch unbekannter Genese auf Autoimmunphänomenen basiert. Dabei dürften Anti-Rezeptor-Antikörper im weitesten Sinne eine besondere Rolle spielen, weil derartige Antikörper eine ganze Reaktionskaskade beeinflussen.

Auf der Grundlage der bisher bekannten Anti-Rezeptor-Antikörper, die in der Folge von Autoimmunreaktionen entstanden sind, läßt sich deren biologischer Effekt in drei Gruppen einteilen:

Zur ersten Gruppe gehören die Antikörper, die durch Wechselwirkung mit dem Rezeptor die Ligand-Bindung oder die Ligand-induzierte Konformationsumwandlung blockieren. Die zweite Gruppe umfaßt Antikörper, die zu der selben Konformationsumlagerung des Rezeptors führen, wie sie durch Agonisten ausgelöst wird. Dies bedeutet, diese Antikörper stimulieren die vom Rezeptor ausgehenden Effektuierungsreaktionen. Bei der dritten

Gruppe von Antikörpern tritt demgegenüber die Fähigkeit der Antikörper, mittels ihrer zwei Antigenbindungsstellen Membranrezeptoren zu vernetzen, in den Vordergrund. Die hierdurch ausgelösten Prozesse sind „capping" und Internalisation und führen zur Verminderung der Zahl der aktiven Rezeptoren.
Es liegt auf der Hand, daß die Autoantikörper polyklonalen Ursprungs sind. Somit sind in jedem Patientenserum Gemische von Antikörpern zu erwarten, auf die die oben umrissenen Eigenschaften zutreffen. Tatsächlich scheint dies auch oft der Fall zu sein, wobei die Proportion der einzelnen Typen den dominierenden biologischen Effekt bestimmt.

16.1.2. Autoantikörper gegen den nikotinergen Acetylcholinrezeptor: Myasthenia gravis

Myasthenia gravis ist gekennzeichnet durch eine graduell unterschiedliche Schwäche bzw. Dystrophie der Skelettmuskulatur. Diese wird durch die Blockade und/oder Zerstörung der neuromuskulären Endplatten durch Autoantikörper hervorgerufen, die gegen den nikotinergen Rezeptor gerichtet sind. Die relativ geringe Zahl der nikotinergen Rezeptoren im Hirn ist durch die Blut-Hirn-Schranke geschützt (1, 2).
Durch die Bindung von ^{125}J-markiertem α-Bungarotoxin, welches spezifisch mit dem nikotinergen Rezeptor reagiert, kann ein Verlust von 70—90% der nikotinergen Rezeptoren in der Muskulatur von Myasthenia-Patienten nachgewiesen werden. Somit haben die Antikörper in diesem Falle eine zweifache Wirkung: Sie blockieren den Rezeptor gegenüber seinem natürlichen Agonisten Acetylcholin und führen zu einer Verminderung der Zahl der postsynaptischen Rezeptoren über „receptor down regulation" und/oder Complement-abhängige Zerstörung der postsynaptischen Membran. Das Resultat dieses, in Abb. 16.2. schematisch dargestellten Prozesses, ist die Unterbindung bzw. Hemmung der Erregungsweiterleitung vom peripheren Nerv auf die Muskelfaser.
Das Verständis dieser kausalen Zusammen-

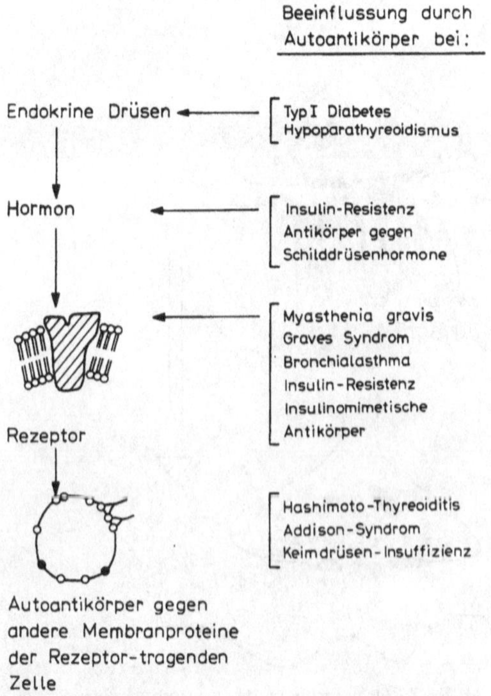

Abb. 16.1. Zusammenstellung von Krankheitsbildern, bei denen Autoantikörper auf verschiedenen Ebenen mit der Ligand-Rezeptor-Interaktion in Wechselwirkung treten.
(nach: M. BLECHER, Clin. Chem. **30**, 1137 (1984)).

hänge wurde durch zwei Beobachtungen eröffnet. Einerseits konnte nachgewiesen werden, daß Seren von Myasthenia-Patienten die spezifische Bindung von ^{125}J-α-Bungarotoxin an den nikotinergen Rezeptoren hemmen. Andererseits wurde gezeigt, daß Versuchstiere, die mit angereicherten Präparationen des nikotinergen Rezeptors aus dem elektrischen Organ von *Elektrophorus* oder *Torpedo* immunisiert wurden, analoge Symptome aufwiesen, wie sie für Myasthenia gravis typisch sind (2). Auffällig ist, daß 5—15% der Myasthenia-Patienten gleichzeitig einen Thymustumor haben, während 70—80% eine Hyperplasie des Thymus aufweisen. Demzufolge wird in bestimmten schweren Fällen die Entfernung des Thymus mit gutem therapeutischen Effekt eingesetzt. In diesem Zusammenhang muß eine zweite Komponente dieses Krankheitsbildes, nämlich die hemmende Wir-

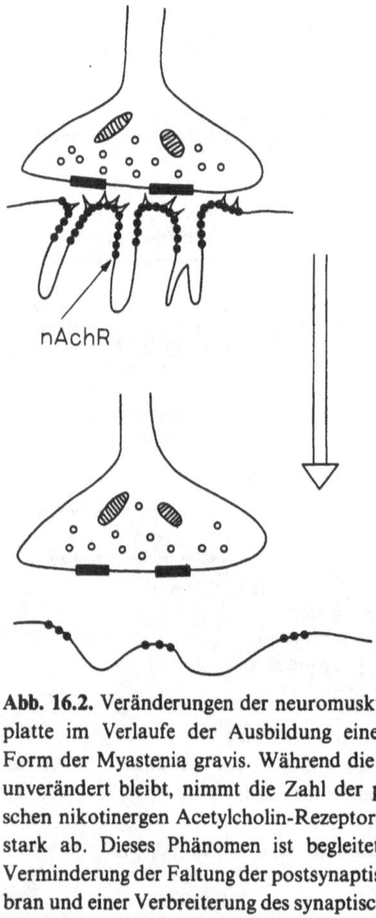

Abb. 16.2. Veränderungen der neuromuskulären Endplatte im Verlaufe der Ausbildung einer schweren Form der Myastenia gravis. Während die Präsynapse unverändert bleibt, nimmt die Zahl der postsynaptischen nikotinergen Acetylcholin-Rezeptoren (nAchR) stark ab. Dieses Phänomen ist begleitet von einer Verminderung der Faltung der postsynaptischen Membran und einer Verbreiterung des synaptischen Spaltes. (modifiziert nach B. Brachman, TINS November 1983, 446).

kung von überschießend produzierten Peptidhormonen des Thymus auf die neuromuskuläre Synapse erwähnt werden. Leichtere Fälle können oft durch die Entfernung der (allerdings stets nachgebildeten) Anti-Rezeptor-Antikörper mittels Plasmaphorese behandelt werden. Daneben wird häufig eine immunsuppressive Therapie verwendet. Die symptomatische Behandlung erfolgt durch Acetylcholinesterase-Hemmstoffe, wodurch die Konzentration von Acetylcholin im synaptischen Spalt erhöht wird und somit alle noch vorhandenen Rezeptoren zur Auslösung eines postsynaptischen Potentials genutzt werden können.

Die Bildung von Autoantikörpern gegen den nikotinergen Rezeptor könnte entsprechend den gegenwärtigen Vorstellungen von solchen Zellen des Thymus ausgehen, die diesen Rezeptor auf der Membran tragen (Verwandte von Muskelzellen). Hinzu kommt mit Sicherheit noch eine Störung der Immunregulation, die zur Entstehung von Rezeptor-spezifischen Induktor/Helfer-T-Zellen (Differenzierungsantigene: OKT 3^+, 4^+, 8^-, 10^+, 11^+) bei Myasthenia-Patienten führt (6). Deren Vorkommen ist mit dem Vorhandensein eines bestimmten Phenotyps der Histokompatibilitätsantigene (HLA-DR 3, HLA B 8) verbunden, was die genetische Prädisposition erklärt. Auf dieser Grundlage sind die modernsten Therapiekonzepte dieses Krankheitsbildes aufgebaut. Sie gehen von der Induktion von Rezeptor-spezifischen T-Suppressorzellen (z. B. durch hohe Dosen des solubilisierten, gentechnisch hergestellten Rezeptors) aus (2, 6).

Bislang wurden nur geringe Beziehungen zwischen der Schwere der Erkrankung und der Autoantikörper-Konzentration im Serum festgestellt. Dies dürfte einerseits auf Unterschiede der Antikörper hinsichtlich Avidität, Complementbindung und Determinantenspezifität zurückzuführen sein. Andererseits sind hierfür methodische Probleme beim Nachweis der Antikörper sowie die mögliche Interferenz der Wirkung der Antikörper mit der der o. g. Thymus-Peptidhormone verantwortlich.

Der Nachweis von Autoantikörpern gegen den nikotinergen Acetylcholinrezeptor im Serum von Myasthenia-Patienten erfolgt mit Hilfe von solubilisierten Rohpräparationen des Rezeptors, die spezifisch mit ^{125}J-α-Bungarotoxin markiert sind. Diese Präparationen werden mit den Patientenseren inkubiert. Die Präzipitation der Antikörper-Rezeptor-Toxin-Komplexe erfolgt durch Anti-human-IgG Antikörper oder durch Protein A. Es ist bei dieser Technik offensichtlich, daß z. B. diejenigen Antikörper, die gegen die Toxin-Bindungsstelle des Rezeptors gerichtet sind, nicht mehr an den Rezeptor binden. Derartige Antikörper kommen bei rund 30% der Patienten vor (1).

Dieser Test muß somit durch ein Verfahren, welches auf Zellkulturen die Antikörper-induzierte „down regulation“ meßbar macht, ergänzt werden.

16.1.3. Autoantikörper gegen β-adrenerge Rezeptoren: Bronchialasthma

Das Bronchialasthma kommt in zwei Grundformen — als allergisches und als nichtallergisches Asthma — vor. Beim allergischen Typ liegen Allergen-spezifische IgE-Antikörper vor, die mit hoher Affinität an Fc-Rezeptoren der Mastzelle gebunden werden. Die Vernetzung dieser Antikörper-Rezeptor-Komplexe durch das Allergen führt zur Degranulation der Mastzelle und damit zur Freisetzung eines Gemisches hochwirksamer Entzündungs-auslösender Mediatoren (besonders Histamin und verschiedene Leukotriene, vergl. Kap. 8. und 14).

Auffällig ist jedoch, daß daneben eine Vielzahl von Formen des nichtallergischen Asthmas vorkommen. Beide stellen nur dann ein schweres Krankheitsbild dar, wenn gleichzeitig eine bronchiale Hypersensitivität auftritt. Über deren Zustandekommen gibt es eine Vielzahl verschiedener Theorien. Eine besonders plausible und vielen experimentellen Daten gerecht werdende Theorie wurde Ende der 60er Jahre von SZENTIVANYI formuliert. Er vermutete eine Imbalance in der Regulation des autonomen Nervensystems der Lunge, die durch eine verminderte Sensitivität der β-adrenergen Transmission (hauptsächlich β_2-Rezeptoren) bei gleichzeitig vermehrter Sensitivität der α-adrenergen und muskarinergen Transmission zustande kommt.

Eine mögliche Erklärung hierfür ist die durch Autoantikörper vermittelte Blockade und „down regulation“ von β_2-Rezeptoren. Diesem Konzept folgen die kürzlich von einigen Autoren publizierten Untersuchungen, die zeigten, daß Seren von einigen Asthmatikern die spezifische Bindung von ^{125}J-Hydroxybenzyl-Pindolol an β-Rezeptoren von Membranen der Lunge hemmen können. Bei 5% der untersuchten Asthmatiker konnten Autoantikörper gegen den β_2-Rezeptor mit dieser Methode nachgewiesen werden (1). Berücksichtigt man die Selektivität dieses Tests (Beschränkung auf solche Antikörper, die gegen das Bindungsareal des Rezeptors gerichtet sind) dürfte die Zahl positiver Patienten noch höher liegen. Somit könnte ein Teil der Fälle bronchialer Hyperreaktivität durch Autoantikörper gegen β_2-Rezeptoren erklärt werden, jedoch verlangen diese Untersuchungen noch eine wesentliche Vertiefung besonders auf methodischem Gebiet.

16.1.4. Autoantikörper gegen TSH-Rezeptoren: Graves-Syndrom

Die Graves'sche Krankheit zeichnet sich in ihrem klinischen Bild durch massive Schwellung der Schilddrüse und Überproduktion der Schilddrüsenhormone Thyroxin (T_4) und

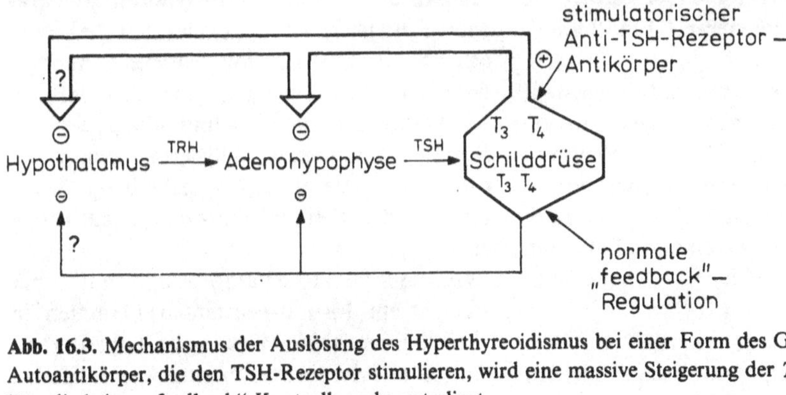

Abb. 16.3. Mechanismus der Auslösung des Hyperthyreoidismus bei einer Form des Graves-Syndroms. Durch Autoantikörper, die den TSH-Rezeptor stimulieren, wird eine massive Steigerung der T_3/T_4-Produktion ausgelöst, die keiner „feedback“-Kontrolle mehr unterliegt.

Trijodothyronin (T_3) aus. Hinzu kommen infiltrative Dermatopathien und Ophthalmopathien. 80% der Patienten weisen (Analogie zu Myasthenia gravis!) den Phenotyp der Histokompatibilitätsantigene HLA-DR 3, HLA-B 8 auf. Die Krankheit kommt bei Frauen (0,4% der Population) wesentlich häufiger als bei Männern vor.

Die Seren von 55—95% (unterschiedliche Studien) aller Patienten enthalten Autoantikörper gegen den Thyrotropin(TSH)-Rezeptor, der sich in der Plasmamembran von Zellen der Schilddrüse befindet. Dabei dominieren offensichtlich diejenigen Typen von Antikörpern, die synergistisch mit TSH zu einer Stimulierung des Rezeptors führen. Für diese Antikörper wurden in der Vergangenheit aufgrund ihrer z. T. differenten Wirkungen eine Vielzahl von Bezeichnungen festgelegt. Generell sollte man sich hier im Sinne der einleitenden Bemerkungen vor Augen halten, daß es sich immer um Gemische unterschiedlicher Typen von Antikörpern handelt, die mit unterschiedlichen Anteilen in den Seren verschiedener Patienten vorkommen.

Eine schmeatische Darstellung der Wirkung von Autoantikörpern, die den TSH-Rezeptor stimulieren, enthält Abb. 16.3. Die normalerweise durch eine „feedback"-Schaltung ausbalancierte Produktion von TSH und T_3/T_4 ist hier außer Kraft gesetzt. So kommt es zu einer ungehemmten Überschußproduktion der Schilddrüsenhormone (Hyperthyreoidismus). Entgegengesetzte Effekte werden bei den Formen der Graves'schen Krankheit beobachtet, bei denen Autoantikörper gebildet werden, die den TSH-Rezeptor blockieren (Hypothyreoidismus) (1).

Eine andere Form der Thyreoiditis entsteht durch Autoantikörper gegen die Vorstufe der Hormone T_3 und T_4 (das Thyreoglobin) sowie Membranen des endoplasmatischen Retikumulus von Schilddrüsenzellen (Hashimoto-Thyreoiditis). Bei einer Reihe von Patienten werden Mischformen beider Krankheitsbilder gefunden.

Es gibt gegenwärtig eine Vielzahl von Verfahren zur Bestimmung von Autoantikörpern gegen den TSH-Rezeptor, die sich zum Teil ergänzen. Bei den Bindungsstudien dominieren Verfahren zur Hemmung der Bindung von ^{125}J-TSH durch die Antikörper. Bei den mehr funktional orientierten Bioassays steht die Stimulierung der cAMP-Bildung durch die Anti-TSH-Rezeptor-Antikörper im Vordergrund (1).

16.1.5. Autoantikörper gegen Insulin-Rezeptoren: Insulin-Resistenz

Die Insulin-Resistenz ist dadurch gekennzeichnet, daß die klinischen Zeichen eines Insulinmangels beobachtet werden (u. a. Hyperglykämie), obwohl der Serumspiegel des Hormons im normalen oder übernormalen Bereich liegt. Damit einher geht eine verminderte oder nahezu abwesende Reaktion auf extern zugeführtes Insulin.

Die Insulin-Resistenz zeigt klinisch ein außerordentlich vielfältiges Bild. Grundsätzlich kann sie auf zwei verschiedene Ursachen zurückzuführen sein. Zunächst besteht die Möglichkeit erhöhter Serumkonzentrationen funktioneller Antagonisten des Insulins sowie von Anti-Insulin-Antikörpern. Weiterhin können Defekte auf der Ebene der Insulin-Rezeptor-tragenden Zellen auftreten. Dabei ist zwischen einer Blockade bzw. Verminderung der Insulinrezeptoren und Defekten auf der Basis der Effektorsysteme des Insulin-Rezeptors zu unterscheiden (1).

Das Vorkommen von Anti-Insulinrezeptor-Autoantikörpern (Typ B-Syndrom der Insulin-Resistenz) wurde bisher nur bei einer sehr geringen Zahl von Patienten nachgewiesen. Dabei konnte gezeigt werden, daß diese Antikörper die Insulinbindung an den Rezeptor hemmen, solubilisierte Insulinrezeptoren präzipitieren und spezifisch an Zellen binden, die den Insulinrezeptor aufweisen (1, 7).

Es erschien zunächst paradox, daß Antikörper aus extrem Insulin-resistenten Patienten in vitro agonistische Wirkungen haben, d. h. nahezu alle durch Insulin ausgelösten Effekte stimulieren können. Die Erklärung der durch diese Antikörper ausgelösten Insulin-Resistenz liefert die Antikörper-induzierte Aggregation und Internalisation der Insulin-Rezeptoren. Dieser Effekt muß aber qualitativ verschieden von der prinzipiell analogen, durch Insulin selbst ausgelösten Rezeptoraggregation sein. Es ist hier (wie bei den anderen Beispielen für Anti-Rezeptor-Autoantikörper) wahrscheinlich, daß Gemische von Antikörpern mit unterschiedlichen Eigenschaften (insulinomimetisch, blockierend, aggregierend) in den Seren der Patienten vorkommen.

16.1.6. Autoantikörper gegen Membranrezeptoren: Teil genetisch determinierter Störungen der Immunregulation?

Eine Reihe verschiedener Autoimmunerkrankungen bzw. Störungen der Immunregulation findet sich vornehmlich bei Patienten, die Histokompatibilitätsantigene der Typen HLA-DR 3 und HLA-B 8 aufweisen. Auch für viele andere Erkrankungen gilt, daß ein stark gesteigertes Erkrankungsrisiko beim Vorliegen bestimmter HLA-Haplotypen besteht. Insofern ordnet sich die bisher nur bei Myasthenia gravis und dem Graves-Syndrom bewiesene Assoziation mit dem o. g. Haplotyp in ein allgemeineres Konzept ein. Dafür spricht auch, daß die hier beschriebenen Erkrankungen fast immer auch als Polyautoimmunerkrankungen anzusprechen sind, d. h. noch andere Autoimmunreaktionen vorliegen.

Bei Patienten des Haplotyps HLA-DR 3 und HLA-B 8 wurde ein gehäuftes Auftreten von Defekten des Rezeptors für die Fc-Region von Immunglobulinen gefunden. Derartige Rezeptoren sind auf nahezu allen Zelltypen des Immunsystems verbreitet. Ob sich hieraus eine Erklärung für die bei diesen Patienten gehäuft auftretenden Autoimmunerkrankungen ableiten läßt, ist noch offen (8).

Auch bereits bekannte und gut charakterisierte Erkrankungen mit einer Autoimmunkomponente könnten wesentlich durch Antikörper gegen Rezeptoren oder Komponenten von Rezeptor-assoziierten Effektuierungssystemen bedingt sein. Dies wird u. a. durch das Vorkommen von Anti-Lipomodulin Autoantikörpern in den Seren von Patienten mit bestimmten Erkrankungen des rheumatischen Formenkreises deutlich. Lipomodulin reguliert die Aktivität der Phospholipase A_2, die u. a. die Bildung von Arachidonsäure und damit der Leukotriene und Prostaglandine (Kap. 14) kontrolliert (1).

Es ist somit zu vermuten, daß noch weitere Antikörper gegen Membranrezeptoren und/oder Teile des Effektuierungssystems als Ursache von Krankheiten mit bis heute unbekannter Genese in naher Zukunft nachgewiesen werden.

16.2. Defekte Rezeptorgene

Wie bereits in Kap. 9.6. ausgeführt, sind gegenwärtig umfangreiche Untersuchungen zur Isolierung und Charakterisierung von Rezeptorgenen im Gange. Es ist zu erwarten, daß derartige Methoden in Zukunft auch zur Analyse von Krankheitsbildern verwendet werden, bei denen genetische Defekte von Rezeptoren oder Teilen der Effektuierungssysteme vermutet werden. Bislang gibt es hierfür jedoch wenig eindeutige Beispiele.

Ein Anwendungsgebiet derartiger Untersuchungen könnte die dominant vererbte Hypercholersterolämie sein. Die Klonierung und Expression des Rezeptors für LDL („low density lipoprotein") aus menschlichem Gewebe wurde bereits beschrieben. Bei dem oben erwähnten Krankheitsbild konnten 8 mutierte Allele im Genlocus für den LDL-Rezeptor bei entsprechenden Patienten nachgewiesen werden. Bislang fehlt jedoch noch eine klare Beschreibung der Art dieser Mutationen und der durch sie ausgelösten Defekte bei der Funktion des LDL-Rezeptors. Wahrscheinlich sind Störungen des Rezeptormetabolismus die Ursache (10). Aufgrund der vorliegenden Ergebnisse ist ferner zu erwarten, daß Mutanten existieren, die in einer verschlechterten Bindungsfähigkeit des Rezeptors an LDL resultieren. Die künstliche Herstellung von Modellmutanten dieser Art ist durch das Verfahren der „site directed mutagenesis" zu erwarten.

Ein Defekt des Insulinrezeptors (α-Untereinheit) wird beim Leprechaunismus angenommen. Es handelt sich hier um ein genetisch determiniertes, seltenes Krankheitsbild, das mit einer Insulinresistenz einhergeht (9).

16.3. Quantitative Rezeptorveränderungen: Grundlage oder Begleiterscheinung pathologischer Prozesse?

Im Rahmen von Kapitel 8.5.3. sind bereits die Grundlagen der Regulation der Rezeptorzahl durch die Art der Rezeptoraktivierung umrissen worden. Es kann gegenwärtig als sicher angesehen werden, daß derartige Veränderungen bei einer Reihe von pathologischen Prozessen eine Rolle spielen. Probleme ergeben sich jedoch auf 3 Gebieten:

— Die quantitative Bestimmung von Rezeptoren in den Geweben, die für ein bestimmtes Krankheitsbild relevant sind, ist meist unmöglich. Deshalb werden oft Blutzellen oder post-mortem-Untersuchungen herangezogen, was jedoch nur begrenzten Wert besitzt. Neue Möglichkeiten zeichnen sich durch die in Kap. 5.2. dargestellte Methodik zum Nachweis von Rezeptoren im lebenden Organismus ab.
— Unklar ist meist, ob die quantitativen Rezeptorveränderungen Resultat oder Ursache pathologischer Prozesse sind. Es muß dabei beachtet werden, daß es sich besonders im Zentralnervensystem nicht um isolierte Zellen handelt. Vielmehr weisen die hochgradig vernetzten neuronalen Bahnen die Fähigkeit zu systemischen wie auch synaptischen plastischen Änderungen auf.
— Die ausschließliche Messung quantitativer Rezeptorveränderungen erlaubt kaum Rückschlüsse auf funktionale Änderungen, weil zunächst unklar bleibt, wie hoch die Zahl der Rezeptoren ist, die zur optimalen Stimulierung der Effektorsysteme benötigt wird (Zahl der Reserverezeptoren, vergl. Kap. 2.). Notwendig ist also die parallele Untersuchung der Stimulierbarkeit der Effektorsysteme (vergl. Beispiel in Abschn. 13.1.1.4.) oder anderer funktioneller Parameter.

a) Quantitative Rezeptorveränderungen als Ausdruck endogener Regulationsstörungen

In diese Gruppe gehören zunächst solche Krankheiten, die durch eine abnorm hohe oder niedrige Produktion eines endogenen Liganden charakterisiert sind. Dies hat sekundär die Veränderung der Rezeptorzahl nach den Prinzipien der Ligand-induzierten „receptor up/down regulation" zur Folge. Beispiele hierfür sind (1, 3, 4):

— Insulindefizienz (Pankreatitis): Steigerung der Zahl der Insulinrezeptoren
— Insulinüberschuß (Insulin-produzierender Tumor): Senkung der Zahl der Insulinrezeptoren
— Schizophrenie, Tourette-Syndrom: Vermehrung von Dopaminrezeptoren im Gehirn (?)

b) Pharmakon-induzierte quantitative Rezeptorveränderungen

Hierzu existiert eine große Zahl von Tierexperimenten, die in diesem Zusammenhang nicht referiert werden sollen. Sie beweisen jedoch, daß auch in vivo durch chronische Gabe von Agonisten „down regulation" und durch Antagonisten „up regulation" von Rezeptoren erzeugt werden kann.
Von klinischer Bedeutung dürfte dies besonders im Zusammenhang mit der Psychopharmaka-Behandlung sein. Hier wird möglicherweise durch die Gabe von Dopamin-Antagonisten (z. B. Haloperidol) eine weitere Steigerung der Menge dopaminerger Rezeptoren in bestimmten Hirnregionen von Patienten mit Schizophrenie oder Tourette-Syndrom induziert. Die zeitweilige Induktion einer „receptor down regulation" durch Gabe dopaminerger Agonisten wird bei solchen Patienten mit gutem therapeutischen Effekt eingesetzt, obwohl sich dadurch zunächst deren Zustand verschlechtert (3).
In diesem Zusammenhang sind suchterzeugende Pharmaka, insbesondere Opiate, zu erwähnen, obwohl der Mechanismus der

Suchtentstehung nur teilweise auf der Rezeptorebene erklärbar ist.
Die chronische Gabe von Bronchodilatatoren (besonders unselektiven β_1+ β_2-Agonisten) führt bei vielen Asthmatikern zu einer sukzessiven Senkung des therapeutischen Effektes, der u. a. mit einer Senkung der Zahl der β-Rezeptoren in der Lunge erklärt wird. Komplementär hierzu ist das Propranolol-Entzugssyndrom, das auf eine Erhöhung der Zahl von β-Rezeptoren nach Gabe dieses Antagonisten zurückzuführen ist.
Von besonderer Bedeutung sind die irreversiblen Veränderungen, die z. B. durch Diazepam oder Haloperidol im Embryonalstadium induziert werden. Auch in Tierexperimenten spiegelt sich dies wider. Die beobachteten quantitativen Veränderungen (z. B. des Dopaminrezeptors) dürften eine sekundäre Folge von Differenzierungsstörungen im ZNS sein (3).

c) Quantitative Rezeptorveränderungen als Folge degenerativer Prozesse im ZNS

Bei verschiedenen Erkrankungen dieser Gruppe konnten durch post-mortem-Untersuchungen gravierende Veränderungen der Menge bestimmter Membranrezeptoren (z. B. der muskarinergen Acetylcholinrezeptoren bei der Alzheimer'schen Krankheit und beim Morbus Huntington) nachgewiesen werden. Wahrscheinlich ist jedoch, daß diese Veränderungen Folge — und nicht Ursache — der degenerativen Erkrankung sind.
Derartige Untersuchungen besitzen aber dennoch ein erhebliches praktisches Interesse für neue Therapiestrategien. Dies ist besonders dann der Fall, wenn sich die Menge von Rezeptorsubtypen mit unterschiedlicher Lokalisation nicht in gleichem Ausmaß verändert. So böte z. B. bei der Alzheimer'schen Erkrankung die selektive Hemmung des präsynaptisch vorkommenden Subtyps des muskarinergen Rezeptors eine gute Möglichkeit der gezielten Steigerung der präsynaptischen Acetylcholin-Freisetzung. Dies könnte ein interessantes Therapieprinzip darstellen, scheitert gegenwärtig jedoch noch an dem Fehlen eines selektiven Antagonisten für diesen Subtyp.

Zitierte Literaturbeispiele

1. Blecher, M.: Receptors, antibodies and disease. Clin. Chem. **30**, 1137 (1984)
2. Drachman, D. B.: Myasthenia gravis: Immunobiology of a receptor disorder. TINS November, 446 (1983)
3. Friedhoff, A. J. and H. C. Miller: Clinical implications of receptor sensitivity modification. Ann. Rev. Neurosci. **6**, 121 (1982)
4. Gerok, W.: Defekte an Zellrezeptoren als Ursache endokriner und metabolischer Krankheiten. Verhandlungen der Gesellschaft Deutscher Naturforscher und Ärzte 1978, Springer Verlag (1979)
5. Grossman, Z.: Recognition of self, balance of growth and competition: Horizontal networks regulate immune responsiveness. Eur. J. Immunol. **12**, 747 (1982)
6. Hohlfeld, R., K. V. Toyka, K. Heiniger, H. Grosse-Wilde and I. Kalies: Autoimmune human T lymphocytes specific for acetylcholine receptor. Nature **310**, 244 (1984)
7. Kahn, C. R., K. L. Baird and J. S. Flier: Insulin action. Recent Prog. Horm. Res. **37**, 477 (1981)
8. Lawley, T. J., R. P. Hall and A. S. Fanci: Defective Fc receptor functions associated with the HLA-B8-DRW3 haplotype. New Engl. J. Med. **304**, 185 (1981)
9. Roth, J. and S. I. Taylor: Receptors for peptide hormones: alterations in diseases of humans. Ann. Rev. Physiol. **44**, 639 (1982)
10. Tolleshaug, H., K. K. Hobgood, M. S. Brown and J. L. Goldstein: The LDL receptor locus in familial hypercholesterolemia: Multiple mutations disrupt transport and processing of a membrane receptor. Cell **32**, 941 (1983)

Weiterführende Literatur

Goldstein, M., Jellinger and P. Riederer (Eds.) Basic aspects of receptor biochemistry. J. Neural Transmiss., Suppl. 18 (1983)

Gotto, A. M. and B. O'Malley (Eds.): The role of receptors in biology and medicine, Princess Liliane Cardiology Foundation Symposium, Vol. 9, Raven Press, New York (1986)

Dreyer, M. und H. W. Rüdiger: Erbliche Rezeptordefekte als Krankheitsursache. Dtsch. med. Wschr. **111**, 465 (1986)

17. Membranrezeptoren und ihre Effektorsysteme: Ausgewählte Beispiele in Übersichten

Die vorhergehenden Kapitel lassen annähernd erkennen, welche Fülle biochemisch-pharmakologischer Daten zu den verschiedenen Membranrezeptoren und ihren natürlichen und synthetischen Liganden sich mittlerweile angesammelt hat. Hinzu kommen die Erkenntnisse über die physiologischen Wirkungen der Hormone und Neutrotransmitter sowie entsprechender Arzneimittel.

Über eine ganze Reihe endogener Liganden und ihre Rezeptoren, so z. B. Acetylcholin, Adrenalin und Noradrenalin, Insulin, Somatostatin oder Substanz P (und andere) existieren ein- und mehrbändige Monographien und werden spezielle Symposien abgehalten.

Eine umfassende Darstellung der verschiedenen Membranrezeptoren würde deshalb den Rahmen dieses Buches sprengen. Im letzten Kapitel sollen deshalb lediglich anhand der bisher am besten charakterisierten Membranrezeptoren in komprimierter Form konkrete Bezüge zu den vorstehenden Abhandlungen hergestellt werden.

Deshalb werden die Merkmale Rezeptorstruktur (Kap. 9.), Effektuierung (Kap. 13., 14., 15.) und Radioliganden (Kap. 6. und 7.) zugrunde gelegt.

Die Angabe verschiedener Bioassays bzw. biochemischer Bestimmungsmethoden erfolgt mit dem Ziel, einige biologische Wirkungen vorzustellen, die über die betreffenden Rezeptoren bzw. Subrezeptoren ausgelöst werden.

Die Auflistung ebenfalls ausgewählter, wichtiger Agonisten und Antagonisten und die Differenzierung von Subrezeptoren ist sowohl für pharmakologische Untersuchungen als auch für Bindungsstudien von Interesse. Die IC_{50}-, K_I- und K_D-Werte für gleiche Liganden differieren z. T. beträchtlich zwischen unterschiedlichen Geweben und Spezies. Deshalb sind hier zuweilen nur die Größenordnungen angegeben.

Die wenigen Literaturzitate, meist neueren Datums, sind dazu gedacht, einen differenzierten Einstieg in das jeweilige spezielle Arbeitsgebiet zu erleichtern. Alle Angaben stellen eine subjektive Auswahl dar. Sie können und sollen keinen Anspruch auf Vollständigkeit erheben.

Tab. 17.1. **alpha-(α)-Adrenerge Rezeptoren**[1])

	α_1[2])	α_2[2])
Struktur	Glykoprotein, MG 68300 (K_H) – MG 41400 (K_L)[3]) Kopplung: G_0	Glykoprotein, MG 60000–64000[4]) Kopplung: G_i
Effektuierung	Stimulierung des PI-Systems, Mobilisierung von extra- u. intrazellulärem Ca^{++}	Hemmung der Adenylatcyclase
Bioassays/Biochemische Methoden	— Bestimmung der Glykogenphosphorylase-Aktivierung in Hepatocyten — Kontraktionsmessung der isolierten Kaninchenlungenarterie (homogene α_1-Population	— Bestimmung der hypotensiven Wirkung an normotensiven Ratten (in vivo) — Messung der Hemmung der elektrisch stimulierten ^3H-Noradrenalin-Freisetzung (Vorinkubation an der Kaninchenlungenarterie präsynaptische α_2-Rezeptoren)

	Ligand	**K_I/K_D**	**Ligand**	**K_I/K_D**
Natürlicher Ligand	Noradrenalin	µM[5])	Noradrenalin	nM
Agonisten	(–)Adrenalin	200–2000 nM[6])[7])	Clonidin	1– 27 nM[5])
	(–)NA	500–2000 nM	(–)NA	10–170 nM
	Clonidin		Oxymetazolin	1.6– 4.6 nM
Antagonisten	Prazosin	0.1–0.6 nM[6])[7])[8])	Yohimbin	40–200 nM[5])[6])
	Indoramin	4–40 nM	Rauwolscin	40–160 nM
	Phentolamin	3–30 nM	Phentolamin	1– 25 nM
	WB 4101	0.3–3.8 nM		
	Dihydroergocryptin (DHE)	250 nM		
Radioliganden	^3H-Prazosin	0.1–0.8 nM[6])[9])[10])	^3H-Clonidin	0,3 + 6,0 nM[11])
	^3H-WB 4101	0.48 nM[9])	^3H-Yohimbin	nM
	^3H-DHE	nM	^3H-DHE	nM

[1]) α-adrenerger Rezeptoren sind nach Ahlquist (1948) durch die pharmakologische Potenzfolge Adrenalin ≧ Noradrenalin ≫ Isoprenalin charakterisiert.

[2]) Die Einteilung α_1 und α_2 wurde ursprünglich zur Unterscheidung der klassischen postsynaptischen α-Adrenorezeptoren auf der vaskulären glatten Muskulatur (α_1), von den präsynaptischen (neuronalen) α-Adrenorezeptoren auf den noradrenergen Nervenendigungen (α_2) eingeführt. Infolge des Nachweises auch postsynaptischer α_2-Subrezeptoren erfolgt die Anwendung der Präfixe unabhängig von Lokalisierung und Funktion, sondern ausschließlich auf der Basis ihrer differenzierten Antagonistenspezifität:
α_1: Prazosin ≫ Corynanthin, Yohimbin > Rauwolscin
α_2: Rauwolscin, Yohimbin ≫ Corynanthin, Prazosin.

[3]) Rank et al. Biochem. Pharmacol. **34**, 3617 (1985)

[4]) Regan et al.: J. Biol. Chem. **259**, 7864–7869 (1984)

[5]) Starke, K.: Rev. Physiol. Biochem. Pharmacol. **88**, 199–228 (1981)

[6]) Bottari et al.: Biochem. Pharmacol. **32**, 925–928 (1983)

[7]) Goodhardt et al.: Biochem. Pharmacol. **33**, 863–868 (1984)

[8]) Timmermanns et al.: J. Med. Chem. **27**, 495–503 (1984)

[9]) Close et al.: Naunyn-Schmiedeberg's Arch. Pharmacol. **327**, 95–101 (1984)

[10]) Mit ^3H-Prazosin als Radioligand und WB 4101 und Phentolamin als Inhibitoren wurden in Rattenhirn und -leber zwei α_1-Subpopulationen differenziert
Morrow et al.: Eur. J. Pharmacol. **109**, 285–287 (1985)

[11]) Carlson and Andorn: Eur. J. Pharmacol. **123**, 73 (1986)

Tab. 17.2. **beta-(β)-Adrenerge Rezeptoren**[1])

	β_1 [2])		β_2 [2])	
Struktur	MG 54000—67000[3]) Kopplung: G_s		Primärsequenz: 418 AS, 7 transmembranale α-Helices, Glykoprotein, Homologien zu: mAChR, Opsin[4]) Kopplung: G_s	
Effektuierung	Stimulierung der Adenylatzyklase		Stimulierung der Adenylatzyklase	
Bioassays/Biochemische Bestimmungen	— Messung der Herzfrequenzstimulierung — Bestimmung der Stimulierung der Amylasesekretion — Bestimmung der Adenylatcyclaseaktivierung		— Bestimmung der Relaxation glatter Muskulatur (Gastrointestinaltrakt, Blutgefäße) — Bestimmung der Stimulierung der Glykogenolyse (Muskel, Leber) — Messung der Aktivierung der Adenylatzyklase	
	Ligand	**K_I/K_D**	**Ligand**	**K_I/K_D**
Natürliche Liganden	Adrenalin	nM	Adrenalin	nM
	Noradrenalin	nM	Noradrenalin	nM
Agonisten		(—)Adrenalin	23—100 nM[5])[6])	
		(—)Noradrenalin	300—1000 nM	
		(—)Isoprenalin	5—80 nM	
		(+)Isoprenalin	1300—4000 nM	
selektiv	Prenalterol	nM	Zinterol	34 nM
			Procaterol	50 nM
Antagonisten		(—)Alprenolol	1—4 nM	
		(+)Alprenolol	21 nM	
		(—)Propanolol	0,1—0,5 nM	
		(+)Propanolol	40—80 nM	
		Pindolol	50—150 nM	
selektiv	Metoprolol	40—100 nM[7])[8])	IPS 339	3—5 nM
	ICI 89—406	1—2 nM		
	Betaxolol	5—15 nM		
	Practolol	400—800 nM		
Radioliganden	^{3}H-Dihyroalprenolol (DHA)		0,5—1,5 nM	
	^{125}J-Hydroxybenzylpindolol (IHYP)		0,1—2,0 nM	
	^{125}J-Cyanopindolol (ICYP)		0,2—0,3 nM	

[1]) Nach AHLQUIST (1948) sind die β-adrenergen Rezeptoren durch die pharmakologische Potenzordnung Isoprenalin > Adrenalin > Noradrenalin charakterisiert.

[2]) β_2- und β_2-Rezeptoren weisen eine unterschiedliche Gewebe- und Species-spezifische Verteilung auf. So geht es in der Rattenlunge z. B. 20% β_1- und 80% β_2-Rezeptoren, im Rattenhirncortex hingegen 65% β_1- und nur 35% β_2-Rezeptoren. Die linken Herzventrikel von Hund und Meerschweinchen enthalten nur β_1-, Cerebellum und Erythrocyten der Ratte

[3]) MOXHAM und MALBON: Biochemistry **24**, 6072—6077 (1985)
MG abhängig von Isolationsbedingungen (reduzierend) nicht reduzierend), Disulfidbrüchen essentiell für Ligandenbindung.

[4]) DIXON et al. Nature **321**, 75 (1986)

[5]) KAWAI und ARINZE: J. Biol. Chem. **258**, 4364—4371 (1983)

[6]) SAGER: Biochem. Pharmacol. **31**, 99—104 (1982)

[7]) ENGEL et al.: Naunyn-Schmiedeberg's Arch. Pharmacol. **317**, 277—285 (1981)

[8]) PORZIG: TIPS **3**, 75—78 (1982)

Tab. 17.3. **Nikotinerger Azetylcholinrezeptor**

Struktur

Komplex aus 5 glykosylierten Untereinheiten
Beispiel: Rezeptor aus Torpedo californica

UE	Molekulargewicht (incl. Kohlenhydratreste) entsprechend Elektrophorese	Zahl der Aminosäuren
$2 \times \alpha$	39000	437
β	48000	469
γ	58000	489
δ	64000	501

Ach-bindend: α-Untereinheit (UE)[7])
In einigen Spezies wird in bestimmten Perioden der Ontogenese eine ε-UE anstatt γ-UE exprimiert.
Alle UE haben 4 hydrophobe und eine amphipatische transmembranale Sequenz, deren Struktur bei verschiedenen Spezies nahezu konstant ist, während die hydrophilen Areale starke Differenzen aufweisen.[8])
Subtypen und UE haben einen gemeinsamen phylogenetischen Ursprung.[6]) Funktionale Ionenkanäle können in Oocyten aus UE verschiedener Spezies gebildet werden.[5])

Effektuierung

Der Rezeptor bildet in der Mitte der kreisförmig angeordneten Untereinheiten nach Aktivierung durch Acetylcholin einen Na^+-Ionenkanal aus.
Kanalkonduktivität: 1—2 pA
Dauer der Kanalöffnung: 30—80 μsek.

Bioassays

— Kontraktion der quergestreiften Muskulatur
— Messung von EPSPs

	Ligand	K_I/K_D	K_D
Natürlicher Ligand	Acetylcholin[4])	K_{D1} (aktive Konformation)	50—100 μM
		K_{D2} (1. desensibilisierte Konformation)	1 μM
		K_{D3} (2. desensibilisierte Konformation)	3—5 nM
Agonisten	Carbamylcholin	30 μM[1])[3])	
Antagonisten	α-Bungarotoxin	0,3—0,6 nM[2])	
	d-Tubocurarin	0,16—0,20 μM[1])[3])	
	Flaxedil	0,4 μM[1])[3])	
	Hexamethonium	1,3 μM[1])	
Radioliganden	^{3}H-α-Bungarotoxin		
	^{3}H-α-Cobrotoxin		
	^{3}H-d-Tubocurarin		

[1]) Kasai et al.: J. Membr. Biol. **6**, 58—80 (1971)
[2]) Massa: J. Pharm. Exp. Therap. **227**, 340—348 (1983)
[3]) Kassai et al.: J. Membr. Biol. **6**, 1—23 (1971)
[4]) Changeux et al.: Science, **225**, 1335—1345 (1984)
[5]) Sakman et al.: Nature, **318**, 538 (1985)
[6]) Conti-Tronconi et al.: Proc. Natl. Acad. Sci. USA **82**, 520 (1985)
[7]) Hucho: Eur. J. Biochem. **158**, 211 (1986)
[8]) Grundklassifizierung (Barnard 1986) für Säuger-nAchR:
N_m = nAchR des Muskels (α-BGT-bindend)
N_n = nAchR neuronaler Gewebe
(N_{n1} = α-BGT-bindend; N_{n2} = nicht α-BGT-bindend, periph. NS; N_{n3} = nicht α-BGT-bindend, ZNS)

Muskarinerger Azetylcholinrezeptor

Subtypen	M_1[1][7]	M_2[1][7]
Struktur	— entsprechend Primärsequenz des klonierten Gens MG 51416 (M_1), 7 transmembranale Sequenzen, erhebliche Homologien mit β_2 adrenergem Rezeptor und Opsin[3]). glykosyliert: MG 64000[2]), — isoelektrischer Punkt 4,5[2]) — assoziiert mit G_i oder G_0 — ACh-Bindungsregion zwischen Helix 2 und 3 — Bindung des GTP/G-Protein-Komplexes führt zur Veränderung der Agonist-Affinität ($K_H \rightarrow K_L$)[1])	
Effektuierung	—	Hemmung der Adenylatzyklase
	Stimulierung des Phosphoinositid-Metabolismus	—
	Stimulierung von Ca^{++}-Kanälen	?
	Hemmung von K^+-(M)-Kanälen	?
Bioassays	—	Ileum-Kontraktion
	exzitatorische Transmission	—
	—	Senkung von Herzfrequenz und Kontraktilität

	Ligand	K_I/K_D	
Agonisten	nicht M_1/M_2-selektiv:		
	Carbachol[4])	Gehirn[5])	Herz[6])
		K_{SH} 50 nM	100 nM
		K_H 1 µM	5,4 µM
		K_L 80 µM	31 µM
	Oxotremorin	K_H 2—5 nM	
		K_L 0,3—0,6 µM	
	Pilocarpin	K_H 2—10 nM	
		K_L 1—5 µM	
	cis-3-Methyldioxalon	K_H 80—200 nM	
		K_L 300 µM	
Antagonisten	nicht M_1/M_2-selektiv:		
	Quinuclidinylbenzilat	0,02—0,1 nM	
	N-Methylscopolamin	0,2—0,5 nM	
	Atropin	0,5—1 nM	
	M_1-selektiv:		
	Pirenzepin	5—15 nM	
	M_2-selektiv:		
	AF-DX 116	20—50 nM	
Radioliganden	^{3}H-Quinuclidinylbenzilat		
	^{3}H-N-Methylscopolamin		
	^{3}H-Pirenzepin		
	^{3}H-Oxotremorin M		

Tab. 17.5. **Dopamin-Rezeptoren**

	D_1 [1]		D_2 [2]	
Struktur	?, Kopplung: G_s		Ligand-bindende UE: MG 94000, Rezeptorkomplex: MG 230000, Kopplung: G_i	
Effektuierung	Stimulierung der Adenylatzyklase		Hemmung der Adenylatzyklase	
Bioassays/Biochemische Methoden	— Bestimmung der PHT-Freisetzung — Messung der Relaxation renaler Blutgefäße — Messung der Depolarisation GH-produzierender Zellen im ZNS von Lymnea stagnalis		— Bestimmung der Hemmung von Prolactin- und MSH-Freisetzung (Hypophyse) — Bestimmung der Hyperpolarisation GH-produzierender Zellen im ZNS von Lymnea stagnalis	
	Ligand	**K_I/K_D**	**Ligand**	**K_I/K_D**
Natürlicher Ligand	Dopamin	nM/μM[3]	Dopamin	nM/μM[4]
Agonisten	Apomorphin	2—5 nM	Apomorphin	20—60 nM
selektiv	SKF 38393[5]	nM	Ly 141 365	μM
	NPA[6]	3—5 nM	N-0434[7]	2— 5 nM
	ADTN[8]	1—4 nM	Bromocryptin	2— 5 nM
Antagonisten	Phenothiazine	nM	Phenothiazine	nM
	Thioxanthene	nM	Haloperidol	nM
selektiv			Domperidon	nM
			(—)Sulpirid	nM
Radioliganden	^{3}H-Dopamin	2—3 nM[9]	^{3}H-Spiperon	0,1—1 nM
	^{3}H-SKF 38393	2—3 nM	^{3}H-Sulpirid	5—8 nM
	^{3}H-Flupentixol	2—3 nM	^{3}H-Domperidon	0,25 nM

[1]) KEBABIAN et al. TIPS März, 96 (1986)
[2]) SEEMAN et al Mol. Pharmacol **28**, 391 (1985)
[3]) Auf der Basis von Bindungsstudien lassen sich 4 dopaminerge Rezeptorsubtypen unterscheiden. Nach neueren Erkenntnissen sind dabei D_1 (K_L = μM) und D_3 (K_H = nM) interkonvertierbare Formen mit niedriger Affinität für Neuroleptika (z. B. Butyrophenon). $K_L = D_1 + G_s$
[4]) Analog sind D_2 (K_B = μM) und D_4 (K_H = nM) ebenfalls multiple Rezeptoren des zweiten Subtyps. Sie zeichnen sich durch ihre hohe Affinität für Neuroleptika (nM) aus. $K_L = D_2 + G_i$ (STOOF und KEBABIAN: Life Sci. **35**, 2281—2293 (1984))
[5]) SKF 38393 = 2,3,4,5-Tetrahydro-7,8-dihydroxy-1-phenyl-1H-3-benzazepin
[6]) NPA = N-Propylnorapomorphin
[7]) N-0434 = 2-(N-Propyl-N-phenylethylamino)-5-hydroxytetralin
[8]) ADTN = 6,7-Dihydroxy-2-aminotetralin
[9]) LIST und SEEMAN: J. Neurochem. **39**, 1363—1373 (1982)

[1]) Subtypes of muscarinic receptors, TIPS Supplement (1985); Subtypes of muscarinic receptors II, TIPS Supplement (1986)
[2]) REPKE, Proc. 16th FEBS Congr. Part B, VNU Science Press, Netherlands, p. 501—508 (1985)
[3]) KUBO et al. Nature 323, 411 (1986)
[4]) Bei einem Gemisch von M_1 und M_2 Rezeptoren in verschiedenen ergeben sich 4 interkonvertierbare Rezeptorkonformationen. Der Nachweis von 3 Bindungsstellen könnte durch die identische Agonist-Affinität zweier Konformationen erklärt werden (POTTER et al.: TIPS, Suppl. 1984, p. 22—31).
[5]) Diese Subtypdifferenzierung (M_1/M_2) unterliegt in verschiedenen Spezies und Organen starken Einschränkungen und wird hier besonders hinsichtlich des Vergleichs im Herz und Gehirn von Ratten verwendet. BIRDSALL; TIPS, Nov. 1983: 459—463.
[6]) UCHIDA: Eur. J. Pharm. **100**, 291—298 (1984)
[7]) M_1 (hohe) und M_2 (niedrige Affinität gegenüber Pirenzepin), M_1 und M_2 z. T. in Lösung interkonvertierbar, weitere „Subtypen" pharmakologisch charakterisiert.

Tab. 17.6. **Serotonin-(5-Hydroxytryptamin-)-Rezeptoren**[1])

	S_1(5-HT_1)[2])		S_2(5-HT_2)	
Struktur	MG 50000–57000[3])		MG 141000–152000[3])	
Effektuierung	Stimulierung der Adenylatzyklase		PI-System	
Bioassays/Biochemische Methoden	Bestimmung der Adenylatzyklase-Aktivierung im Hirn		— Messung der vaskulären Kontraktion (Rattenaorta, Vena jugularis der Ratte) — Bestimmung von Verhaltenseffekten in vivo („Kopfzucken" der Maus, Muskelreflexe der Rattenbeine)	
	Ligand	**K_I/K_D**	**Ligand**	**K_I/K_D**
Natürlicher Ligand	Serotonin	nM	Serotonin	µM
Agonisten	Serotonin	2,7 nM[4])	Serotonin	2700 nM[4])
	Bufotenin	37 nM		
	Lisurid	6,2 nM	Lisurid	11 nM
	D-LSD	9,8 nM	D-LSD	8,9 nM
	Metergolin	10 nM	Metergolin	2,1 nM
	Methylsergid	88 nM	Methylsergid	2,6 nM
Antagonisten	Spiperon	730 nM	Spiperon	0,51 nM
	Mianserin	860 nM	Mianserin	4,8 nM
	Cinanserin	1800 nM	Cinanserin	18 nM
	Haloperidol	1600 nM	Haloperidol	42 nM
Radioliganden	^{3}H-5-HT	1,9 nM	^{3}H-Spiperon[6])	0,73 nM
	^{3}H-PAT[5])	4,3 nM		
			^{3}H-Mesulergin	1,9 nM
			^{3}H-Mianserin[7])	nM
			^{3}H-Ketanserin[8]) (R 41 468)	nM

[1]) Serotonin-Rezeptoren sind im Hirn (S_1- und S_2-Subtypen) und in der Peripherie lokalisiert. Nach GADDUM und PIRACELLI (Br. J. Pharmac. Chemother. **12**, 323–328 (1957)) unterscheidet man in der Peripherie D-Rezeptoren (an der glatten Muskulatur, z. B. Ileum oder Uterus, hemmbar durch Dibenzylin) und M-Rezeptoren (an parasympathischen Nervenendigungen, z. B. in Herz und Ileum, hemmbar durch Morphin). D- und S_2-Rezeptoren weisen Ähnlichkeiten auf, nicht aber die anderen Subtypen. Anhand von M- (z. B. 2-methyl-5-HT) und D- (z. B. S(+)α-methyl-5-HT) selektiven Agonisten und M-selektiven Antagonisten (z. B. ICS 205–930) wurden neuerdings die peripheren D- und M-Subtypen genauer charakterisiert sowie 3 M-Untertypen identifiziert (RICHARDSON et al.: Nature **316**, 126–131 (1985)). Aus Gründen der Übersichtlichkeit sind hier nur die 5-HT-Rezeptoren im Hirn vorgestellt.

[2]) Auf der Basis der Ligandenbindung wird für die 5-HT_1-Rezeptoren noch eine weitere Untergliederung in den 5-HT_{1A}-Subtyp (Lokalisierung vorwiegend im frontalen Cortex, hohe Affinität für Spiperon) und den 5-HT_{1B}-Subtyp (vorwiegend im Striatum lokalisiert, relativ niedrige Affinität für Spiperon) angegeben (J. L. ANDERSON: Life Sci. **32**, 1791–1801, 1983)

[3]) NISHINO and TANAKA: Life Sci. **37**, 1167 (1985)

[4]) Werte von PEROUTKA und SNYDER: Federation Proc. **42**, 213–217 (1983)

[5]) PAT = 8-Hydroxy-2-(di-n-propylamino)tetralin bindet an präsynaptische 5-HT-Autorezeptoren, GOZLAN et al., Nature **305**, (1983) 140–142

[6]) bindet auch an D_2-Rezeptoren

[7]) bindet an 5-HT_2- und an H_1-Rezeptoren. Die Zugabe von 300 nM Triprolidin schaltet die H_1-Bindung aus.

[8]) besitzt in höheren Konzentrationen auch Affinitäten für den H_1- und den α_1-Rezeptor.

Tab. 17.7. **Histamin-Rezeptoren**

	H_1		H_2[1]	
Struktur	MG 430000[2]) (Detergenskomplex)		?	
Effektuierung	— Stimulierung des Phosphoinositid-Metabolismus — Stimulierung von Ca^{++}-Kanälen		Stimulierung der Adenylatzyklase	
Bioassays	Ileum-Kontraktion		— Magensäuresekretion — Herzfrequenz (Meerschweinchen) — Hemmung der Kontraktion von Ratten-Uterus	
	H_1	K_I/K_D	H_2	K_I/K_D
Natürlicher Ligand	Histamin	0,1 µM	Histamin	0,1 µM
Agonisten	Thiazolylethyl-amin	1 µM	Dimaprit	3 µM
Antagonisten	Mepyramin	0,6—0,9 nM	Cimetidin	0,25 µM
	Pyrathiazin	2,5 nM	Tiotidin	10 nM
	Triprolidin	0,9 nM	Metiamid	0,5 µM
Radiologanden	^{3}H-Mepyramin		^{3}H-Cimetidin	
	^{3}H-Pyrilamin		^{3}H-Ranitidin	
			^{3}H-Tiotidin	

[1]) Im cerebralen Cortex der Ratte wurde ein weiterer Histaminrezeptor-Subtyp nachgewiesen, der als autoinhibitorischer Rezeptor die Histaminfreisetzung hemmt (H_3). ARRANG et al., Nature **302**, 832–837 (1983)

[2]) TOLL et al., J. Biol. Chem. **257**, 13593–13601 (1982)

Tab. 17.8. **GABA-Rezeptor**

	$GABA_A$[1][2]		$GABA_B$[2][3]	
Struktur	2 Untereinheiten: MG um 50000, 6 transmembranale α-Helices			
Effektuierung	Aktivierung eines Rezeptor-assoziierten Cl^--Ionophors		— Hemmung von spannungsabhängigen Ca^{++}-Kanälen und damit der Transmitterfreisetzung — Hemmung der Adenylatzyklase, Kopplung: G_i[10]	
Bioassays	— IPSP-Ableitung — Bestimmung der antikonvulsiven Wirkung — Bestimmung der Muskelrelaxation		— IPSP-Ableitung — Bestimmung der Adenylatzyklasehemmung	
	Ligand	**K_I/K_D**	**Ligand**	**K_I/K_D**
Natürlicher Ligand	GABA	14—33 nM	GABA	90 nM
Agonisten	Muscimol	2—6 nM	Muscimol	100 μM[4]
	THIP	20—120 nM[5]	Baclofen	20 nM
	P4S[6]	18—34 nM[6]		
	Progabid	6—35 μM[7]	Profgabid	100 μM
	SL 75 102	0,5—1,4 μM[8]		
	Isoguvacin	10—37 nM	Isoguvacin	inaktiv
Antagonisten	Bicucullin	1—10 μM	Bicucullin	inaktiv
	Strychnin	4 μM	Strychnin	inaktiv
Radioliganden	^{3}H-GABA	K_{D_1} = 4—20 nM[9] K_{D_2} = 165—193 nM		
	^{3}H-Muscimol	K_{D_1} = 1.75 nM[9] K_{D_2} = 17,5 nM		

[1]) Der GABA-Rezeptor ist ein Teil eines Komplexes bestehend aus: GABA-Rezeptor, Benzodiazepin-Rezeptor, Cl^--Ionophor und Barbiturat-Bindungsstelle.
Der $GABA_B$-Rezeptor scheint jedoch zu keiner dieser Komponenten in direkter Beziehung zu stehen.
Auf der Basis von Radioligand-Bindungsstudien wurden 3 interkonvertierbare Konformationen des $GABA_A$-Rezeptors postuliert (OLSEN et al., Fed. Proc. 43: 2773—2778 (1984)

[2]) Transmitterfreisetzungsexperimente führten erstmals zur Unterscheidung beider Rezeptorsubtypen, die durch selektive Liganden leicht differenziert werden können (SIMMONDS, TINS July 1983: 279—281).

[3]) KIRKNESS und TURNER: Biochem. J. 233, 265—270 (1986)

[4]) DEFEUDIS, Drug Dev. Res. 1: 93—105 (1981)

[5]) THIP = 4,5,6,7,-Tetrahydroisoxazolol 5,4-c pyridin-3-ol

[6]) PAS = Piperidin-4-sulfonsäure

[7]) Progabid (SL 76002) = 4-/(4-Chlorophenyl) (5-fluoro-2-hydroxyphenyl)methylenamino butanamid

[8]) SL 75102 = biologisch aktiver Metabolit von Progabid

[9]) LLOYED et al., J. Pharmacol. Exp. Ther. 220: 672—677 (1982)

[10]) ASANO and OGASAWARA: Mol. Pharmacol. 29, 244 (1986)

Tab. 17.9. **Benzodiazepin-Rezeptor[1][2]**

Struktur	MG 53000[3][4]	
Effektuierung	Modulation der Funktion der GABA-Rezeptor Untereinheit und damit des Cl^--Ionophors	
Bioassays	— Bestimmung der antikonvulsiven Wirkung	
	— Bestimmung der sedativen Wirkung	
	— Beeinflussung GABA-vermittelter IPSPs	
	Ligand	K_I/K_D
Natürlicher Ligand	endogene Peptide[5]	
Agonisten	Diazepam	8—10 nM[3]
	Flunitrazepam	10 nM
	Clonazepam	4 nM
	CL 218 872	K_H 125 nM
		K_L 904 nM[2]
Inverse Agonisten	Ethyl/Methyl-β-Carbolin-Carboxylat	20—25 nM
Antagonisten	Ro 15 1788	9 nM
Radioliganden	^{3}H-Flunitrazepam	
	^{3}H-Ethyl-β-Carbolin-Carboxylat	
	^{3}H-Diazepam	

[1]) Teil eines Rezeptor-Komplexes aus
- $GABA_A$-Rezeptor
- Benzodiazepin-Rezeptor
- Cl^--Ionophor (MG 136000, identifizierbar durch S-t-Butyl-Bicyclophosphorothionat (TBPS)-Bindung
- Barbiturat-Bindungsstelle (Picrotoxin-sensitiv)

Molekulargewicht des Gesamtkomplexes: 230000 (NIELSEN: Proc. 5th Meeting Eur. Soc. Neurochem. (1984) p. 429—432)

[2]) Die Differenzierung von Benzodiazepin-Rezeptoren aufgrund hoher (BZ_1) bzw. niedriger (BZ_2) Affinität gegenüber β-Carbolinen könnte auch interkonvertierbaren Rezeptorkonformationen entsprechen (GEE: Fed. Proc. **43**, 2767—2772 (1984)
Ein echter Subtyp kann möglicherweise durch die selektive Bindung des Diazepam-Derivates Ro5 4846 (K_I: 4 nM) in peripheren Organen und auf Gliazellen identifiziert werden (BENDER, et al.: J. Neurochem. **43**, 1319—1327 (1984)).

[3]) SKOLNICK et al.: J. Neurochem. **39**, 1142—1146 (1982)

[4]) SIGEL and BARNARD: J. Biol. Chem. 259, 7219 (1984)

[5]) Z. B. die Oktapeptide ODN und ON: COSTA and GUIDOTTI: Biochem. Pharmacol. **34**, 3399 (1985)

Tab. 17.10. **Adenosin-(P_1-Purinerge)-Rezeptoren**[1])

	$A_1(R_i)$		$A_2(R_a)$[2])	
Struktur	?		?	
Effektuierung	— Hemmung der Adenylatzyklase Kopplung: G_i[6])		— Stimulierung der Adenylatcyclase Kopplung: G_s	
Bioassays/ Biochemische Methoden	— Messung von Hemmung oder Potenzierung der IgE-abhängigen Histaminfreisetzung aus Mastzellen — Messung von Hemmung oder Potenzierung des Isoprenalin-induzierten cAMP-Anstieges in Zellkulturen — Relaxation von Muskelpräparaten			
	Ligand	**K_I/K_D**	**Ligand**	**K_I/K_D**
natürlicher Ligand	Adenosin	nM	Adenosin	μM
Agonisten	N^6-Phenylisopropyl-adenosin (PIA)	nM	5'-N-Ethylcarboxamido-adenosin (NECA)	nM
	N^6-Cyclohexyl-adenosin (CHA)	nM	N^6-Cyclohexyl-adenosin (CHA)	μM
	5'-N-Ethylcarboxamido-adenosin (NECA)	μM	N^6-Phenylisopropyl-adenosin (PIA)	μM
Antagonisten	8-Phenyltheophyllin	0,69 μM[3])		
	Theophyllin	19,4 μM		
	Koffein	91,9 μM		
	Pyrazolopyrimidin	0,37 μM		
Radioliganden	^{3}H-Adenosin	nM	^{3}H-Adenosin[4])	84 nM
	^{3}H—N^6-Phenyl-isopropyladenosin	nM	^{3}H-5'-N-Ethyl-carboxamidoadenosin	80 nM
	^{3}H—N^6-Cyclo-hexyladenosin	K_H = 0,7 nM[5]) K_L = 2,4 nM		

[1]) Die purinergen Rezeptoren unterteilen sich auf der Basis ihrer unterschiedlichen Affinitäten für verschiedene Agonisten in:
P_1-Rezeptoren: Adenosin $\geqq$ AMP $\gg$ ADP $\geqq$ ATP
(Methylxanthine als selektive Antagonisten, Adenylatzyklase als Effektorsystem) und
P_2-Rezeptoren: ATP $\geqq$ ADP $\gg$ AMP $\geqq$ Adenosin
(Methylxanthine wirken nicht antagonistisch, Effektuierung möglicherweise über das Prostaglandin-System).
Vermutlich existiert noch ein intrazellulärer P_3-Rezeptor, der durch Adenosin (nM) stimuliert wird, die Adenylatzyklase hemmt und selektiv auf 2',5'-Dideoxyadenosin reagiert. P_1-Rezeptoren werden nach LONDOS et al.: PNAS **77**, 2551—2554 (1980) in $A_1(R_i + P)$-Rezeptoren (Hemmung der Adenylatzyklase, Potenzordnung CHA > PIA = Adenosin > NECA) und $A_2(R_a)$-Rezeptoren (Stimulierung der Adenylatzyklase, Potenzordnung NECA > PIA = Adenosin > CHA) eingeteilt.

[2]) Möglicherweise existiert noch ein intrazellulärer P_3-Rezeptor, der durch Adenosin (nM) stimuliert wird, die Adenylatcyclase hemmt und selektiv auf 2',5'-Dideoxyadenosin reagiert.

[3]) K_I-Werte nach DAVIES et al., Life Sci. **34**, 2117—2128 (1984)

[4]) K_D-Werte an Leberplasmamembranen, SCHÜTZ et al.: Naunyn-Schmiedeberg's Arch. Pharmacol. **319**, 34—39 (1982)

[5]) Nachweis von zwei A_1-Subrezeptoren im Hirn, MAARANGOS et al.: J. Neurochem. **39**, 267—270 (1982)

[6]) Hemmversuche mit Pertussistoxin führten zum Nachweis von 2 inhibitorischen Subrezeptoren: R_i-Rezeptoren hemmen die Adenylatzyklase über das N_i-Protein, während die P-Rezeptoren direkt mit der katalytischen Untereinheit interagieren. (GARCIA-SAINZ und TORNER: Biochem. J. **232**, 439—443 (1985))

Tab. 17.11.

Leukotrien D_4-Rezeptor

Struktur	?	
Effektuierung	– *G*-Protein-abhängige Aktivierung der Adenylatzyklase? – Induktion der TXA_2-Synthese[1])	
Bioassay	Kontraktion von Meerschweinchen-Ileum und Lungenstreifen	
	Ligand	**K_I/K_D**
Natürlicher Ligand	(5S, 6R) LTD_4	1–2 nM[1]) K_H 0,28 nM K_L 8,4 nM[2])
Agonisten	LTC_4	50 nM[3])
	LTE_4	2,5 nM[2])[3])
	(5R, 6S) LTD_4	6,1 μM[5])
Antagonisten	FPL 55712	5,5 μM
	(4R, 5S, 6Z)-2-nor LTD_1	9 μM[4])
Radioligand	^3H-LTD_4	

[1]) Mong et al.: Eur. J. Pharmacol. **106**, 241–253 (1985)
[2]) Cheng et al.: BBRC **118**, 20–26 (1984)
[3]) Cheng et al.: BBRC **119**, 612–617 (1984)
[4]) Gleason et al.: BBRC **117**, 732–738 (1984) – stereoisomere Derivate von LTD_4 können als Antagonisten wirken
[5]) Mong et al.: Eur. J. Pharmacol. **102**, 1–11 (1984)

Tab. 17.12. **Opiat-Rezeptoren**[1]

	$\mu(\mu_1, \mu_2)$[2]		δ		$\varkappa$	
Struktur	MG 56000[5])[4]		MG 44000[5]		MG 63000, 73000	
Effektuierung	Hemmung des Ca^{2+}-Einstroms[3] (Modulation der zellulären Calmodulinverteilung?)[6]		Hemmung der Adenylatzyklase		Hemmung des Ca^{2+}-Einstroms[3]	
Bioassays	Messung der Hemmung der elektrisch stimulierten Kontraktion des Nerv-Längsmuskel-Plexus des Meerschweinchenileums (GPI)		Bestimmung der Kontraktionshemmung der Vas deferens der Maus (MVD)		Bestimmung der Kontraktionshemmung in GPI und MVD	
	Bestimmung der analgetischen Wirkung nach ICV-Applikation („hotplate test", „tailflick test")				Messung der spinalen Analgesie („hotplate test" bei 49,5 °C)	
	Ligand[7]	**K_I/K_D**	**Ligand**[7]	**K_I/K_D**	**Ligand**[7]	**K_I/K_D**
natürliche Liganden	β-Endorphin	nM	Leu-Enkephalin	nM	Dynorphin	nM
	Met-Enkephalin	nM				
	(β-Casomorphine?)	µM				
Agonisten[7]	Morphin	1—4 nM	DADLE[15]	1—4 nM	Ethylketocylazocin (EKC)	1—3 nM
	DAGO[8]	1,8 nM	DSTLE[16]			
	FK33-824[9]	0,8—1,2 nM	DTLET[17]	4—5 nM		
	D-Pro[4]-β-Casomorphin(5)[10]	0,5 nM	[D-Pen[2], D-Pen[5]]-Enkephalin[18]	1,35 nM 2,72 nM	Oxymorphon	0,3—1 nM
					TENA[20]	20 nM
	D-Pro[4]-Morphiceptin[10]	2 nM	Metkephamid	6—8 nM	Bremazocin	3—6 nM
	Levorphanol	0.2—0.4 nM				
	Dextrorphan[11]	10000 nM				
Antagonisten	Naloxon	1—3 nM	ICI 174864[19]	193 nM	Naloxon	1—3 nM
	Naloxazon[12]		Diprenorphin	0,2 nM	Naltrexon	1—3 nM
	DALECK[13]					
Radioliganden	^3H-Dihydromorphin (DHM)[10]	K_H = 0,5 nM L_L = 5,8 nM	^3H-DADLE[16]	K_H = 2,74 nM K_L = 12,4 nM	^3H-(—)Bremazocin	0,2—0,5 nM

^{3}H-Naloxon	$K_H = 0{,}2$ nM[10]) $K_L = 4{,}0$ nM	^{3}H-DALE[10])	$K_H = 1{,}5$ nM $K_L = 18$ nM	^{3}H-EKC	$K_H = 0{,}1$ nM[12]) $K_L = 14$ nM
^{3}H-Meptazinol[14])	0,8 nM 1,86 nM			^{3}H-Etorphin	0,2 nM

[1]) Generell unterscheidet man 5 Klassen von Opiatrezeptoren: die hier vorgestellten μ-, δ- und $\varkappa$-Rezeptoren sowie die weit weniger intensiv untersuchten σ- und ε-Rezeptoren.
Die σ-Rezeptoren sind die Bindungsstellen für die Opiatagonisten N-Allylnormetazocin (SKF-10047, nM) und Phencylidin (PPC, µM).
Die ε-Rezeptoren wurden als spezifische Bindungsstellen für β-Endorphin in der Vas deferens der Ratte und in Lymphozyten nachgewiesen.
In neueren Arbeiten (GREVEL et al.: J. Neurochem. **44**, 1647—1656 (1985)) differenziert man außerdem einen labilen λ-Rezeptor als spezifische Naloxon-Bindungsstelle. Sie ist definiert als die in Gegenwart von 0,5 nM ^{3}H-Naloxon + 3×10^{-7} M Diprenorphin zusätzlich durch 10^{-5} M Naloxon verdrängbare Bindung, existiert in der hoch-affinen Form nur bei 0 °C und wird bei Temperaturen > 8 °C in eine niedrig affine Form konvertiert.

[2]) Nach PASTERNACK (Life Sci. **31**, 1303—1306 (1982) sowie Biochem. Pharmacol. **35**, 361—364 (1986)) wird die analgetische Wirkung der Opiate und Opioidpeptide durch μ_1-Rezeptoren mit gleich hoher Affinität (0,2—0,5 nM) für Morphin und Enkephalin übertragen. Die klassischen Morphin-selektiven und Enkephalin-bindenden Rezeptortypen (μ_2, δ) weisen hingegen wesentlich geringere Affinitäten auf (K_D = 2—70 nM).

[3]) BRADFORD et al.: Br. J. Pharmacol. **88**, 87—93 (1986)

[4]) LAI et al.: Eur. J. Pharmacol. **103**, 349—354 (1984)

[5]) OTT et al.: Eur. J. Biochem. **155**, 621—630 (1986)

[6]) BARAM und SIMANTOV: J. Neurochem. **40**, 55—63 (1983)

[7]) Viele Agonisten (z. B. die Enkephaline) und Antagonisten (z. B. Naloxon) binden an mehrere Subtypen. In der Tabelle sind diese Liganden der Rezeptorklasse zugeordnet, für welche die relative Spezifität am höchsten ist.

[8]) DAGO = /D-Ala^2-MePhe^4-Glyol^5/Enkephalin
ZAJAC und ROQUES: Intern. Narcotic Res. Conf. Garmisch-Partenkirchen 1983, Abstracts L-17

[9]) FK33-824 = /D-Ala^2-MePhe^4-Met(o)ol^5/Enkephalin
CHANG et al.: Life Sci. **30**, 1547—1551 (1982)

[10]) LIEBMANN et al.: Peptides **7**, 195—199 (1986)

[11]) Dextrophan ist das inaktive Stereoisomere des Levorphanols

[12]) Irreversibler Antagonist (in vivo, 300 mg/kg), blockiert selektiv die hochaffinen Bindungsstellen vom μ- und $\varkappa$-Rezeptoren, ZHANG und PASTERNAK: Life Sci. **29**, 843—851 (1981)

[13]) DALECK = D-Ala^2-Leu^5-Enkephalin Chloromethylketon, μ_1-selektiver, irreversibler Antagonist, SZÜCZ et al.: Life Sci. **32**, 2777—2784 (1983)

[14]) μ_1-selektiver Ligand, SPIEGEL und PASTERNAK: J. Pharmac. Exp. Ther. **228**, 414—419 (1984)

[15]) DADLE = D-Ala^2-D-Leu^5-Enkephalin, Werte nach 9)

[16]) DSTLE = D-Ser^2, Leu^5, Thr^6-Enkephalin, ROTHMAN et al.: Neuropeptides 4, 201—215 (1984)

[17]) DTLET = Tyr-D-Tyr-Gly-Phe-Leu-Thr, Werte von 8)

[18]) hochspezifischer δ-Agonist, CORBETT et al.: Br. J. Pharmacol. **83**, 271—279 (1984)

[19]) N,N-Diallyl-Tyr-Aib-Phe-Leu-OH (Aib = α-Aminobuttersäure), selektiver δ-Antagonist, Werte nach 18)

[20]) TENA = Triethylendioxy-β-naltrexamin, hochspezifischer $\varkappa$-Agonist, PORTHOGESE und TAKEMORI: Life Sci. **36**, 801—805 (1985)

Tab. 17.13. **Substanz P-(Tachykinin-)Rezeptoren[1])**

	SP-P[2])		SP-E[3])[4])	
Struktur	?		?	
Effektuierung	PI-System		PI-System	
Bioassays/ biochemische Methoden	— Bestimmung der Kontraktion des Meerschweinchenileums — Messung der Blutdruckerhöhung — Bestimmung der Amylasefreisetzung		— Messung der Kontraktion von Vas deferens und — Messung der Harnblasenkontraktion (Hamster)	
	Ligand	**K_I/K_D**	**Ligand**	**K_I/K_D**
natürlicher Ligand	Substanz P	nM	Substanz K	nM
			Neuromedin K	nM
Agonisten	Substanz P	0,3—1 nM	Substanz K	0,5—1 nM[4])
	Physalaemin	0,5—1 nM	Kassinin	0,5—10 nM
	Eledoisin	310—550 nM[4])[5])	Eledoisin	2,5—15 nM
	SP-OMe	150 nM	Neuromedin K	10—70 nM
	Kassinin	1150 nM	(Großhirnrinde: 2 nM)	
	SP (2—11)	4 nM	Substanz P	15—125 nM
	SP (4—11)	43 nM	Physalaemin	20—200 nM
Antagonisten	[D-Pro^4, D-Trp^{7,9,10}] Substanz P	100 nM	[D-Pro^4, Ala^6, D-Trp^{7,9,10}Phe^{11}] SP$_{(4-11)}$	µM
	[D-Pro^4, D-Trp^{7,9,10}Phe^{11}] SP$_{(4-11)}$	1 µM	[D-Pro^4, Lys^6, D-Trp^{7,9,10}Phe^{11}] SP$_{(4-11)}$	µM
Radioliganden	^{3}H-SP	0,5 nM[5])	^{125}J-BH-SK	
		0,3 nM[6])	^{125}J-BH-Eleoisin	
		0,4 nM[7])	^{3}H-SK	
	^{125}J-BH-SP	4 nM[8])		
		12 nM[9])		

[1]) Die allgemein noch übliche Einteilung in SP-P und SP-E-Rezeptoren basiert auf der Potenzordnung natürlich vorkommender Tachykinine in verschiedenen Geweben.
Auf der Basis ihrer Ansprechbarkeit durch N-terminale Fragmente und synthetische Analoga von Substanz P wird neuerdings noch eine Klassifizierung in
SP$_1$-Rezeptoren: Wirkung von N-terminalen Fragmenten, selektive Wirkung von D-Pro^9-SP$_{(6-11)}$ (Meerschweinchenileum, Rattencolon) und
SP$_2$-Rezeptoren: keine Wirkung N-terminaler Fragmente, selektive Wirkung von L-Pro^9-SP$_{(6-11)}$ (Rattenspeicheldrüse, Rückenmark der Maus)
vorgenommen.
Die Beziehungen zwischen beiden Klassifizierungen sind derzeit noch unklar. Möglicherweise sind die SP$_1$- und SP$_2$-Rezeptoren-Unterklassen des SP-P Subtyps.
(Piercey et al.: Life Sci. **36**, 777—780, 1985)

[2]) Potenzordnung: Physalaemin = Substanz P > Eledoisin > Kassinin

[3]) Potenzordnung: Eledoisin = Kassinin ≫ Physalaemin = Substanz P

[2]) und [3]) nach: Iversen et al.: Ciba Foundation Symposium 91, Pitman, London 1982

[4]) Buck et al. (Science **226**, 987—989, 1984) postulieren für periphere Organe (Gastrointestinaltrakt, Harnblase) einen dritten, eigenständigen SP-K-Subtyp. Danach liegen der Einteilung folgende Potenzreihen zugrunde:

SP-K = Substanz K > Kassinin > Eledoisin > Neuromedin K > Substanz P > Physalaemin
SP-E = Neuromedin K > Kassinin = Eledoisin > Physalaemin > Substanz K > Substanz P
SP-P = Substanz P = Physalaemin ≫ Substanz K > Eledoisin Kassinin > Neuromedin K

[5]) Rattenspeicheldrüse, Bahouth et al.: J. Pharm. Exp. Ther. **230**, 116—123 (1984)

[6]) Rattenhirn, GTP-sensitive SP-Bindung: Smith et al.: Regul. Pept. **11**, 275—285 (1985)

[7]) Rattenhirn, Hanley et al.: Nature **286**, 810—812 (1980)

[8]) Speicheldrüse, Liang und Cascieri: J. Neurosci. **1**, 1133—1141 (1981)

[9]) Cascieri und Liang: J. Biol. Chem. **258**, 5158—5164 (1983)

Tab. 17.14. **Bradykinin-Rezeptoren**

	B_1[1])		B_2	
Struktur	?		?	
Effektuierung	wie B_2?		— über das PI-System[7]): a) Freisetzung von Arachidonsäure, verstärkte Bildung von PGE_2 PGI_2[8]) b) Mobilisierung von intrazell. Ca^{++}[9]) — Stimulierung der Adenylatzyklase[10])	
Bioassays	Messung der Kontraktion der Kaninchenaorta		— Bestimmung der Kontraktion von Rattenuterus, Meerschweinchenileum, Katzenileum, Kaninchenvene (V. jugularis) — Messung der Relaxation von Rattenduodenum oder Hundearterie (A. carotis)	
	Ligand	**K_I/K_D**	**Ligand**	**K_I/K_D**
natürlicher Ligand	Bradykinin (BK)	µM	Bradykinin	nM
Agonisten	des-Arg^9-BK	6,4 µM[2])	Lys-BK	5 nM[3])
	Lys-BK	0,4 µM[1])	Tyr^8-BK	14 nM
	BK	25 µM[2])	Leu^5-BK	25 nM
				160 nM
			D-Pro^2-BK	380 nM
Antagonisten	Leu^8, des-Arg^9-BK	3,9 µM[1])		
Radioliganden	[^{3}H] des-Arg^9-BK	104 nM[2])	[^{3}H]-BK	5 nM[3])
			^{125}J-Tyr-BK	1,0/3,3/6,2 nM[4])
				4,6 nM[5])
				8,9 nM[6])

[1]) Während der B_2-Rezeptor permanent auftritt, wird der B_1-Rezeptor in vivo durch chemische Noxen und in vitro auch durch artefizielle Bedingungen de novo gebildet: D. REGOLI und J. BARABÈ: Pharmacol. Rev. **32**, 1–46 (1980)

[2]) Werte von BARABÈ et al.: Can. J. Physiol. Pharmacol. **60**, 1551–1555 (1982)

[3]) Werte am Meerschweinchenileum (INNIS et al.: Proc. Natl. Acad. Sci. USA **78**, 2630–2634 (1981))

[4]) Werte an Membranen von Rattenduodenum/Rattenherz/Rattenhirn (LIEBMANN: Diss. B., Jena 1984)

[5]) K_D-Wert an menschlichen Fibroblasten (ROSCHER et al.: J. Clin. Invest. **72**, 626–635 (1983))

[6]) K_D-Werte an Nierensegmenten (TOMITO und PISANO: Am. J. Physiol. **246**, F732–F737 (1984))

[7]) DERIAN und MOSKOWITZ: J. Biol. Chem. **261**, 3831–3837 (1986)

[8]) SPRY und RAPP: Biochem. Pharmacol. **34**, 1565–1570 (1985)

[9]) SHAYMAN et al.: BBRC **134**, 299–304 (1986)

[10]) LIEBMANN et al.: Agents and Actions, im Druck (1986)

Tab. 17.15. **Vasopressin-Rezeptoren**

	V_1		V_2	
Struktur	30/38 kD-Untereinheiten[1])		Untereinheit mit MG 32000[2])	
Effektuierung	PI- und Arachidonsäure-Metabolismus[12]), Ca^{2+}-Mobilisierung, Hemmung der Adenylatzyklase?[3])		Stimulierung der Adenylatzyklase, Steigerung der PGE_2-Produktion (negativer „feedback inhibitor"?)	
Bioassays/ biochemische Methoden	– Bestimmung der glykogenolytischen Wirkung in der Leber, – Messung der pressorischen Reaktion		– Messung der antidiuretischen Wirkung in der Niere – Bestimmung der Adenylatzyklase-Aktivierung	
	Ligand	**K_I/K_D**	**Ligand**	**K_I/K_D**
natürlicher Ligand	Vasopressin	nM	Vasopressin	nM
Agonisten	LVP	1 nM[4])	AVP	1,9 nM[9])
	AVP	1,7 nM	LVP	24 nM
	Asn[1], Arg[1]-VP	0,3 nM	Oxytocin	460 nM
	Oxytocin	200 nM	SAVP[7])	
	Arg-Vasotocin	1,7 nM	MAAVP[8])	
Antagonisten	$d(CH_2)_5$SAVP[5])			
	$d(CH_2)_5$MAAVP[6])			
			SK & F 100 885	82 nM[10])
			SK & F 101 975	118 nM[11])
Radioliganden	^{3}H-AVP	1,0–3,6 nM	[^{3}H-Lys] VP	0,8–1,5 nM[12])

[1]) Boer und Fahrenholz: J. Biol. Chem. **260**, 15051–15054 (1985)
[2]) Fahrenholz und Crause: Biochem. Biophys. Res. Commun. **122**, 974–982 (1984)
[3]) Vanderwel et al.: (FEBS Lett. **164**, 340–344 (1983)) fanden in Thrombozyten eine Hemmung der Adenylatzyklase durch Vasopressin und erklärten diesen Effekt über V_1-Rezeptoren/Ca^{++}-Mobilisierung.
Newman (FEBS Lett. **181**, 203–206, 1985) berichtet die Hemmung der cAMP-Akkumulation durch AVP (Arg-Vasopressin) mit K_m = 3,2 nM und K_D für die AVP-Bindung von 2,8 nM. Danach ist die Existenz eines eventuellen dritten Rezeptorsubtyps (V_3?) nicht auszuschließen.
[4]) Werte bei menschlichen Thrombozyten, Berrettini et al.: Life Sci. **30**: 425–432 (1982)
[5]) [1-(β-Mercapto-β,β-cycloopentamethylenpropionsäure), 7-sarcosin, 8-arginin] Vasopressin
[6]) [1-(β-Mercapto-β,β-cyclopentamethylenpropionsäure), 7-N-methylalanin, 8-arginin] Vasopressin
[7]) (7-Sarcosin, 8-arginin) Vasopressin
[8]) (7-N-Methylalanin, 8-arginin) Vasopressin
[9]) Werte von Nierenmembranen Hechter et al.: J. Biol. Chem. **253**, 3219–3229 (1978)
[10]) [Pmp[1], D-Tyr[2], Val[4]] AVP, Moore et al.: BBRC **121**, 878–883 (1984)
[11]) [Pmp[1], 3'-jodo-D-Tyr[2], Val[4]] AVP, nach[10])
[12]) Siess et al.: Biochem. J. **232**, 83–91 (1986)

Tab. 17.16. **Cholecystokinin-(CCK)-Rezeptoren**

Struktur	Glykoprotein MG 120000[1])	
Effektuierung	PI-System, Mobilisierung von Ca^{++}	
Bioassays/ biochemische Methoden	– Messung der α-Amylase-Freisetzung aus dem Pankreas – Bestimmung der Gallenblasenkontraktion – Messung des ^{45}Ca-Efflux nach CCK-Stimulierung	
	Ligand	**K_I/K_D**
natürlicher Ligand	CCK_8	1 nM
	CCK_{33}	2 nM
Agonisten	CCK_8	0,5 nM[2])
	CCK_{33}	2 nM
	d-CCK_8 (desulfatiert)	100 nM
	Gastrin II	1000 nM
	Gastrin I	3000 nM
	Caerulein	0,2 nM
Antagonisten	CCK-27-32-NH_2	3 µM
	BtcGMP[3])	100 µM
Radioliganden	^{125}J-CCK	0,65–2,0 nM[2])
	^{125}J/BH-CCK	1,25 nM[4])

[1]) Sakamoto et al.: BBRC **118**, 623–628 (1984)
[2]) Steigerwald und Williams: Endocrinology **109**, 1746–1753 (1981)
[3]) N^2O^2-dibutyryl cGMP
[4]) Saito et al.: J. Neurochem. **37**, 483–490 (1981)

Tab. 17.17. **Rezeptoren des Vasoaktiven Intestinalen Polypeptides (VIP)**

Struktur	[1]) Intestinaltrakt: K_H-Bindungsstelle = MG 66000 K_L-Bindungsstelle = MG 33000 [2]) Leber: MG 48000	
Effektuierung	— Stimulierung der Adenylatzyklase (Ausnahme: Leber), — Stimulierung der Serotonin-N-acetyltransferase in der Epiphyse(?)[3])	
Bioassays/ Biochemische Methoden	— Messung des Blutdruckabfalls nach i.v.-Injektion beim Hund — Messung der Relaxation der Gallenblase — Messung des stimulierenden Effektes auf die Amylasesekretion des Pankreas — Bestimmung der Adenylatzyklaseaktivierung	
	Ligand	**K_I/K_D**
Natürliche Liganden	VIP	nM
	Sekretin	µM[4])
Agonisten	VIP	10 nM[5])
	Sekretin	400 nM
	Val^5-Sekretin	400 nM
	Glu^3-Sekretin	1000 nM
	Asn^3-Sekretin	10000 nM
Antagonisten	$Sekretin_{(5-22)}$	6 µM[6])
Radioliganden	^{125}J-VIP	0,2—1,5 nM[7])[11])
		K_{D1} = 0,8 nM, K_{D2} = 9,0 nM[8])
		K_{D1} = 2—5 nM, K_{D2} = 140—170 nM[9])
		K_{D1} = 2,5 nM, K_{D2} = 125 nM[10])

[1]) Couvineau und Laburthe: J. Clin. Endocrinol. Metabol. **61**, 50—55 (1985)
[2]) Couineau und Laburthe: Biochem. J. **225**, 473—479 (1985)
[3]) A. Yuwiller: J. Neurochem. **41**, 146—153 (1983)
[4]) VIP and Sekretin haben ein ähnliches Spektrum biologischer Effekte und eine Reihe von Übereinstimmungen in ihrer Aminosäuresequenz. So bindet Sekretin auch an VIP-Rezeptoren, aber umgekehrt VIP (IC_{50} für Sekretin = 0,3 µM) ebenfalls an Sekretin-Rezeptoren (IC_{50} für Sekretin = 0,3 µM).
[5]) IC_{50}-Werte von Robberecht et al.: persönliche Mitteilung
[6]) Jensen und Gardner: Federation Proc. **40**, 2486—2496 (1981)
[7]) Estival et al.: BBRC **111**, 958—963 (1983)
[8]) Waelbroeck et al.: Biochim. Biophys. Acta **678**, 83—91 (1981), (Leber, Ratte)
[9]) C. Liebmann: Dissertation B, Jena 1984, (Lunge, Ratte)
[10]) Staun-Olsen et al.: J. Neurochem. **39**, 1242—1251 (1982), (Synaptosomen, Ratte)
[11]) Schachter et al.: FEBS lett. **199**, 125—129 (1986)

Tab. 17.18. **Angiotensin II-Rezeptor**

Struktur	Identifizierung einer MG 116000-Komponente als hoachaffiner A II-Rezeptor im Herzen[1])	
Effektuierung	— Stimulierung von PI-Synthese und PI-Hydrolyse — Mobilisierung von Ca^{++} — Arachidonsäurefreisetzung und verstärkte Bildung von PGE_2[2]) — Stimulierung der Guanylatzyklase (Aorta, Herz, Niere)[3]) — Hemmung der Adenylatzyklase (Niere, Leber) — Stimulierung der Na^+ K^+-Pumpe	
Bioassays/ biochemische Methoden	— Messung der Blutdruckerhöhung der Ratte in vivo — Bestimmung der Steigerung der Aldosteronproduktion (mit RIA) in isolierten Nebennierenzellen des Hundes — Hemmung der Glukagon-stimulierten cAMP-Bildung in intakten Hepatocyten	
	Ligand	**K_I/K_D**
natürlicher Ligand	Angiotensin II (A II)	nM
Analoga	A II	2,54 nM[1])[4])
	A I	77,6 nM
	A III	4,8 nM
	Ile^5-A II	0,44 nM
	Ile^5-A I	8,0 nM
	[des_1-Asp_5Val^5] A II	0,64 nM
	[Trp_1, Val_4] $A\ II_8$	2,2 nM
	[Trp, Phe, Tyr] A II	300 nM
Antagonisten	[Sar^1, Ala^8] A II (Saralasin)	2,5 nM[4])
	[Sar^1, Leu^8] A II	0,5 nM
Radioliganden	^{125}J-A II	K_{D1} = 0,88 nM, K_{D2} = 50 nm[5])
	^{125}J-A II	K_{D1} = 0,46 nM, K_{D2} = 4,1 nM[6]) K_D = 0,7–2,8 nM[7])[8])[9])[10])
	^{125}J-Saralasin	K_D = 3,4 nM
	^{125}J-Sar^1, Leu^8-All	K_D = 0,38 nM[1])

[1]) Rogers: J. Biol. Chem. **259**, 8106–8111 (1984)
[2]) Schwartzman et al.: J. Biol. Chem. **256**, 2329–2333 (1981)
[3]) Vesely: Am. J. Physiol. **240**, E 391–E 393 (1981)
[4]) IC_{50}-Werte, Rattenhirn, Mann et al.: Am. J. Physiol. **241**, R 124–R 129 (1981)
[5]) Nebennierenrinde, Capponi und Catt: J. Biol. Chem. **254**, 5120–5127 (1979)
[6]) Rattenleber, Crane et al.: J. Biol. Chem. **257**, 4959–4965 (1982)
[7]) Arterienmembranen, Gunter et al.: J. Cell. Biol. **92**, 289–298 (1982)
[8]) Arterienmembranen, Hypertension, **6**, 682–688 (1984)
[9]) Hirnmembranen, Benett und Snyder: J. Biol. Chem. **251**, 7423–7430 (1976)
[10]) Hirnzellkultur, Raizada et al.: Am. J. Physiol. **247**, C 364–C 372 (1984)

Tab. 17.19. **Somatostatin-Rezeptor**

Struktur	?	
Effektuierung	– Hemmung der Adenylatzyklase (G_i)[6])	
	– Ca^{++}-Mobilisierung[6])	
	– PI-Metabolismus[7])	
Bioassays/ biochemische Methoden	– Bestimmung der Hemmung von Insulin- und Glukagonfreisetzung aus dem isolierten, perfundierten Rattenpankreas (mit RIA)	
	– Hemmung der GH-Freisetzung aus Hypophysenzellen. Bestimmung des freigesetzten GH mit RIA	
	Ligand	**K_I/K_D**
natürlicher Ligand	Somatostatin (SS-)-14	0,1–1,0 nM
	SS-28	
Analoga	SS-14	0,18 nM[2])
	Tyr^1-SS	0,21 nM
	Tyr^{11}-SS	0,23 nM
	[D-Trp^8]SS	0,04 nM
	Tyr^1 [D-Trp^8]SS	0,05 nM
	des AA 1,2,4,5,12,13,-SS	32,0 nM
	Ala-SS	1000 nM
	SS-28	0,11 nM
Antagonisten	Cyclo[Pro-Phe-D-Trp-Lys-Thr-(BzL)][2])	
Radioliganden	^{125}J-Tyr^1-SS	0,4 nM[3])
	^{125}J-CGP 23996[4])	2,4 nM[5])
	^{125}J-Tyr^1[D-Trp^3]SS[6])	0,16 nM[1])

[1]) IC_{50}-Werte, Hypophysenvorderlappen, Aguilera und Parker: J. Biol. Chem. **257**, 1134–1137 (1982)
[2]) Rattenhirncortex, Epelbaum et al.: J. Neurochem. **38**, 1515–1523 (1982)
[3]) CGP 23996 = des-Ala^1, Gly^2-desamino-Cys^3-[Tyr^{11}] $dicarba^{3,14}$-SS, abbaustabil
[4]) Rattenhirncortex, Czernik und Petrack: J. Biol. Chem. **258**, 5525–5530 (1983)
[5]) aktiver und abbaustabiler als SS-14
[6]) Reisine und Guild: J. Pharmac. Exp. Ther. **253**, 551–557 (1985)
[7]) Matozaki et al.: J. Biol. Chem. **261**, 1414–1420 (1986)

Tab. 17.20. **Neurotensin-Rezeptor**

Struktur	2 UE, MG 49000 und 51000[5])	
Effektuierung	Stimulierung der cGMP-Bildung[1]) (über PI und/oder Ca^{++}?); AA-Metabolismus[6])	
Bioassays	– Hemmung der Motilität des Gastrointestinaltraktes (Magenstreifen) – Bestimmung der vasodilatorischen Wirkung (Koronargefäße) – Bestimmung der analgetischen Wirkung	
	Ligand	K_I/K_D
natürlicher Ligand	Neurotensin (NT)	3–4 nM
Analoga	$[Trp^{11}[$ NT	3,4 nM[2])[3])
	$Ac[Cit^{8}]NT_{(8-13)}$	0,96 nM
	$Ac[Cit^{9}]NT_{(8-13)}$	5,5 nM
	$Ac[Phe^{11}]NT_{8-13)}$	51 nmM
	$Ac[Phe^{12}]NT_{(8-13)}$	200 nM
	$[Lys^{8}, Asn^{9}]NT_{(8-13)}$	1780 nM
Antagonisten	?	
Radioliganden	^{3}H-NT	2 nM[4])
	$[^{125}J\text{-}Tyr^{3}]NT$	K_{D1} = 0,26 nM[2]) K_{D2} = 4,3 nM

[1]) Gilbert und Richerson, Eur. J. Pharmacol. **99**, 245–246 (1984)
[2]) menschliches Hirn, Sadoul et al.: Biochem. Biophys. Res. Commun. **120**, 206–213 (1984)
[3]) Chegler et al.: Life Sci. **31**, 1145–1150 (1982)
[4]) Rattenhirn, Kitabgi et al.: Proc. Natl. Acad. Sci. USA **74**, 1846–1850 (1977)
[5]) Mazella et al.: J. Biol. Chem. **260**, 508 (1985)
[6]) Cannonico et al.: Am J. Physiol. **249**, 257–263 (1985)

Tab. 17.21. **ANF-Rezeptor[1])**

Struktur	MG 66000[2])
	MG 60/70/120 kD[3])[8])
Effektuierung	— Erhöhung des cGMP-Spiegels über die Stimulierung der partikulären Guanylatzyklase[4])[8])
	— Hemmung von Ca^{2+}-Einstrom und Mobilisierung[9])
	— Senkung des cAMP-Spiegels, Hemmung der Adenylatzyklase[10])
Bioassays	— Bestimmung der Relaxation des Carbachol-kontrahierten Hühnerrectums
	— Bestimmung des vasodialtorischen Effektes
	— Bestimmung der Natriurese gegen Furosemid als Standard

	Ligand	**K_I/K_D**
natürlicher Ligand	ANF[5])	nM
Analoga[6])	Auriculin A und B (27 AS); Atriopeptin I, II und III (21, 23 und 24 AS)	
(Partialsequenzen)	Cardionatrin I—IV; Atrial Natriuretic Polypeptide (25—48 AS)	
Antagonisten	?	
Radioliganden	^{125}J-ANF	0,51 nM[7])

[1]) ANF = „atrial natriuretic factor“
[2]) SCHENK et al.: J. Biol. Chem. **260**, 14887—14880 (1985)
[3]) VANDLEN et al.: J. Biol. Chem. **260**, 10889—10892 (1985)
[4]) ARDAILLOU et al.: FEBS Lett. **189**, 8—12 (1985)
[5]) PALLUK et al.: Life Sci. **36**, 1415—1425 (1985)
[6]) Alle diese Peptide (Partialsequenzen) sind biologisch aktiv. Bisher ist noch unklar, welche die physiologische Komponente darstellt.
[7]) OGURA et al.: Res. Commun. Chem. Pathol. Pharmacol. **49**, 353—360 (1985)
[8]) In den meisten Geweben findet man eine, in manchen (Endothelzellen, glatte Muskulatur) zwei ANF-Bindungsstellen. Der ANF-1 Rezeptor (120 kD) aktiviert die partikuläre Guanylatzyklase, der ANF-2 Rezeptor (60 kD) jedoch nicht (MURAD: J. Clin. Invest. **78**, 1—5 (1986))
[9]) CHIU et al.: Eur. J. Pharmacol. **124**, 277—284 (1986)
[10]) ANAND-SRIVASTA und CANTIN: BBRC **138**, 427—436 (1986)

Tab. 17.22. **Insulin-Rezeptor**

Struktur	Heterotetramer aus 2α (MG 120000, Insulinbindungsstellen) und 2β (MG 90000, Tyr-Proteinkinase) Untereinheiten, kovalente Verknüpfung über Disulfidbrücken, Calmodulin-Bindungsstelle,[3]) nach außen orientierte Glykosylreste.	
Effekturierung	— Tyr-PK: Autophosphorylierung des Rezeptors, Enzymphosphorylierungen (mitogene Insulinwirkung?) — assoziierte Ser-PK: Enzymphosphorylierungen (metabolische Insulineffekte?) — Senkung des cAMP-Spiegels über G-Protein ($N_{ins} = G_i$?): Hemmung der Adenylatzyklase, Stimulierung der Phosphodiesterase — Internalisierung des Insulin-Rezeptor-Komplexes	
gebräuchliche Bioassays/ biochemische Methoden	— Bestimmung der Glucoseoxydation — Bestimmung der Lipolysehemmung — Bestimmung der Adenylatzyklase-Hemmung oder der Absenkung des cAMP-Spiegels	
	Ligand	**K_D/K_I-Bereich**
natürlicher Ligand	Insulin	nM
Radioliganden	^{125}J-Iodotyrosyl-insulin	0,5—200 nM (Leber, Fettzellen, Erythrozyten, Lymphozyten[1])[2])

[1]) Die Angaben über IC_{50}- und K_D-Werte zeigen starke Schwankungen in Abhängigkeit von den untersuchten Geweben (z. B. 2,7 nM in Hepatozyten und 286 nM in Erythrozyten) und den Testbedingungen.

[2]) Viele Autoren finden für die Insulinbindung bei unphysiologischen Temperaturen (4 °C, 15 °C, 20 °C) nicht-lineare Scatchard-Plots, aus denen sich 2 Bindungsstellen unterschiedlicher Affinität und Kapazität bestimmen lassen (z. B. in Hepatocyten K_{D1} = 0,6 nM, $B_{max\,1}$ = 67 fMol/10^6 Zellen und K_{D2} = 12 nM, $B_{max\,2}$ = 370 fMol/10^6 Zellen.)

[3]) Die Rezeptorfunktion kann durch Ca^{++}/Calmodulin (Graves et al.: Proc. Natl. Acad. Sci. USA 230, 827—829 (1985)) und Prostaglandine (Ray et al.: Biochim. Biophys. Acta 856, 421—427 (1986)) moduliert werden.

Tab. 17.23. **Immunglobulin E-Fc-Rezeptor**

Struktur	MG α-UE 45000–55000 (ohne Kohlenhydratreste: 38000)[1]) MG β-UE 20000–30000	
Effektuierung	nicht auslösbar durch IgE-Bindung, sondern nur durch Vernetzung der IgE-Rezeptor-Komplexe: – Aktivierung der Adenylatzyklase, der – Methyltransferasen I + II, der – Ca^{++}-Kanäle sowie des – Phosphoinositid-Metabolismus	
Bioassays	Bindung von IgE an Mastzellen oder Basophile und dessen Vernetzung durch Anti-IgE-Antikörper oder Antigene führt zur Mediatorfreisetzung und den o. g. biochemischen Reaktionen	
	Ligand	**K_I/K_D**
Naturlicher Ligand	Immunglobulin E	1 pM – 1 nM[1]) (Mastzellen, Basophile) 0,1 μM[2]) (Lymphozyten, Monozyten)
Agonisten	Anti-IgE-Antikörper, Anti-Rezeptor-Antikörper, Antigen, Con A Grundprinzip: Rezeptorvernetzung	
Antagonisten	Fc-Fragmente des IgE	
Radioligand	(monoklonales) ^{125}J-IgE	

[1]) Froese: Progress in Allergy **34**, 142–187 (1984)
[2]) Melewicz et al.: J. Immunol. **129**, 563–569 (1982)

Tab. 17.24. **Interleukin-2 Rezeptor**

Struktur	MG 33000, glykosyliert 55000[3]) Primärstruktur auf der Grundlage der klonierten cDNS aufgeklärt, eine transmembranale α-Helix, das Gen befindet sich im Chromosom 4 des Menschen	
Effektuierung	— über die Stimulierung noch unbekannter primärer Effektorsysteme wird der Übergang der Zelle in die S-Phase induziert[4]) — Voraussetzung der Expression von IL-2 Rezeptoren in der Membran ist die Aktivierung der T-Zellen durch Antigene oder Lektine	
Bioassay	in vitro Proliferation von T-Zellinien nach Lektin-Stimulierung und IL-2 Gabe	
	Ligand	$\mathbf{K_D}$
natürlicher Ligand	Interleukin-2	5—20 pM[1]) 0,1 nM[2])
Agonisten	?	
Antagonist	monoklonaler Antikörper Tac	
Radioligand	^{3}H-Interleukin-2, ^{125}J-IL 2	

[1]) SMITH: Ann. Rev. Immunol. **2**, 319—333 (1984)
[2]) FAGNANI et al.: Anal. Biochem. **142**, 487—496 (1984)
[3]) LEONARD et al.: Science **230**, 633—639 (1985)
[4]) KONDO et al.: Nature **320**, 75—77 (1986)

Sachregister

Berichtigungen nach der Drucklegung

Seite	statt	richtig
Seite 25, linke Spalte	$\alpha L = \frac{E^L_{\max}}{E_{\max}}$	$\alpha^L = \frac{E^L_{\max}}{E_{\max}}$
Seite 27, rechte Spalte	$\frac{v'_{+1(eq)}}{v^0_{+1}} = \frac{k_{-1}}{k_{+1}} \cdot [L] + k_{-1}$	$\frac{v'_{+1(eq)}}{v^0_{+1}} = \frac{k_{-1}}{k_{+1} \cdot [L] + k_{-1}}$
Seite 39, linke Spalte	bei $dr = 2 \log [B] = \log K_B$	bei $dr = 2; \log [B] = \log K_B$
Seite 41, linke Spalte	$S_1 = \varepsilon_1 \cdot y_1 \cdot [RT]$	$S_1 = \varepsilon_1 \cdot y_1 \cdot [R_T]$
Seite 41, rechte Spalte (Tabelle 3.1.)	Thermodynamik der Rezeptor-Ligand-Interaktion x	Thermodynamik der Rezeptor-Ligand-Interaktion x xxx
Seite 87, Abbildungslegende 7.3.		
(C) Scatchard-Plot	– den Geradenanstieg: $\frac{1}{K_D}$	– den Geradenanstieg: $-\frac{1}{K_D}$
(D) Lineweaver-Burk-Plot	– den Schnittpunkt mit der x-Achse: $-K_D$	– den Schnittpunkt mit der x-Achse: $-\frac{1}{K_D}$
(E) Hill-Plot	$\log \frac{B}{B_{\max} - B} = \log F - n \log K_{0,5}$	$\log \frac{B}{B_{\max} - B} = n \log F - n \log K_{0,5}$
Seite 100, rechte Spalte, 4. Zeile von unten	$(\triangle G^0 \cong 0)$	$(\triangle G^0 < 0)$
Seite 101, linke Spalte, 3/4. Zeile von oben	$(\triangle H^0 \cong 0)$	$(\triangle H^0 < 0)$

Tabelle 9.2. Solubilisierung von nativen Membranrezeptoren durch Detergentien mit unterschiedlichen Eigenschaften.
Die Angaben der kritischen Mizellkonzentration und der Aggregationszahl gelten für Raumtemperatur und Medien geringer Ionenstärke.

Detergens	Digitonin (Gitonin)	CHAPS	Na-Cholat	Triton X-100	SB-14	Lybrol WX	Lysolecithin
Eigenschaften der Detergentien:							
kritische Mizellkonzentr. (mM)	0,1–0,75	8,0	8–13	0,24	0,6	0,02–0,06	0,01(C_{16}) –8(C_{10})
Aggregationszahl (n)	60–80	10	2–4	140	8,0	96	181(C_{16})
Eignung für Solubilisierung nativer Membranrezeptoren:							
nikotinerger AchR			×××	×××			
muskarinerger AchR	×××	××	×	—	—	×	××
β-adrenerger Rezeptor β_1	×××						
β_2	×××						
α-adrenerger Rezeptor α_1	××						
α_2	××	×××					
Dopamin-Rez. D_2	××	××	××				
Serotonin-Rez. S_2							×××
Histamin-Rez. H_1	×××		—	—			
Opiat-Rez.	×××	××					
GABA/Benzodiazepin-Rez.		×××		××			
Adenosin-Rez. A_1			××				
Ca^{++}-Antagon.-Rez.	×××						
Prolactin-Rez.		×××					
fMet-Leu-Phe-Rez.	×××	×××	×	—	—		

××× hohe Ausbeuten und wenig veränderte Ligandbindung
×× mäßige Ausbeuten und/oder mäßig veränderte Ligandbindung
× geringe Ausbeuten und/oder deutlich veränderte Ligandbindung
— Rezeptor denaturiert

Hinweis für den Benutzer

Bitte beachten Sie am Schluß des Buches die Berichtigungen nach der Drucklegung.

Der Verlag

Kolibri 360 GmbH
Ferdinand-Jühlke-Straße 7
99095 Erfurt, Deutschland
produktsicherheit@kolibri360.de